卓越工程师教育培养计划系列教材

叶世超　金央　刘长军◎等编

化工原理课程设计

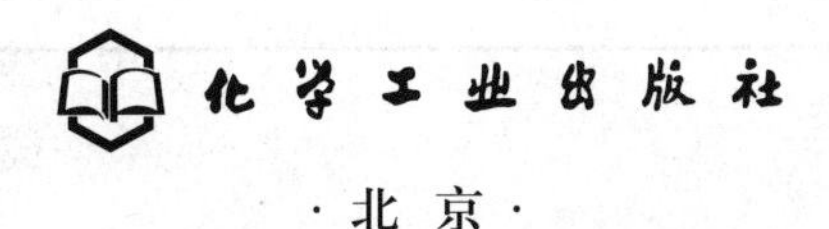

化学工业出版社

·北京·

内容简介

《化工原理课程设计》作为化工原理课程系列教材之一，是化工类专业化工原理课程设计的教学参考书。本书共分七章，内容包括：化工原理课程设计基础、液体搅拌设备设计、换热器设计、板式精馏塔设计、填料吸收塔设计、干燥器设计、结晶器设计。对于所涉及的化工单元操作，除讨论流程方案的选择原则、设备选型、工艺尺寸的设计计算方法外，还给出了相应的设计示例，并附有系统工艺流程图和主体设备工艺条件图。

本书可作为化工、制药、轻工、食品、生物、能源、环境等专业化工原理课程设计的教学参考书，也可供化工领域从事设计、生产与管理工作的工程技术人员参考。

图书在版编目（CIP）数据

化工原理课程设计 / 叶世超等编. —北京：化学工业出版社，2021.8（2023.8 重印）
卓越工程师教育培养计划系列教材
ISBN 978-7-122-39239-8

Ⅰ.①化… Ⅱ.①叶… Ⅲ.①化工原理-课程设计-高等学校-教材 Ⅳ.①TQ02-41

中国版本图书馆 CIP 数据核字（2021）第 101810 号

责任编辑：徐雅妮　孙凤英
责任校对：王　静　　　　装帧设计：李子姮

出版发行：化学工业出版社（北京市东城区青年湖南街 13 号　邮政编码 100011）
印　　装：三河市双峰印刷装订有限公司
787mm×1092mm　1/16　印张 17½　字数 424 千字　2023 年 8 月北京第 1 版第 2 次印刷

购书咨询：010-64518888　　　　售后服务：010-64518899
网　　址：http: // www. cip. com. cn
凡购买本书，如有缺损质量问题，本社销售中心负责调换。

定　　价：59.00 元

前言

卓越工程师是推动工程科技创新的重要力量。习近平总书记在党的二十大报告中指出要加快建设包括卓越工程师在内的国家战略人才力量。实践教学是工程师培养的重要途径。化工原理课程设计是化工类学生在学完化工原理及先修课程之后，运用所学知识，开展化工单元操作设计，培养设计能力的实践性教学环节。本课程是以化工厂单元操作工艺设备的设计为课题，开展关键设备工艺设计的教学过程，具有很强的工程性。学生在教师的指导下，通过查阅文献资料，收集和遴选物性数据，独立完成单元操作设备的工艺设计和工程图的绘制，最后以设计说明书的形式形成完整的设计文件。苏东坡有一句名言，纸上得来终觉浅，绝知此事要躬行。学生在实战演练中，分析和解决工程实际问题，掌握化工单元操作设备设计的基本方法，学会使用化工工程师的语言撰写设计文件，提高自身的专业素养，真切感受到学习的快乐。

本书共分七章，内容包括：化工原理课程设计基础、液体搅拌设备设计、换热器设计、板式精馏塔设计、填料吸收塔设计、干燥器设计、结晶器设计。对于所涉及的化工单元操作，除讨论工艺技术方案的选择原则、设备选型、工艺尺寸的设计方法外，还给出了设计计算示例，并附有系统工艺流程图和设备工艺条件图。

编者努力探索并吸收了多年来教学改革和产学研成果，力求在内容上体现自身特色，着重突出以下两点：第一，各单元操作都绘制了简明的带控制点的工艺流程图和设备工艺条件图，方便学生学习和掌握化学工程师的语言，即不仅能对化工过程进行阐述和计算，而且能绘制工程图纸。第二，把多年积淀的科学研究和工程技术成果经过转化和整理，作为设计示例编写到本书中来，使其在内容取材上具有一定的新颖性；此外，在板式精馏塔设计中还讨论了设计新塔的操作性能，以期深化化工单元操作的教学内容。

参加本书编写的人员及分工如下：

第 1 章	化工原理课程设计基础	叶世超
第 2 章	液体搅拌设备设计	刘长军
第 3 章	换热器设计	叶世超　谢　锐
第 4 章	板式精馏塔设计	叶世超
第 5 章	填料吸收塔设计	叶世超
第 6 章	干燥器设计	
	气流干燥器设计	叶世超　易美桂
	喷雾干燥器设计	金　央　付晓蓉
	流化床干燥器设计	罗建洪　周　勇
第 7 章	结晶器设计	金　央

在本书编写过程中，攀钢集团煤化工公司教授级高级工程师张初永提供了宝贵意见，曹丽淑老师为填料吸收塔设计提供了帮助，在此表示感谢。

由于编者水平有限，书中不妥之处在所难免，恳请读者批评指正。

编者

2023 年 6 月

目录

附录

第 1 章
化工原理课程设计基础

1.1 化工原理课程设计的目标和要求

化工原理课程由化工原理理论课、化工原理实验课以及化工原理课程设计三个教学环节组成，该课程是普通高等学校化学工程与工艺专业及相关专业的专业基础课。化工原理课程设计是学生学完化工原理理论课与实验课，以及前修课程如高等数学、普通物理、物理化学、机械制图等基础课程，并参加认识实习和生产实习之后，进一步学习化工设计的基础知识、培养化工设计能力的重要教学环节。化工原理课程设计是以生产实际为背景，以化工厂某个化工单元设备的设计为课题，完成该设备工艺设计的教学过程。化工原理课程设计由指导教师拟定设计题目，并讲解设计概要，学生领受设计任务后，通过查阅文献资料，收集物性数据，独立完成化工设备的工艺设计和图纸绘制，最后以设计说明书的形式提交设计结果。由此可见，本课程是一个在任课教师指导下由学生自主实践的教学环节。通过该环节的实践，可使学生初步掌握化工单元操作设计的基本方法，达到培养设计能力的目的。设计能力主要包括：一是评价、判断和选择的能力，能正确评价各类化工装置或设备的优缺点，进行方案比较，从而选择合理的设备型式和操作条件；二是设计计算能力，能正确运用化工设备的设计计算方法，查阅各种手册和规范，获取设计数据，并能熟练使用计算机进行化工工艺计算；三是设备结构设计与绘图能力，能合理设计设备的结构，并运用机械制图技能，使用计算机绘制出符合工程要求的图纸。所以，化工原理课程设计是学生理论联系实际、增强工程观念、培养独立从事专业技术工作能力的有益实践。

1.2 化工原理课程设计的主要内容

1.2.1 化工单元操作工艺设计

化工（厂）设计包括化工工艺设计、土建设计、自控设计、公用工程（供水、供电、供气及采暖通风等）设计、储运设计等内容，其中的化工工艺设计是其核心，它包括技术路线的确定、工艺流程设计、全流程的物料与能量衡算、各化工单元操作的设备设计或选型、管路设计、车间厂房布置等。化工原理课程设计主要涉及化工单元设备工艺设计，围绕化工厂某个化工单元操作，进行主体设备工艺尺寸和结构的设计计算，以及相关附属设备的选型计算，属于化工工艺设计范畴。由图 1-1 可见，化工工艺设计是化工设计中最关键的部分，而化工单元设备的设计又是化工工艺设计中最核心的内容。

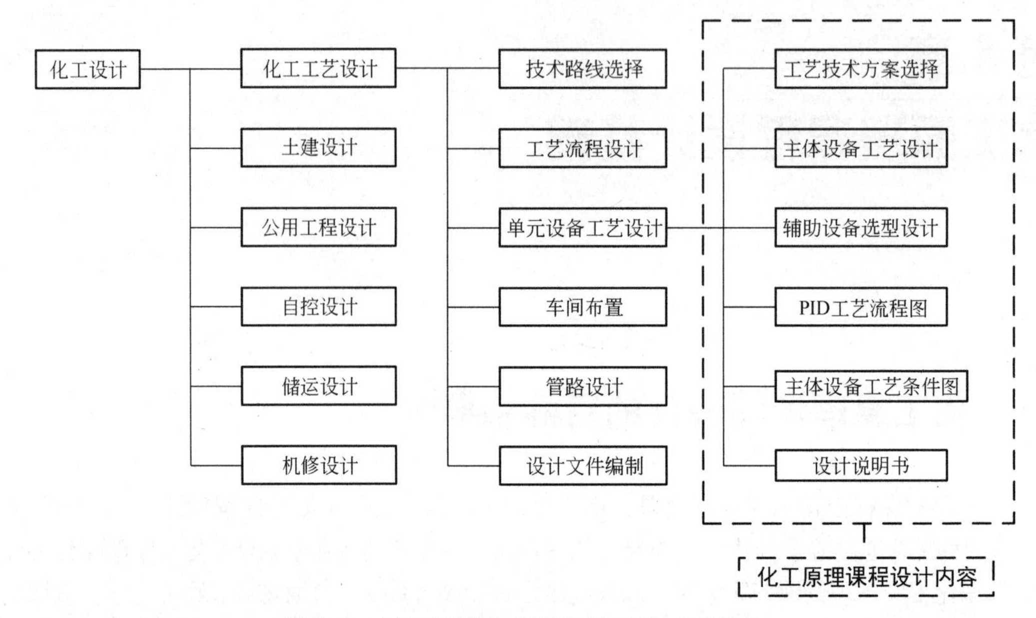

图1-1 化工原理课程设计在化工设计中的地位

化工原理课程设计主要涉及如下内容：

① 工艺技术方案选择，针对本单元操作现有的工艺技术方案、设备类型进行综合分析、对比和评价，择优选取技术上可行、经济上合理的技术方案，并对选定的工艺技术方案和主体设备类型进行评述；

② 依据质量守恒和能量守恒原理，对本单元操作过程进行物料衡算与热量衡算，确定各物流的流量、组成、温度和压力等；

③ 对本单元操作的主体设备进行工艺设计计算，确定设备的主要工艺尺寸和结构，对所涉及的典型辅助设备进行选型计算，确定辅助设备的工艺尺寸或型号规格；

④ 绘制本单元操作的工艺流程图和主体设备的工艺条件图，编写设计说明书。

1.2.2 机械制图

① 工艺流程图，绘制带控制点的工艺流程简图，标出主要设备、辅助设备、物料流向以及主要化工参数测量点位。

② 绘制主体设备工艺条件图，以单线条绘制设备工艺条件图，标注主要工艺尺寸，列出技术特性表和管口表。

1.2.3 编写设计说明书

1.2.3.1 设计说明书内容

① 标题页，即封面格式参见附录 1；

② 设计任务书，格式参见附录 2；

③ 目录；

④ 设计方案简介，工艺流程的论述；

⑤ 主体装置的工艺计算：物料与热量衡算，主体设备工艺尺寸和结构的设计计算；

⑥ 辅助设备的选型设计：机泵规格，储槽型式与容积，换热器型式与换热面积等；

⑦ 设计结果一览表；

⑧ 对设计结果从技术可行性、先进性和经济合理性的角度进行评述，对设计工作的收获体会进行总结、提出改进建议等；

⑨ 主要符号说明；

⑩ 参考文献；

⑪ 附图（带控制点的工艺流程图、主体设备工艺条件图）。

设计说明书应作到书写工整、层次分明、图文清晰。说明书中的各级标题采用不同的字号和字体进行编排，所有图、表、公式必须写明编号。

1.2.3.2 设计图纸要求

（1）工艺流程图

生产装置的工艺流程图，根据其复杂程度选取纸面的大小为 A2（594mm×420mm）或 A3（420mm×293mm）。工艺流程图中应表示出本单元操作装置中所有的设备和仪器，以线条和箭头表示物料流向。

工艺流程图中的设备以细实线画出外形并简略表示其内部结构特征，大致标明各设备的相对位置。设备的位号、名称注在相应设备图形的上方或下方，或以引线引出设备编号，并在专栏中注明各设备的位号、名称等。

管道以粗实线表示，物料流向以箭头表示（流向习惯为从左向右）。辅助物料（如冷却水、加热蒸汽等）的管线以较细的线条表示。

（2）设备工艺条件图

主要设备工艺条件图，表示其形状、结构、尺寸（表示设备特性的尺寸，如圆筒形设备的直径等）。设备工艺条件图的基本内容有：

① 视图，一般用正视图、俯视图或剖面图表示出设备的形状和主要结构；

② 尺寸，图上应注明设备总体大小的尺寸（如直径、高度等）以及主要结构的尺寸；

③ 技术特性表，列出设备的操作压力、温度、物料名称、设备特性；

④ 管口表，设备上所有接口（物料接管、仪表接口、人孔、手孔、液位计接管等）均应编号，管口表中列出管口编号、名称、公称直径等。

设备工艺条件图图纸要求：投影正确、布置恰当、线型规范、字迹工整。

1.3 化工工艺流程图设计

1.3.1 工艺流程图中常见的图形符号

（1）常见设备的图形符号

设备示意图用细实线画出设备外形和主要内部特征。化工设备的图形符号和分类代号已有统一规定，如表 1-1 所示。图上应标注设备的位号及名称。

表 1-1 工艺流程图中装置、机器图例（HG 20519—2009）摘录

类型	代号	图例
塔	T	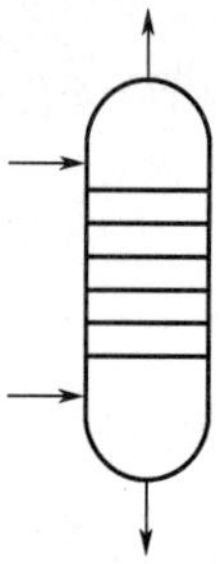 板式塔 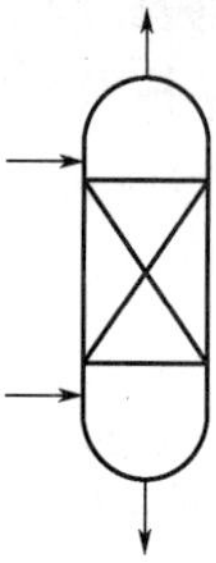　填料塔
反应器	R	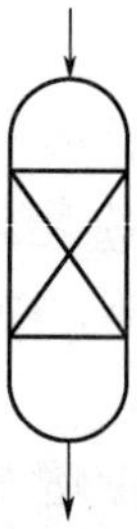 固定床反应器 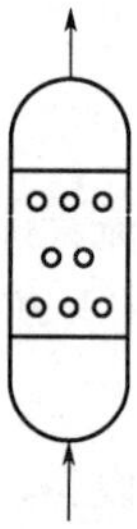　流化床反应器
换热器	E	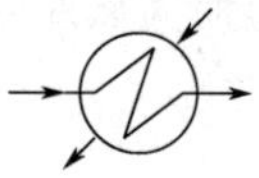 换热器（简图） 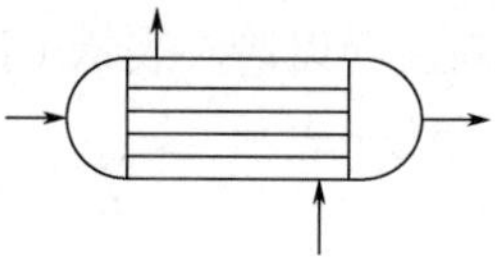　固定管板式列管换热器 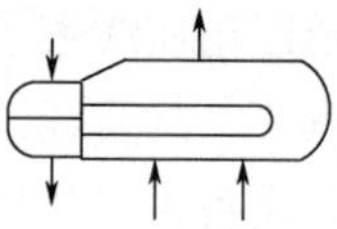　釜式换热器
工业炉	F	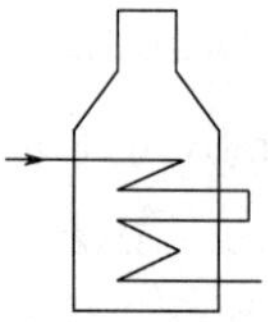 圆筒炉 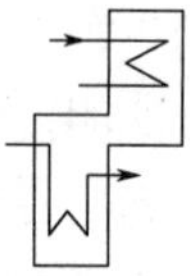　箱式炉
容器	V	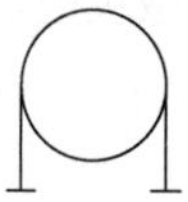 球罐 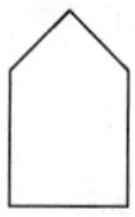　锥顶罐 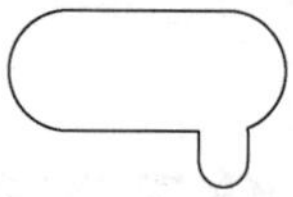　卧式容器 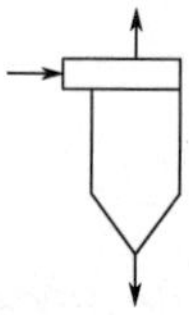 旋风分离器 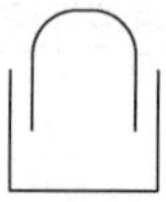　干式气柜 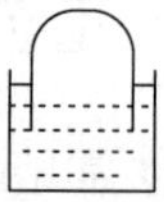　湿式气柜

续表

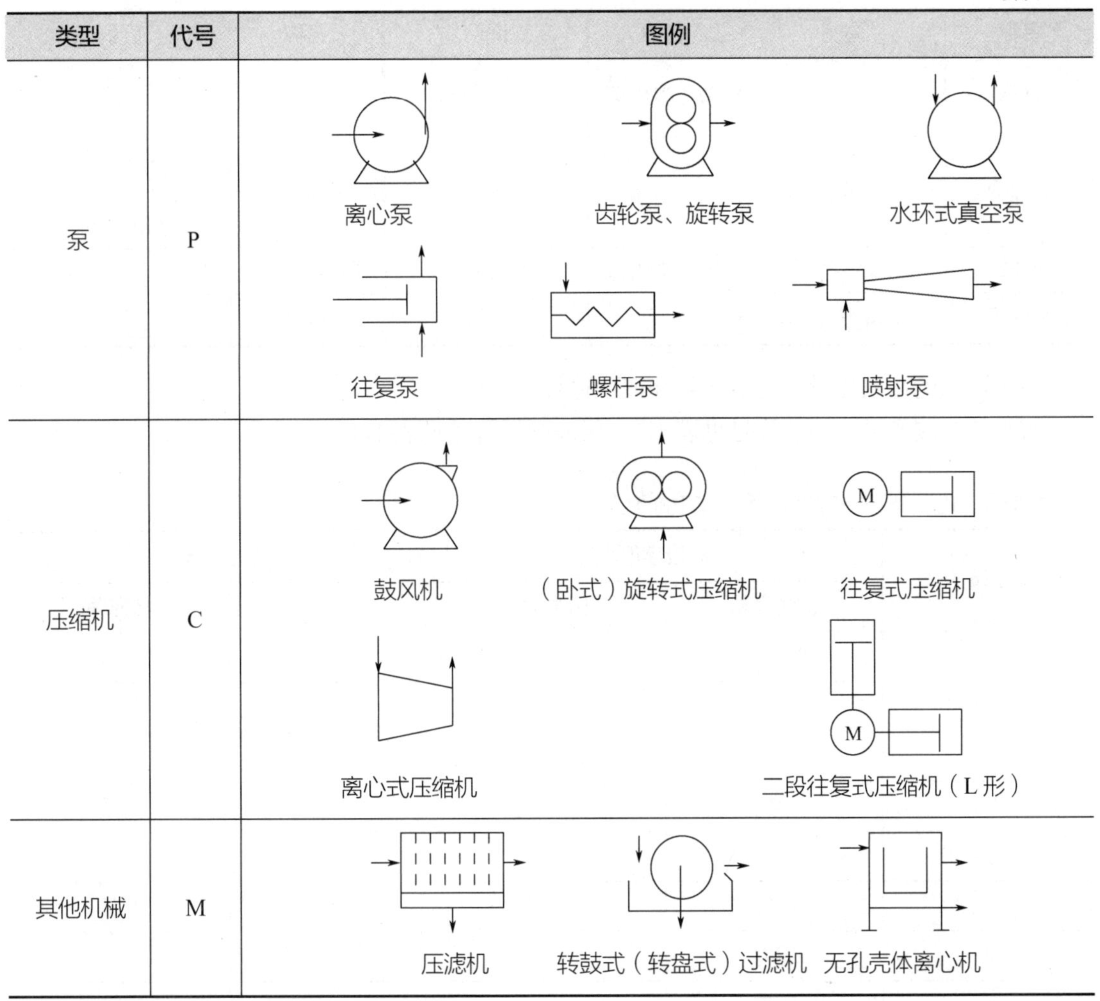

类型	代号	图例
泵	P	离心泵　齿轮泵、旋转泵　水环式真空泵　往复泵　螺杆泵　喷射泵
压缩机	C	鼓风机　（卧式）旋转式压缩机　往复式压缩机　离心式压缩机　二段往复式压缩机（L 形）
其他机械	M	压滤机　转鼓式（转盘式）过滤机　无孔壳体离心机

（2）工艺流程图中管件、阀门的图形符号

常用管件、阀门的图形符号见表 1-2。

表 1-2　常用管件和阀门的符号（HG 20519—2009）摘录

名称	图例	名称	图例	名称	图例
文氏管		旋塞阀		疏水阀	
放空管		三通旋塞阀		Y 形过滤器	
同心异径管		四通旋塞阀		T 形过滤器	
喷淋管		角式弹簧安全阀		锥形过滤器	
截止阀		角式重锤安全阀		喷射器	
闸阀		节流阀		阻火器	

续表

名称	图例	名称	图例	名称	图例
球阀	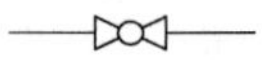	角式截止阀	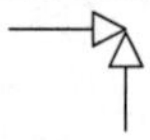	消声器	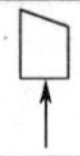
隔膜阀		止回阀		漏斗	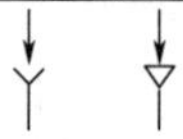 敞口 闭口
蝶阀	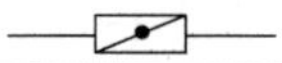	直流截止阀		视镜、视钟	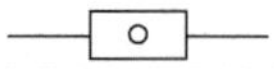
减压阀	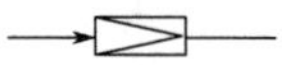	底阀		爆破片	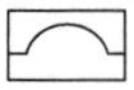

（3）仪表的被测变量、功能代号和图形符号

仪表的被测变量、功能代号见表 1-3，仪表图形符号见表 1-4。

表 1-3 化工仪表的被测变量和仪表功能代号

字母	首位字母		后继字母	
	被测变量	修饰词	功能词	修饰词
A	成分分析		报警	
C			控制	关闭
F	流量			
H	手动			高限
I			指示	
L	液位			底限
P	压力			
PD	压差			
Q			累积	
R			记录	
S	速度		联锁	
T	温度		变送器	
V	黏度		调节阀	
Y			转换	

举例：

PT—压力变送器；

PICS—压力指示、控制、联锁；

FIQ—流量指示、累积；

TT—温度变送器；

ST—转速变送器；

AR—成分分析记录；

PDT—压差变送器；

FV—流量调节阀；

TRCA—温度记录、控制、报警；

LIRCA—液位指示、记录、控制、报警；

AT—成分分析变送器；

AIA—成分分析指示、报警。

表 1-4 仪表图形符号

符号								S	M			
意义	就地安装	集中安装	通用执行机构	无弹簧气动阀	有弹簧气动阀	带定位气动阀	活塞执行机构	电磁执行机构	电动执行机构	变送器	转子流量计	孔板流量计

（4）工艺流程图中的物料代号

流程图中的物料代号见表 1-5。

表 1-5 物料代号

物料代号	物料名称	物料代号	物料名称
AR	空气	LŌ	润滑油
AM	氨	LS	低压蒸汽
BD	排污	MS	中压蒸汽
BF	锅炉给水	NG	天然气
BR	盐水	N	氮
CS	化学污水	Ō	氧
CW	循环冷却水上水	PA	工艺空气
DM	脱盐水	PG	工艺气体
DR	排液、排水	PL	工艺液体
DW	饮用水	PW	工艺水
F	火炬排放气	R	冷冻剂
FG	燃料气	RŌ	原料油
FŌ	燃料油	RW	原水
FS	熔盐	SC	蒸汽冷凝水
GŌ	填料油	SL	泥浆
H	氢	SŌ	密封油
HM	载热体	SW	软水
HS	高压蒸汽	TS	伴热蒸汽
HW	循环冷却水回水	VE	真空排放气
IA	仪表空气	VT	放空气

注：物料代号中如遇英文字母“O”，应写成“Ō”。

（5）工艺流程图中图线的画法

图线宽度的规定画法见表 1-6。

表 1-6 工艺流程图中图线的画法

类别	图线宽度/mm		
	0.9～1.2	0.5～0.7	0.15～0.3
带控制点工艺流程图	主流体管道	辅助物料管道	其他
辅助物料管道系统图	辅助物料管道总管	支管	其他

1.3.2 带控制点的工艺流程图画法

化工工艺流程图在不同设计阶段提供的图样不同，有方案流程图、物料流程图、带控制点工艺流程图等。带控制点工艺流程图，也称工艺管道及仪表流程图，它是在图纸的管道和设备上画出相关的阀门、管件、自控仪表等有关符号的较为详细的一种工艺流程图，它反映某生产过程中所有设备及各种物料之间的内在联系，是设备布置和管道布置的依据，也是施工安装、生产操作、检修等的重要参考图。因此，带控制点的工艺流程图是最权威、最系统、最重要的图纸资料。

化工原理课程设计是关于某个化工单元操作过程及设备的工艺设计，它仅是化工厂全流程设计中的一部分，不是全部。所涉及的工艺流程是以该化工单元的主体设备为核心，表达主体设备与附属设备之间、设备与物料之间内在联系的图样。

（1）带控制点工艺流程图的内容

① 图形：将各设备的简单形状展开在同一平面上，再配以连接管线及管件、阀门、仪表控制点的符号。

② 标注：注写设备名称及位号、管段编号、控制点代号、必要的尺寸、数据等。

③ 图例：代号、符号及其他标注的说明。

④ 标题栏：注写图名、图号、设计阶段等。

（2）带控制点工艺流程图的绘制

1）比例与图幅

绘制流程图的比例一般采用 1∶100 或 1∶200。如设备过大或过小时，可单独适当缩小或放大。实际上，在保证图样清晰的条件下，图形可不必严格按比例画。

流程图的图样采用展开图形式，图形多呈长条形，因而图幅可采用标准幅面，根据流程的复杂程度，可采用 A2 或 A3 横幅进行绘制。

2）图线与字体

工艺流程图中，工艺物料管道用粗实线，辅助物料管道用中实线，其他用细实线。图线用法及宽度见表 1-6，图纸和表格中的所有文字写成长仿宋体。

3）设备的表示方法

① 设备的画法　化工设备在流程图上一般按比例用细实线绘制，画出能够显示形状特征的主要轮廓。对于外形过大或过小的设备，可以适当缩小或者放大。常用设备的图形参见表 1-1。

② 相对位置　设备高低和楼面高低的相对位置，一般也按比例绘制。如装于地平面上的设备应在同一水平线上，低于地平面的设备应画在地平线以下，设备间的横向距离应保持适当，保证图面布置匀称，图样清晰，便于标注。

③ 设备的标注　设备应标注位号和名称，位号线上方标注设备位号，下方标注设备名称，设备标注应尽可能地摆放在相应设备的正上方或正下方。

4）管道的表示方法

流程图中应画出所有工艺物料管道和辅助物料管道及仪表控制线，其中工艺物料管道用粗实线画出，物料流向一般在管道上画出箭头表示。管线应横平竖直，不用斜线。管线不可横穿设备，应尽量避免管线交叉，不能避免时，采用一线断开画法。

5）阀门与管件的表示方法

在管道上需要用细实线画出全部阀门和部分管件的符号，并标注其规格代号。管件及阀门的图例见表 1-2。管件中的连接件如法兰、三通、弯头及管接头等，若无特殊需要，均不予画出。竖管上的阀门在图上的高低位置应大致符合实际高度。

6）控制仪表的表示方法

仪表及控制点以细实线在相应管道上用符号画出，化工原理课程设计所要求绘制的是初步设计阶段的带控制点工艺流程图，其表述内容比施工图设计阶段的要简单些，只对主要和关键设备进行稍详细的设计，对自控仪表方面要求也比较低，画出主要控制点即可。

1.4 主体设备工艺条件图

主体设备是指在每个单元操作中处于核心地位的关键设备，如传热中的换热器，蒸馏和吸收中的板式塔或填料塔，干燥中的干燥器，结晶中的结晶器等。一般地，主体设备在不同单元操作中是不相同的，即使同一设备在不同单元操作中其作用也不相同，如某设备在某个单元操作中为主体设备，而在另一单元操作中则可能变为辅助设备。例如，换热器在传热中为主体设备，而在精馏或干燥操作中就变为辅助设备。主体设备工艺条件图是将设备的结构设计和工艺尺寸的计算结果用一张总图表示出来，通常由负责工艺的人员完成，它是进行装置施工图设计的依据。图面上应包括如下内容。

① 设备图形，包括主要尺寸（外形尺寸、结构尺寸、连接尺寸）、接管、人孔等。

② 技术特性，指装置设计和制造检验的主要性能参数，通常包括设计压力、设计温度、工作压力、工作温度、介质名称等。

③ 管接口表，注明各管口的符号、公称尺寸、连接尺寸、密封面形式和用途等。

④ 设备组成一览表，注明组成设备的各部件的名称等。

应予指出，以上设计统称为单元设备的工艺设计。完整的设备设计，应在上述工艺设计基础上再进行机械强度设计，并绘制可供加工制造的施工图。这一环节在高等院校的教学中，属于化工机械专业的专业课程，在设计部门则属于机械设计组的职责。

由于时间所限，本课程设计仅要求提供初步设计阶段的带控制点的工艺流程图和主体设备的工艺条件图。

1.5 化工原理课程设计常用参数

在化工原理课程设计中，将涉及种类繁多的物理量，将其统称为设计参数，这些参数根据其属性又可区分为物性参数、过程参数、结构参数和生产指标。

1.5.1 物性参数

化工生产是将原料加工成产品的过程，主要和物料打交道，物料的性质对化工过程影响极大。化工工艺设计所涉及的物性主要有：物料的密度、黏度、热导率、比热容、表面张力、蒸气压、汽化潜热等。获取物性数据的途径主要有：

① 通过实验进行测定；

② 从相关的物性数据手册查取；

③ 经验估算和推算。

实际工作中，实验测定往往受条件所限难以实行，从物性数据手册中收集的物性数据，常常是纯组分的物性，而化工工艺设计遇到的物系一般都是混合物，这就需要由纯组分的物性推算或估算混合物的物性。物性推算方法很多，为了获得比较准确的物性数据，经常需要选用不同的推算公式对同一物性进行计算和对比，然后决定取舍。这类工作既烦琐，又重要，因为设计结果的可靠性与物性数据的准确与否关系甚大。化工物性数据浩若烟海，推算方法种类繁多，在化工原理课程设计中学会收集、推算、合理取舍物性数据，无疑是大有裨益的。有关的推算方法在 1.6 节中介绍。

1.5.2 过程参数

表明过程进行的状态和特征的物理量称为过程参数，常见的过程参数有温度、压力、体积、组成等，其中温度和压力又称为状态参数，作为工艺条件控制生产过程的进行。

（1）温度

热力学温度，又称开尔文温度，用 T 表示，单位为 K。该温度实际上是以理想气体和热力学定律为基础而得到的最低温度，以此作为零点，得到水的三相点温度为 273.15K。

摄氏温度，用 t 表示，单位为℃。摄氏温度是以水的三相点温度为 0℃，水的正常沸点为 100℃而规定的温标。它是引入 SI 制的温度单位，也是我国法定温度单位。开尔文温度和摄氏温度的关系为 $T=273.15+t$。当表示温度差时，1℃=1K。

（2）压力

压力有不同的单位，各种手册中压力单位有物理大气压（atm）、工程大气压（at）、毫米汞柱（mmHg）、毫米水柱（mmH_2O）、毫米液柱、kgf/cm^2，SI 制为 N/m^2（Pa）。查取数据时要注意压力单位的换算。

压力有两个基准，即绝对零压基准和大气压力基准。以绝对零压为起点表示的压力称为绝压；以大气压力为基准表示的压力称为表压或真空度。

当系统内的绝对压力高于大气压力时，用压力表测量，压力表上的读数为表压，其值是系统绝对压力与外界大气压力之差。

当系统内的绝对压力低于大气压力时，用真空表测量，真空表上的读数为真空度，其值为外界大气压力与系统绝对压力之差。

（3）组成

混合物组成的表示方法很多，如质量分数、体积分数、摩尔分数、分压、质量比、物质的量比、物质的量浓度、质量浓度等，使用时应注意单位换算。

1.5.3 结构参数

结构参数是表征设备大小尺寸的参数，如塔径、塔高、塔板间距等，结构参数是设计人员通过工艺计算获得的结果，也是后续机械设计、设备制造和安装的重要数据。

1.5.4 生产指标

生产指标是反映化工设备生产速率的参数，可以采用处理能力、生产能力、生产强度、回收率等形式表达。

处理能力，用单位时间处理的物料量表示，如处理能力 1000kg/h，是指该设备每小时处理的原料量为 1000kg。

生产能力，用单位时间生产得到的产品量表示，如生产能力 1000kg/h，是指该设备每小时生产的产品量为 1000kg。

生产强度，是指设备单位体积（或单位面积）的生产速率，如喷雾干燥器的生产强度就是指每立方米喷雾塔体积每小时生产的产品量。

回收率，是指某个组分进入产品的数量与原料中该组分的数量之比，如吸收塔的吸收率、精馏塔的采出率等，它是反映设备生产效率高低的重要参数。

1.6 物性数据

1.6.1 混合物的密度

（1）混合气体密度

混合气体密度可按式（1-1）或式（1-2）计算

$$\rho_{\mathrm{m}}=\frac{pM_{\mathrm{m}}}{RT} \tag{1-1}$$

$$\rho_{\mathrm{m}}=\sum_{i=1}^{n}y_i\rho_i \tag{1-2}$$

式中，ρ_{m}、ρ_i 为混合物和 i 组分的密度，kg/m³；y_i 为组分 i 的摩尔分数；p 为混合气体的压力，kPa；T 为热力学温度，K；R 为理想气体常数，8.314kJ/(kmol·K)；M_{m} 为混合物的平均摩尔质量，kg/kmol，由下式计算

$$M_{\mathrm{m}}=\sum_{i=1}^{n}y_iM_i \tag{1-3}$$

式中，M_i 为组分 i 的摩尔质量，kg/kmol。

（2）混合液体的密度

混合液体密度计算式为

$$\frac{1}{\rho_{\mathrm{m}}}=\sum_{i=1}^{n}\frac{w_i}{\rho_i} \tag{1-4}$$

式中，ρ_{m}、ρ_i 为混合液体和组分 i 的密度，kg/m³；w_i 为组分 i 的质量分数。

1.6.2 混合物的黏度

（1）纯液体的黏度

纯液体黏度的计算式

$$\lg \mu = \frac{A}{T} - \frac{A}{B} \tag{1-5}$$

式中，μ 为液体黏度，mPa·s；T 为热力学温度，K；A、B 为液体黏度常数，见表1-7。

表1-7 液体黏度常数

名称	黏度常数		名称	黏度常数	
	A	B		A	B
甲醇	555.30	260.64	1,2-二氯乙烷	473.93	277.98
乙醇	686.64	300.88	氯丙烯	368.27	210.61
苯	545.64	265.34	1,2-二氯丙烷	514.36	261.03
甲苯	467.33	255.34	二硫化碳	274.08	200.22
氯苯	477.76	276.22	四氯化碳	540.15	290.84
氯乙烯	276.90	167.04	丙酮	367.25	209.68
1,1-二氯乙烯	412.27	239.10			

（2）液体混合物黏度

互溶液体混合物的黏度

$$\lg \mu_m = \sum_{i=1}^{n} x_i \lg \mu_i \tag{1-6}$$

式中，μ_m、μ_i 为混合液体和组分 i 的黏度，mPa·s；x_i 为组分 i 的摩尔分数。

（3）气体混合物黏度

常压下混合气体的黏度

$$\mu_m^0 = \frac{\Sigma x_i \mu_i^0 M_i^{1/2}}{\Sigma x_i M_i^{1/2}} \tag{1-7}$$

式中，μ_m^0、μ_i^0 为在常压及0℃下气体混合物和 i 组分的黏度，mPa·s；M_i 为组分 i 的摩尔质量，kg/kmol；x_i 为组分 i 的摩尔分数。

若压力较高，且对比温度 T_r 和对比压力 p_r 大于1的情况下，纯组分的黏度 μ_i 可用下式计算

$$\mu_i = \mu_i^0 \left(\frac{T}{273.15} \right)^m \tag{1-8}$$

式中，T 为热力学温度，K。μ_i^0 和指数 m 值参见表1-8。

较高压力和较高温度下混合气体的黏度为

$$\mu_m = \frac{\Sigma x_i \mu_i M_i^{1/2}}{\Sigma x_i M_i^{1/2}} \tag{1-9}$$

表 1-8 在常压及 0℃下纯组分气体的黏度 μ_i^0 及指数 m 值

气体组分	μ_i^0 /mPa · s	m	气体组分	μ_i^0 /mPa · s	m
CO_2	1.34×10^{-2}	0.935	CS_2	0.89×10^{-2}	
H_2	0.84×10^{-2}	0.771	SO_2	1.22×10^{-2}	
N_2	1.66×10^{-2}	0.756	NO_2	1.79×10^{-2}	
CO	1.66×10^{-2}	0.758	NO	1.35×10^{-2}	0.89
CH_4	1.20×10^{-2}	0.8	HCN	0.98×10^{-2}	
O_2	1.87×10^{-2}		NH_3	0.96×10^{-2}	0.981
H_2S	1.10×10^{-2}		空气	1.71×10^{-2}	0.768

1.6.3 混合物的热导率

（1）液体混合物热导率

① 有机液体混合物热导率计算式为

$$k_{lm} = \sum_{i=1}^{n} w_i k_{li} \tag{1-10}$$

式中，k_{lm}、k_{li}为混合液体和组分 i 的热导率，W/(m · K)；w_i为组分 i 的质量分数。

② 有机液体水溶液热导率

$$k_{lm} = 0.9\sum_{i=1}^{n} w_i k_{li} \tag{1-11}$$

（2）气体混合物热导率

$$k_{gm} = \frac{\sum k_{gi} y_i M_i^{1/3}}{\sum y_i M_i^{1/3}} \tag{1-12}$$

式中，k_{gm}、k_{gi}为混合气体和组分 i 的热导率，W/(m · K)；y_i为组分 i 的摩尔分数；M_i为组分 i 的摩尔质量，kg/kmol。

1.6.4 混合物的比热容

（1）混合气体比热容

$$c_{pm} = \sum_{i=1}^{n} x_i c_{pi} \tag{1-13}$$

式中，c_{pm}、c_{pi}为混合气体和组分 i 的比热容，kJ/(kmol·K)；x_i为组分 i 的摩尔分数。

（2）混合液体比热容

$$c_{pm} = \sum_{i=1}^{n} w_i c_{pi} \tag{1-14}$$

式中，c_{pm}、c_{pi}为混合液体和组分 i 的比热容，kJ/(kg·K)；w_i为组分 i 的质量分数。

式（1-13）和式（1-14）的使用条件是：

① 各组分不互溶；

② 低压气体混合物；

③ 相似的非极性液体混合物（如碳氢化合物）；

④ 非电介质水溶液（有机物水溶液）；

⑤ 有机溶液；

⑥ 不适用于混合热效应较大的互溶混合液。

1.6.5 混合液体表面张力

（1）非水溶液混合物的表面张力

$$\sigma_m = \sum_{i=1}^{n} x_i \sigma_i \tag{1-15}$$

式中，σ_m、σ_i为混合液体和组分 i 的表面张力，mN/m；x_i为组分 i 的摩尔分数。

（2）含水溶液表面张力

二元有机物-水溶液的表面张力在宽浓度范围内可用下式求取

$$\sigma_m^{1/4} = \varphi_{sW} \sigma_W^{1/4} + \varphi_{sO} \sigma_O^{1/4} \tag{1-16}$$

式中

$$\varphi_{sW} = \frac{x_{sW} V_W}{V_s} \tag{1-17}$$

$$\varphi_{sO} = \frac{x_{sO} V_O}{V_s} \tag{1-18}$$

$$B = \lg\left(\frac{\varphi_W^q}{\varphi_O}\right) \tag{1-19}$$

$$\varphi_{sW} + \varphi_{sO} = 1 \tag{1-20}$$

$$A = B + Q \tag{1-21}$$

$$A = \lg\left(\frac{\varphi_{sW}^q}{\varphi_{sO}}\right) \tag{1-22}$$

$$Q = 0.441(q/T)\left(\frac{\sigma_O V_O^{2/3}}{q} - \sigma_W V_W^{2/3}\right) \quad (1\text{-}23)$$

$$\varphi_W = \frac{x_W V_W}{x_W V_W + x_O V_O} \quad (1\text{-}24)$$

$$\varphi_O = \frac{x_O V_O}{x_W V_W + x_O V_O} \quad (1\text{-}25)$$

式中，下标 W、O、s 分别指水、有机物及表面部分；x_W、x_O 指水、有机物的摩尔分数；V_W、V_O 指水、有机物的摩尔体积；σ_W、σ_O 指纯水和有机物的表面张力；q 值由有机物的形式与分子的大小决定，见表 1-9 所示。

表 1-9 q 值的确定

物质	q	举例
脂肪酸、醇	碳原子数	乙酸：q=2
酮类	碳原子数减 1	丙酮：q=2
脂肪酸的卤代衍生物	$\frac{碳原子数\times卤代衍生物}{原脂肪酸摩尔体积}$	卤代乙酸：$q=\frac{V_s(卤代乙酸)}{V_s(乙酸)}$

若用于非水溶剂，q=溶质摩尔体积/溶剂摩尔体积，本法对 14 个水体系、2 个醇-醇体系，当 q 值小于 5 时，误差小于 10%，当 q 值大于 5 时，误差小于 20%。

1.6.6 蒸发潜热

混合物的汽化潜热用式（1-26）或式（1-27）估算

$$r_m = \sum_{i=1}^{n} x_i r_i \quad (1\text{-}26)$$

$$r_m = \sum_{i=1}^{n} w_i r_i \quad (1\text{-}27)$$

式中，r_m、r_i 为混合物和组分 i 的汽化潜热，kJ/kg；x_i、w_i 为组分 i 的摩尔分数和质量分数。

1.6.7 液体饱和蒸气压

液体的饱和蒸气压可由 Antoine 方程计算

$$\lg p = A - \frac{B}{T + C} \quad (1\text{-}28)$$

式中，p 为液体在温度 T 时的饱和蒸气压，mmHg（1mmHg=133.322Pa，下同）；T 为热力学温度，K；A、B、C 为 Antoine 常数，常见物质的 Antoine 常数，见表 1-10。

表 1-10 常见物质的 Antoine 常数

名称	*A*	*B*	*C*	名称	*A*	*B*	*C*
甲醇	16.5675	3626.55	−34.29	1,1-二氯乙烷	16.1764	2927.17	−50.22
乙醇	18.9119	3803.98	−41.68	3-氯丙烯	15.9772	2531.92	−47.15
苯	15.9008	2788.51	−52.36	1,2-二氯丙烷	16.0385	2985.07	−52.16
甲苯	16.0137	3096.52	−53.67	二硫化碳	15.9844	2690.85	−31.62
氯苯	16.0676	3295.12	−55.60	四氯化碳	15.8742	2808.19	−45.99
氯乙烯	14.9601	1803.84	−43.15	丙酮	16.0313	240.46	−35.93
1,1-二氯乙烯	16.0842	2697.29	−45.03				

符号说明

英文字母

A、B、C——Antoine 常数；

A、B——液体黏度常数，见表 1-7；

c_{pm}、c_{pi}——混合气（液）体和组分 i 的比热容，kJ/(kmol · K)，kJ/(kg · K)；

k_{lm}、k_{li}——混合液体和组分 i 的热导率，W/(m · K)；

M_m、M_i——混合物和组分 i 的摩尔质量，kg/kmol；

p——混合气体的压力，kPa；

p——液体在温度 T 时的饱和蒸气压，mmHg；

R——理想气体常数，8.314kJ/(kmol · K)；

T——热力学温度，K；

r_m、r_i——混合物和组分 i 的汽化潜热，kJ/kg；

w_i——组分 i 的质量分数；

x_i——组分 i 的摩尔分数；

y_i——组分 i 的摩尔分数。

希腊字母

μ_m、μ_i——混合液体和组分 i 的黏度，mPa ·s；

μ_m^0、μ_i^0——在常压及 0℃下气体混合物和 i 组分的黏度，mPa · s；

μ——液体黏度，mPa · s；

ρ_m、ρ_i——混合物和 i 组分的密度，kg/m^3；

σ_m、σ_i——混合液体和组分 i 的表面张力，mN/m。

下标

i——i 组分；

m——混合物。

参考文献

[1] 《化工原理设计导论》编写组. 化工原理设计导论. 成都：成都科技大学出版社，1994.
[2] 王国胜. 化工原理课程设计. 大连：大连理工大学出版社，2013.
[3] 贾绍义，柴诚敬. 化工原理课程设计. 天津：天津大学出版社，2002.
[4] 吴俊. 化工原理课程设计. 上海：华东理工大学出版社，2011.
[5] 付家新. 化工原理课程设计. 2 版. 北京：化学工业出版社，2016.
[6] 时钧，汪家鼎，余国琮，陈敏恒. 化学工程手册：上、下册. 北京：化学工业出版社，1996.
[7] 中国石化集团上海工程有限公司. 化工工艺设计手册：上、下册. 4 版. 北京：化学工业出版社，2009.

第 2 章
液体搅拌设备设计

2.1 概述

搅拌操作是最常见的化工单元操作之一，被广泛应用于化工、轻工、制药、食品、材料、造纸、塑料、陶瓷、橡胶等众多工业领域。搅拌操作能够实现两种或多种物料最大限度的接触，从而在给定的时间内完成混合、传热、传质或反应。反应物的充分混合是化工过程中各类化学反应的前提。搅拌设备具有良好的传热传质性能，因此被广泛用作化学反应器。搅拌设备内的温度、浓度、停留时间等操作条件分布均匀，易于控制，且变化范围大，因此特别适合医药、涂料、精细化工等行业的应用。通过搅拌混合可避免物料局部过热，从而减少不必要的副反应，有利于安全生产。例如聚乙烯生产中，通过搅拌作用确保催化剂在反应器内均匀分散，防止其因局部的剧烈聚合作用而造成爆炸。同时，搅拌操作还能够显著加快加热和冷却速率，提高化工过程的传热传质效率。

搅拌过程的基本作用是实现物料的混合，包括单相和多相流体的混合，其中以液体搅拌最为常见。机械搅拌是实现搅拌操作最基本的设备，因此本章主要介绍液体介质的机械搅拌设备的工艺设计。

2.1.1 搅拌操作的原理简介

液体搅拌的目的是实现物料的充分混合，但不同类型搅拌过程的流动状况不同，对搅拌的要求也不同。因此对均相液-液混合、非均相液-液分散、气-液两相的分散、固-液悬浮体系的搅拌过程进行分析，是搅拌装置设计和优化的基础。

均相体系的混合，同时存在物料团块尺度的宏观混合和分子尺度的微观混合两个层级。宏观混合可以通过高速剪切进行强化，而微观的分子尺度上的混合则更多依赖于物料充分的对流循环。虽然宏观和微观混合过程同时存在，但物料的均匀调和依赖于微观混合过程来实现。因此一个体系完成宏观混合过程和微观混合过程所需要的时间之间的相对关系，是影响和指导搅拌设备设计的重要因素。微观混合过程是分子扩散起主导作用，而宏观混合过程起主要作用的是搅拌槽内物料的循环流动，物料在搅拌桨叶的推动下反复地吸入和排出叶轮区。排量特征数 N_{qd} 和循环特征数 N_{qc} 被用来反映流体的宏观混合过程。这两个特征数均与搅拌器的结构型式和搅拌雷诺数 Re 有关，并且在湍流区各种桨叶的这两个特征数各自为定值。混合时间数 θ 被用来反映均相液-液混合操作的效率，其物理意义是实现液-液充分混合时搅拌器所需要转过的圈数。混合时间数 θ 越小，则搅拌效率越高。永田进治等研究发现，在给定搅拌器的结构尺寸和

搅拌雷诺数 $Re>5\times10^3$（即湍流）的条件下，混合时间数是一个常数，且可以通过式（2-1）与搅拌器结构和搅拌槽的流动状况关联起来。

$$\frac{1}{\theta}=k\left[\left(\frac{d}{D}\right)^3 N_{qd}+0.21\frac{d}{D}\left(\frac{N_p}{N_{qd}}\right)^{1/2}\right]\left\{1-\exp\left[-13\left(\frac{d}{D}\right)^2\right]\right\} \tag{2-1}$$

式中，k 为常数，可取 k=0.092；d 为搅拌器直径，mm；D 为搅拌槽直径，mm；N_{qd} 为排量特征数，估算时可取 0.4；N_p 为功率特征数，可取为 0.32。

非均相体系混合的目的是使两相体系均匀分散。由于物料不互溶，两相界面始终存在，因此必然出现一个连续相和一个分散相，创造尽量多的小尺寸的分散相，有利于获得更大的相界面积，从而强化相际传质过程。通过强化湍流和剪切作用，使分散相尺寸尽可能减小，可以达到非均相物系小尺寸的宏观混合。对液-固体系而言，固体物料在液体中达到悬浮状态需要克服颗粒的终端沉降速度。能够使全部颗粒都悬浮起来的最低转速，称为搅拌器的临界转速。实际操作时，搅拌器的转速必须大于临界转速。

2.1.2 机械搅拌设备的基本结构

典型的机械搅拌设备如图 2-1 所示。机械搅拌设备一般由搅拌槽（釜）、搅拌器和相关附件组成。其中搅拌槽一般为立式圆筒形结构，其底部多为碟形或椭圆形，以尽量避免或减小流动不易达到的死区。槽内持液高度一般与槽体直径相当。

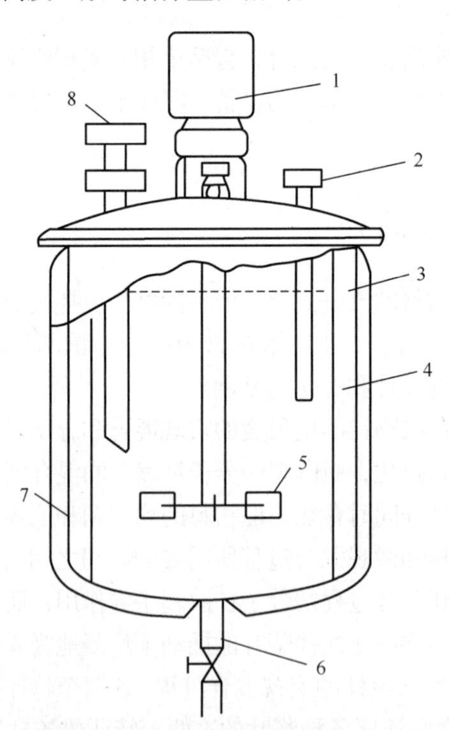

图 2-1 典型机械搅拌设备结构示意图

1—电机；2—温度计导管；3—液面；4—挡板；5—搅拌器；6—卸料管；7—搅拌槽；8—加料管

搅拌器是机械搅拌设备的核心部件，它由电机直接驱动或通过减速器间接驱动，物料通过搅拌器的转动直接获得动能。搅拌效率主要取决于搅拌器的结构尺寸、操作条件、物料性质及其工作环境。

搅拌轴和槽体之间的动密封通过轴封来实现，也是实际生产中最易损坏的部分。与泵轴的密封相似，机械搅拌设备多采用填料函密封和机械密封。对于易燃、易爆物料的搅拌及高温、高压、高真空、高转速等轴封要求高的场合，通常都采用机械密封。

为了满足不同的工业应用要求，槽体上常装有各种不同用途的附件，其中与搅拌效率相关的附件包括挡板、导流筒，以及温度计套管、传感器套管、进料口、出料口、取样口等。

2.1.3 机械搅拌器的类型及选择

（1）机械搅拌器的类型

搅拌器的结构类型是影响搅拌操作效果的关键因素。在长期的研究和工程实践中已开发了各种结构类型的搅拌器，每一种搅拌器只对某一种或几种搅拌操作适合，没有一种搅拌器是对所有的搅拌操作都适合的。针对特定的搅拌操作工况，选择合适的搅拌器是搅拌工艺设计的主要任务之一。表2-1给出了常用搅拌器的型式和主要参数，其中典型的机械搅拌器型式有桨式、涡轮式、推进式、锚式、框式、螺带式、螺杆式等。更详细的各种搅拌器型式及基本参数可以查阅中华人民共和国化工行业标准HG/T 3796.1～3796.12—2005《搅拌器》和HG/T 20569—2013《机械搅拌设备》。

表2-1 常用搅拌器型式及主要数据

型式	通用尺寸及叶片端部速度		结构简图
推进式	螺旋桨叶	$S/d=1$ $Z=3$ 一般5～15m/s 最大25m/s S——螺距 d——搅拌器直径 Z——桨叶片数	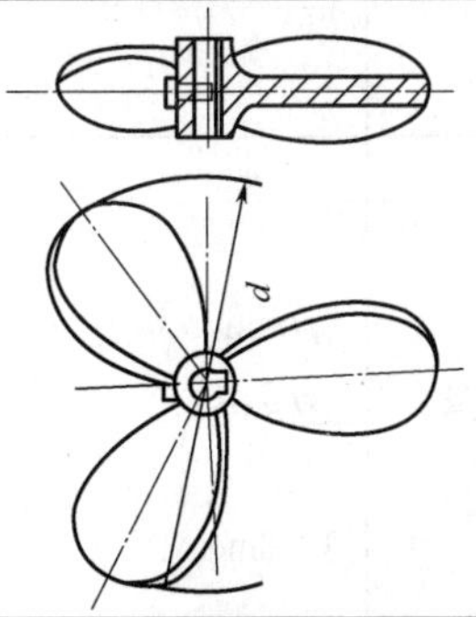
螺带式	$S/d=1$ $B/d=0.1$ $Z=1\sim2$（2指双螺带） 外缘尽可能与釜内壁接近		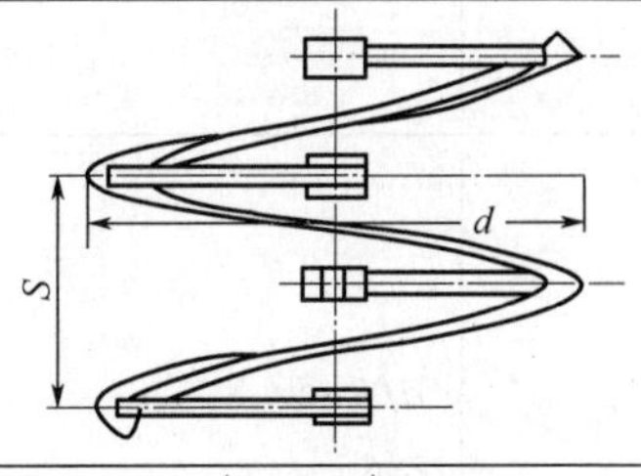
桨式	平直叶	$d/B=4\sim10$ $Z=2$ 1.5～3m/s	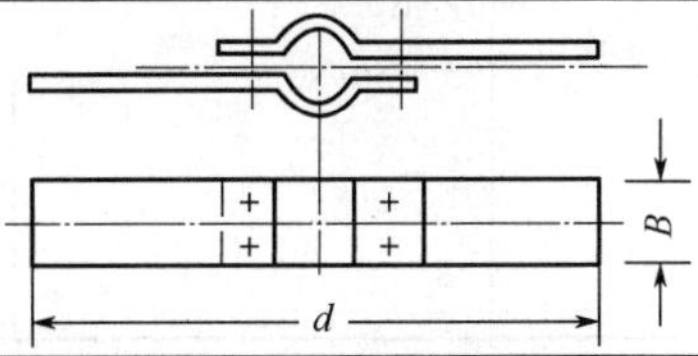

型式	通用尺寸及叶片端部速度		结构简图
桨式	折叶	d/B =4～10 Z=2 1.5～3m/s	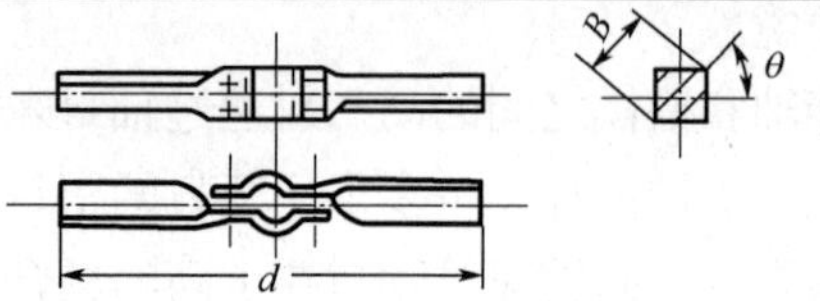
锚式 和框式	B/d =1/12 d'/d =0.05～0.08 d' =25～50mm d' 为搅拌器外缘与釜内壁距离 0.5～1.5m/s		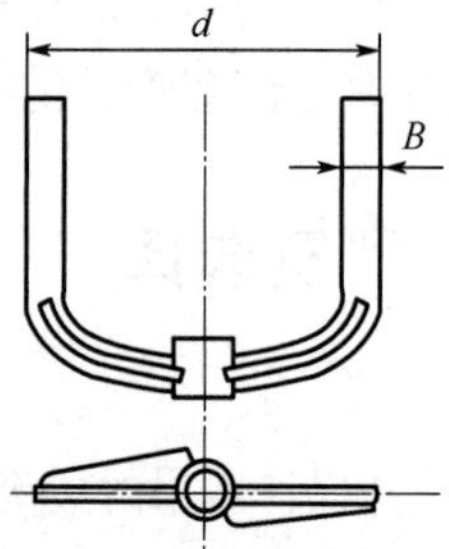 锚式 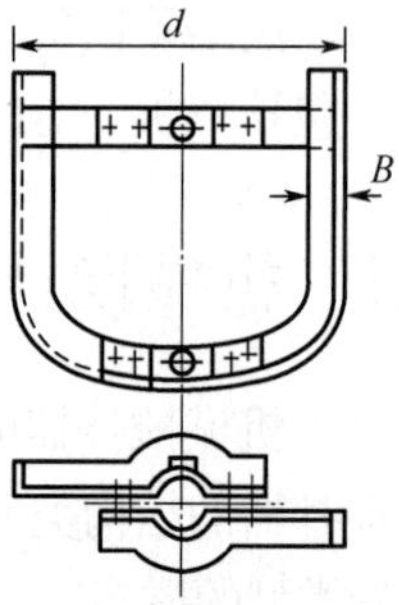　框式
涡轮式	圆盘 平直叶	d/l =4 d/B =5 Z=6 3～8m/s	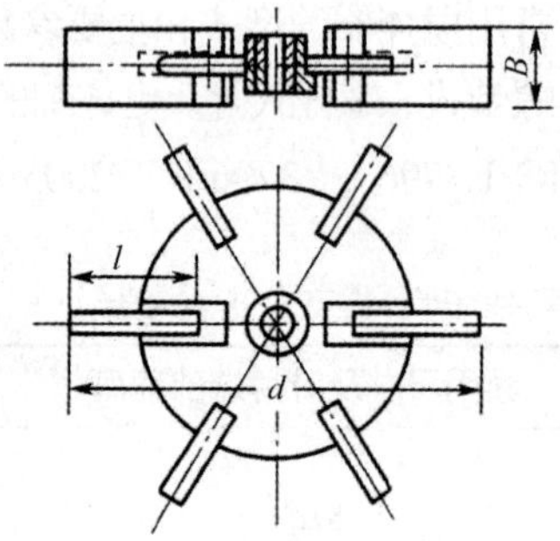
	圆盘 弯叶	d/l =4 d/B =5 Z=6 3～8m/s	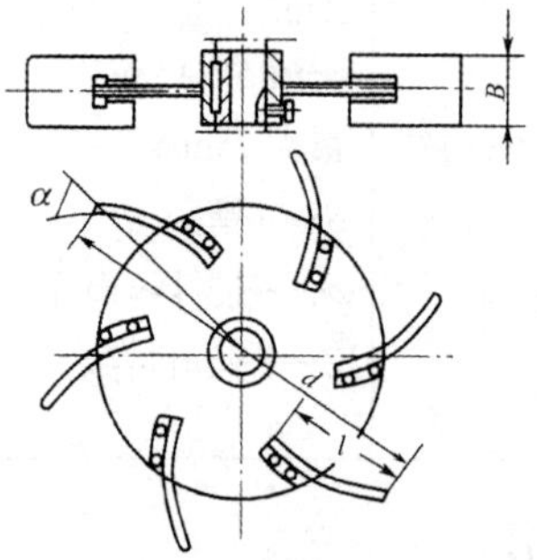
	开启 平直叶	d/B =5～8 Z=6 3～8m/s	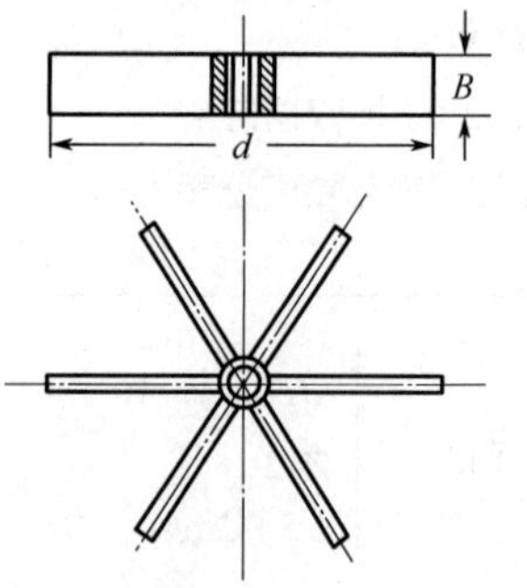

续表

型式	通用尺寸及叶片端部速度		结构简图
涡轮式	开启弯叶	$d/B=5\sim8$ $Z=6$ 3～8m/s	

根据搅拌桨叶形状的不同，搅拌器可分为平叶（如平叶桨式、平直叶涡轮式）、折叶（如折叶桨式）和螺旋面叶（如推进式、螺带式和螺杆式）三种类型。根据桨叶排液的流型，又可分为径流型叶轮和轴流型叶轮两类。其中平叶桨、涡轮桨属于径流型，推进式、螺杆式螺旋面桨属于轴流型，折叶桨则居中，但更接近于轴流型。根据适用流体的黏度范围，搅拌器又可分为适用于中低黏度和高黏度体系的两类。其中桨式、涡轮式、旋桨式（或推进式）和三叶后掠式适用于中低黏度的体系；锚式、框式、螺带式、螺杆式及平叶开启涡轮式等大叶片、低转速搅拌器则适用于高黏度体系。其中涡轮式搅拌在化工生产过程中应用最为广泛。在很多时候，为了达到特定的搅拌目的，往往需要对几种桨型进行组合使用，例如将快速型和慢速型桨叶组合在一起，可以适应搅拌过程黏度变化较大的场合。又比如将螺杆式桨叶和螺带式桨叶组合在一起可使搅拌槽内中央和外围的高黏度流体都得到充分的搅拌，从而改善搅拌效果。

（2）搅拌器的流动类型

搅拌器形成的流体流动可分为轴向流动和径向流动。根据搅拌器形成的流体的主要流动形态可分为轴流式搅拌器和径向流式搅拌器。推进式搅拌器的直径小、转速高、流量大、压头低，是最典型的轴流式搅拌器。液体在搅拌槽内作轴向和切向流动，其流型如图 2-2 所示。这类搅拌器主要形成轴向的大环流，但湍动程度不高，剪切作用不强，主要适用于低黏度互溶体系的混合、固体颗粒的悬浮以及槽内的传热强化。螺带式搅拌器也主要使液体产生轴向流动，其旋转半径大、搅动范围广、转速低、压头小，适用于高黏度液体的混合。

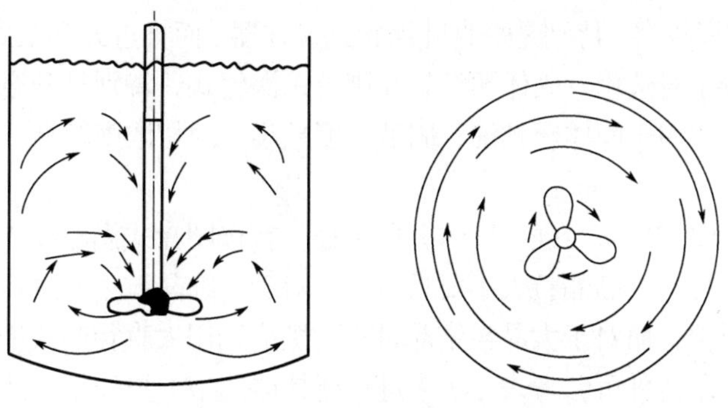

图 2-2 推进式搅拌器的搅拌流型

涡轮式搅拌器的转速高，叶片宽，与推进式搅拌器相比，流量小、但压头高，是典型的径向流式搅拌器。涡轮式搅拌器能使液体在槽内作切向和径向流动，如图 2-3 所示。涡轮式搅拌器形成的总体流动比推进式更复杂，造成强烈的涡旋运动，液体受到的剪切作用强，适用于搅拌中等和低黏度的液体，特别适用于不互溶液体的分散、气体和固体的溶解、液相反应及传热等操作，但不适合用于易分层的物系。平叶片桨式搅拌器的叶片较长、转速较慢，产生的压头较低，也属于径向流式搅拌器，可用于较高黏度液体的搅拌。锚式和框式是平叶片桨式的变形，它们的旋转半径更大，仅略小于反应槽的内径，搅动范围很大，转速更低，产生的压头更小，因此适用于较高黏度液体的搅拌，以及防止器壁产生沉积现象的情况。

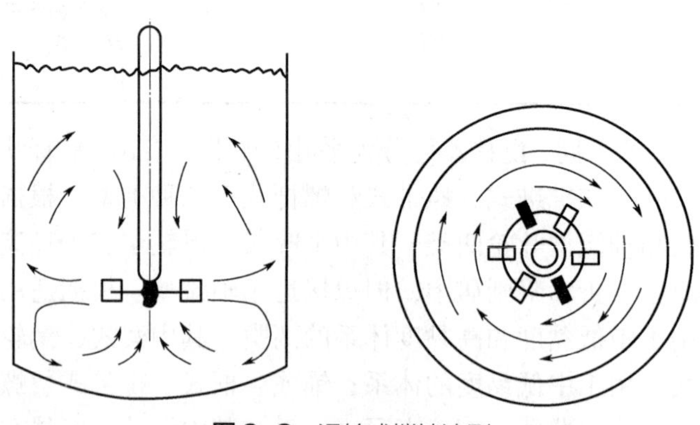

图 2-3 涡轮式搅拌流型

（3）搅拌器的选型

根据工艺确定了搅拌操作的要求和条件后，在进行搅拌器的工程设计时，首先需要选定合适的搅拌器桨叶型式和转速。搅拌器选型需要考虑包括叶轮形状、直径、层数、安装位置、转速、挡板尺寸等很多因素，但最基本的是搅拌介质的黏度、搅拌过程的目的和搅拌器能形成的流动形态。由于搅拌目的、物性和设备形式的多样性以及流动的复杂性，搅拌器的选型和设计缺乏严密的理论指导，在很大程度上仍然依赖实践经验。

① 根据搅拌介质的黏度选型　液体循环是决定低黏度流体混合效果的主要因素，推进式搅拌器是这类应用的首选型式。根据搅拌介质的黏度由小到大，不同型式搅拌器的建议优选顺序为推进式、涡流式、桨式、锚式、螺带式和螺杆式。

② 根据搅拌过程的目的选型　低黏度均相流体的混合，首选推进式搅拌器，其循环能力强且动力消耗小。而乳化分散、固体悬浮或溶解等过程，要求有较大的循环能力和较高的剪切能力，应首选涡轮式搅拌器，特别是平直叶涡轮式搅拌器，而推进式和桨式搅拌器剪切力较小，只能在液体分散量较小时选用。固体颗粒悬浮则首选涡轮式，特别是开启涡轮式搅拌器。桨式搅拌器的转速低，仅适用于固体颗粒细、固液密度差小、固相浓度较高、固体颗粒沉降速度较低的场合。

气体吸收过程，要求剪切力强，气体分散平稳，首选圆盘式涡轮搅拌器。

带搅拌的结晶过程与产品晶粒大小要求有关。对于微细晶粒生产过程，宜选用小直径涡轮式搅拌器进行快速搅拌；而对于大晶粒结晶过程，则应选用大直径桨式搅拌器进行慢速搅拌。

根据搅拌器的适用条件可参考表 2-2 来进行搅拌器选型。更详细的选型建议可查阅王凯等编著的《化工设备设计全书——搅拌设备》。

表 2-2　搅拌器的适用条件

搅拌器型式	流动状态			搅拌目的									搅拌槽容积范围/m^3	转速范围/(r/min)	最高黏度/Pa · s
	对流循环	湍流扩散	剪切流	低黏度液体的混合	高黏度液体混合传热及反应	分散	溶解	固体悬浮	气体吸收	结晶	传热	液相反应			
涡轮式	√	√	√	√	√	√	√	√	√	√	√	√	1～100	10～300	50
桨式	√	√	√	√	√		√	√		√	√	√	1～200	10～300	2
推进式	√	√		√		√	√	√		√	√	√	1～1000	100～500	50
折叶式	√	√		√		√	√	√			√	√	1～1000	10～300	50
锚式	√				√		√						1～100	1～100	100
螺杆式	√				√		√						1～50	0.5～50	100
螺带式	√			√									1～50	0.5～50	100

注：√为适用，空白为不适用或不详。

2.2　机械搅拌设备的设计

2.2.1　机械搅拌设备设计过程

搅拌设备设计的一般流程为：设定和确认搅拌条件→选定搅拌叶轮型式及内构件→确定叶轮尺寸和转速→计算搅拌特性和传热特性→进行搅拌装置机械设计和费用评价。

（1）明确任务、目的

搅拌的任务和目的是进行搅拌器设计的全部依据来源，主要内容包括：

① 明确被搅拌的物料体系；

② 搅拌操作所达到的目的；

③ 搅拌物料的处理量（间歇操作按一个周期的批量，连续操作按时班或年处理量）；

④ 明确有无化学反应、有无热量传递等，考虑反应体系对搅拌效果的要求。

（2）了解物料性质

物料体系的性质是搅拌槽设计计算的基础。物料性质包括物料处理量、物料的停留时间、物料的黏度、体系在搅拌或反应过程中达到的最大黏度、物料的表面张力、粒状物料在悬浮介质中的沉降速度、固体粒子的含量、通气量等。

（3）搅拌器选型

目前尚无完善的选型准则，往往在同一搅拌目的下，几种搅拌器均适用。实际选用时，首先应考虑在达到搅拌目的的同时力求消耗较小的功率。根据搅拌器叶轮构型的一般选择原则，在叶轮选定之后还应考虑叶轮直径的大小与转速的高低。搅拌器的选型不能满足于同类工艺中借鉴，还应根据任务要求具体分析。

（4）确定操作参数

操作参数包括搅拌槽的操作压力和温度、搅拌的容积和时间、连续或间歇操作、叶轮的直径和转速、物料的有关性质和运动状态等，而最基本的目的则是要通过有关参数计算搅拌雷诺数，确定流动类型，进而计算功率消耗。

（5）搅拌槽结构设计

在确定搅拌器类型和操作参数的基础上进行结构设计，主要是确定叶轮构型的几何尺寸、搅拌槽的几何形状和尺寸。

（6）搅拌特性计算

搅拌特性包括搅拌功率、循环能力、剪切应变速率及分布等，根据搅拌任务及目的确定关键搅拌特性。搅拌功率计算包括两个步骤：①确定搅拌的净功率消耗；②考虑轴封和传动装置中的功率损耗，确定适当的电动机额定功率，进而选用适当的电动机。

（7）传热设计

搅拌操作过程中存在热量传递时，应进行传热计算，其主要目的是核算搅拌装置提供的传热面积能否满足传热的要求。

（8）机械设计

在完成上述各项设计程序的基础上，通过机械设计确定传动机构，进行必要的强度计算，并提供搅拌器的全部加工尺寸，最后绘制零部件加工图和总体装配图，以便组织加工和安装。

（9）费用估算

在满足工艺要求的条件下，花费最低的总费用是评价搅拌器性能、校验设计是否合理的重要指标之一，以达到设计最佳化。完整的费用估算应包括：设备加工与安装费用；操作费用；维修费用；整体设备折旧费用估算并列出费用估算明细表。

2.2.2 搅拌功率的计算

（1）搅拌功率的特征数关联式

用一定型式的搅拌器以一定转速对具有一定结构形状的搅拌槽中的液体做功，并使之流动时，搅拌器连续运转所需要的功率称为搅拌功率。影响搅拌功率的因素主要包括：桨、槽的几何参数，物料的物性参数，桨的操作参数。搅拌过程一般采用相似理论和量纲分析的方法得到搅拌功率的特征数关联式。搅拌桨、槽的几何参数与搅拌器的直径之间的比值称为形状因子。对于特定尺寸的搅拌系统，形状因子一般为定值，因此桨、槽的几何参数仅考虑搅拌器的直径。桨的操作参数主要指搅拌器的转速。影响功率的物性参数主要包括被搅拌流体的密度和黏度。当搅拌发生打旋现象时，重力加速度也会影响搅拌功率。可见影响搅拌功率的因素很复杂，一般难以直接通过理论分析来得到搅拌功率的计算方程。因此必须借助实验研究与理论分析相结合的方法才能建立搅拌功率计算公式。

通过量纲分析可得式（2-2）所示的关于搅拌功率的无量纲方程

$$N_P = K_0 Re^x Fr^y \tag{2-2}$$

式中，N_P为功率数，$N_P = \dfrac{P}{\rho n^3 d^5}$，无量纲；$Re$ 为搅拌雷诺数，$Re = \dfrac{\rho n d^2}{\mu}$，流体惯性力和黏性力之比，衡量流体流动状态；$Fr$ 为弗劳德数，$Fr = \dfrac{n^2 d}{g}$，流体的惯性力与重力之比，衡量

重力的影响；P 为搅拌功率，W；d 为搅拌器直径，m；ρ 为流体密度，kg/m^3；μ 为流体黏度，Pa・s；n 为搅拌转速，r/s；g 为重力加速度，m/s^2；K_0 为系数；x、y 为指数。

若令 $\Phi=\frac{N_P}{Fr^y}$，称为功率因数，则有

$$\Phi=K_0 Re^x \tag{2-3}$$

实验研究表明，弗劳德数 Fr，仅在 $Re>300$ 的过渡流状态时对搅拌功率稍有影响，在层流和湍流状态下对搅拌功率都没有影响。即使在 $Re>300$ 的过渡流状态下，Fr 对大部分的搅拌桨叶影响也不大。因此工程上直接把功率数表示成雷诺数的函数，而不再具体考虑弗劳德数的影响。

通过量纲分析法得到搅拌功率数与雷诺数关联的函数形式后，再对一定形状的搅拌器进行一系列的实验，分别测定不同流动状态 Re 下的搅拌功率数 N_P，进而确定各搅拌器在一定流动范围内功率数计算的具体经验公式或关系算图，从而解决搅拌功率的计算问题。

（2）搅拌功率的计算

通过实验研究已经建立了大量均相体系搅拌功率计算的经验公式，以此为基础还可进行非均相系统搅拌功率的计算。

1）均相系统搅拌功率的计算

Rushton 等人对几种常用的搅拌器桨型在不同结构尺寸和安装条件下的搅拌功率进行了大量的实验研究，并给出了在液体黏度为 1.0×10^{-3}～40Pa・s、雷诺数 $Re\leqslant10^6$ 时，8 种桨型的搅拌器在有挡板或无挡板条件下的 Φ-Re 关系曲线（图 2-4）。由图 2-4 可以发现搅拌器的功率因数可根据 Re 的大小大致分为三个区域，即层流区、过渡区和湍流区。

当 $Re<10$ 时，处于层流区，此时搅拌不会出现打旋现象，重力对流动的影响可以忽略，即对搅拌功率没有影响。因此反映重力影响的 Fr 可以忽略。各搅拌器的 Φ 与 Re 在对数坐标系上为一组斜率均近似为−1 的直线。因在层流区内 Φ-Re 服从式（2-4）。

$$\Phi=N_P=\frac{K_1}{Re} \tag{2-4}$$

式中，K_1 为常数。故

$$P=\Phi\rho n^3 d^5=K_1\mu n^2 d^3 \tag{2-5}$$

当 $Re=10\sim10^4$，处于过渡区，此时功率因数 Φ 随 Re 呈曲线变化，且不同搅拌器具有不同的变化曲线。当搅拌槽内无挡板并且 $Re\geqslant300$ 时，液面中心处会出现旋涡，Fr 对功率的影响不能忽略，则此时有

$$\Phi=\frac{N_P}{Fr^y}=\frac{P}{\rho n^3 d^5}\left(\frac{g}{n^2 d}\right)^{\frac{\alpha-\lg Re}{\beta}} \tag{2-6}$$

式中，参数 α 和 β 的取值与搅拌器型式有关，其数值可由表 2-3 查得。

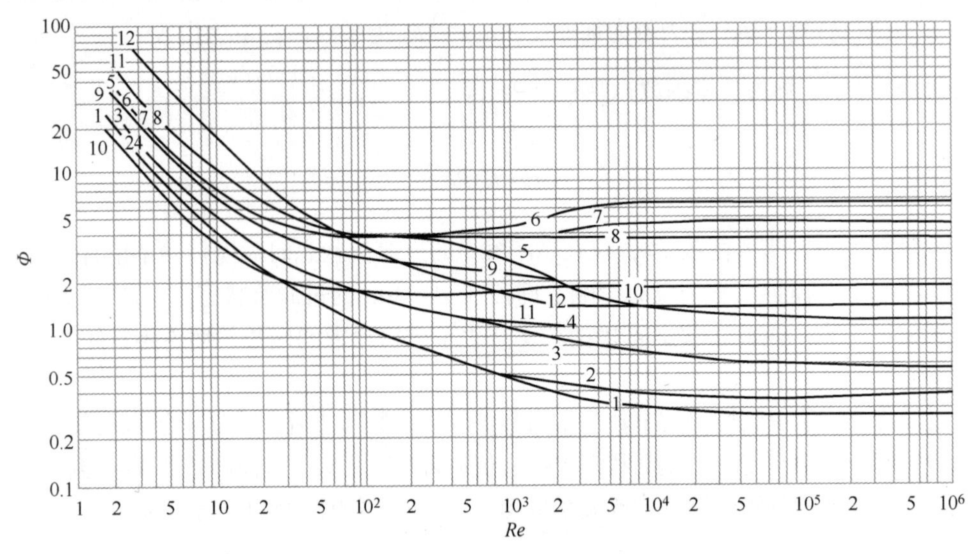

图 2-4 Rushton *Φ-Re* 关系算图

1—三叶推进式，*S*=*d*，无挡板；2—三叶推进式，*S*=*d*，有挡板；3—三叶推进式，*S*=2*d*，无挡板；
4—三叶推进式，*S*=2*d*，有挡板；5—六片平直叶圆盘涡轮，无挡板；6—六片平直叶圆盘涡轮，有挡板；
7—六片弯叶圆盘涡轮，有挡板；8—六片箭叶圆盘涡轮，有挡板；9—八片折叶开启涡轮（458），有挡板；
10—双叶平桨，有挡板；11—六叶闭式涡轮，有挡板；12—六叶闭式涡轮带二十叶静止导向器。

注：其中 *S* 为桨叶螺距

搅拌功率可由式（2-7）计算

$$P = \Phi \rho n^3 d^5 \left(\frac{n^2 d}{g} \right)^{\frac{\alpha - \lg Re}{\beta}} \tag{2-7}$$

表 2-3 当 Re=300～10^4 时一些搅拌器的 α、β 值

搅拌器型式	d/D	α	β
三叶推进式	0.47	2.6	18.0
	0.38	2.3	18.0
	0.33	2.1	18.0
	0.31	1.7	18.0
	0.22	0	18.0
六叶涡轮式	0.31	1.0	40.0
	0.33	1.0	40.0

在过渡区，无挡板并且 Re<300，或有挡板并符合全挡板条件且 Re>300 时，流体不会出现大的旋涡，Fr 的影响可以忽略。此时搅拌功率仍可用式（2-5）进行计算，计算时 Φ 值可直接由 Re 在 Rushton 算图中查得。

当 Re>10^4 时，处于湍流区，通常都采用全挡板条件，消除了打旋现象，因此可以忽略重力的影响。在 Rushton 算图中 Φ 值几乎不受 Re 和 Fr 的影响，呈一条水平直线，故 $\Phi = N_P = K_2$。因此搅拌功率可由式（2-8）来计算。

$$P = K_2 \rho n^3 d^5 \tag{2-8}$$

式中，K_2为常数。

Rushton 算图是一种计算搅拌功率的简捷方法，在使用时必须满足每条曲线的应用条件。只有符合几何相似条件，才能根据流体密度 ρ、黏度 μ、搅拌器直径 d 和转速 n 计算出的搅拌雷诺数 Re，在算图中相应桨型的功率因数曲线上查得 Φ 值，再根据流动状态分别选用式（2-5）、式（2-7）或式（2-8）来计算搅拌器的搅拌功率。

2）非均相系统搅拌功率的计算

① 不互溶液-液相搅拌的搅拌功率　对于液-液混合的搅拌功率，首先计算两相的平均密度 ρ_m 和平均黏度 μ_m，然后再按均相系统搅拌功率的计算方法进行计算。液-液相物系的平均密度为

$$\rho_m = \varphi_d \rho_d + (1-\varphi_d)\rho_c \tag{2-9}$$

式中，ρ_m 为两相的平均密度，kg/m^3；ρ_d 为分散相的密度，kg/m^3；ρ_c 为连续相的密度，kg/m^3；φ_d 为分散相的体积分数，无量纲。

当两相的黏度都较小时，其平均黏度 μ_m 可采用下式计算：

$$\mu_m = \mu_d^{\varphi_d} \mu_c^{1-\varphi_d} \tag{2-10}$$

式中，μ_m 为两相的平均黏度，Pa・s；μ_d 为分散相的黏度，Pa・s；μ_c 为连续相的黏度，Pa・s。

② 气-液相搅拌的搅拌功率　在吸收、反应和发酵等过程中，都涉及气-液搅拌。当向液体中通入气体并进行搅拌时，通气搅拌的功率 P_g 要比均相液体的搅拌功率 P 低。P_g/P 的数值取决于通气系数的大小，通气系数 N_a 由式（2-11）计算

$$N_a = \frac{Q_g}{nd^3} \tag{2-11}$$

式中，N_a 为通气系数，无量纲；Q_g 为气体流量，m^3/s。

图 2-5 给出了部分搅拌器的 P_g/P 和通气系数 N_a 的实验关系曲线。一般 N_a 越小，气泡在搅拌槽内越容易分散均匀，所以从图 2-5 上可看出当 P_g/P 在 0.6 以上时的 N_a 是比较合适的。当采用六片平直叶圆盘涡轮式搅拌器进行气相分散搅拌时，搅拌功率的比值 P_g/P 可由式（2-12）计算：

$$\lg \frac{P_g}{P} = -192\left(\frac{d}{D}\right)^{4.38}\left(\frac{d^2 n\rho}{\mu}\right)^{0.115}\left(\frac{dn^2}{g}\right)^{1.96\frac{d}{D}}\left(\frac{Q_g}{nd^3}\right) \tag{2-12}$$

③ 液-固相搅拌的搅拌功率　当固体颗粒的体积分数不大，并且颗粒的直径也不很大时，可近似地看作是均匀的悬浮状态，这时可取平均密度 ρ_m 和平均黏度 μ_m 来代替原液相的密度和黏度，以 ρ_m，μ_m 作为搅拌介质的物性，然后按均一液相搅拌来求得搅拌功率。液-固相悬浮液的平均密度 ρ_m 为

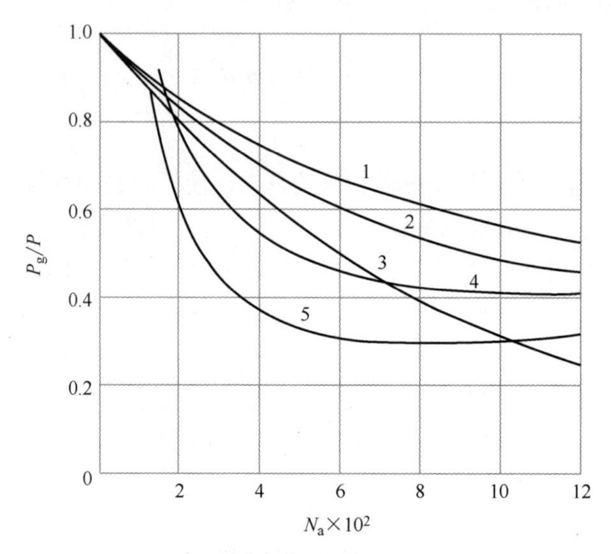

图 2-5　通气系数与功率比的实验关联

1—八片平直叶圆盘涡轮；2—八片平直叶上侧圆盘涡轮；

3—十六片平直叶上侧圆盘涡轮；4—六片平直叶圆盘涡轮；5—平直叶双桨

搅拌条件：d=D/3，H=D，C=D/3，全挡板，其中 C 为搅拌器距槽底的高度，单位 m

$$\rho_m = \varphi_s \rho_s + \rho(1-\varphi_s) \quad (2\text{-}13)$$

式中，ρ_m 为悬浮液的平均密度，kg/m^3；ρ_s 为固体颗粒的密度，kg/m^3；ρ 为液相的密度，kg/m^3；φ_s 为固体颗粒的体积分数，无量纲。

当悬浮液中固体颗粒与液体的体积比 $\varphi_s/(1-\varphi_s)<1$ 时，则

$$\mu_m = \mu[1+2.5\varphi_s/(1-\varphi_s)] \quad (2\text{-}14)$$

当 $\varphi_s/(1-\varphi_s)>1$ 时，则

$$\mu_m = \mu[1+4.5\varphi_s/(1-\varphi_s)] \quad (2\text{-}15)$$

式中，μ_m 为悬浮液的平均黏度，Pa·s；μ 为液相的黏度，Pa·s；$\varphi_s/(1-\varphi_s)$ 为固体颗粒与液体的体积比，无量纲。

固-液相的搅拌功率与固体颗粒的大小有很大的关系，当固体颗粒直径大于 200 目（0.074mm）时，由上述方法计算所得搅拌功率比实际值小。

（3）搅拌设备的放大

1）放大基本原则

根据相似性原理，两个系统必须具有相似性才能推广经验参数，其中包括：

几何相似——实验设备与生产设备的相应几何尺寸的比值相同。

运动相似——几何相似系统中，对应位置处流体的运动速度之比相等。

动力相似——两几何相似和运动相似的系统中，对应位置上所受力的比值相等。

热相似和反应相似——两系统除满足上述三个相似性要求外，对应位置上的温度差之比和浓度差也相等。

相似条件很多，有些条件对同一个过程还可能是相互矛盾的，在放大过程中无法做到所有

的条件都相似。因此必须根据具体的搅拌过程，以达到生产任务的要求为前提，寻求对该过程影响最显著的相似性条件，而舍弃次要因素，从而将一个复杂的问题变成相对单一的问题。两个系统几何相似是相似放大的基础。

2）放大方法

搅拌设备的放大，一般可分为两大类：一类是按功率数据放大；另一类是按工艺过程要求放大。

① 按功率数据放大　两个构型相同的搅拌系统，不管尺寸大小如何，它们的功率曲线应相同。即只要 Re 相等，则 Φ 值相同。

如果两个搅拌槽都满足全挡板条件，则功率数 N_P 只是 Re 的函数，即

$$N_P = f(Re)$$

因此通过测量实验设备的搅拌功率来建立上述函数关系，进而推算生产设备的搅拌功率。

② 按工艺过程要求放大　在几何相似系统中，要取得相同的工艺过程结果，有下列放大判据可供参考（对同一种液体，其 ρ，μ 和 σ 不变，下标 1 代表实验设备，下标 2 代表生产设备）。

（a）保持雷诺数 $Re=\dfrac{n\rho d^2}{\mu}$ 不变，要求 $n_1 d_1^2 = n_2 d_2^2$；

（b）保持搅拌器流量和压头的比值 q/H 不变，要求 $\dfrac{d_1}{n_1}=\dfrac{d_2}{n_2}$；

（c）保持叶端线速度 $u_T = n\pi d$ 不变，要求 $n_1 d_1 = n_2 d_2$；

（d）保持单位流体体积的搅拌功率 P/V 不变，要求 $n_1^3 d_1^2 = n_2^3 d_2^2$。

而对于一个具体的搅拌过程的放大判据，需要通过放大实验来确定。

2.2.3　搅拌设备中的传热计算

（1）传热方式

工业上，反应、结晶、混合、聚合等操作都用到搅拌容器，这些过程往往还伴随着加热、冷却或者保温的需求。特别是涉及化学反应的搅拌过程，通过换热来维持最佳反应温度非常必要。某些强放热反应，更是必须保证混合均匀并及时移走热量，否则容易局部过热引起爆炸等不良副反应。水蒸气、热水、导热油或者电加热是最常用的搅拌槽加热介质；水、冷冻盐水、低温水等则是最常用的冷却介质。搅拌槽的换热须通过加设在容器外壁的夹套、缠绕管和焊接半圆管，或者设置在容器内部的螺旋盘管和立式排管来进行，其中夹套应用最广。总传热速率由传热介质侧传热膜系数、容器侧传热膜系数、传热壁材料热导率和污垢热阻共同决定。

1）夹套传热

夹套传热是一个套在搅拌槽筒体外侧，并与搅拌槽外壁一起形成的一个供换热介质流动的密封空间，一般由普通碳钢制成，参见图 2-6。夹套传热具有结构简单、耐腐蚀、适应性广的优点。夹套上设置有水蒸气、冷却水或其他换热介质的进出口。其中螺旋导流板夹套和半管螺旋夹套等型式的传热效果较好。采用水蒸气加热时，在夹套上还需增设不凝性气体排出口。通常夹套内的压力不超过 1MPa。

夹套的间距根据搅拌槽的公称直径来确定，一般取 25～100mm。夹套的高度则根据工艺

要求的传热面积来确定。但须注意，夹套高度一般应比筒内液面高出 50～100mm，以保证充分传热。

2）螺旋盘管传热

当夹套提供的传热面积不能满足要求，或者因筒体内衬有橡胶等耐腐蚀材料而不能采用夹套传热时，可采用螺旋盘管传热，参见图 2-7。螺旋盘管浸没在物料中，加热时热量损失小，传热效率高。排列密集的螺旋盘管还能起到导流筒和挡板的作用。

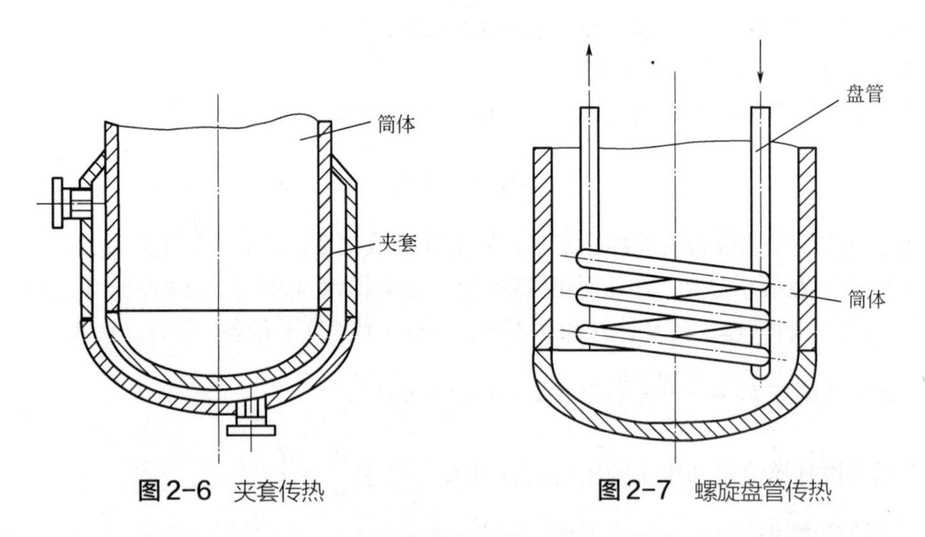

图 2-6 夹套传热　　**图 2-7** 螺旋盘管传热

螺旋盘管的对流传热系数比直管大，但螺旋盘管过长时流体流动阻力较大，动力消耗较多，因此螺旋盘管不宜过长。螺旋盘管管径通常为 25～70mm。用于蒸汽加热的螺旋盘管其管长和管径之比可参考表 2-4。

表 2-4 管长和管径之比

蒸汽压力（表压）/kPa	0.45×10^2	1.25×10^2	2×10^2	3×10^2	5×10^2
管长和管径最大比值	100	150	200	225	275

用螺旋盘管可以显著增加传热面积，有时可以完全取消夹套。此外螺旋盘管的传热系数更大，且可以用较高压力的加热介质。

除夹套和螺旋盘管两种传热方式外，还有夹套加内传热挡板法、回流冷凝法、料浆循环法等其他传热方式。

（2）传热介质侧的对流传热系数

搅拌过程中流体的传热主要是热传导和强制对流。传热速率取决于被搅拌流体和传热介质的物理性质、容器的几何形状、容器壁的材料和厚度，以及搅拌的程度。

1）螺旋盘管内流体对管壁的对流传热系数

当 Re>10000 时，流体处于湍流状态，直管中流体对管壁的对流传热系数可由式（2-16）计算

$$Nu = 0.027 Re^{0.8} Pr^{0.33} \varphi_{\mu}^{\ 0.14} \tag{2-16}$$

式中，Nu 为努塞尔数，$Nu=\dfrac{hD_e}{k}$，表示对流传热系数；Pr 为普朗特数，$Pr=\dfrac{c_p\mu}{k}$，反映物性对传热系数的影响；φ_μ 为流体主体温度下的黏度与壁温下的黏度之比，$\varphi_\mu=\dfrac{\mu}{\mu_w}$；$h$ 为直管中的流体对管壁的对流传热系数，W/(m^2·℃)；D_e 为当量直径，m；k 为液体的热导率，W/(m·℃)；c_p 为液体的定压比热容，J/(kg·℃)；μ 为流体在主体温度下的黏度，Pa·s；μ_w 为流体在壁温下的黏度，Pa·s。

流体在螺旋盘管内流动是对管壁冲刷使得对流传热得到强化，螺旋盘管中的对流传热系数等于由式（2-16）算得的结果乘以一个大于 1 的校正因子，即

$$Nu=0.027Re^{0.8}Pr^{0.33}\varphi_\mu{}^{0.14}\left(1+3.5\frac{D_e}{D_c}\right) \tag{2-17}$$

式中，D_c 为螺旋盘管平均弯管直径，m。

当 Re≤2100 时，流体处于层流区，螺旋盘管中流体对管壁的对流传热系数由下式计算

$$Nu=1.86\left(RePr\frac{D_e}{L}\right)^{0.33}\varphi_\mu{}^{0.14} \tag{2-18}$$

式中，L 为螺旋盘管长度，m。

当 2100< Re ≤10000 时，流体处于过渡流区，可由式（2-16）计算出 Nu 后，再乘以校正因子 φ，φ 值可根据表 2-5 确定。

表 2-5 过渡流时对流传热系数校正因子

Re	2300	3000	4000	5000	6000	7000	8000
φ	0.45	0.66	0.82	0.88	0.93	0.96	0.99

式（2-16）～式（2-18）同时适用于圆管和非圆管，但对于非圆管，应采用当量直径。

2）夹套中传热介质对搅拌槽壁的对流传热系数

不同型式夹套的传热计算方法基本相同，均根据 Re 的大小分别选用式（2-16）～式（2-18）和表 2-5 进行计算。与计算管中流体传热不同的是其当量直径 D_e、计算流速 u 时的流通面积 A_x 和传热面积 A 取值应按照表 2-6 的规定进行确定。

表 2-6 夹套中流体对流传热系数算法

夹套形式		螺旋导流板夹套	半管螺旋夹套	空心夹套
传热系数算式	Re >10000	式（2-17）		式（2-16）
	Re ≤ 2100	式（2-18）		
	2100 < Re ≤10000	式（2-17）和表 2-4		式（2-16）和表 2-4
D_e		$4E_{an}$	中心角 180°时，$D_e=(\pi/2)d_{ci}$ 中心角 120°时，$D_e=0.708D_c$	$\dfrac{D_{jo}{}^2-D_{ji}{}^2}{D_{ji}}$

续表

夹套形式	螺旋导流板夹套	半管螺旋夹套	空心夹套
A_x	$P_i E_{an}$	中心角180°时，$A_x=(\pi/8)d_{ci}^2$ 中心角120°时，$A_x=0.154d_{ci}^2$	$\dfrac{\pi\left(D_{jo}^2-D_{ji}^2\right)}{4}$
A	与夹套中换热介质接触的壁面积	A=半管下面积+0.6×半管间面积	与夹套中换热介质接触的壁面积
其他	u取夹套无泄漏时流速的60%		进行蒸汽冷凝时，取h=5670W/(m²·℃)

注：E_{an}—夹套环隙宽度，m；P_i—导流板的螺距，m；A_x—流通面积，m²；A—传热面积，m²；u—流体速度，m/s；d_{ci}—螺旋盘管内径，m；D_{ji}—夹套内径，m；D_{jo}—夹套外径，m。

（3）被搅拌液体侧的对流传热系数

被搅拌液体侧的对流传热系数大致可分成两大类：一类是螺旋盘管外壁的对流传热系数h_c；另一类为带夹套容器内壁的对流传热系数h_j。根据对流传热基本原理，换热表面上存在的液体层流底层是影响热量传递的主要因素。而层流底层的厚度仅与流体物性和流动状态相关。因此无论什么桨型，只要容器内流体形成的流动状态基本相同，则容器内流体的对流传热系数也应基本相同。特别是容器内流体流动均匀，且处于湍流状态时，容器内对流传热系数与桨型无关。佐野雄二通过大量实验建立了两个适应性广、形式相对简单的容器内流体对流传热系数关联式，即适用于夹套加热的式（2-19）和适用于盘管加热的式（2-20）。

$$Nu_j=0.512\left(\frac{\varepsilon D^4}{\nu^3}\right)^{0.227}Pr^{1/3}\left(\frac{d}{D}\right)^{0.52}\left(\frac{b}{D}\right)^{0.08} \tag{2-19}$$

$$Nu_c=0.28\left(\frac{\varepsilon d_{co}^4}{\nu^3}\right)^{0.206}Pr^{0.35}\left(\frac{d}{D}\right)^{0.2}\left(\frac{b}{D}\right)^{0.1}\left(\frac{d_{co}}{D}\right)^{-0.3}\left(\frac{\mu}{\mu_w}\right)^{0.4} \tag{2-20}$$

式中，Nu_j为努塞尔数，$Nu_j=\dfrac{h_jD}{k}$，表示搅拌液体对带夹套容器内壁的对流传热系数；Nu_c为努塞尔数，$Nu_c=\dfrac{hD_e}{k}$，表示被搅拌液体对内冷螺旋管外壁的对流传热系数；Pr为普朗特数，$Pr=\dfrac{c_p\mu}{k}$，表示物性对对流传热系数的影响；d_{co}为内冷螺旋管外径，m；ε为单位质量被搅拌液体消耗的搅拌功率，W/kg；ν为被搅拌液体的运动黏度，m²/s。

计算物性时的定性温度一般为流体的平均温度。

式（2-19）和式（2-20）既能用于有挡板搅拌槽，也可用于无挡板搅拌槽，而且螺旋管设置与否、叶轮型式、叶轮安装高度、叶轮上的叶片数和叶片倾角等的变化对关联式的系数无影响，因此应用广泛。但应注意只有容器内的流体处于湍流状态才适用。

（4）总传热系数K的计算

总传热系数K是评价搅拌反应器传热性能的重要技术指标，对搅拌反应器的生产能力、产品质量、产品成本、动力消耗都有很大影响。

对于间壁两边都是变温的冷、热两流体间的实际传热过程，热流体的温度为 T，冷流体的温度为 t，间壁厚度为 δ_2，间壁材料的热导率为 λ_2。在间壁两侧垢层厚度分别为 δ_1 及 δ_3，热导率为 λ_1 及 λ_3。传热过程由热流体对壁面的对流传热、在垢层和金属壁间的热传导及壁面对冷流体的对流传热所组成。

对于稳态传热，选用平均传热面积 A_m 为基准，通过串联热阻计算得

$$Q=\frac{A_m(T-t)_m}{\frac{1}{h_1}+\frac{\delta_1}{\lambda_1}+\frac{\delta_2}{\lambda_2}+\frac{\delta_3}{\lambda_3}+\frac{1}{h_2}} \tag{2-21}$$

$$\frac{1}{K}=\frac{1}{h_1}+\frac{1}{h_2}+\sum\frac{\delta}{\lambda} \tag{2-22}$$

式中，Q 为传热速率，W；$(T-t)_m$ 为平均温度差，℃。

容器金属壁的热导率比垢层热导率大得多，一般可忽略不计。如果暂不考虑垢层对传热的影响，则总的热阻来自被搅拌物料与容器壁的热阻 $1/h_1$ 和夹套内传热介质与容器壁的热阻 $1/h_2$。因此工程上采取各种有效措施来提高 h_1 和 h_2，以强化传热。

提高 h_1 的常用方法包括加设挡板或设置立式管排，有时也采用小搅拌器高转速的方法。对于高黏度流体或非牛顿流体，由于 $1/h_1$ 往往比其他热阻要大得多，总的热阻实际上由此热阻决定，因此常采用近壁或刮壁式搅拌器来提高 h_1 值。对高黏度的假塑性流体，采用刮壁搅拌器可将 K 值提高 4～5 倍。

提高传热介质侧对流传热系数 h_2 常采用的方法有下列几种：

① 通过在夹套中加螺旋导流板，来增加冷却水流速的方法。螺旋导流板一般焊在容器壁上，与夹套外壁有 0～3mm 的间隙。

② 在夹套的不同高度按等距安装扰流喷嘴的方法。冷却水主要仍从夹套底部进水口进入夹套，在喷嘴中注入一定数量的冷却水，使冷却水主流呈湍流状态，从而大幅度地提高 h_2。

③ 在夹套的不同高度切向进水，也可提高 h_2，其作用与扰流喷嘴相似。

由于水蒸气的冷凝给热系数高达 5000W/(m^2·℃) 以上，当夹套内的加热介质为饱和水蒸气或过热度不大的过热蒸汽进行加热时，总热阻集中在搅拌槽一侧。

搅拌器的总传热系数 K 可由式（2-22）计算。其经验值列于表 2-7。

表 2-7　搅拌器的总传热系数 K 的经验值

螺旋盘管式——用作冷却器			
管内流体	管外流体	总传热系数/[W/(m^2·℃)]	备注
水（管材：铅）	有机染料中间体	1628.2	涡轮式搅拌器，1.58r/s
水（管材：铅）	热溶液	511.7～2035.3	桨式搅拌器，0.007r/s
冷冻盐水	氨基酸	569.9	0.50r/s
水（管材：低碳钢）	25%发烟硫酸 60℃	116.3	搅拌

螺旋盘管式——用作冷却器			
管内流体	管外流体	总传热系数/［W/(m^2·℃)］	备注
15.6℃水（管材：铅）	50%砂糖水溶液	279.1～337.3	缓慢搅拌
水（管材：铅）	水溶液	1395.6	推进式搅拌器，8.33r/s
水（管材：铅）	液体	1279.3～2093.4	推进式搅拌器，8.33r/s
水（管材：铅）	热水	511.7～2093.4	搅拌，0.007r/s
螺旋盘管式——用作加热器			
管内流体	管外流体	总传热系数/［W/(m^2·℃)］	备注
水蒸气（管材：铅）	水	395.4	搅拌
水蒸气（管材：钢）	植物油	221.0～407.1	搅拌器转速可变
热水（管材：铅）	水	465.2～1511.9	桨式搅拌器
水蒸气（管材：钢）	水	883.9	搅拌

夹套式——用作冷却器				
夹套内流体	釜中流体	釜壁材料	总传热系数/［W/(m^2·℃)］	备注
低速冷冻盐水	硝化浓稠液	铸铁	181.4～337.3	搅拌0.58～0.63r/s
水	粗硝基甲酸，5%氢氧化钠	钢	325.6	搅拌（冷却精制）
水	盐酸，硝基卡因，铁粉，水	钢	151.2	搅拌（冷却还原）
水	二溴乙烷，双腈	钢	162.8	搅拌（冷却缩合）
水	对硝基甲苯，硫酸，水	搪玻璃	187.2	搅拌（冷却反应）
水	普鲁卡因，氯化钠	搪玻璃	134.9	搅拌（冷却盐析）
盐水	普鲁卡因溶液	搪玻璃	171.0	搅拌（冷却盐析）
盐水	溴化钾溶液	搪玻璃	199.0	搅拌（冷却结晶）
夹套式——用作加热器				
夹套内流体	釜中流体	釜壁材料	总传热系数/［W/(m^2·℃)］	备注
水蒸气	溶液	铸铁	988.6～1163.0	双层刮刀式搅拌器
水蒸气	水	不锈钢	783.9	锚式搅拌器0.028r/s
水蒸气	水	铜	1395.6	搅拌
水蒸气	水	铸铁衬铅	23.3～52.3	搅拌
水蒸气	水	铸铁搪瓷	546.6～697.8	搅拌，0～0.11r/s
水蒸气	硬石蜡	铸铁	581.5	刮刀式搅拌器

续表

夹套式——用作加热器				
夹套内流体	釜中流体	釜壁材料	总传热系数 / [W/(m^2 · ℃)]	备注
水蒸气	果汁	铸铁搪瓷	872.3	搅拌
水蒸气	水乳	铸铁搪瓷	1744.5	搅拌
水蒸气	浆糊	铸铁	709.4～790.8	双层刮刀式搅拌器
水蒸气	泥浆	铸铁	907.1～988.6	双层刮刀式搅拌器
水蒸气	肥皂		46.5～69.8	肥皂加热温度 30～90℃，搅拌 0.03r/s
水蒸气	甲醛苯酚缩合		46.5～628.0	罐内温度 70～90℃
水蒸气	苯乙烯聚合		23.3～255.9	刮刀式搅拌器
水蒸气	粉（5%水）	铸铁	232.6～290.8	双层刮刀式搅拌器
水蒸气	块状物质	铸铁	430.3～546.61	双层刮刀式搅拌器
水蒸气	对硝基甲苯，硫酸，水	搪玻璃	248.9	搅拌（加热反应）

以上介绍的是液-液系统，如在鼓泡搅拌器中，传热问题可与不通气时一样处理。关于加热时间的计算及高黏度液体的传热，可参阅有关资料或专著。

2.2.4 搅拌槽内的附件

搅拌容器的某些内部构件对于建立混合所需的流场，达到所需的搅拌效果密切相关。常用的搅拌附件主要是挡板和导流筒。

（1）挡板

挡板一般用于低黏度介质的搅拌操作，其作用是消除容器内流体的打旋现象，并能产生上下翻腾的流动，使流体容易形成湍流，同时还能提高桨叶的剪切性能。因此挡板至少有两个作用：一是将切向流动转化为轴向流动和径向流动，增强槽内流体的主体对流扩散；二是增大被搅拌流体的湍流程度，从而改善搅拌效果。挡板一般沿筒体内壁轴向安装。试验证明：挡板的宽度 W、数量 n_b，以及安装方式等都将影响流体的流动状态，进而影响搅拌功率。当挡板的条件符合式（2-23）时搅拌器的搅拌功率最大，这种挡板条件叫做全挡板条件

$$n_b\left(\frac{W}{D}\right)^{1.2}=0.35 \tag{2-23}$$

挡板宽度一般取 $W=D/10\sim D/12$，对于高黏度流体，可减小到 $D/20$。挡板数量 n_b 取决于搅拌槽直径的大小。对于小直径的搅拌槽，一般安装 2～4 块挡板。对于大直径的搅拌槽，一般安装 4～8 块挡板，以 4 块或 6 块居多，此时已接近于全挡板条件。挡板上沿一般与槽内液面平齐。搅拌槽内设置的其他能阻碍水平回转流动的附件，如螺旋盘管、温度计套管等，也能起到挡板的作用。

（2）导流筒

在需要控制流体的流动方向和速率以确定某一特定流型时，可在搅拌槽中安装导流筒。导流筒主要用于推进式、螺杆式及涡轮式搅拌器。推进式或螺杆式搅拌器的导流筒是安装在搅拌器的外面，而涡轮式搅拌器的导流筒则安装在叶轮的上方。导流筒一方面可以提高筒内流体的搅拌程度，加强搅拌器对流体的直接机械剪切作用，另一方面又能建立充分循环的流型，使搅拌槽内所有的物料均可通过导流筒内的强烈混合区，提高混合效率。此外，导流筒还限定了循环路径，减少了短路的机会，有助于消除死区。导流筒的尺寸需要根据具体生产过程的要求决定。一般情况下，导流筒需将搅拌槽横截面分成面积相等的两部分，即导流筒的直径约为搅拌槽直径的 70%。

2.2.5 搅拌器配套电动机及减速器的选型

搅拌器由电动机驱动。通常情况下，电动机的转速远高于搅拌器的转速，工业上采用减速机先把电动机的转速降下来，然后再驱动搅拌器工作，如图 2-8 所示（带电动机的立式减速机实物示于图 2-9）。减速机在原动机和工作机之间起匹配转速和传递转矩的作用，它是一组齿轮传动机构，其输入轴与电动机相连，输出轴与搅拌器相连，输入轴是小齿轮，输出轴是大齿轮，小齿轮啮合大齿轮，将电动机的高转速转变为搅拌器的低转速。

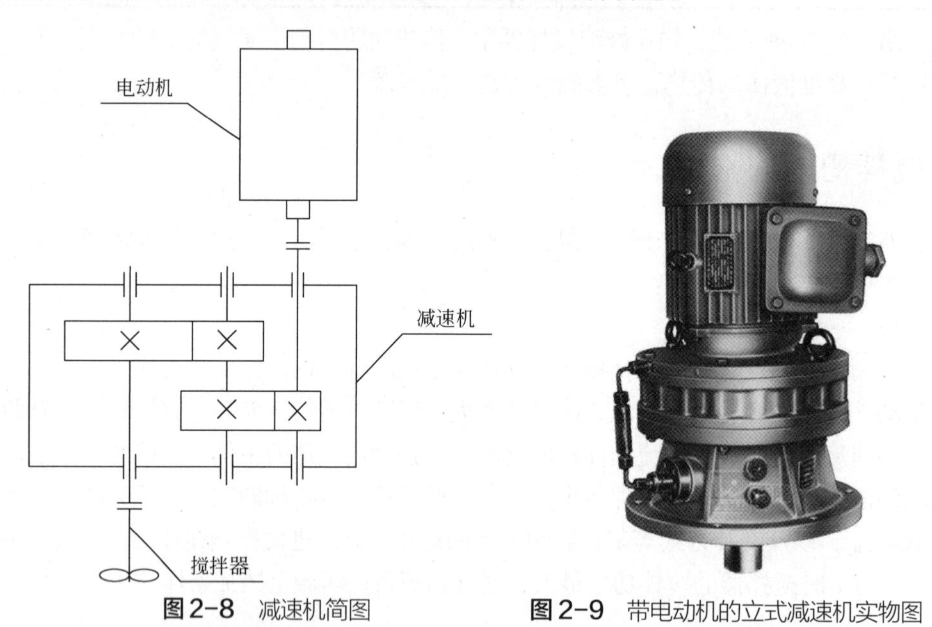

图 2-8 减速机简图　　**图 2-9** 带电动机的立式减速机实物图

减速机的型式很多，对于如图 2-1 所示的釜式搅拌设备，一般选用立式减速机，安装较为方便。减速机的选型可查阅陈志平等编著的《搅拌与混合设备设计选用手册》第九章，选择 LC 系列立式减速机。LC 型为两级圆柱齿轮减速机系列，适宜用作搅拌传动装置。该型减速机配备的电动机功率为 0.55～160kW，输出轴转速为 65～250r/min。工业上常用的 LC 型减速机为 LC75～LC250 系列。选定型号后，给出该型减速机的规格型号，并列出主要参数。

LC 型减速机可以和普通 Y 型异步电动机配套，有防爆要求时，需配备防爆隔爆型电动机。部分 Y 型异步电动机的型号规格和性能参数列于表 2-8，可供选型时参考。一般异步电动机的同步转速按电动机的极数可分为：3000r/min，1500r/min，1000r/min，750r/min，其中以转速为1500r/min的最为常用。

表2-8 部分Y型异步电动机型号规格和主要参数

规格型号	额定功率/kW	额定电流/A	转速/(r/min)	效率/%	功率因数	质量/kg
Y112M-4	4	8.8	1440	84.5	0.82	47
Y132S-4	5.5	11.6	1440	85.5	0.84	68
Y132M-4	7.5	15.4	1440	87	0.85	79
Y160M-4	11	22.6	1460	88	0.84	122
Y160L-4	15	30.3	1460	88.5	0.85	142
Y180M-4	18.5	35.9	1470	91	0.86	174
Y180L-4	22	42.5	1470	91.5	0.86	192
Y200L-4	30	56.8	1470	92.2	0.87	253
Y225S-4	37	70.4	1470	91.8	0.87	294
Y225M-4	45	84.2	1480	92.3	0.88	327
Y250M-4	55	103	1480	92.6	0.88	381
Y280S-4	75	140	1480	92.7	0.88	535
Y280M-4	90	164	1480	93.5	0.89	634

防爆电动机是一种可以在易燃易爆场所使用的电动机，运行时不产生电火花，主要用于煤矿、石油天然气和化学工业。防爆电动机作为常用的动力设备，主要用于驱动泵、风机和搅拌机械等进行工作。有关防爆电动机具体规定可参考国标GB 3836.1—2010以及GB 3826.2—2010等文件。

电动机的功率按式（2-24）计算

$$P_e = \frac{P + P_m}{\eta} \tag{2-24}$$

式中，P_e为电动机功率，W；P为搅拌功率，W；P_m为轴封系统摩擦损失功率，W；η为传动系统的机械效率。

轴封系统的摩擦造成的功率损失与密封系统的结构有关。填料密封的功率损失较大，机械密封则较小。作为粗略估算，填料密封的功率损失可取搅拌功率的10%，机械密封的功率损失可取搅拌功率的3%。减速机等传动系统的机械效率一般为0.90～0.98，常见传动机构减速机的机械效率见表2-9。

表2-9 常用传动机构减速机的机械效率

类别	传动型式	机械效率
圆柱齿轮传动	单级圆柱齿轮减速器	0.97～0.98
	双级圆柱齿轮减速器	0.95～0.96
	行星齿轮减速器	0.95～0.98
圆锥齿轮传动	单级圆柱齿轮减速器	0.95～0.96
	双级圆柱齿轮减速器	0.94～0.95
皮带传动	平皮带和三角皮带	0.95～0.96

2.3 机械搅拌设备设计示例

【设计任务】

试设计一台带夹套的搅拌反应器，用于 2-羟基-4-甲硫基丁腈在酸催化条件下水解生成 2-羟基-4-甲硫基丁酸。2-羟基-4-甲硫基丁腈水溶液和浓硫酸均匀混合发生水解反应并放出热量，反应体系可视为均相，要求液体混合均匀，反应温度控制稳定。

（1）处理能力

2-羟基-4-甲硫基丁腈水溶液原料消耗量为 55000m^3/a，浓硫酸消耗量为 20000m^3/a。

（2）设备型式

夹套冷却机械搅拌装置。

（3）操作条件

① 均相液体温度保持 75℃。

② 平均停留时间为 30min。

③ 需要移走热量 150kW。

④ 采用夹套冷却，冷却水进口温度 23℃，冷却水出口温度 33℃。

⑤ 75℃下被搅拌液体的物性参数：比热容 c_p=3000J/(kg · ℃)，热导率 k=0.226W/(m · ℃)，平均密度 ρ=1299kg/m^3，黏度 μ=0.1Pa · s。

⑥ 由经验可知，当搅拌器叶端速度 u=4.5m/s 时，可获得最好收率。

⑦ 年开工时间为 330 天，每天 24h 连续生产。

（4）厂址

四川省泸州市。

【设计计算】

（1）搅拌器选型

搅拌的目的是实现物料的均相混合、促进化学反应的进行，推进式、桨式、涡轮式和三叶后掠式等桨型都可以用于该目的，本例选用六片平直叶圆盘涡轮式搅拌器。

（2）搅拌设备设计计算

确定搅拌槽的结构与尺寸，明确搅拌桨及其附件的几何尺寸和安装位置，计算搅拌转速和功率，进行传热计算，为最终的机械设计提供条件。

1）搅拌槽的结构设计

① 搅拌槽的容积和高径比　搅拌槽的有效容积=流入搅拌槽的液体流量×物料平均停留时间，即

$$V=(55000+20000)/(330\times 24)\times(30/60)\approx 4.74\text{m}^3$$

一般取搅拌液体深度与搅拌槽内径相等，以搅拌槽为平底近似估算直径。由搅拌槽的有效体积可计算出搅拌槽内径 D、搅拌液体深度 H，即

$$D=H=\sqrt[3]{\frac{4V}{\pi}}=\sqrt[3]{\frac{4\times4.74}{3.14}}=1.82\text{m}$$

圆整后 D 取 1.80m。

圆整罐体由于没有特殊要求，一般选取最常用的立式圆筒形。根据传热要求，罐体带夹套，夹套选用螺旋板夹套。夹套内设导流板，螺距 P_i=50mm，夹套环隙宽度 E_{an}=50mm。

一般实际搅拌槽的高径比为 1.1～1.5，现取 1.2。搅拌槽筒体高度为，

$$H_0=1.2\times1.80=2.16\text{m}$$

由有效容积 V 和设计值 D 计算得到满足生产负荷的实际液位 H 为 1.86m。

② 搅拌器附件　为了消除可能的打旋现象，强化传热和传质，提高反应转化率，安装 6 块挡板，宽度为 0.1D，即 0.18m。全挡板条件判断如下

$$\left(\frac{W}{D}\right)^{1.2}n_b=\left(\frac{0.18}{1.80}\right)^{1.2}\times6=0.38>0.35$$

符合全挡板条件。

2）搅拌器设计计算

① 搅拌器尺寸及其安装位置　搅拌器选择六片平直叶圆盘涡轮式。搅拌器直径与搅拌槽内径之比 d/D_i 取为 1/3，搅拌器直径 d=0.60m；搅拌器宽度取为 b/d=1/5，故搅拌器宽度 b=0.12m；取搅拌器距槽底高度等于桨叶直径，即 C=0.60m。桨叶数为 6 片。

② 搅拌功率计算　搅拌器转速通过搅拌器叶端速度确定，当搅拌器叶端速度 u=4.50m/s 时，可获得最好混合效果，因此搅拌器转速为

$$n=\frac{4.50}{\pi d}=\frac{4.50}{3.14\times0.60}=2.39\text{r/s}=143.4\text{r/min}$$

搅拌雷诺数

$$Re=\frac{\rho nd^2}{\mu}=\frac{1299\times2.39\times0.60^2}{0.1}=1.12\times10^4>300$$

由 Rushton 算图，曲线 6 符合条件。当 $Re=1.12\times10^4$ 时，查得 $\varPhi=N_P=6.2$。搅拌功率

$$P=\varPhi\rho n^3d^5=6.2\times1299\times2.39^3\times0.60^5=8550\text{W}$$

3）夹套传热面积的计算

① 被搅拌液体侧对流传热系数 h_j，采用佐野雄二推荐的关联式（2-19）计算。

$$Nu_j=0.512\left(\frac{\varepsilon D^4}{\nu^3}\right)^{0.227}Pr^{1/3}\left(\frac{d}{D}\right)^{0.52}\left(\frac{b}{D}\right)^{0.08}$$

$$\varepsilon=\frac{P}{1299\times\frac{\pi}{4}D^2H}=\frac{8550}{1299\times\frac{3.14}{4}\times1.80^2\times1.86}=1.39\text{W/kg}$$

$$\nu=\frac{0.1}{1299}=7.70\times10^{-5}\,\mathrm{m^2/s}$$

$$\left(\frac{\varepsilon D^4}{\nu^3}\right)^{0.227}=\left[\frac{1.39\times1.80^4}{\left(7.70\times10^{-5}\right)^3}\right]^{0.227}=1162.93$$

$$Pr=\frac{c_p\mu}{k}=\frac{3000\times0.1}{0.226}=1327.43$$

$$\frac{h_\mathrm{j}D}{k}=0.512\left(\frac{\varepsilon D^4}{\nu^3}\right)^{0.227}Pr^{1/3}\left(\frac{d}{D}\right)^{0.52}\left(\frac{b}{D}\right)^{0.08}$$

$$\frac{h_\mathrm{j}\times1.80}{0.226}=0.512\times1162.93\times1327.43^{1/3}\times\left(\frac{0.60}{1.80}\right)^{0.52}\times\left(\frac{0.12}{1.80}\right)^{0.08}$$

$$h_\mathrm{j}=373.66\,\mathrm{W/(m^2\cdot ℃)}$$

② 夹套侧冷却水对流传热系数 h，采用式（2-17）计算，计算时可忽略 φ_μ 项。

$$\frac{hD_\mathrm{e}}{k_\mathrm{w}}=0.027Re^{0.8}Pr^{0.33}\varphi_\mu^{\ 0.14}\left(1+3.5\frac{D_\mathrm{e}}{D_\mathrm{c}}\right)$$

定性温度为 $(23+33)/2$℃=28℃下，冷却水的物性参数如下：比热容 $c_p=4174\,\mathrm{J/(kg\cdot ℃)}$，热导率 $k_\mathrm{w}=0.618\,\mathrm{W/(m\cdot ℃)}$，平均密度 $\rho=995.7\,\mathrm{kg/m^3}$，黏度 $\mu=8.007\times10^{-4}\,\mathrm{Pa\cdot s}$。单位时间冷却水移出热量 $Q=150000\,\mathrm{W}$。

冷却水的质量流量

$$q_\mathrm{m}=\frac{Q}{c_p\left(t_2-t_1\right)}=\frac{150000}{4174\times\left(33-23\right)}=3.594\,\mathrm{kg/s}$$

夹套中冷却水流速

$$u=\frac{q_\mathrm{m}/\rho}{P_\mathrm{i}E_\mathrm{an}}=\frac{3.594/995.7}{0.05\times0.05}=1.444\,\mathrm{m/s}$$

$$D_\mathrm{e}=4E_\mathrm{an}=4\times0.05=0.20\,\mathrm{m}$$

$$D_\mathrm{c}=D+E_\mathrm{an}=1.85\,\mathrm{m}$$

$$Re=\frac{D_\mathrm{e}u\rho}{\mu}=\frac{0.20\times1.444\times995.7}{8.007\times10^{-4}}=359133$$

$$Pr=\frac{c_p\mu}{k_\mathrm{w}}=\frac{4174\times8.007\times10^{-4}}{0.618}=5.41$$

$$\frac{h\times0.20}{0.618}=0.027\times359133^{0.8}\times5.41^{1/3}\times\left(1+3.5\times\frac{0.20}{1.85}\right)$$

$$h=5582.77\,\mathrm{W/(m^2\cdot ℃)}$$

③ 总传热系数 K　忽略污垢热阻和搅拌槽壁热阻。

$$\frac{1}{K}=\frac{1}{h_j}+\frac{1}{h}=\left(\frac{1}{373.66}+\frac{1}{5582.77}\right)$$

$$K=350.22\mathrm{W/(m^2 \cdot ℃)}$$

④ 夹套传热面积 A　根据传热速率方程 $Q=KA\Delta t_m$，对数平均传热温差为

$$\Delta t_m=\frac{\Delta t_1-\Delta t_2}{\ln\frac{\Delta t_1}{\Delta t_2}}=\frac{(75-23)-(75-33)}{\ln\frac{75-23}{75-33}}=46.82℃$$

所需的夹套传热面积

$$A=\frac{Q}{K\Delta t_m}=\frac{150000}{350.22\times 46.82}=9.15\mathrm{m^2}$$

取夹套高度比槽内液面高 0.06m，则夹套实际传热面积为

$$A=\pi DH'=3.14\times 1.80\times(1.86+0.06)=10.857\mathrm{m^2}>9.15\mathrm{m^2}$$

夹套实际的传热面积大于本例工艺过程所需的传热面积，故可满足工艺要求，设计合理。

（3）减速机和电动机的选型

由于机械密封功耗小、泄漏率低、密封性能可靠、使用寿命长，故采用机械密封。机械密封的功率消耗约为 3%。选用双级圆柱齿轮减速器，η 取 0.95，所以

$$P_m=3\%P$$

$$P_e=\frac{P+P_m}{\eta}=\frac{1.03P}{\eta}=\frac{1.03\times 8550}{0.95}=9270\mathrm{kW}$$

根据化工厂防爆安全需求，防爆等级选定为隔爆型Ⅱ类 B 级 T4 组。查询电动机厂家样本（以南阳防爆集团公司 YB3 系列隔爆型三相异步电动机产品样本为例），确定搅拌电动机型号为：YB3-160M-4，其主要参数为

额定功率 11kW

额定转速 1460r/min

额定电流 21.89A

效率 89.8%

功率因数 0.85

质量 122kg

查阅陈志平等编著的《搅拌与混合设备设计选用手册》第九章，选用立式 LC 型两级圆柱齿轮减速机，确定型号为 LC125-19，其主要参数如下

电动机功率 11kW

输出轴转速 148r/min

传动比 9.84

输出扭矩 813N · m

中心距 125mm

减速机自重（直联型）115kg

（4）设计结果一览表

至此，本例的机械搅拌设备工艺设计已完成，主要设计结果示于表 2-10。

表 2-10 主要设计计算结果一览表

项目		单位	计算结果及选型
搅拌器	搅拌器型式		六片平直叶圆盘涡轮
	搅拌器直径	m	0.60
	搅拌器宽度	m	0.12
	搅拌器距槽底高度	m	0.60
	搅拌器转速	r/min	143.4
	桨叶数	片	6
	搅拌功率	W	8550
搅拌器附件	挡板数	块	6
	挡板宽度	m	0.18
搅拌槽	搅拌槽的有效容积	m^3	4.74
	搅拌液体深度	m	1.86
	搅拌槽内径	m	1.80
	搅拌槽筒体高度	m	2.16
	2-羟基-4-甲硫基丁腈进料口规格		DN25
	浓硫酸进料口规格		DN15
	混合物出料口规格		DN32
夹套	夹套型式		螺旋板夹套，内设导流板
	螺旋板螺距	m	0.05
	夹套环隙宽度	m	0.05
	夹套中冷却水流速	m/s	1.444
	单位时间冷却水移出热量	W	150000
	被搅拌液体侧对流传热系数	$W/(m^2 \cdot ℃)$	373.66
	夹套侧冷却水对流传热系数	$W/(m^2 \cdot ℃)$	5582.77
	总传热系数	$W/(m^2 \cdot ℃)$	350.22
	夹套传热面积	m^2	9.15
	夹套实际的传热面积	m^2	10.87
电动机	YB3-160M-4，额定功率 11kW，额定转速 1460r/min		
减速机	LC125-19，电动机功率 11kW，输出轴转速 148r/min，传动比 9.84		

（5）设计结果评述

① 本设计在搅拌槽外设置了螺旋板夹套，提高了冷却介质的流速，强化了夹套侧的传热系数。

② 为了消除打旋现象，安装了 6 块挡板，以强化槽内液体的混合和传热过程。

2.4 机械搅拌系统工艺流程图和设备工艺条件图

2-羟基-4-甲硫基丁腈水解工艺流程图示于图 2-10，设备工艺条件图示于图 2-11。

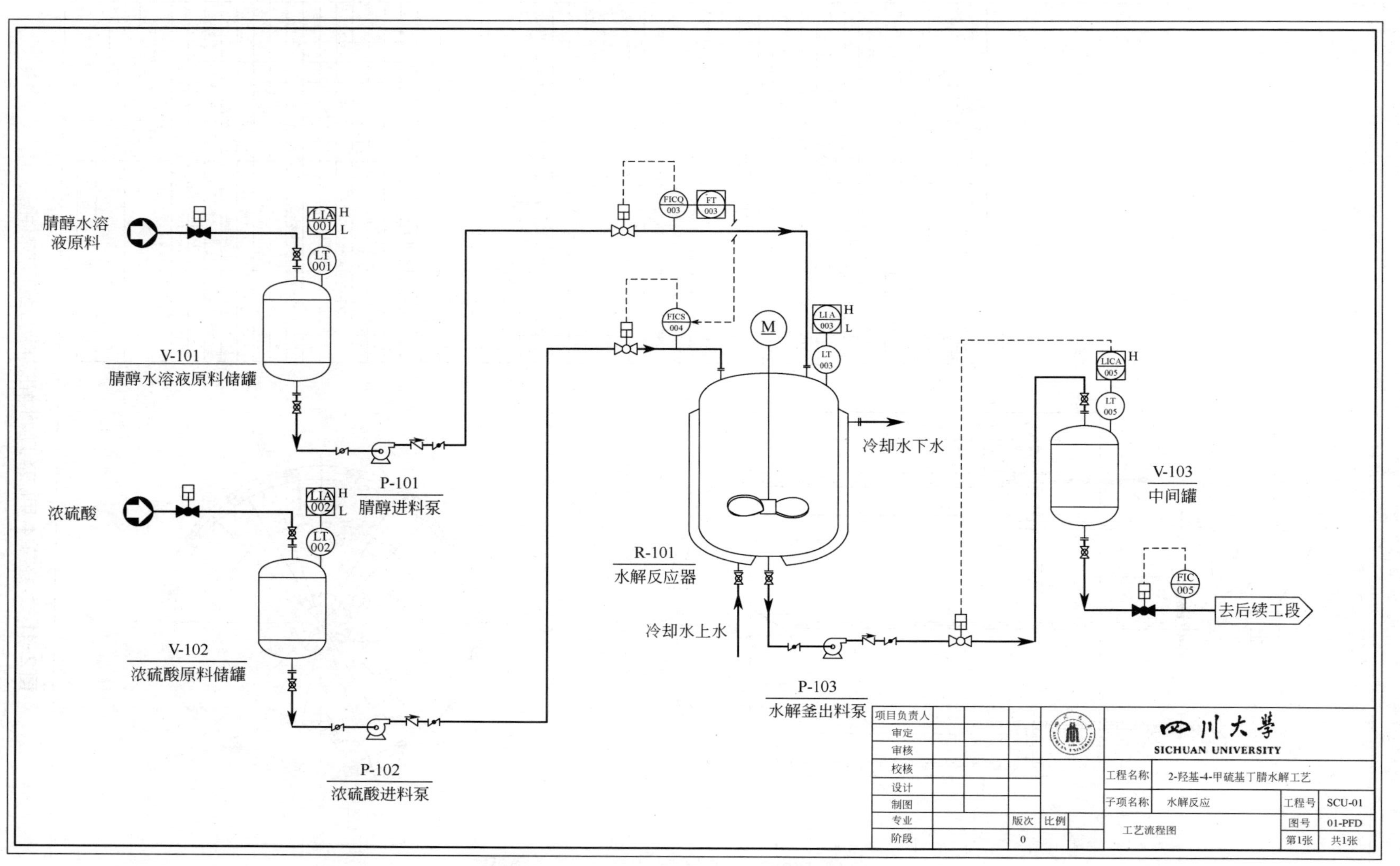

图2-10　2-羟基-4-甲硫基丁腈水解工艺流程图

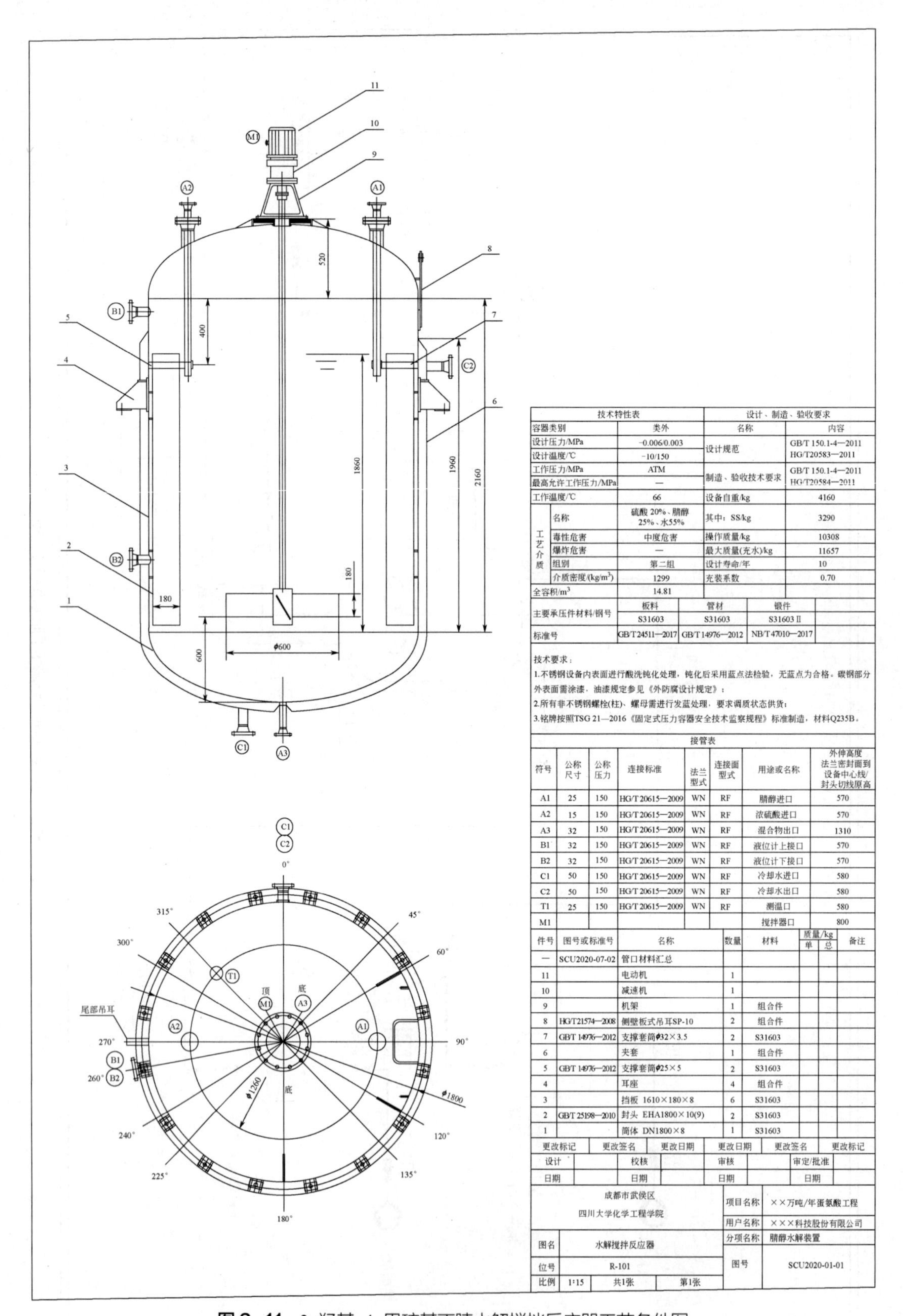

技术特性表		设计、制造、验收要求	
容器类别	类外	名称	内容
设计压力/MPa	-0.006/0.003	设计规范	GB/T 150.1-4—2011 HG/T20583—2011
设计温度/℃	-10/150		
工作压力/MPa	ATM	制造、验收技术要求	GB/T 150.1-4—2011 HG/T20584—2011
最高允许工作压力/MPa	—		
工作温度/℃	66	设备自重/kg	4160
工艺介质 名称	硫酸 20%、腈醇 25%、水55%	其中：SS/kg	3290
工艺介质 毒性危害	中度危害	操作质量/kg	10308
工艺介质 爆炸危害	—	最大质量(充水)/kg	11657
工艺介质 组别	第二组	设计寿命/年	10
工艺介质 介质密度/(kg/m³)	1299	充装系数	0.70
全容积/m³	14.81		

主要承压件材料/钢号	板料	管材	锻件	
	S31603	S31603	S31603 Ⅱ	
标准号	GB/T 24511—2017	GB/T 14976—2012	NB/T 47010—2017	

技术要求：

1.不锈钢设备内表面进行酸洗钝化处理，钝化后采用蓝点法检验，无蓝点为合格。碳钢部分外表面需涂漆，油漆规定参见《外防腐设计规定》；

2.所有非不锈钢螺栓(柱)、螺母需进行发蓝处理，要求调质状态供货；

3.铭牌按照TSG 21—2016《固定式压力容器安全技术监察规程》标准制造，材料Q235B。

接管表

符号	公称尺寸	公称压力	连接标准	法兰型式	连接面型式	用途或名称	外伸高度 法兰密封面到设备中心线/封头切线原高
A1	25	150	HG/T 20615—2009	WN	RF	腈醇进口	570
A2	15	150	HG/T 20615—2009	WN	RF	浓硫酸进口	570
A3	32	150	HG/T 20615—2009	WN	RF	混合物出口	1310
B1	32	150	HG/T 20615—2009	WN	RF	液位计上接口	570
B2	32	150	HG/T 20615—2009	WN	RF	液位计下接口	570
C1	50	150	HG/T 20615—2009	WN	RF	冷却水进口	580
C2	50	150	HG/T 20615—2009	WN	RF	冷却水出口	580
T1	25	150	HG/T 20615—2009	WN	RF	测温口	580
M1						搅拌器口	800

件号	图号或标准号	名称	数量	材料	质量/kg 单	质量/kg 总	备注
—	SCU2020-07-02	管口材料汇总					
11		电动机	1				
10		减速机	1				
9		机架	1	组合件			
8	HG/T21574—2008	侧壁板式吊耳SP-10	2	组合件			
7	GB/T 14976—2012	支撑套筒ϕ32×3.5	2	S31603			
6		夹套	1	组合件			
5	GB/T 14976—2012	支撑套筒ϕ25×5	2	S31603			
4		耳座	4	组合件			
3		挡板 1610×180×8	6	S31603			
2	GB/T 25198—2010	封头 EHA1800×10(9)	2	S31603			
1		筒体 DN1800×8	1	S31603			

更改标记	更改签名	更改日期	更改日期	更改签名	更改标记		
设计		校核		审核		审定/批准	
日期		日期		日期		日期	

成都市武侯区 四川大学化学工程学院				项目名称	××万吨/年蛋氨酸工程
				用户名称	×××科技股份有限公司
图名	水解搅拌反应器			分项名称	腈醇水解装置
位号	R-101			图号	SCU2020-01-01
比例	1∶15	共1张	第1张		

图 2-11 2-羟基-4-甲硫基丁腈水解搅拌反应器工艺条件图

附：机械搅拌设备设计任务两则

设计任务一　夹套冷却机械搅拌设备设计

1．设计题目

均相液体机械搅拌夹套冷却反应器设计。

2．设计任务

① 处理能力：10000m^3/a 的两股均相液体混合。
② 设备型式：夹套冷却机械搅拌装置。

3．操作条件

① 均相液体温度保持 60℃。
② 平均停留时间 20min。
③ 需要移走热量 15kW。
④ 采用夹套冷却，冷却水进口温度 25℃，冷却水出口温度 35℃。
⑤ 60℃下液体物性系数：比热容 $c_p = 1200\text{J}/(\text{kg}\cdot℃)$，热导率 $\lambda = 0.522\text{W}/(\text{m}\cdot℃)$，平均密度 $\rho = 900\text{kg/m}^3$，黏度 $\mu = 0.602\text{Pa}\cdot\text{s}$。
⑥ 忽略污垢及间壁热阻。
⑦ 按每年 330 天计，每天 24h 连续搅拌。

4．设计内容

① 设计方案简介：对确定的工艺流程及设备进行简要论述。
② 搅拌器工艺设计计算：确定搅拌功率及夹套传热面积。
③ 搅拌器及附件、搅拌槽、夹套等主要结构尺寸的设计计算。
④ 绘制搅拌器工艺流程图及设备工艺简图。
⑤ 对本设计进行评述。

5．厂址

四川省乐山市。

设计任务二　螺旋盘管冷却机械搅拌设备设计

1．设计题目

均相液体机械搅拌蛇管冷却反应器设计。

2．设计任务及设备型式

① 处理能力：150000m^3/a 的两股均相液体混合。
② 设备型式：螺旋盘管冷却机械搅拌装置。

3. 操作条件

① 均相液体温度保持65℃。

② 平均停留时间15min。

③ 需要移走热量300kW。

④ 采用螺旋盘管冷却，冷却水进口温度25℃，冷却水出口温度35℃。

⑤ 65℃下均相液体物性系数：定压比热容$c_p = 822 \text{J/(kg·℃)}$，热导率$\lambda = 0.601 \text{W/(m·℃)}$，平均密度$\rho = 937 \text{kg/m}^3$，黏度$\mu = 3.1 \times 10^{-2}\ \text{Pa·s}$。

⑥ 忽略污垢及间壁热阻。

⑦ 按每年340天计，每天24h连续搅拌。

4. 设计内容

① 设计方案简介：对确定的工艺流程及设备进行简要论述。

② 搅拌器工艺设计计算：确定搅拌功率及螺旋盘管传热面积。

③ 搅拌器及附件、搅拌槽、螺旋盘管等主要结构尺寸的设计计算。

④ 绘制搅拌器工艺流程图及设备工艺简图。

⑤ 对本设计进行评述。

5. 厂址

四川省自贡市。

符号说明

英文字母

A——传热面积，m^2；

A_x——流通面积，m^2；

b——桨叶的宽度，m；

C——搅拌器距槽底的高度，m；

c_p——液体的定压比热容，J/(kg·℃)；

d——搅拌器直径，m；

d_{co}——螺旋管外径，m；

d_{ci}——螺旋管内径，m；

D——搅拌槽直径，m；

D_c——螺旋管平均弯管直径，m；

D_e——当量直径，m；

D_{ji}——夹套内径，m；

D_{jo}——夹套外径，m；

E——夹套环隙宽度，m；

Fr——弗劳德数；

g——重力加速度，m/s^2；

H——槽内流体的深度，m；

H_0——搅拌槽筒体高度，m；

h——对流传热系数，$\text{W/(m}^2\text{·℃)}$；

h_c——螺旋盘管外壁的对流传热系数，$\text{W/(m}^2\text{·℃)}$；

h_j——带夹套容器内壁的对流传热系数，$\text{W/(m}^2\text{·℃)}$；

K——总传热系数，$\text{W/(m}^2\text{·℃)}$；

L——盘管长度，m；

n——搅拌转速，r/s；

n_b——挡板数量，个；

P——搅拌功率，W；

P_g——通气搅拌功率，W；

P_e——电动机功率，W；

P_m——轴封系统摩擦损失功率，W；

N_a——通气系数，无量纲；

Nu——努塞尔数，无量纲；

P_N——功率数，无量纲；

P_s——导流板的螺距，m；

Pr——普朗特数，无量纲；

q_m——质量流量，kg/s；

Q——传热速率，W；

Q_g——气体流量，m^3/s；

Re——雷诺数，无量纲；

S——桨叶螺距，m；

T——热流体温度，℃；

t——冷流体温度，℃；

u——流体速度，m/s；

V——流体的体积，m^3；

W——挡板宽度，m；

Z——桨叶片数，片。

希腊字母

δ——间壁或污垢厚度，m；

α 、β——与搅拌器结构尺寸有关的常量；

θ——桨叶的折叶角，(°)；

λ——间壁或污垢热导率，W/(m・℃)；

μ——黏度，Pa・s；

μ_c——连续相的黏度，Pa・s；

μ_d——分散相的黏度，Pa・s；

μ_m——平均黏度，Pa・s；

μ_w——液体在壁温下的黏度，Pa・s；

ν——被搅拌液体的运动黏度，m^2/s；

ρ——密度，kg/m^3；

ρ_c——连续相的密度，kg/m^3；

ρ_d——分散相的密度，kg/m^3；

ρ_m——平均密度，kg/m^3；

ρ_s——固体颗粒的密度，kg/m^3；

Φ——功率因数；

η——传动系统的机械效率。

参考文献

[1] 朱家骅. 化工原理：上册. 2 版. 北京：科学出版社，2005.

[2] 柴诚敬，贾绍义. 化工原理课程设计. 北京：高等教育出版社，2015.

[3] 吴德荣. 化工工艺手册. 4 版. 北京：化学工业出版社，2009.

[4] 王凯，张连芳. 混合设备设计. 北京：机械工业出版社，2000.

[5] 王凯，虞军等. 搅拌设备. 北京：化学工业出版社，2003.

[6] 陈志平，张序文，林兴华等. 搅拌与混合设备设计选用手册. 北京：化学工业出版社，2004.

[7] [日]永田进治. 混合原理与应用. 马继舜等译. 北京：化学工业出版社，1984.

[8] 付家新. 化工原理课程设计. 2 版. 北京：化学工业出版社，2016.

[9] 卧龙电气南阳防爆集团股份有限公司 YB3 系列隔爆型三相异步电动机样本. [2020-12-10] http://www.cn-nf.com/UploadPdf/YB3.pdf.

第 3 章
换热器设计

3.1 概述

换热器是一种实现不同流体间热量传递的设备，广泛应用于化工、医药、轻工、能源、食品等行业。在化工厂，换热设备约占设备总数的 40%，占总投资的 30%～40%。换热设备种类繁多，但使用最多的是管壳式换热器。管壳式换热器具有易于加工制造、成本较低、安全可靠的特点，且能适应高温、高压场合，使其应用范围不断扩大，显示了强大的生命力。根据不同的生产工艺条件设计出传热效率高、能耗低、投资省、使用方便的换热器，是化工类专业学生必修的课程设计科目之一。

换热器的设计比较繁杂，需要迭代计算，借助计算机软件进行优化设计可以极大地提高工作效率。目前应用广泛的换热器设计软件主要有：美国传热研究公司（Heat Transfer Research Inc.）开发的 Xchanger Suite 软件，英国传热及流体服务中心（Heat Transfer and Fluid Flow Servise）开发的 HTFS 系列软件。Xchanger Suite 包含了换热器及燃烧炉的传热计算。既可以严格地确定换热器的几何结构，也可以精确地进行换热器性能预测。HTFS 系列软件可选择各种状态方程、活度系数或流程模拟软件进行计算，可用于多组分、多相流的冷凝器、重沸器、蒸发器等的设计计算，并提供管束排列图。这些设计软件的功能主要有：①工程设计，对于给定的工艺条件，进行换热面积和结构的优化设计；②性能核算，对于指定的流体进出口条件，核算换热器的换热能力；③模拟计算，对于给定的换热器，模拟其出口状态及计算换热器的工作性能。

3.2 列管式换热器的设计

列管式换热器是间壁式换热器中最常用的换热设备，其设计资料完备，已有系列化标准。目前我国按《钢制管壳式换热器》（GB 151）标准执行。列管式换热器的工艺设计包括传热设计、流动设计、结构设计。

传热设计是指根据用户单位提出的基本要求，合理地选择运行参数，并根据传热学的知识进行的计算。

流动设计主要是计算压降，其目的是为换热介质的输送设备（例如泵）的选型提供参数。显然，传热设计和流动设计两者是密切相关的，例如，流速的确定，既关乎换热器的传热速率，也涉及流体通过换热器时的压力降。

结构设计指的是根据换热面积的大小确定主要零部件的尺寸，例如管子的直径、长度、根数、壳体的直径、折流挡板的型式和数目、隔板的数目及布置以及连接管的尺寸等。

列管式换热器的工艺设计主要包括以下内容：

① 根据换热任务和生产要求确定设计方案；

② 初步确定换热器的面积、结构和尺寸；

③ 核算换热器的传热速率和流体阻力；

④ 确定换热器的工艺结构。

3.2.1 设计方案的确定

（1）列管式换热器类型

1）固定管板式换热器

固定管板式换热器是结构最为简单的列管式换热器，如图 3-1 所示。固定管板式换热器的管板和壳体焊接为一体，管子两端则固定于管板上；这种结构，在相同直径的壳体内，布管最多，比较紧凑；固定管板式换热器，壳侧不能清洗，宜通入不易结垢的清洁流体。由于这种换热器的管束和筒体连为一体，当管束和壳体的温度不同时，因热膨胀不同而产生热应力，若管程和壳程的温差太大时，巨大的热应力常会将管子与管板的接口脱开，从而发生介质的泄漏和掺混，出现事故。为此常在外壳上焊一膨胀节，以消除由于温差而产生的热应力。由此可见，这种换热器比较适合用于两流体温差不大的场合。

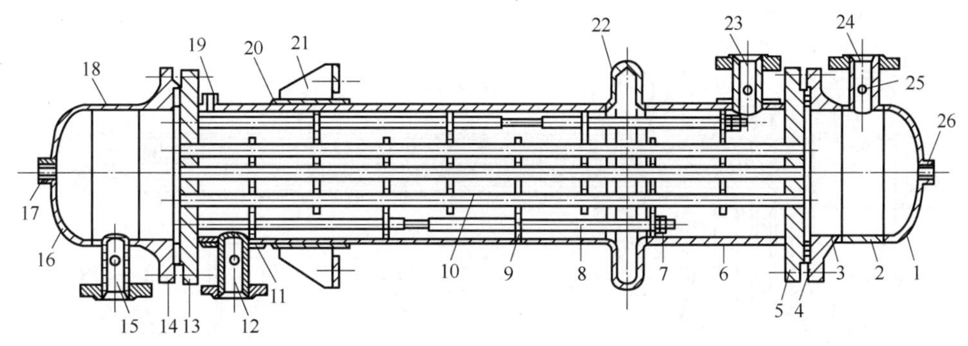

图 3-1 固定管板式换热器

1—下管箱椭圆封头；2—下管箱短节；3—下管箱法兰；4—密封垫圈；5—下管板；6—壳体；7—拉杆及紧固螺栓；8—定距杆；9—折流板；10—换热管；11—接管补强圈；12，23—壳程接管及法兰；13—上管板；14—上管箱法兰；15，24—管程接管及法兰；16—上管箱椭圆封头；17—管箱排气孔；18—上管箱短节；19—壳程排气孔；20—支座垫板；21—支座；22—波形膨胀节；25—仪表接口；26—管箱排液口

2）浮头式换热器

针对固定管板式换热器存在的缺陷，浮头式换热器作了结构上的改进。浮头式换热器的两端管板中，只有一端与壳体完全固定，另一端则可相对于壳体作些许移动，该端称为浮头，如图 3-2 所示。这种换热器的管束膨胀不受壳体的约束，所以壳体与管束之间不会由于膨胀量的不同而产生热应力，所以适用于两流体间温差较大的场合。并且这种结构可将管束从壳体中抽出，便于对壳侧进行清洗，适合于处理易腐蚀和易结垢的流体。这类换热器由于对浮头滑动接触面的密封要求高，设备结构复杂，比较笨重，金属耗材量大，造价比固定管板式换热器高。由于管束和壳体的间隙较大，在设计时要避免壳侧流体短路。

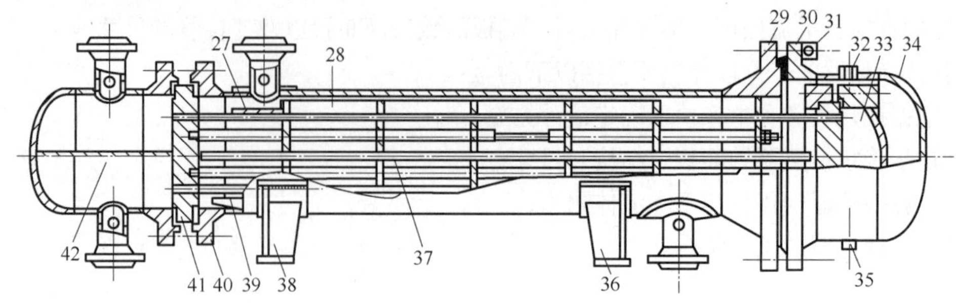

图 3-2 浮头式换热器

27—防冲挡板；28—旁路挡板；29—外头盖侧壳体法兰；30—外头盖法兰；31—吊耳；32—排气孔；33—浮头；34—外头盖椭圆封头；35—排液孔；36—活动鞍座；37—挡管；38—固定鞍座；39—滑道；40—管箱侧壳体法兰；41—固定法兰；42—分程隔板

3）U 形管式换热器

U 形管式换热器也是由固定管板式换热器改进而来。换热器仅有一个管板，将管子弯成 U 形，管子两端均固定于同一管板上，如图 3-3 所示。这类换热器的特点是：管束可自由伸缩，不会因管、壳之间的温差而产生热应力，热补偿性能好；管束可从壳体内抽出，便于对壳程进行清洗，但管内不易清洗，管束中间部位的管子难以更换，最内层管子弯曲半径不能太小，在管板中心部分布管不紧凑，管子数不能太多，且管束中心部分存在间隙，使壳程流体易于短路而影响壳程换热。此外，为了弥补弯管后管壁的减薄，换热管管壁较厚。基于上述，U 形管式换热器仅宜用于管、壳壁温相差较大，或壳程介质易结垢，高温、高压的情形。U 形管式换热器结构简单，造价便宜。

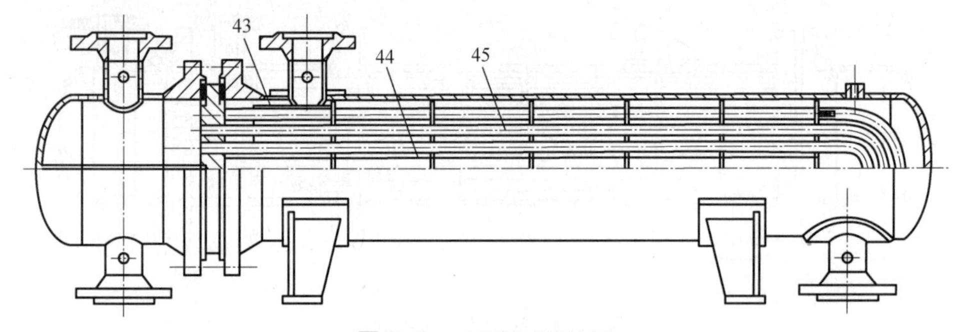

图 3-3 U 形管式换热器

43—内导流筒；44—中间挡板；45—U 形换热管

4）填料函式换热器

此类换热器的管板也仅有一端与壳体固定，另一端采用填料函密封，如图 3-4 所示。管束可自由膨胀，换热器的管、壳之间不会产生热应力，且管程和壳程都能清洗，结构较浮头式简单，加工制造方便，材料消耗较少，造价较低。但填料密封处易于泄漏，壳程压力不能太大，不宜用于易挥发、易燃、易爆、有毒流体的换热。

（2）流动空间的选择

管壳式换热器的设计，首先需要确定参与换热的两流体中，哪个走管程，哪个走壳程，这需遵循一些一般原则。朱家骅主编的《化工原理》（上册）传热章已经介绍了一些规则，如：不清洁或易结垢的流体、对流给热系数小的流体、腐蚀性强的流体、操作压力高的流体，应选择走管程；被冷却的流体、饱和水蒸气、黏度大且流速小的流体，宜选择走壳程。除此之外，还应考虑以下的选择。

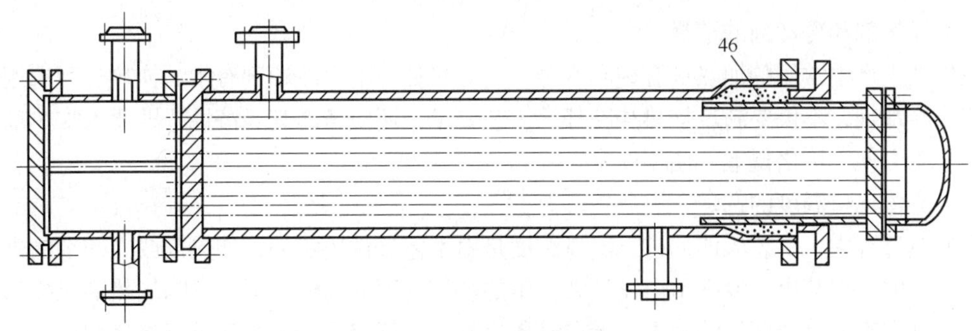

图 3-4　填料函式换热器

46—填料

① 从使用方便来考虑，管、壳程的选择应便于清洗、易于除垢、容易维修，以保证换热器运行的安全可靠性。

② 从设备安全角度，管、壳程的确定应考虑减小管子和壳体的热应力，对于固定管板式换热器，若选择热流体走壳程，则壳体受热膨胀，热应力有可能将管子拉断或从管板上拉脱。

③ 从减少能量损失的角度考虑，加热介质宜选择走管程，以减少加热剂通过外壳散失热量；而冷冻介质应选择走管程，以减少冷量散失。

④ 从操作安全考虑，对于有毒有害的介质，不允许有泄漏，应特别注意其密封。对于浮头式换热器，不宜选择其流经管程。对于填料函式换热器，则不宜流经壳程。

以上这些原则有些是相互矛盾的，所以在具体设计时应综合考虑，决定哪一种流体走管程，哪一种流体走壳程。

（3）流速的确定

无相变流体换热时，介质的流速高，传热系数大，换热速率快，换热面积减小，结构紧凑，成本降低，可抑制污垢的产生，延长维护周期。但高流速也会带来一些不利的影响，如流动阻力或压降增加，泵的动力消耗增大，运行费用升高。

换热器常用流速的范围示于表 3-1，易燃、易爆液体和气体允许的安全流速示于表 3-2。可见，不同种类的流体，其流速范围不同；同种流体，在管程和壳程的流速也不同，确定流速时应予注意。

表 3-1　换热器常用流速范围

介质	循环水	新鲜水	一般液体	易结垢液体	低黏度油	高黏度油	气体
管程流速/(m/s)	1.0～2.0	0.8～1.5	0.5～3.0	>1.0	0.8～1.8	0.5～1.5	5～30
壳程流速/(m/s)	0.5～1.5	0.5～1.5	0.2～1.5	>0.5	0.4～1.0	0.3～0.8	2～15

表 3-2　管壳式换热器易燃、易爆液体和气体的允许安全流速

液体名称	乙醚、二硫化碳、苯	甲醇、乙醇、汽油	丙酮	氢气
安全流速/(m/s)	<1	<2～3	<10	≤8

（4）加热剂和冷却剂的选择

在化工生产中常用的加热剂有饱和水蒸气、导热油、电，冷却剂有水。换热过程选用何种加热剂或冷却剂，不仅要满足加热和冷却的工艺要求，还应考虑其经济性，即要求加热剂或冷却剂的来源方便、价格低廉、使用安全。

（5）流体出口温度的选定

在换热过程中，工艺流体的进、出口温度是由工艺条件决定的，加热剂或冷却剂的进口温度也是一定的，但其出口温度是由设计者选定的。该温度的高低，不仅影响加热剂或冷却剂的耗量，还决定着换热器面积的大小。需在设备投资和运行费用两者之间进行经济权衡，以取得最低的换热成本为原则，获得较优的出口温度值。

（6）材质的选择

制造换热器的材料，应根据设备的操作压力、操作温度、流体的腐蚀性以及材料的加工性能来选取，此外，还要考虑材料价格的高低。化学工业所涉及的流体，大多具有腐蚀性，选用何种材料加工换热器，优先要考虑流体的腐蚀性和材料的耐腐蚀性。这往往会成为一个复杂的问题，如果考虑不周、选材不当，会显著地影响换热器的使用寿命，也会大大提高设备的成本。换热器常用的材料，有碳钢和不锈钢。

① 碳钢　碳钢价格低，强度较高，对碱性介质的化学腐蚀比较稳定，但易被酸性介质所腐蚀。用于无腐蚀性环境是合理的。如一般换热器用的普通无缝钢管，其常用的材料为 10 号和 20 号碳钢。

② 不锈钢　奥氏体系不锈钢以 1Cr18Ni9 为代表，它是标准的 18-8 奥氏体不锈钢，如 304、316L 不锈钢等，具有良好的耐腐蚀性。

3.2.2　管壳式换热器的结构

（1）管程结构

1）换热管布置和排列间距

常用换热管规格有 ϕ19mm×2mm、ϕ25mm×2mm（1Cr18Ni9）、ϕ25mm×2.5mm（碳钢）。换热管在管板上的排列方式有正方形直列、正方形错列、正三角形直列、正三角形错列和同心圆排列，如图 3-5 所示。

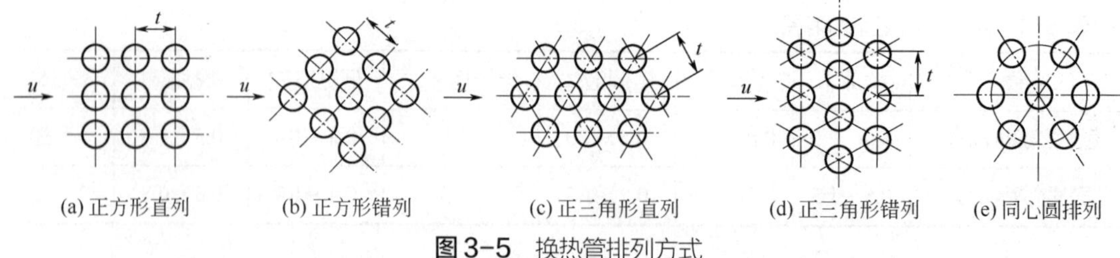

图 3-5　换热管排列方式

正三角形排列结构紧凑；正方形排列便于机械清洗；同心圆排列用于小壳径的换热器，外圆布管均匀，结构更为紧凑。我国换热器系列中，固定管板式换热器多采用正三角形排列；浮头式换热器则以正方形错列居多。

对于多管程换热器，采用组合排列方式，每程内采用正三角形排列，各程间采用正方形排列方式，以便于安装隔板。

管间距 t（管中心的间距）与管子外径 d_0 的比值，焊接时为 1.25，胀接时为 1.3～1.5。

换热管材料常用碳钢、不锈钢、铜、铜合金等，主要是根据换热条件下介质的腐蚀性来确定。此外还有一些非金属材料，如石墨、陶瓷、聚四氯乙烯等。正确选用材料很重要，既要满足工艺条件的要求，又要经济。换热器各零、部件可采用不同材料，但应注意不同材料间产生的电化学腐蚀作用。

2）管板

管板的作用是将管束连接在一起，并将管程和壳程的流体隔离开来。

管板与管子的连接可胀接或焊接。胀接法是利用胀管器将管子扩胀，产生显著的塑性变形，靠管子与管板间的挤压力达到密封紧固的目的。焊接法是用高温火焰加热管板和管子的连接部位，使之熔化形成熔池，熔池冷却凝固后便接合为一体。

胀接法一般用在管子为碳钢、管板为碳钢或低合金钢、设计压力不超过 4MPa、设计温度不超过 350℃的场合。焊接法在高温高压条件下更能保证接头的严密性。

管板与壳体的连接有可拆连接和不可拆连接两种。固定管板式换热器采用不可拆连接，两端管板直接焊在外壳上并兼做法兰，拆下顶盖可检修胀口或清洗管内。浮头式、U 形管式等换热器将管板夹在壳体法兰和顶盖法兰之间构成可拆连接，方便壳体清洗。

3）封头

封头位于壳体两端，其作用有二，一是分配管程流体，二是引入或引出流体。封头和接管用法兰连接。封头内设置分程隔板，分程隔板将管束分为顺次串接的若干组，各组管子数目大致相等。管程多者可达 16 程，常用的有 2 程、4 程、6 程，其布置方案见表 3-3。在布置时应尽量使管程流体与壳程流体成逆流流动，同时应防止分程隔板泄漏，以避免流体短路。

表 3-3 管程布置

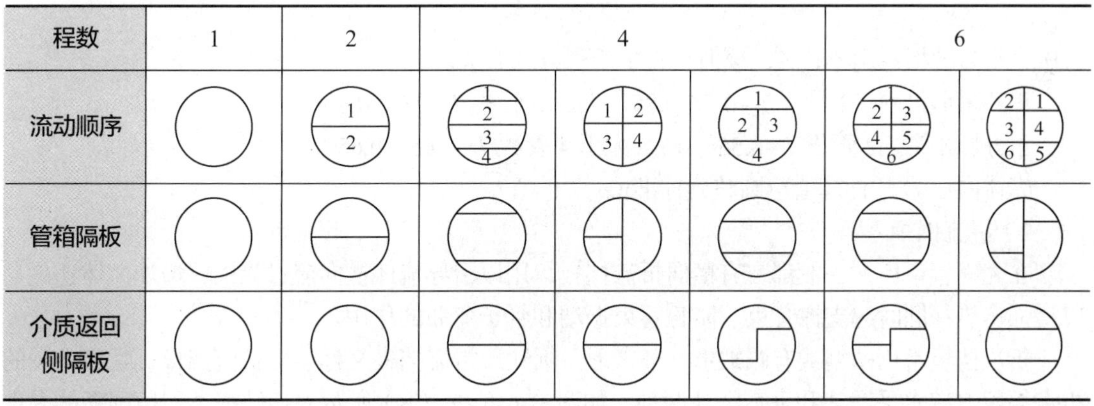

程数	1	2	4			6	
流动顺序		1 2	1 2 3 4	1 2 3 4	1 2 3 4	2 3 4 5 6	2 1 3 4 6 5
管箱隔板							
介质返回侧隔板							

（2）壳程结构

壳程结构主要由折流挡板、支撑板、纵向隔板、旁路挡板及缓冲板等元件组成。由于各种换热器的工艺性能、使用的场合不同，壳程内对各种元件的设置形式亦不同，以此来满足设计的要求。各元件在壳程的设置，按其作用的不同可分为两类：一类是为了壳侧介质对传热管作最有效的流动，以提高换热设备的传热效果而设置的各种挡板，如折流挡板、纵向挡板、旁路挡板等；另一类是为了管束的安装及保护列管而设置的支撑板、管束的导轨以及缓冲板等。

1）壳体

壳体是一个圆筒形的容器，壳壁上焊有接管，供壳程流体进入和排出之用。直径小于 400mm 的壳体通常用钢管制成，大于 400mm 的可用钢板卷焊而成。壳体材料根据工作温度选择，有防腐要求时，大多考虑使用复合金属板。

介质在壳程的流动方式有多种形式，单壳程形式应用最为普遍。如壳侧传热系数远小于管侧，则可用纵向挡板分隔成双壳程形式。用两个换热器串联也可得到同样效果。

壳体内径取决于换热管数 N、排列方式和管间距，计算式如下

$$D = t\left(n_{\mathrm{c}} - 1\right) + \left(2\sim3\right)d_{\mathrm{o}} \tag{3-1}$$

式中，t 为管间距，mm；d_{o} 为管外径，mm；n_{c} 为横过管束中心线的管子数，该值与管子排列方式有关。

正三角形排列

$$n_{\mathrm{c}}=1.1\sqrt{N} \tag{3-2}$$

正方形排列

$$n_{\mathrm{c}}=1.19\sqrt{N} \tag{3-3}$$

多管程

$$D=1.05t\sqrt{\frac{N}{\eta}} \tag{3-4}$$

式中，η 为管板利用率，%，该值与管子排列方式有关。

正三角形排列：2 管程 η =0.7～0.85，大于 4 管程 η =0.6～0.8；

正方形排列：2 管程 η =0.55～0.7，大于 4 管程 η =0.45～0.65。

壳体内径 D 的计算值应圆整到标准值。

2）折流挡板

在壳程管束中，一般都装有横向折流挡板，用以引导流体横向流过管束，增加流体速度，以增强传热；同时起支撑管束、防止管束振动和管子弯曲的作用。

折流挡板常用的型式有圆缺形、环盘形。圆缺形折流挡板又称弓形折流挡板，是最常用的折流挡板，有水平圆缺和垂直圆缺两种，如图 3-6（a）、（b）所示。切缺率（切掉圆弧的高度与壳内径之比）通常为 20%～50%。垂直圆缺用于水平冷凝器、水平再沸器和含有固体粒子的悬浮液的水平热交换器等。在冷凝器中，采用垂直圆缺时，不凝气不能在折流挡板顶部积存，冷凝水也不能在折流挡板底部积存。

环盘形折流挡板如图 3-6（c）所示，是由圆板和环形板组成的，压降较小，但传热也差些。在环形板背后容易堆积不凝气或污垢，所以不多用。

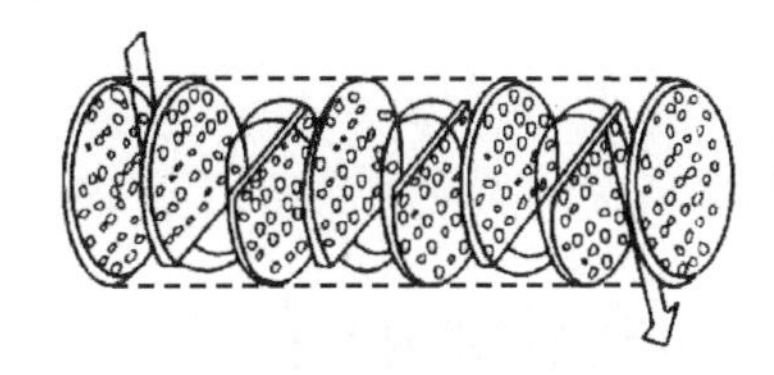
(a) 水平圆缺

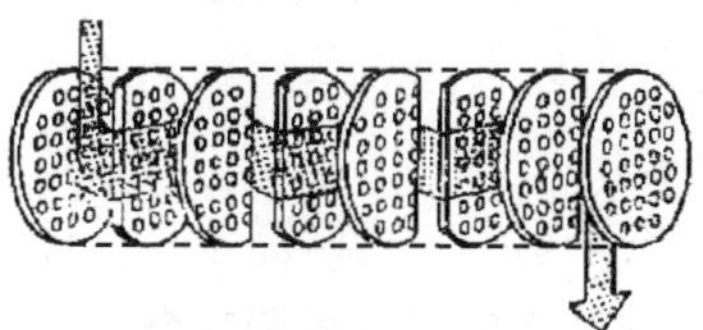
(b) 垂直圆缺

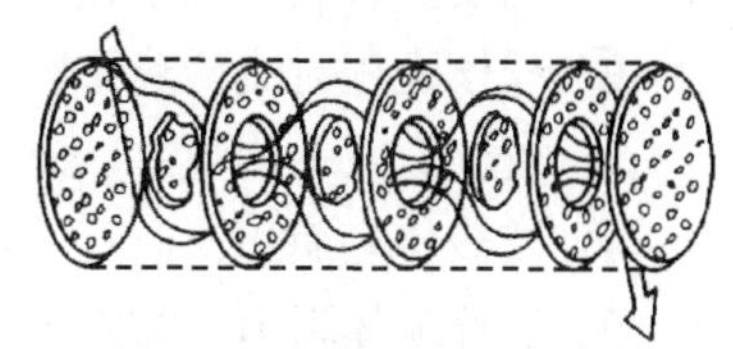
(c) 环盘形

图 3-6 折流挡板形式

折流挡板的间隔，在允许的压降范围内希望尽可能小。一般推荐：折流挡板间隔最小值为壳体内径的 1/5，或者不小于 50mm，最大值取决于支撑管子所需要的最大间隔。

3）缓冲板

在壳程进口接管处常装有防冲挡板，或称缓冲板。它可防止进口流体直接冲击管束而造成管子的侵蚀和管束振动，还有使流体沿管束均匀分布的作用。也有在管束两端放置导流筒的，不仅起防冲板的作用，还可改善两端流体的分布，提高传热效率。

4）拉杆和定距管

为了使折流挡板能牢靠地保持在一定位置上，通常采用拉杆和定距管进行固定。拉杆的数量为 4～10 根，直径 10～12mm，定距管直径和换热管相同。

3.2.3　管壳式换热器的设计计算

（1）设计步骤

管壳式换热器国家已制定系列标准，设计中应尽可能选用系列化的标准产品，这样可简化设计和加工。但由于实际生产条件是千变万化的，当系列化产品不能满足实际需要时，则应根据生产的具体要求自行设计非系列标准的换热器。此处扼要介绍这两者的设计计算的基本步骤。

1）非系列标准换热器的一般设计步骤

① 了解换热流体的物理化学性质和腐蚀性能。

② 由热平衡计算传热量的大小，并确定第二种换热流体的用量。

③ 决定流体通入的空间。

④ 计算流体的定性温度，以确定流体的物性数据。

⑤ 初算有效平均温差。一般先按逆流计算，然后再校核。

⑥ 选取管径和管内流速。

⑦ 计算传热系数 K 值，包括管程对流传热系数和壳程对流传热系数的计算。由于壳程对流传热系数与壳径、管束等结构有关，因此一般先假定一个壳程对流传热系数，以计算 K 值，然后再作校核。

⑧ 初估传热面积。考虑安全系数和初估性质，因而常取实际传热面积是计算值的 1.15～1.25 倍。

⑨ 选择管长 L。

⑩ 计算管数 N。

⑪ 校核管内流速，确定管程数。

⑫ 画出排管图，确定壳径 D 和壳程挡板型式及数量等。

⑬ 校核壳程对流传热系数。

⑭ 校核有效平均温差。

⑮ 校核传热面积，应有一定安全系数，否则需重新设计。

⑯ 计算流体阻力，如阻力超过允许范围，需调整设计，直至在允许范围内为止。

2）系列标准换热器选用的设计步骤

①～⑤步与 1）相同。

⑥ 选取经验的传热系数 K 值。

⑦ 计算传热面积。

⑧ 由系列标准选取换热器的基本参数。

⑨ 校核传热系数，包括管程、壳程对流传热系数的计算。假如核算的 K 值与原选的经验值相差不大，就不再进行校核；如果相差较大，则需重新假设 K 值并重复上述①～⑥的步骤。

⑩ 校核有效平均温差。

⑪ 校核传热面积，使其有一定安全系数，一般安全系数取 1.1～1.25，否则需重新设计。

⑫ 计算流体流动阻力，如超过允许范围，需重选换热器基本参数再行计算。

从上述步骤来看，换热器的传热设计是一个反复试算的过程，有时要反复试算 2～3 次。所以，换热器设计计算实际上带有试差的性质。

（2）传热计算主要公式

传热计算围绕传热速率方程式展开，即

$$Q=KA\Delta t_{\mathrm{m}} \tag{3-5}$$

式中，Q 为传热速率（热负荷），W；K 为总传热系数，W/(m^2・℃)；A 为与 K 值对应的传热面积，m^2；Δt_{m} 为平均传热温差，℃。

1）传热速率（热负荷）

① 流体无相变化，且忽略热损失，则

$$Q=W_{\mathrm{h}}c_{ph}\left(T_1-T_2\right)=W_{\mathrm{c}}c_{pc}\left(t_2-t_1\right) \tag{3-6}$$

式中，W 为流体的质量流量，kg/s；c_p 为流体的平均定压比热容，kJ/(kg・℃)；T 为热流体的温度，℃；t 为冷流体的温度，℃。h、c 为下标，表示热流体和冷流体；1、2 为下标，表示换热器的进口和出口。

② 流体有相变化，如饱和蒸汽冷凝，且冷凝液在饱和温度下排出，则

$$Q=W_{\mathrm{h}}r=W_{\mathrm{c}}c_{pc}\left(t_2-t_1\right) \tag{3-7}$$

式中，r 为饱和蒸汽的汽化潜热，kJ/kg。

2）平均传热温差

① 两流体均恒温时的平均传热温差为

$$\Delta t_{\mathrm{m}}=T-t \tag{3-8}$$

② 两流体至少有一种变温时的平均传热温差

a. 逆流和并流（简单流动）

$$\Delta t_{\mathrm{m}}=\frac{\Delta t_1-\Delta t_2}{\ln\dfrac{\Delta t_1}{\Delta t_2}} \tag{3-9}$$

式中，Δt_1、Δt_2 为换热器两端的传热温度差，℃。

b. 错流和折流（复杂流动）

$$\Delta t_{\mathrm{m}}=\varphi_{\Delta t}\Delta t_{\mathrm{m逆}} \tag{3-10}$$

式中，$\Delta t_{\mathrm{m逆}}$ 为按逆流计算的平均温差，℃。

式（3-10）中 $\varphi_{\Delta t}$ 称为温差校正系数，它是参数 P 和 R 的函数，即

$$\varphi_{\Delta t}=f\left(R,\ P\right) \tag{3-11}$$

式中

$$P=\frac{t_2-t_1}{T_1-t_1}=\frac{\text{冷流体温升}}{\text{两流体最初温差}} \tag{3-12}$$

$$R=\frac{T_1-T_2}{t_2-t_1}=\frac{\text{热流体温降}}{\text{冷流体温升}} \tag{3-13}$$

式（3-11）的函数关系由图 3-7～图 3-10 给出，每幅图给出了相应的管、壳程的程数设置。根据换热器管、壳程的程数和流体的进、出口温度，即可查得温差校正系数 $\varphi_{\Delta t}$，计算逆流平均温差 $\Delta t_{\mathrm{m逆}}$，由式（3-10）求得复杂流动的平均传热温差 Δt_{m}。

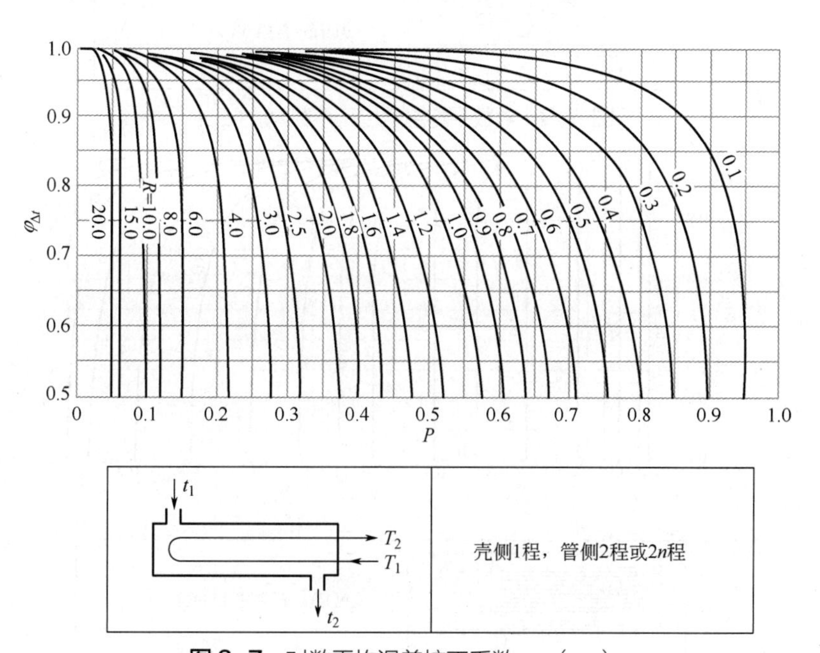

图 3-7 对数平均温差校正系数 $\varphi_{\Delta t}$（一）

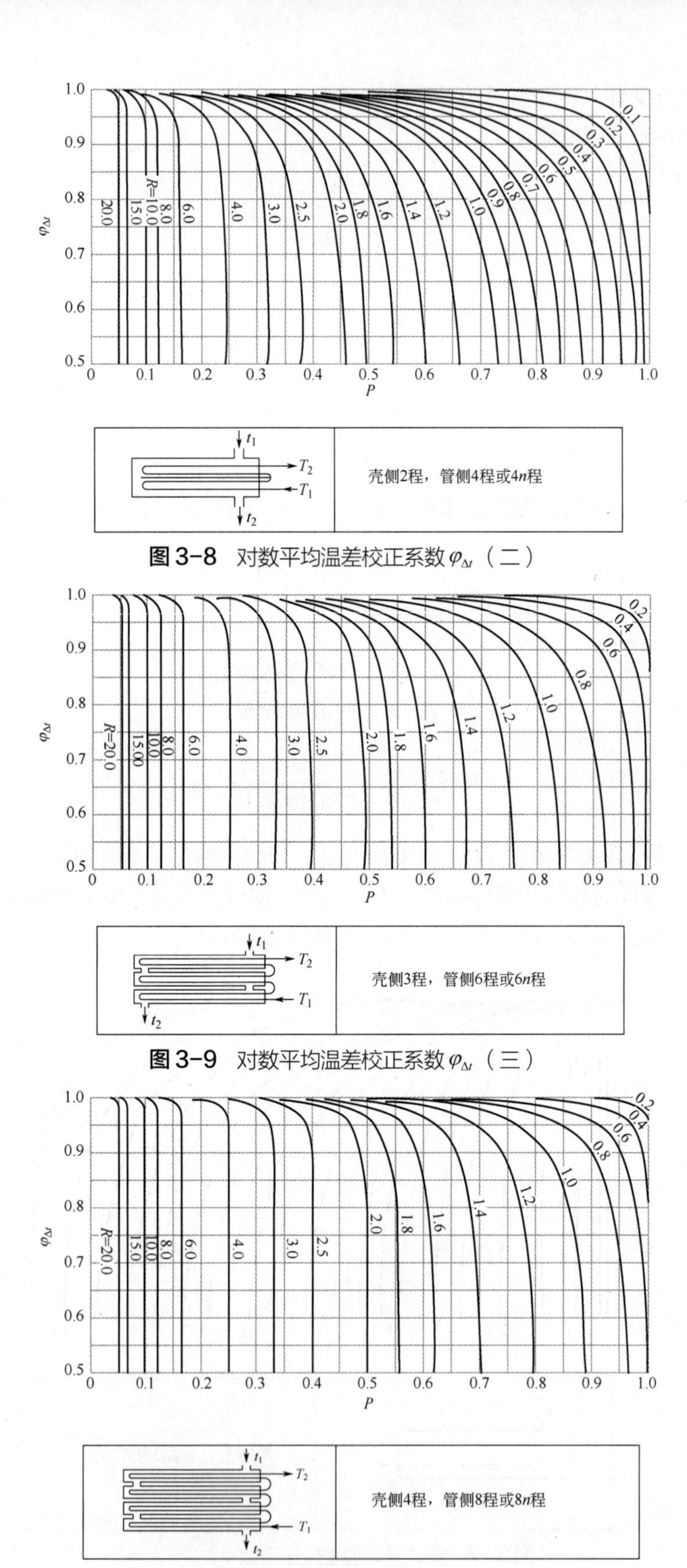

图 3-8 对数平均温差校正系数 $\varphi_{\Delta t}$（二）

图 3-9 对数平均温差校正系数 $\varphi_{\Delta t}$（三）

图 3-10 对数平均温差校正系数 $\varphi_{\Delta t}$（四）

$\varphi_{\Delta t}$ 值反映了给定工况下某流动形式接近逆流的程度，要求 $\varphi_{\Delta t}>0.8$，如果求得的 $\varphi_{\Delta t}$ 不符合此要求，则这种管、壳程的程数安排是不合理的，应重新调整换热器管、壳程的程数，以使 $\varphi_{\Delta t}>0.8$。

3）总传热系数

$$K=\frac{1}{\frac{d_{\mathrm{o}}}{h_{\mathrm{i}}d_{\mathrm{i}}}+R_{\mathrm{si}}\frac{d_{\mathrm{o}}}{d_{\mathrm{i}}}+\frac{bd_{\mathrm{o}}}{kd_{\mathrm{m}}}+R_{\mathrm{so}}+\frac{1}{h_{\mathrm{o}}}} \tag{3-14}$$

式中，K 为总传热系数，W/(m^2·℃)；h_{i}、h_{o} 为换热管内、外侧的对流给热系数，W/(m^2·℃)；R_{si}、R_{so} 为换热管内、外侧的污垢热阻，m^2·℃/W；d_{i}、d_{o}、d_{m} 为换热管内径、外径及平均直径，m；k 为换热管壁热导率，W/(m·℃)；b 为换热管壁厚，m。

4）对流给热系数

为了提高换热器的传热效率，工程上一般按湍流传热进行设计，不建议换热器在层流或过渡流状态下操作。

① 流体无相变

A）圆直管内强制湍流

a）低黏度流体（$\mu<2\times10^{-3}$Pa·s）

$$Nu=0.023Re^{0.8}Pr^{n} \qquad n=\begin{cases}0.4 & \text{（流体被加热）}\\ 0.3 & \text{（流体被冷却）}\end{cases} \tag{3-15}$$

或

$$h_{\mathrm{i}}=0.023\frac{k}{d_{\mathrm{i}}}\left(\frac{d_{\mathrm{i}}u\rho}{\mu}\right)^{0.8}\left(\frac{c_p\mu}{k}\right)^{n} \tag{3-16}$$

式（3-15）或式（3-16）的适用条件如下。

适用范围：$Re>10000$，$0.7<Pr<16700$，$L/d_{\mathrm{i}}>60$；

特征尺寸：管内径 d_{i}；

定性温度：流体进、出口温度算术平均值。

b）高黏度流体（$\mu>2\times10^{-3}$Pa·s）

$$Nu=0.027Re^{0.8}Pr^{1/3}\left(\frac{\mu}{\mu_{\mathrm{w}}}\right)^{0.14} \tag{3-17}$$

或

$$h_{\mathrm{i}}=0.027\frac{k}{d_{\mathrm{i}}}\left(\frac{d_{\mathrm{i}}u\rho}{\mu}\right)^{0.8}\left(\frac{c_p\mu}{k}\right)^{1/3}\left(\frac{\mu}{\mu_{\mathrm{w}}}\right)^{0.14} \tag{3-18}$$

式（3-17）或式（3-18）的适用条件如下。

适用范围：$Re>10000$，$0.7<Pr<16700$，$L/d_{\mathrm{i}}>60$；

特征尺寸：管内径 d_{i}；

定性温度：流体进、出口温度算术平均值（μ_{w} 取壁温下的值）。

B）圆直管内强制层流

$$Nu = 1.86Re^{1/3}Pr^{1/3}\left(\frac{d_i}{L}\right)\left(\frac{\mu}{\mu_w}\right)^{0.14} \tag{3-19}$$

或

$$h_i = 1.86\frac{k}{d_i}\left(\frac{d_i u\rho}{\mu}\right)^{1/3}\left(\frac{c_p\mu}{k}\right)^{1/3}\left(\frac{d_i}{L}\right)^{1/3}\left(\frac{\mu}{\mu_w}\right)^{0.14} \tag{3-20}$$

式（3-19）或式（3-20）的适用条件如下。

适用范围：$Re < 2300$，$0.6 < Pr < 6700$，$RePr\, d_i/L > 100$；

特征尺寸：管内径 d_i；

定性温度：流体进、出口温度算术平均值（μ_w 取壁温下的值）。

C）圆直管内强制过渡流　按式（3-15）或式（3-16）求得湍流下的对流给热系数，然后通过修正得到过渡流的传热系数

$$h_i = h_i'\left(1 - \frac{6\times10^5}{Re^{1.8}}\right) \tag{3-21}$$

式中，h_i' 为湍流下的对流传热系数，$W/(m^2 \cdot K)$。

D）设置圆缺型挡板的换热器壳程强制对流

$$Nu = 0.36Re^{0.55}Pr^{1/3}\left(\frac{\mu}{\mu_w}\right)^{0.14} \tag{3-22}$$

适用范围：$2000 < Re < 10^6$；

定性温度：流体进、出口温度算术平均值（μ_w 取壁温下的值）。

式（3-22）中雷诺数

$$Re = \frac{d_e u\rho}{\mu} = \frac{d_e G}{\mu} \tag{3-23}$$

式（3-23）中，G 为壳程质量流速[$kg/(s \cdot m^2)$]，其值可根据流体垂直流过管束最大截面积 A_s 进行计算

$$G = \frac{W_s}{A_s} \tag{3-24}$$

式中，W_s 为壳程流体的总流量，kg/s；A_s 为流体横掠管束的最大流通截面积，m^2。

$$A_s = BD\left(1 - \frac{d_o}{t}\right) \tag{3-25}$$

式中，B 为挡板间距，m；D 为换热器壳体内径，m；d_o 为换热管外径，m；t 为管间距，m。

式（3-23）中 d_e 为管束的当量直径，其值与管子排列方式有关，管壳式换热器中，常见的管子排列方式示于图 3-5，管间距以 t 表示。

正方形排列时

$$d_e=\frac{4\left(t^2-\frac{\pi}{4}d_o^2\right)}{\pi d_o} \tag{3-26}$$

正三角形排列时

$$d_e=\frac{4\left(\frac{\sqrt{3}}{2}t^2-\frac{\pi}{4}d_o^2\right)}{\pi d_o} \tag{3-27}$$

式（3-22）仅适用于圆缺 25%的折流挡板（百分数表示圆缺的弧高与壳内径之比值）。

② 蒸汽冷凝时的对流给热系数

a）垂直管外蒸汽冷凝

$$h=1.13\left(\frac{\rho^2 g k^3 r}{\mu L \Delta t}\right)^{1/4} \tag{3-28}$$

式中，μ 为凝液的黏度，Pa · s；ρ 为密度，kg/m^3；k 为热导率，W/(m · ℃)；r 为冷凝潜热，kJ/kg；Δt 为饱和蒸汽温度与壁温之差，℃；L 为换热管长度，m。

定性温度：凝液的黏度、密度、热导率取冷凝液膜平均温度下的值，冷凝潜热取蒸汽饱和温度下的值。

b）水平管束外蒸汽冷凝　水平单管外蒸汽冷凝给热系数

$$h=0.725\left(\frac{g\rho^2 k^3 r}{d_o \mu \Delta t}\right)^{1/4} \tag{3-29}$$

式中，d_o 为管外径，m。

水平管束外蒸汽冷凝给热系数，按水平单管外蒸汽冷凝给热系数乘以下式所示的修正系数而得。

$$f=\left(\frac{m}{N}\right)^{1/6} \tag{3-30}$$

式中，N 为总管数。

式（3-30）中 m 为水平管束中的垂直列数，其值与管束的放置方位有关，对于 A 方位放置，如图 3-11（a）所示，垂直列数 m 为

$$m=\sqrt{\frac{4N-1}{3}} \tag{3-31}$$

对于 B 方位放置，如图 3-11（b）所示，垂直列数 m 为

$$m = 2\sqrt{\frac{4N-1}{3}-1} \tag{3-32}$$

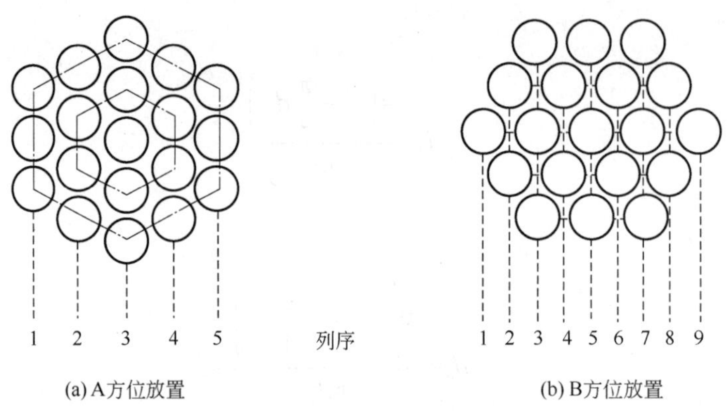

图 3-11 水平管束的放置方位图

5）污垢热阻

污垢热阻是换热器设计中非常重要的参数。在设计换热器时，必须采用正确的污垢热阻，否则换热器的设计误差很大。污垢热阻因流体种类、操作温度和流速等不同而各异。常见流体的污垢热阻参见表 3-4 和表 3-5。

（3）流体流动阻力计算主要公式

流体流经管壳式换热器时由于流动阻力而产生一定的压力降，换热器的设计必须满足工艺要求的压力降。一般合理压力降的范围见表 3-6。

表 3-4 水的污垢热阻（一）

加热流体温度/℃		＜115		115～205	
水的温度/℃		＜25		＞25	
水的流速/℃		＜1.0	＞1.0	＜1.0	＞1.0
污垢热阻/(m^2 · ℃/W)	海水	0.8598×10^{-6}		1.7197×10^{-4}	
	自来水、井水、锅炉软水	1.7197×10^{-4}		3.4394×10^{-4}	
	蒸馏水	0.8598×10^{-4}		0.8598×10^{-4}	
	硬水	5.1590×10^{-4}		8.5980×10^{-4}	
	河水	5.1590×10^{-4}	3.4394×10^{-4}	6.8788×10^{-4}	5.1590×10^{-4}

表 3-5 流体的污垢热阻（二）

流体名称	污垢热阻/(m^2 · ℃/W)	流体名称	污垢热阻/(m^2 · ℃/W)	流体名称	污垢热阻/(m^2 · ℃/W)
有机物蒸气	0.8598×10^{-4}	有机物	1.7197×10^{-4}	石脑油	1.7197×10^{-4}
溶剂蒸气	1.7197×10^{-4}	盐水	1.7197×10^{-4}	煤油	1.7197×10^{-4}
天然气	1.7197×10^{-4}	熔盐	0.8598×10^{-4}	汽油	1.7197×10^{-4}
焦炉气	1.7197×10^{-4}	植物油	5.1590×10^{-4}	重油	0.8598×10^{-4}
水蒸气	0.8598×10^{-4}	原油	$(3.4394\sim2.098)\times10^{-4}$	沥青油	1.7197×10^{-4}
空气	3.4394×10^{-4}	柴油	$(3.4394\sim5.1590)\times10^{-4}$		

表 3-6　合理压力降选取

操作情况	操作压力（绝压）/Pa	合理压力降/Pa
减压操作	p=0～1×10^5	0.1p
低压操作	p=1×10^5～1.7×10^5	0.5p
	p=1.7×10^5～11×10^5	0.35×10^5
中压操作	p=11×10^5～31×10^5	0.35×10^5～1.8×10^5
较高压操作	p=31×10^5～81×10^5	0.7×10^5～2.5×10^5

1）管程压力降

换热器管程压力降为

$$\Sigma\Delta p_{\mathrm{i}}=\left(\Delta p_1+\Delta p_2\right)F_{\mathrm{t}}N_{\mathrm{s}}N_{\mathrm{p}} \tag{3-33}$$

式中，Δp_1 为直管阻力引起的压力降，Pa；Δp_2 为管束进出口及回弯阻力引起的压力降，由公式 $\Delta p_2=3\left(\dfrac{\rho u^2}{2}\right)$ 估算，Pa；F_{t} 为结垢校正系数，ϕ25mm×2.5mm 换热管，取 F_{t}=1.4；ϕ19mm×2mm 换热管，取 F_{t}=1.5；N_{s} 为串联的壳程数；N_{p} 为管程数。

2）壳程压力降

换热器壳程压力降

$$\Sigma\Delta p_0=\left(\Delta p_1'+\Delta p_2'\right)F_{\mathrm{t}}N_{\mathrm{s}} \tag{3-34}$$

式中，$\Delta p_1'$ 为流体横过管束的压力降，Pa；$\Delta p_2'$ 为流体流过折流挡板缺口的压力降，Pa；F_{t} 为结垢校正系数，对液体 F_{s}=l.15，对气体 F_{s}=1.0。

$$\Delta p_1'=Ff_{\mathrm{o}}n_{\mathrm{c}}\left(N_{\mathrm{s}}+1\right)\frac{\rho u_{\mathrm{o}}^2}{2} \tag{3-35}$$

$$\Delta p_2'=N_{\mathrm{B}}\left(3.5+\frac{2B}{D}\right)\frac{\rho u_{\mathrm{o}}^2}{2} \tag{3-36}$$

式中，F 为管子排列方式对压力降的校正系数，三角形排列 F=0.5，正方形直列 F =0.3，正方形错列 F=0.4；f_{o} 为壳程流体的摩擦系数，$f_{\mathrm{o}}=5.0Re_{\mathrm{o}}^{-0.228}\ (Re>500)$；$n_{\mathrm{c}}$ 为横过管束中心线的管子数，可按式（3-2）及式（3-3）计算；B 为折流挡板间距，m；D 为壳体直径，m；N_{s} 为折流挡板数；u_{o} 为按壳程流通截面积 S_{o}［$S_{\mathrm{o}}=h\left(D-n_{\mathrm{c}}d_{\mathrm{o}}\right)$］计算的流速，m/s。

3.3　管壳式换热器工艺设计示例

【设计题目】

工厂某生产过程流程示于图 3-12，进入反应器的原料气是由 A、B 两种气体等摩尔混合的气体，混合气体由预热器从 15℃加热至 155℃，流量为 5.6×10^{7}m^3/a，气体绝压为 0.15MPa，加热介质为表压 0.7MPa 的饱和水蒸气，冷凝水于饱和温度下排出，混合气体的物性数据见表 3-7。

试设计一台卧式列管式气体预热器。

表 3-7　混合气体在定性温度下的物性数据

定性温度/℃	密度/(kg/m³)	黏度/Pa·s	比热容/[kJ/(kg·K)]	热导率/[W/(m·K)]
85	1.9	1.2×10^{-5}	1.24	0.019

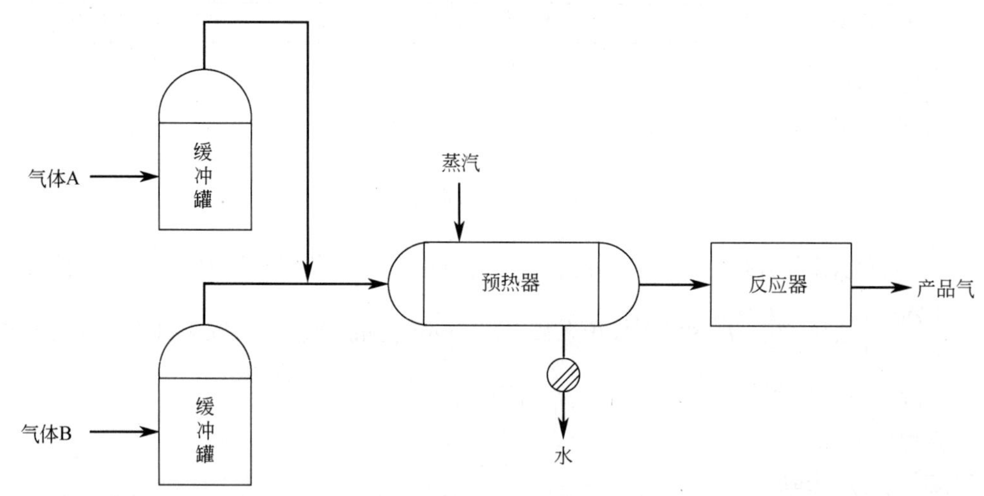

图 3-12　管壳式换热器流程示意图

【设计计算】

（1）方案确定

冷、热两流体温差较大，初步确定采用具有温度补偿功能的固定管板式换热器。

为便于冷凝水排出，选择蒸汽走壳程；为降低原料气的流动阻力，选择其走管程。

（2）物性数据

管程原料气的定性温度取为换热器进、出口温度的算术平均值，即

$$t_{\mathrm{m}}=(15+155)/2=85℃$$

原料气在定性温度下的物性参数列于表 3-7。

查得表压为 0.7MPa 的饱和水蒸气对应的饱和温度为 170.4℃，由于冷凝水于饱和温度下排出，则壳程定性温度为

$$T_{\mathrm{m}}=170.4℃$$

（3）换热器的热负荷

工厂开工时间按每年 300 天、7200h 计，可求得原料气在绝压 0.15MPa、温度为 85℃下的体积流量和质量流量为

$$q_V=\frac{5.6\times10^7}{7200}\times\frac{0.1}{0.15}\times\frac{273+85}{273}=6800\mathrm{m^3/h}=1.889\mathrm{m^3/s}$$

$$q_m=1.9\times6800=12920\mathrm{kg/h}=3.589\mathrm{kg/s}$$

换热器的热负荷为

$$Q = q_m c_p \left(t_2 - t_1\right) = 3.589 \times 1.24 \times \left(155 - 15\right) = 623\text{kW}$$

（4）换热器的传热温差

由于仅原料气一侧变温，水蒸气一侧温度不变，换热器的平均温差按对数平均传热温差计算

$$\Delta t_{\text{m}} = \frac{t_2 - t_1}{\ln \dfrac{T - t_1}{T - t_2}} = \frac{155 - 15}{\ln \dfrac{170.4 - 15}{170.4 - 155}} = 60.56℃$$

该平均温差也无需进行修正。

（5）估算换热器面积

饱和水蒸气加热气体的总传热系数 K 的经验数据范围为 30～300W/(m^2・℃)，考虑到传热为原料气一侧控制，而原料气的压力较小，密度不大，故假设总传热系数 K_{o}=95W/(m^2・℃)，则估算的传热面积 A_{o} 为

$$A_{\text{o}} = \frac{Q}{K_{\text{o}} \Delta t_{\text{m}}} = \frac{623000}{95 \times 60.56} = 108.3\text{m}^2$$

选用管径为ϕ25×2.5mm、管长为 6m 的 304 不锈钢管作为换热管，按换热器面积计算的换热管根数为

$$N = \frac{A}{\pi d_{\text{o}} L} = \frac{108.3}{3.14 \times 0.025 \times 6} = 230$$

换热管经过初步排列，可排 17 列，217 根，拉杆占 4 根，可排换热管 213 根。

（6）管程数

若设管程数为 1 程，则管内气速

$$u_{\text{i}} = \frac{q_V}{0.785 d_{\text{i}}^2 N} = \frac{1.889}{0.785 \times 0.02^2 \times 213} = 28.24\text{m/s}$$

气速合适，故管程为 1 程。

（7）换热管排列及壳体内径

换热管按正三角形排列，取管心距 $t = 1.25 d_{\text{o}} = 1.25 \times 25 = 31.25 \approx 32\text{mm}$，横过管束中心线的管数为

$$n_{\text{c}} = 1.1\sqrt{N} = 1.1 \times \sqrt{217} = 16.2 \approx 17$$

由于该换热器为单管程，则其壳体内径

$$D = t\left(n_{\text{c}} - 1\right) + \left(2 \sim 3\right) d_{\text{o}} = 32 \times \left(17 - 1\right) + 3 \times 25 = 587\text{mm}$$

可圆整为 D=600mm。

换热管在管板上的布置情况示于图 3-13。壳体内径 600mm，实际布置换热管数 213 根，另设置 4 根拉杆。

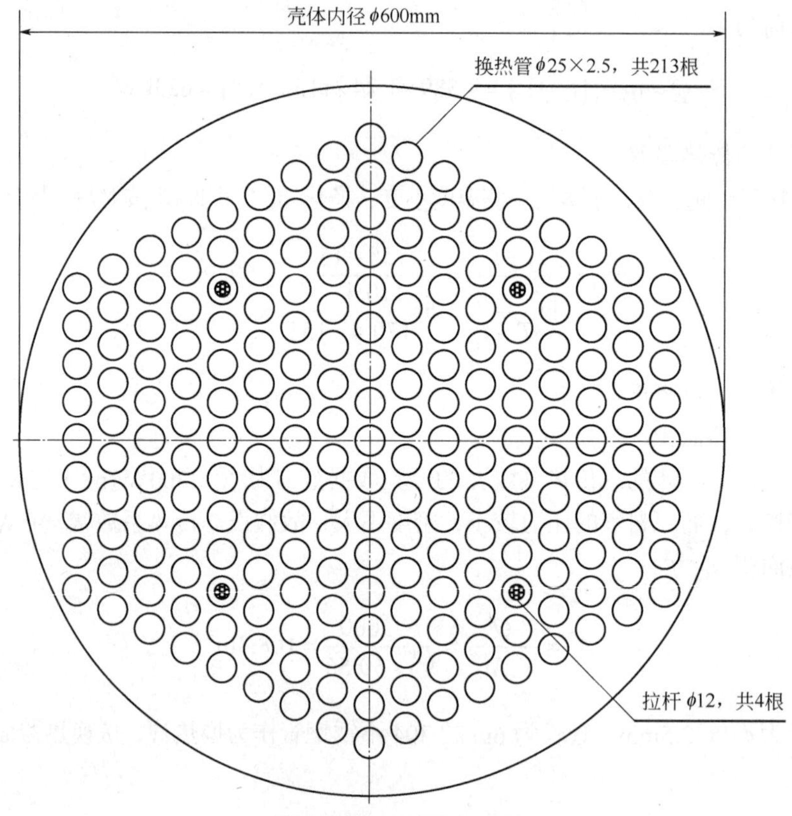

图 3-13 换热管布置图

（8）折流挡板

壳程为蒸汽冷凝，无需折流挡板，但换热管较长，需要支撑，故本题中的折流挡板仅起支撑换热管作用。采用弓形折流挡板，切去圆缺的高度为壳体内径的 25%，切去圆缺的高度

$$h=0.25\times 600=150\text{mm}$$

取折流挡板间距 600mm，则挡板数量为

$$N_{\text{B}}=\frac{6000}{600}-1=9\text{ 块}$$

折流挡板圆缺垂直放置。

（9）管程给热系数

原料气流经管程，其雷诺数为

$$Re=\frac{du_{\text{i}}\rho}{\mu}=\frac{0.02\times 28.24\times 1.9}{1.2\times 10^{-5}}=89430$$

普朗特数为

$$Pr=\frac{c_p\mu}{k}=\frac{1.24\times 10^{3}\times 1.2\times 10^{-5}}{0.019}=0.783$$

管程给热系数为

$$h_{\mathrm{i}} = 0.023\frac{k}{d_{\mathrm{i}}}Re^{0.8}Pr^{0.4} = 0.023\times\frac{0.019}{0.02}\times 89430^{0.8}\times 0.783^{0.4} = 181.2$$

（10）壳程给热系数

估计换热管外壁平均温度 167.6℃，冷凝水定性温度为(170.4+167.6)/2=169℃，查得：$\rho = 898.3\ \mathrm{kg/m^3}$，$\mu = 1.639\times10^{-4}\ \mathrm{Pa\cdot s}$，$k = 0.679\ \mathrm{W/(m\cdot K)}$，$r$=2052.5kJ/kg。

水蒸气在水平单管外的冷凝给热系数

$$h_{\mathrm{o}} = 0.725\left(\frac{r\rho^2 gk^3}{\mu d_{\mathrm{o}}\Delta t}\right)^{1/4} = 0.725\times\left[\frac{2052.5\times10^3\times898.3^2\times9.81\times0.679^3}{1.639\times10^{-4}\times0.025\times(170.4-167.6)}\right]^{0.25} = 18710$$

管束按图 3-11（a）所示 A 方位放置，则垂直列数 m 为

$$m = \sqrt{\frac{4N-1}{3}} = \sqrt{\frac{4\times217-1}{3}} = 17$$

修正系数

$$f = \left(\frac{m}{N}\right)^{1/6} = \left(\frac{17}{217}\right)^{1/6} = 0.654$$

水平管束外的冷凝给热系数

$$h_{\mathrm{o}} = 18710\times0.654 = 12236$$

（11）总传热系数

管内侧污垢热阻按空气处理，取为 $R_{\mathrm{si}}=3.44\times10^{-4}\mathrm{m^2\cdot K/W}$，管外侧污垢热阻按锅炉软水处理，取为 $R_{\mathrm{so}}=3.44\times10^{-4}\mathrm{m^2\cdot K/W}$。换热管选用 304 不锈钢，其热导率约为 17.4W/(m·K)，总传热系数

$$\frac{1}{K} = \frac{d_{\mathrm{o}}}{h_{\mathrm{i}}d_{\mathrm{i}}} + R_{\mathrm{si}}\frac{d_{\mathrm{o}}}{d_{\mathrm{i}}} + \frac{bd_{\mathrm{o}}}{kd_{\mathrm{m}}} + R_{\mathrm{so}} + \frac{1}{h_{\mathrm{o}}}$$
$$= \frac{0.025}{181.2\times0.02} + 3.44\times10^{-4}\times\frac{0.025}{0.02} + \frac{0.0025\times0.025}{17.4\times0.0225} + 3.44\times10^{-4} + \frac{1}{12236} = 0.007914$$

解得 $K = 126.36\mathrm{W/(m^2\cdot K)}$。

（12）换热器面积

理论上需要的换热器面积

$$A = \frac{Q}{K\Delta t_{\mathrm{m}}} = \frac{623000}{126.36\times60.56} = 81.40\mathrm{m^2}$$

实际的换热器面积

$$A_{\mathrm{o}} = N\pi d_{\mathrm{o}}L = 213\times3.14\times0.025\times(6-0.1) = 98.70\mathrm{m^2}$$

面积裕度为

$$H = \frac{A_o - A}{A} = \frac{98.7 - 81.4}{81.4} \times 100\% = 21.2\%$$

换热面积裕度合适，能够满足换热要求。

（13）管程压降

换热器管程压降为

$$\Sigma \Delta p = \left(\Delta p_1 + \Delta p_2 \right) F_t N_p N_s$$

已知管程的雷诺数为 $Re = 89430$，取不锈钢管管壁的粗糙度 $\varepsilon = 0.2\text{mm}$，则相对粗糙度 $\frac{\varepsilon}{d_i} = \frac{0.2}{20} = 0.01$，则

$$\lambda = 0.1\left(\frac{\varepsilon}{d_i} + \frac{68}{Re} \right)^{0.23} = 0.1 \times \left(0.01 + \frac{68}{89430} \right)^{0.23} = 0.0353$$

$$\Delta p_1 = \lambda \frac{L}{d_i} \frac{\rho u_i^2}{2} = 0.0353 \times \frac{6}{0.02} \times \frac{1.9 \times 28.24^2}{2} = 8068\text{Pa}$$

$$\Delta p_2 = 3\frac{\rho u_i^2}{2} = 3 \times \frac{1.9 \times 28.24^2}{2} = 2273\text{Pa}$$

管程总压降

$$\Sigma \Delta p = \left(8068 + 2273 \right) \times 1.4 \times 1 \times 1 = 14477\text{Pa} < 0.5p$$

换热器管程压降符合要求。

换热器壳程为水蒸气冷凝，无需核算压降。

（14）换热器接管尺寸

取原料气在输送管内的流速为 15m/s，则接管内径

$$d_g = \sqrt{\frac{4q_V}{\pi u}} = \sqrt{\frac{4 \times 1.889}{3.14 \times 15}} = 0.40\text{m} = 400\text{mm}$$

根据 HG/T 20553—2011《化工配管用无缝及焊接钢管尺寸》，选用管子规格为 $\phi 426 \times 10\text{mm}$，即公称直径 DN400mm 无缝钢管。

饱和水蒸气的流量

$$q_m = \frac{Q}{r} = \frac{623}{2052.5} = 0.304\text{kg/s}$$

查得 0.8MPa（绝压）饱和水蒸气密度 4.16kg/m^3，则其体积流量为

$$q_V = \frac{q_m}{\rho_V} = \frac{0.304}{4.16} = 0.073\text{m}^3/\text{s}$$

取水蒸气在输送管内的流速为 50m/s，则接管内径为

$$d_V=\sqrt{\frac{4q_V}{\pi u_V}}=\sqrt{\frac{4\times 0.073}{3.14\times 50}}=0.043\text{m}=43\text{mm}$$

取管子规格 DN50mm 的无缝钢管，其尺寸为 ϕ57×5.0mm。

（15）设计结果

换热器设计结果示于表 3-8。

表 3-8 气体预热器主要工艺结构参数及设计结果一览表

<table>
<tr><th colspan="3">参数</th><th colspan="2">管程</th><th colspan="2">壳程</th></tr>
<tr><td rowspan="5">物性参数</td><td colspan="2">定性温度/℃</td><td colspan="2">85</td><td colspan="2">170.4</td></tr>
<tr><td colspan="2">密度/(kg/m³)</td><td colspan="2">1.9</td><td colspan="2">4.16（水蒸气）</td></tr>
<tr><td colspan="2">黏度/Pa · s</td><td colspan="2">1.2×10⁻⁵</td><td colspan="2">—</td></tr>
<tr><td colspan="2">比热容/［kJ/(kg · K)］</td><td colspan="2">1.24</td><td colspan="2">—</td></tr>
<tr><td colspan="2">热导率/［W/(m · K)］</td><td colspan="2">0.019</td><td colspan="2">—</td></tr>
<tr><td rowspan="7">设备结构参数</td><td>型式</td><td>固定管板式</td><td>台数</td><td>1</td><td colspan="2">管口表</td></tr>
<tr><td>壳体内径/mm</td><td>600</td><td>壳程数</td><td>1</td><td>a</td><td>气体进口</td></tr>
<tr><td>管子规格</td><td>ϕ 25×2.5mm</td><td>管心距/mm</td><td>32</td><td>b</td><td>气体出口</td></tr>
<tr><td>管长/mm</td><td>6000</td><td>管子排列</td><td>正三角形</td><td>c</td><td>蒸汽进口</td></tr>
<tr><td>管数/根</td><td>213</td><td>折流挡板数量/块</td><td>9</td><td>d</td><td>冷凝水出口</td></tr>
<tr><td>传热面积/m²</td><td>98.70</td><td>折流挡板间距/mm</td><td>600</td><td>e</td><td>不凝气出口</td></tr>
<tr><td>管程数</td><td>1</td><td>材质</td><td>304 不锈钢</td><td></td><td></td></tr>
<tr><th colspan="3">主要设计结果</th><th colspan="2">管程</th><th colspan="2">壳程</th></tr>
<tr><td colspan="3">流速/(m/s)</td><td colspan="2">28.24</td><td colspan="2">—</td></tr>
<tr><td colspan="3">给热系数/［W/(m² · K)］</td><td colspan="2">181.2</td><td colspan="2">12236</td></tr>
<tr><td colspan="3">污垢热阻/(m² · K/W)</td><td colspan="2">3.44×10⁻⁴</td><td colspan="2">3.44×10⁻⁴</td></tr>
<tr><td colspan="3">压降/kPa</td><td colspan="2">14.477</td><td colspan="2">—</td></tr>
<tr><td colspan="3">热负荷/kW</td><td colspan="4">623</td></tr>
<tr><td colspan="3">传热温差/℃</td><td colspan="4">60.56</td></tr>
<tr><td colspan="3">总传热系数/［W/(m² · K)］</td><td colspan="4">126.36</td></tr>
<tr><td colspan="3">面积裕度/%</td><td colspan="4">21.2</td></tr>
</table>

3.4 系统工艺流程图和设备工艺条件图

加热混合气体工艺流程图见图 3-14，换热器工艺条件图示于图 3-15。

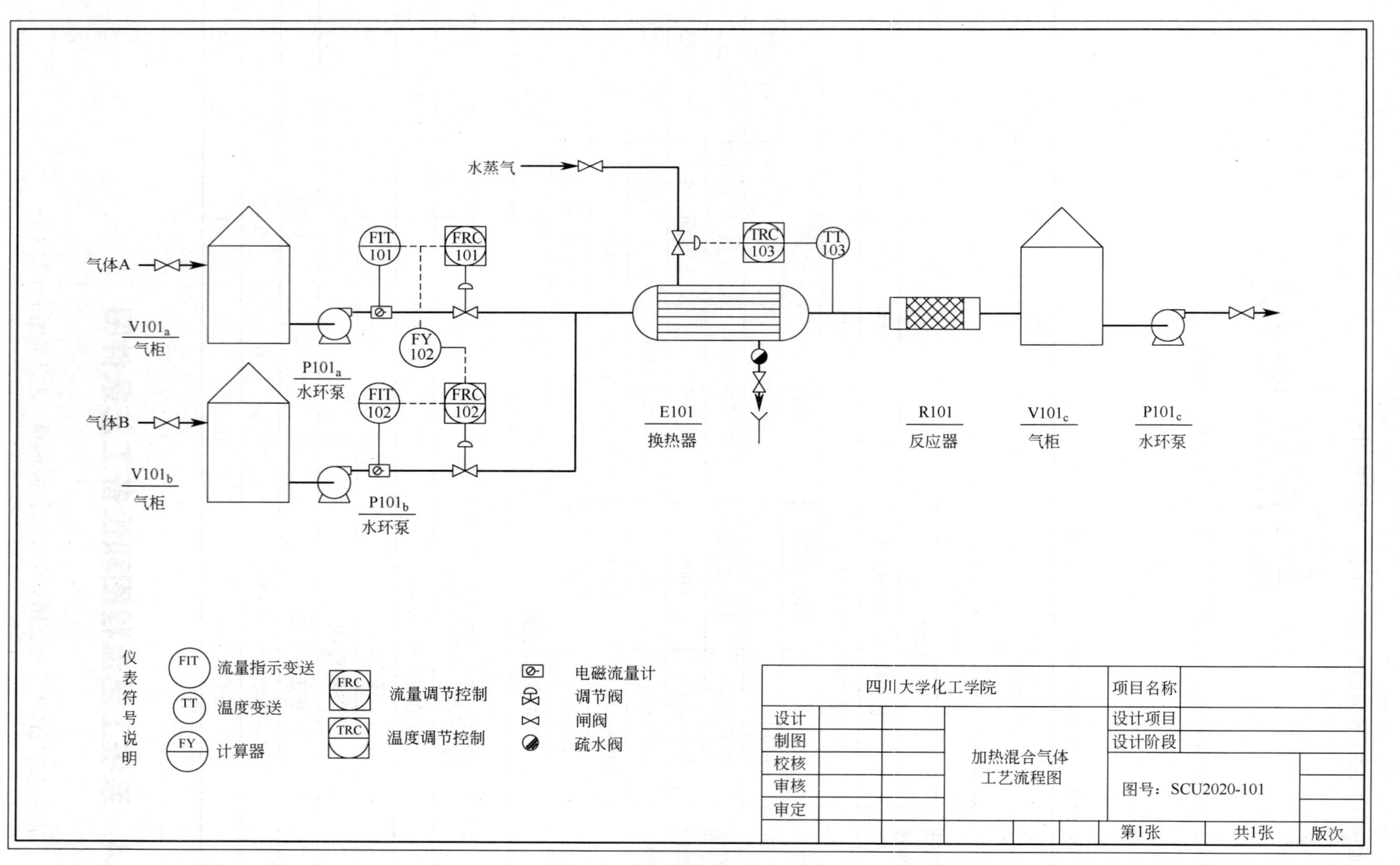

图 3-14　加热混合气体工艺流程图

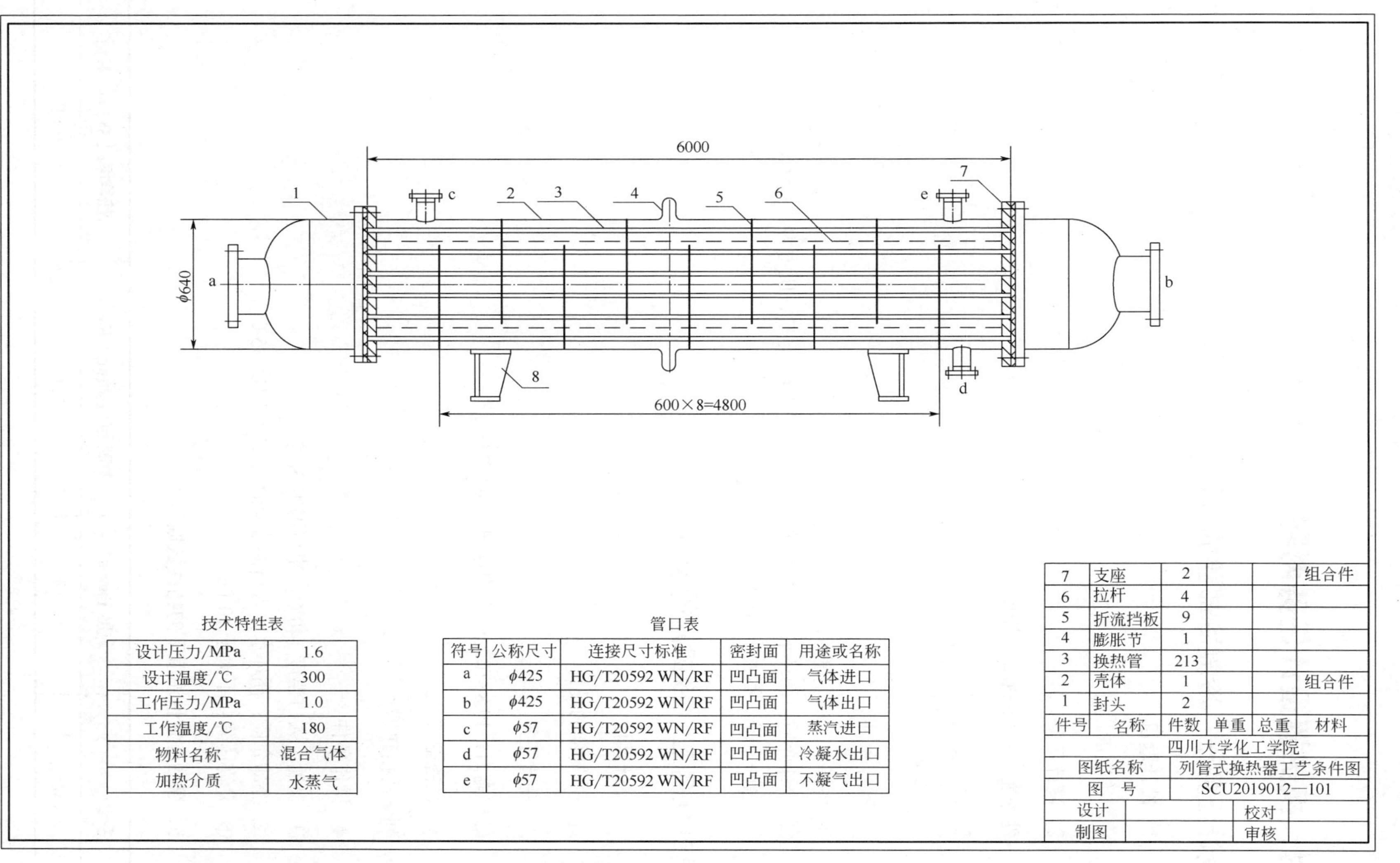

技术特性表

设计压力/MPa	1.6
设计温度/℃	300
工作压力/MPa	1.0
工作温度/℃	180
物料名称	混合气体
加热介质	水蒸气

管口表

符号	公称尺寸	连接尺寸标准	密封面	用途或名称
a	ϕ425	HG/T20592 WN/RF	凹凸面	气体进口
b	ϕ425	HG/T20592 WN/RF	凹凸面	气体出口
c	ϕ57	HG/T20592 WN/RF	凹凸面	蒸汽进口
d	ϕ57	HG/T20592 WN/RF	凹凸面	冷凝水出口
e	ϕ57	HG/T20592 WN/RF	凹凸面	不凝气出口

件号	名称	件数	单重	总重	材料
7	支座	2			组合件
6	拉杆	4			
5	折流挡板	9			
4	膨胀节	1			
3	换热管	213			
2	壳体	1			组合件
1	封头	2			

四川大学化工学院			
图纸名称	列管式换热器工艺条件图		
图　号	SCU2019012—101		
设计		校对	
制图		审核	

图 3-15　列管式换热器工艺条件图

附：换热器设计任务两则

设计任务一　冷凝冷却器的设计

1. 设计题目

甲醇冷凝的设计。

2. 设计任务

处理能力：12000kg/h 甲醇。

3. 设备型式

列管式换热器。

4. 操作条件

① 甲醇：入口温度 64℃，压力为常压。
② 冷却介质：循环水，入口温度 20℃，出口温度 35℃，压力为 0.3MPa。
③ 允许压降：不大于 10^5Pa。

设计任务二　冷却器的设计

1. 设计题目

煤油冷却器的设计。

2. 设计任务

处理能力：19.8×10^4t/a（每年开工时间 8000h）。

3. 设备型式

列管式换热器。

4. 操作条件

① 煤油：入口温度 140℃，出口温度 50℃。
② 冷却介质：循环水，入口温度 20℃，出口温度 35℃。
③ 允许压降：不大于 10^5Pa。

5. 煤油在定性温度下的物性数据

密度/(kg/m³)	黏度/Pa·s	比热容/［J/(kg·K)］	热导率/［W/(m·K)］
825	7.15×10^{-4}	2220	0.14

符号说明

英文字母

A——传热面积，m^2；

B——挡板间距，m；

d——管径，m；

D——换热器壳体内径，m；

F——系数；

h——对流传热系数，W/(m^2·℃)；

h——圆缺高度，m；

k——热导率，W/(m·℃)；

K——总传热系数，W/(m^2·℃)；

L——管长，m；

m——程数；

n——指数；管数；程数；

N——总管数；

N_s——折流挡板数；

Nu——努塞尔数，量纲为 1；

p——压力，Pa；

P——因数；

Pr——普兰特数，量纲为 1；

q——热通量，W/m^2；

Q——传热速率，W；

r——半径，m；
汽化潜热，kJ/kg；

R——热阻，m^2·℃/W；
因数；

Re——雷诺数，量纲为 1；

t——冷流体温度，℃；
管间距，m；

T——热流体温度，℃；

u——流速，m/s；

W——质量流量，kg/s。

希腊字母

Δ——差值；

λ——摩擦系数；

μ——黏度，Pa·s；

ρ——密度，kg/m^3；

φ——校正系数。

下标

c——冷流体；

h——热流体；

i——管内；

m——平均；

o——管外；

s——污垢。

参考文献

[1] 柴诚敬，张国亮．化工原理（上册）：化工流体流动与传热．3 版．北京：化学工业出版社，2020.
[2] 王瑶，张晓冬．化工单元过程及设备课程设计．3 版．北京：化学工业出版社，2013.
[3] 化工设备设计全书编委会．换热器设计．上海：上海科学技术出版社，1988.
[4] 潘继红．管壳式换热器的分析与计算．北京：科学出版社，1996.
[5] 朱聘冠．换热器原理及计算．北京：清华大学出版社，1987.
[6] 兰州石油机械研究所．换热器：上册．北京：中国石化出版社，1992.
[7] 尾花英郎．热交换器设计手册．徐中全译．北京：石油工业出版社，1982.
[8] 杨崇麟．板式换热器工程设计手册．北京：机械工业出版社，1995.
[9] 余国琮．化工容器及设备．北京：化学工业出版社，1980.
[10] 卓震主．化工容器及设备．北京：中国石化出版社，1998.
[11] 时均．化学工程手册：上卷．2 版．北京：化学工业出版社，1996.
[12] 钢制管壳式换热器：GB151—1999．北京：国家技术监督局，1999.
[13] 板式换热器：GBI 6049—1999．北京：国家技术监督局，1999.

第 4 章 板式精馏塔设计

4.1 概述

4.1.1 塔设备的类型与性能

（1）塔设备的类型

塔设备是化工生产中广泛采用的气液传质设备，可分为板式塔和填料塔两大类，本章以精馏操作为例讨论板式塔的设计。

板式塔内装有一定数量的塔板，并以交错安装的降液管贯通各塔板，液体通过降液管逐板下流，依靠溢流堰的阻截，在塔板上形成液层，气体以泡沫状穿过板上液层，逐板上行。气液两相在塔板的泡沫液层内进行接触，传热与传质，两相组成沿塔高呈阶梯变化。塔釜再沸器将釜液加热成蒸汽沿塔向上流动；塔顶冷凝器将蒸汽冷凝成液体回流塔内，气液两相经过多次部分汽化和多次部分冷凝，实现高纯度分离，从塔顶引出高纯度馏出液，塔釜残液从塔底排出。

（2）板式塔的性能要求

板式塔主要用于分离气体或液体混合物，通过气液相际传质，实现混合物分离。为此，必须满足气液接触和传质的要求，具备以下性能：

① 气液两相接触充分，分离效率高；

② 操作弹性大，性能稳定；

③ 气体通量大，生产强度高；

④ 气体流动阻力小，塔压低；

⑤ 结构简单，金属耗材少，制造成本低；

⑥ 易于安装、检修，便于维护。

4.1.2 塔设备技术的发展

塔设备是石油加工、化工、轻工和制药等生产过程中广泛采用的气液传质设备，由于流体流动的复杂性、处理物系的多样性和分离要求的特殊性，对塔设备的性能要求不断提升，从而促进了塔设备技术的快速发展。

（1）塔设备设计技术的发展

在塔设备设计中，热力学模型常用 WILSON 方程、NRTL 方程、UNIQUAC 方程和 UNIFAC

方程等。理论级的计算方法是逐级计算法，它是通过相平衡方程（E方程）、热量衡算方程（H方程）、物料衡算方程（M方程）和组成加和方程（S方程），简称EHMS方程组，进行联立求解而得出完成一定的分离任务所需的理论级数。近年来，塔设备的设计技术得到迅速发展，一些大型商业软件相继问世，其中较为典型的有Aspen Plus和Pro/Ⅱ等。

（2）塔设备硬件技术的发展

塔设备的硬件主要是指安装在塔内，供气液两相密切接触的部件，即塔板。

工业上应用最早的塔板是泡罩塔板，传统的工业塔板包括泡罩塔板、筛板和浮阀塔板等，已有百年以上的应用历史。近年来，随着化工技术的发展，有多种高性能塔板问世，其中最具代表性的是立体传质塔板。它是在塔板上开孔，孔上设置立体帽罩，帽罩上开设小孔或齿缝而成。立体传质塔板的气液流动呈喷射状，从而提高了传质效率和操作弹性，塔压降显著降低。

（3）塔设备节能技术的发展

工业上，塔设备主要用于蒸馏过程。蒸馏是耗能最高的化工单元操作过程，据西方一些国家统计，蒸馏的能耗占加工业总能耗的13%，故节能是蒸馏系统优化和塔设备设计的关键问题，备受关注。近年来，塔设备节能技术得到快速发展，开发出一些塔设备节能技术。例如，可通过改变操作条件、设置热量回收装置和引进热泵技术等措施降低能耗，以达到节能的目的。节能的重要措施是能量的优化配置，将塔设备与反应器、换热器等其他装置组成一个热集成系统，根据能量最小化原则进行优化设计，可以明显地降低蒸馏系统的能耗。

4.2 板式精馏塔工艺设计

前已述及，塔设备可分为板式塔和填料塔两大类。对于精馏过程来说，既可在板式塔内进行，亦可在填料塔内进行。下一章吸收塔设计将结合填料塔进行，故本章精馏塔的设计结合板式塔进行。

4.2.1 设计方案

（1）设计步骤

板式塔的工艺设计过程大致分为以下步骤：

① 根据设计任务和工艺要求，确定设计方案。

② 根据设计任务和工艺要求，选择塔板类型。

③ 进行塔体工艺尺寸计算，确定塔径和塔高等。

④ 进行塔板的设计，包括溢流装置的设计、塔板的布置、升气道（泡罩、筛孔或浮阀等）的设计及排列。

⑤ 进行流体力学验算。

⑥ 绘制塔板的负荷性能图。

⑦ 根据负荷性能图，对设计进行分析，若设计不够理想，可对某些参数进行调整，重复上述设计过程，直到满意为止。

（2）设计方案确定

1）操作方式的确定

精馏过程分为连续精馏和间歇精馏两种操作方式。连续精馏具有生产能力大、产品质量稳定、过程便于自动控制以及能耗低等优点，而间歇精馏操作灵活、适应性强，适合于小规模、多品种的初步分离。工业生产中以连续精馏为主。

2）装置流程的安排

精馏装置主要由精馏塔、原料预热器、精馏釜（再沸器）、冷凝器和产品冷却器等设备组成。在精馏装置的流程安排上，应注意以下问题：

① 精馏是通过物料在塔内的多次部分汽化与多次部分冷凝实现分离的，热量自再沸器输入，由冷凝器和产品冷却器将余热带走。在确定精馏流程时，应考虑余热的回收利用。例如，用原料作为产品冷却器的冷却介质，既可预热原料，又可节省冷却介质。热泵精馏是利用MVR技术，通过压缩机加压，升高塔顶蒸汽温度，用以替代生蒸汽作为再沸器的加热介质，塔顶蒸汽在再沸器内冷凝，放出热量将釜液加热汽化，产生蒸汽回流。

② 塔顶冷凝装置可采用全凝器、分凝器-全凝器两种不同的设置。工业上为便于准确控制回流比，以采用全凝器为主。

③ 精馏装置的再沸器大多采用间接蒸汽加热，但对于重组分是水的场合，可采用直接蒸汽加热，例如乙醇水溶液，宜用直接蒸汽加热，省掉再沸器。但由于蒸汽的冷凝水使釜液浓度相应降低，故需要在提馏段增加塔板以达到生产要求。

④ 精馏装置的进料一般由泵送入，也可采用高位槽送料，以免受泵操作波动的影响，以便保持精馏塔的操作稳定性。

⑤ 塔顶回流液通常使用离心泵进行输送，以使回流液量更为稳定，但因此时馏出液接近泡点，离心泵很容易发生气蚀。必须将离心泵安装在馏出液储槽液面以下足够低的位置，防止离心泵气蚀，以保证安全生产。

3）工艺条件的选择

精馏塔的工艺条件主要包括操作压力、进料热状况和回流比等。

① 进料热状况的选择　精馏塔有五种不同的进料热状况：冷液进料、饱和液体进料、气液混合进料、饱和蒸汽进料和过热蒸汽进料，工业上多采用饱和液体进料。进料热状况不同，影响塔内各层塔板的气、液相流量。

② 操作压力的选择　精馏过程可分为常压精馏、减压精馏和加压精馏。凡通过常压精馏能够实现分离要求，并能用常温水将馏出物冷凝下来的物系，都应采用常压精馏；对热敏性物系，宜采用减压精馏；而对常压下馏出物的冷凝温度过低的物系，则可采用加压精馏，以减少运行费用。

③ 回流比的选择　回流比是精馏操作的重要工艺条件，精馏塔设计时，应根据实际需要选定回流比。回流比的选择，既要满足理论塔板数计算的需要，又要通过塔板流体力学的验算，处在负荷性能图的划定区域。

4.2.2 塔板类型

塔板是板式塔的关键部件，塔板上气、液两相的流动方式，可分为错流式和逆流式。错流式也称为溢流式，或有降液管式；逆流式也称穿流式，或无降液管式。工业应用以错流式塔板为主，常用的有以下几种类型。

（1）泡罩塔板

泡罩塔板的主要元件为升气管及泡罩。在塔板上开孔，孔上焊有升气管作为上升气体的通道，圆形泡罩安装在升气管顶部，泡罩下部周边开有许多矩形齿缝。泡罩规格有ϕ80mm，ϕ100mm和ϕ150mm三种，按塔径大小进行选择。塔径小于1000mm选用ϕ80mm的泡罩；塔径大于2000mm选用ϕ150mm的泡罩。泡罩在塔板上采用正三角形排列。

泡罩塔板的优点是升气管口高于液层，能防止漏液，不易堵塞，操作弹性较大，适于处理各种物料。缺点是板上液层厚，压降大，板效率较低；结构复杂，造价高。近年来，泡罩塔板已逐渐被筛板、浮阀塔板和其他新型塔板所取代。

（2）筛孔塔板

筛孔塔板简称筛板，在塔板上开有许多均匀的小孔，筛孔按正三角形排列。根据孔径的大小，分为小孔径筛板（孔径为3～8mm）和大孔径筛板（孔径为10～25mm）两类，工业上以小孔径筛板为主。

筛板的优点是结构简单，造价低廉；板上没有因构件形成的局部阻力，液面落差小，气体压降较低，生产能力较大；气体分散均匀，气液接触密切，塔板效率较高。缺点是操作弹性小，筛孔易堵塞，不宜处理黏度大、易结焦的物系。

（3）浮阀塔板

浮阀塔板兼有泡罩塔板和筛板的优点。塔板上开有若干阀孔，标准孔径为39mm，阀孔按正三角形排列。在每个阀孔上，装有一个可以上下浮动的阀片，称为浮阀。气流从浮阀周边水平地进入塔板的液层，浮阀可根据气体流量大小而上下浮动，自行调节开度。浮阀的类型很多，国内以F1型浮阀应用最为普遍。F1型浮阀又分为轻阀和重阀两种，一般情况下选用重阀。

浮阀塔板的优点是结构简单、加工方便；浮阀可随气量变化上下浮动，因而操作弹性大；塔板开孔率大，处理能力大；上升气流水平进入液层，气液接触时间较长，且液沫夹带量较小，故塔板效率较高。缺点是不适宜于处理黏度大、易结焦的物料，阀片易与塔板黏结而卡死。

由于浮阀塔板操作弹性大，板效率较高，加工方便，是目前新型塔板研究开发的主要方向。近年来研究开发的新型浮阀有梯形浮阀、船形浮阀、管形浮阀、双层浮阀和混合浮阀等。

（4）斜孔塔板

斜孔塔板属于气液并流喷射型塔板，板上开有斜孔，孔口向上，且与板面呈一定角度。同一排孔的孔口方向一致，相邻两排开孔方向相反，相邻两排斜孔产生的喷射流相互撞击，使表面更新加快，传质效率提高。这种喷射流既可以得到水平方向较大的气速，又阻止了液沫夹带，使板面上液层低而均匀。

斜孔塔板结构简单，制造方便，且生产能力大，是一种性能优良的塔板，设计中可优先选用。

近年来，随着化工技术的发展，一些性能优良的新型塔板应运而生，如立体传质塔板、喷射并流塔板和复合斜孔塔板等，可参考有关书籍和文献。

4.2.3 塔体工艺尺寸设计

（1）塔高

1）塔高计算公式

如图 4-1 所示，板式塔总高度

$$H = (N - N_K - 1)H_T + N_K H_K + H_D + H_B + H_1 + H_2 \quad (4\text{-}1)$$

式中，H_1 为封头高度，m；N_K 为人孔数；H_K 为人孔处的塔板间距，m；H_2 为裙座高度，m。

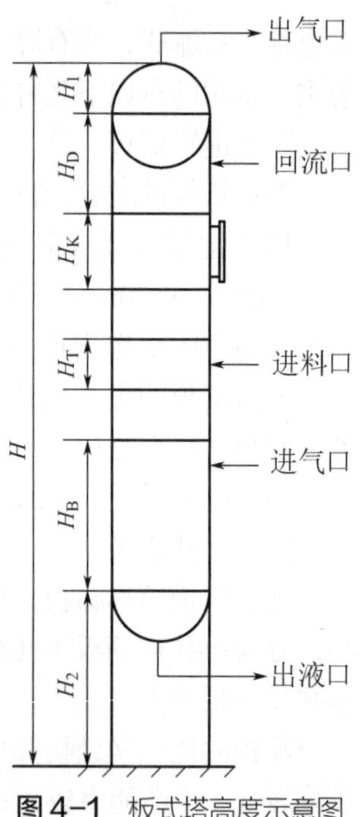

图 4–1 板式塔高度示意图

2）实际塔板数 N

对于给定的精馏任务，在工艺条件确定之后，所需的理论塔板数 N_T 可按逐板计算法、图解法或简捷法求得。若能从中试装置或条件相近的工业装置上测得塔的总板效率 E_T（即全塔平均效率），则实际塔板数 N 为

$$N = \frac{N_T}{E_T} \quad (4\text{-}2)$$

总板效率也可通过经验公式估算，通常情况下该值的数值范围为 50%～70%。

3）塔顶空间高度 H_D

塔顶空间高度是指最上层塔板至塔顶的间距，为使出塔气体中夹带的液滴沉降下来，该高度应大于塔板间距 H_T，一般取 H_D=2.0H_T。

4）塔底空间高度 H_B

塔底空间高度是指最下层塔板至塔底的间距，此高度不仅应使釜液储量满足 3～8min 的停留时间，还应使釜液液面至最下层塔板板面有 1～2m 的间距。

5）人孔

为检修方便，板式塔壁需设置人孔，人孔处的塔板间距应不低于 600mm。

6）塔板间距 H_T

塔板间距按照标准系列确定，塔板间距与塔径、物系性质、操作弹性等因素有关，设计时通常根据塔径的大小，按照表 4-1 所列的经验数值选取塔板间距。对于易发泡的物系，塔板间距应取大些；对于生产负荷波动较大的场合，也应增加塔板间距以提高塔的操作弹性。

表 4–1 根据塔径选取塔板间距的经验数值

塔径 D/m	0.3～0.5	0.5～0.8	0.8～1.6	1.6～2.0	2.0～2.4	＞2.4
塔板间距 H_T/mm	200～300	300～350	350～450	450～600	600～800	＞800

（2）塔径

1）塔径计算公式

根据上升蒸汽的体积流量计算板式塔的塔径 D

$$D=\sqrt{\frac{V_s}{0.785u}} \tag{4-3}$$

式中，V_s为蒸汽体积流量，m^3/s；u为空塔气速，m/s。

2）空塔气速确定

计算塔径的关键是确定空塔气速，若能设法求得最大空塔气速u_{max}，然后乘以0.6～0.8的安全系数，即得实际的空塔气速

$$u=(0.6\sim0.8)u_{max} \tag{4-4}$$

最大空塔气速可以根据气流中悬浮液滴的自由沉降速度为依据导出，即

$$u_{max}=C\sqrt{\frac{\rho_L-\rho_V}{\rho_V}} \tag{4-5}$$

式中，ρ_L、ρ_V为液相和气相的密度，kg/m^3；C为负荷因子，m/s。

负荷因子C值与气、液流量及密度，板上液滴的沉降高度及液体的表面张力有关，由实验确定。斯密斯（Smith）等人汇集了浮阀塔、筛板塔和泡罩塔的若干实验数据，整理了负荷因子与相关影响因素的关联图，见图4-2。

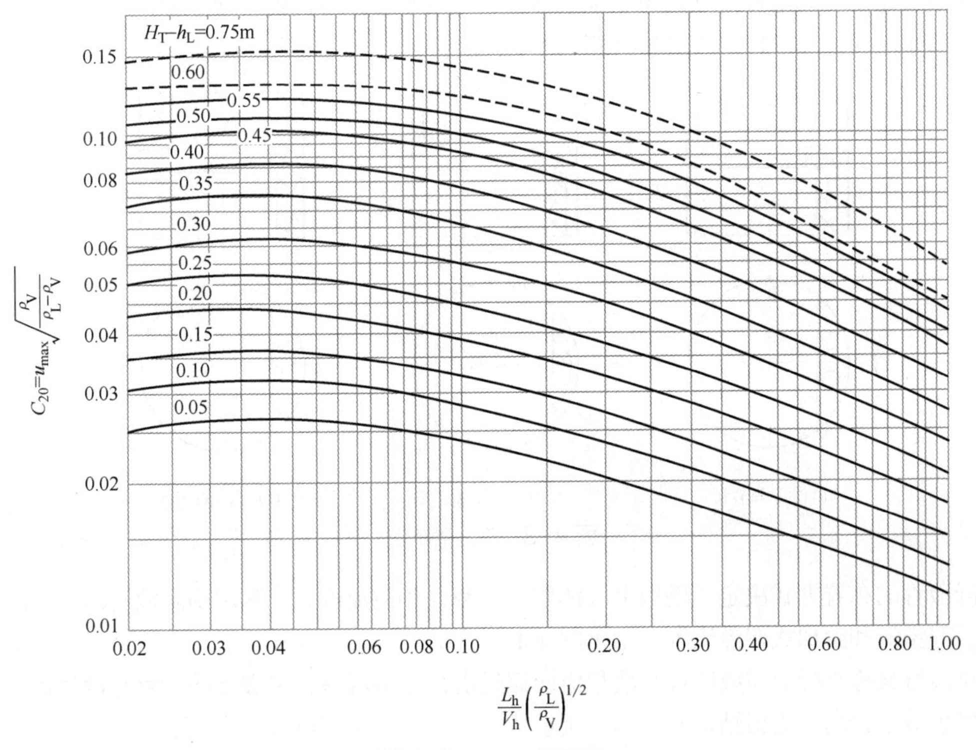

图4-2 Smith关联图

关联图的横坐标$\frac{L_h}{V_h}\left(\frac{\rho_L}{\rho_V}\right)^{1/2}$称为气液动能参数，反映气、液流量和密度对负荷因子的影响，

纵坐标 C_{20} 是物系表面张力为 20mN/m 的负荷因子，参数（H_T-h_L）表示液滴沉降高度对负荷因子的影响。h_L 为塔板上清液层高度，由设计者自行选定。通常情况下，常压塔取 h_L=50～80mm，减压塔取 h_L=25～30mm。

当所处理的液体的表面张力为其他值时，从图 4-2 查得的 C_{20} 应按下式进行校正，即

$$C = C_{20}\left(\frac{\sigma}{20}\right)^{0.2} \tag{4-6}$$

式中，C 为操作物系的负荷因子，m/s；σ 为操作物系液体的表面张力，mN/m。

按上述方法计算出塔径后，需要将其圆整到塔径系列标准，塔径系列标准为 400mm、500mm、600mm、700mm、800mm、900mm、1000mm、1200mm、1400mm、1600mm、1800mm、2000mm 等。

4.2.4 塔板工艺尺寸设计

（1）溢流装置

溢流装置包括降液管、溢流堰和受液盘。

1）降液管的类型和溢流方式

降液管是塔板间液体流动通道，也是液体夹带气泡得以分离的场所。降液管有圆形和弓形两类，示于图 4-3。工业板式塔的降液管以弓形为主。

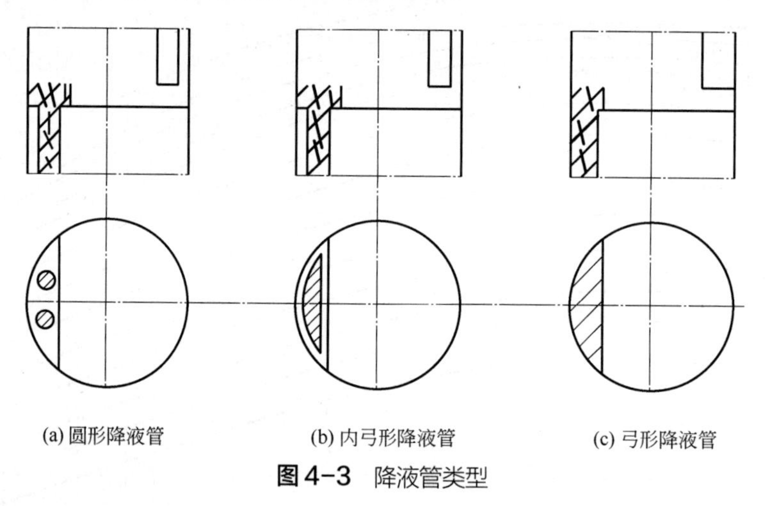

(a) 圆形降液管　(b) 内弓形降液管　(c) 弓形降液管

图 4-3 降液管类型

降液管的布置方式决定了塔板上液体的流动路径和溢流方式，常用的降液管布置方式有单溢流、双溢流和阶梯式双溢流等，示于图 4-4。

单溢流又称直径流，液体自受液盘横向流过塔盘至溢流堰，单溢流的特点是液体流动路径长，塔板效率较高，塔板结构较简单，制造成本较低，适用于塔径不大于 2m 的塔。

双溢流又称半径流，降液管交替设置在塔截面的中部和两侧，来自上层塔板的液体分别从两侧的降液管流入塔板，横向流过半块塔板进入中央降液管，再流入下层塔板，下层塔板上，液体又由中央流向两侧。这种溢流方式的优点是液体的流动路径短，液面落差小，缺点是结构复杂，塔板面积利用率低，适用于直径大于 2m 的塔。

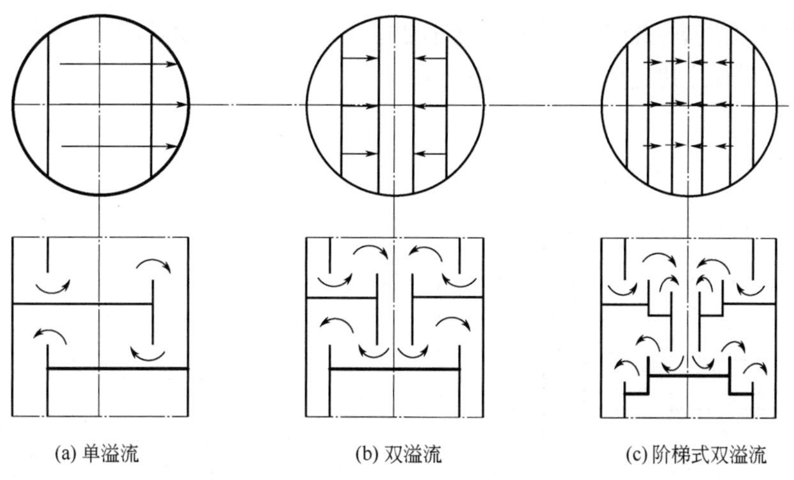

图 4-4 塔板溢流方式

阶梯式双溢流塔板的降液管作成阶梯形，液体沿阶梯溢流而下。这种溢流方式可在不缩短液体流动路径的情况下减少液面落差，但其结构极为复杂，适用于塔径很大、液体流量很大的场合。

溢流方式的选择，应视塔径的大小和液体负荷而定，表 4-2 给出了溢流方式与塔径及液体负荷的经验关系。

工业上的板式塔多采用弓形降液管，仅讨论弓形降液管的设计。

表 4-2 溢流方式与塔径及液体负荷的经验关系

塔径 D/mm	液体体积流量 $L_h/(m^3/h)$		
	单溢流	双溢流	阶梯式双溢流
600	5～25		
900	7～50		
1000	<45		
1400	<70		
2000	<90	90～160	
3000	<110	110～200	200～300
4000	<110	110～230	230～350
5000	<110	110～250	250～400
6000	<110	110～250	250～450
应用场合	一般场合	高液气比或大塔	极高液气比或超大型塔板

2）溢流装置的设计

溢流装置结构参数示于图 4-5，包括溢流堰长度 l_w 和高度 h_w，弓形降液管的宽度 W_d 及截面积 A_f，降液管底隙高度 h_0，进口堰高度 h'_w，以及进口堰与降液管间的水平距离 h_1 等。

① 降液管的宽度和截面积　弓形降液管的宽度 W_d 和截面积 A_f 与塔径 D 相关，其值可根据溢流堰长度与塔径之比 l_w/D 从图 4-6 中查取。

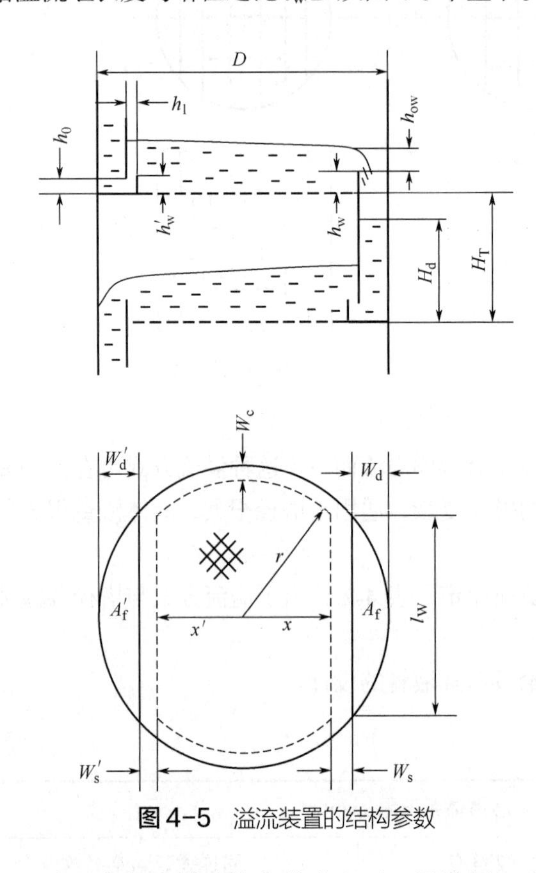

图 4-5　溢流装置的结构参数

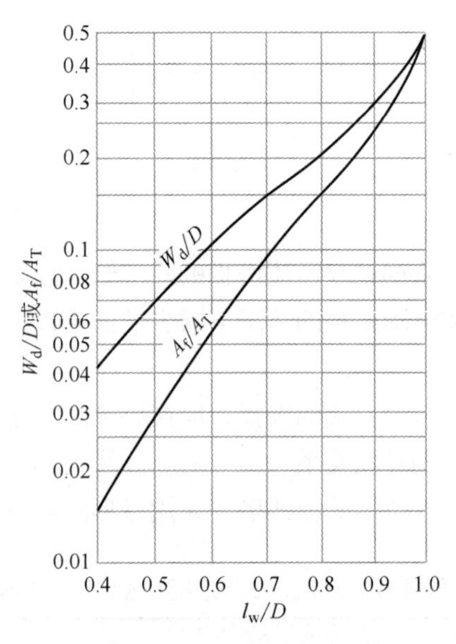

图 4-6　弓形降液管参数

为避免气泡被液体夹带进入下一层塔板，造成气体返混，降低塔板效率，液体在降液管中需有充分的时间分离气泡。一般地，液体在降液管中的停留时间不应少于 3～5s。对于高压下操作的塔或易起泡的物系，停留时间应更长一些。降液管尺寸确定之后，应按下式验算降液管内液体的停留时间 θ (≥3～5s)。

$$\theta = \frac{A_f H_T}{L_s} \tag{4-7}$$

式中，L_s 为液体体积流量，m^3/s。

若降液管停留时间不满足上式要求，则应调整降液管尺寸，直至满足为止。

② 降液管底隙高度　降液管底隙高度 h_0 是指降液管下沿距塔板板面之间的距离，为了使降液管底端具有良好的液封，降液管底隙高度 h_0 应小于溢流堰高度 h_w，通常按下式确定

$$h_0 = h_w - 0.006 \tag{4-8}$$

为了防止降液管底隙堵塞，h_0 不应小于 15mm，对于易于堵塞的物系，h_0 应大于 20mm。

③ 溢流堰　又称出口堰，降液管高出塔板板面的部分，即构成溢流堰，溢流堰板的上沿有平直形和锯齿形两种，工业上一般采用平直堰，当液流量很小时，宜采用锯齿堰。

④ 溢流堰长度　弓形降液管的弦长称为溢流堰长度（简称堰长），用 l_w 表示，堰长按经验

的方法确定，对于常用的弓形降液管

单溢流　$l_w=(0.6\sim0.8)D$

双溢流　$l_w=(0.5\sim0.6)D$

⑤ 溢流堰高度　降液管上端高出塔板板面的部分称为溢流堰高度(简称堰高)，以 h_w 表示，堰高的经验范围是

$$0.05-h_{ow}\leqslant h_w\leqslant 0.1-h_{ow} \tag{4-9}$$

式中，h_{ow} 为堰上液层高度，m。

堰高的确定与塔的操作压力密切相关，常压塔的堰高一般为 40～50mm，减压塔的堰高为 15～25mm，加压塔为 50～80mm，通常不宜超过 100mm。

堰高与堰上液层高度之和，称为板上清液层高度，以 h_L 表示，即

$$h_L = h_w+h_{ow} \tag{4-10}$$

板上清液层高度应保持在 50～100mm。因此，堰高取决于板上清液层高度和堰上液层高度。堰上液层高度对塔板的操作性能有很大影响，堰上液层高度太小，会造成液体在堰上分布不均匀，传质效果不佳，设计时应使堰上液层高度大于 6mm；堰上液层高度太大，会增大塔板压降和液沫夹带量，一般不宜大于 50mm，超过此值可改用双溢流型式。对于平直堰，堰上液层高度可按下式计算

$$h_{ow}=\frac{2.84}{1000}E\left(\frac{L_h}{l_w}\right)^{2/3} \tag{4-11}$$

式中，L_h 为塔内液体体积流量，m^3/h；E 为液流收缩系数，由图 4-7 查得。

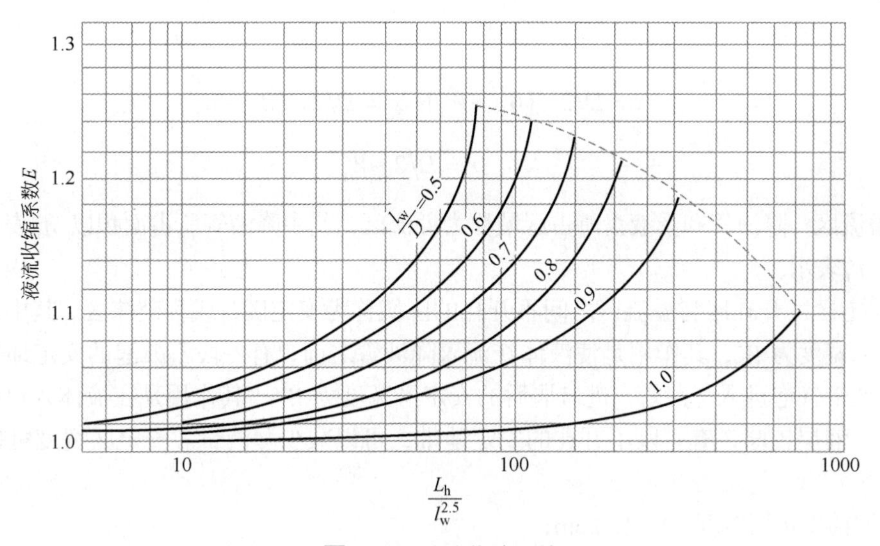

图 4-7　液流收缩系数

3）受液盘的设计

受液盘是塔板上接受上层塔板降液管下流液体的区域，受液盘分为平形受液盘和凹形受液盘两种，如图 4-8 所示。

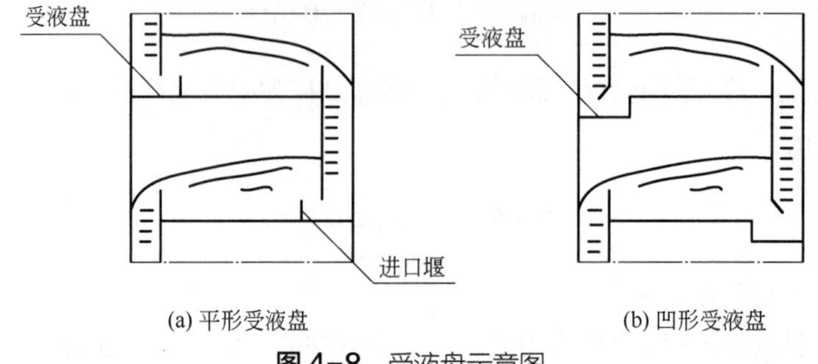

(a) 平形受液盘　　(b) 凹形受液盘

图 4-8　受液盘示意图

平形受液盘应在板面上设置进口堰，以保证降液管的液封，进口堰高度 h'_w，当 $h_w > h_0$ 时，取 $h'_w = h_w$；当 $h_w < h_0$ 时，取 $h'_w > h_w$。进口堰与降液管间的水平距离 h_1 应小于 h_0。

采用凹形受液盘不须设置进口堰，凹形受液盘具有改变液体流向的缓冲作用，可保证降液管的液封，且便于液体侧线出料，一般直径大于 600mm 的塔，多采用凹形受液盘。凹形受液盘的深度一般在 50mm 以上，有侧线出料时，宜取深些。

（2）塔板设计

塔板设计包括塔板区域布置和上升气道布置，现以筛板塔为例，对筛板塔结构进行讨论。

1）塔板区域布置

塔板板面分为开孔区、溢流区、安定区和无效区四个区域，如图 4-5 所示。

① 开孔区　图 4-5 中虚线以内的区域称为开孔区，又称为鼓泡区，该区域是布置筛孔的有效传质区。对单溢流型塔板，开孔区面积 A_a 可用下式计算

$$A_a = x'\sqrt{r^2 - x'^2} + \frac{\pi r^2}{180}\sin^{-1}\frac{x'}{r} + x\sqrt{r^2 - x^2} + \frac{\pi r^2}{180}\sin^{-1}\frac{x}{r} \quad (4\text{-}12)$$

式中

$$x = D/2 - (W_d + W_s)；\ x' = D/2 - (W'_d + W'_s) \quad (4\text{-}13)$$

$$r = D/2 - W_c \quad (4\text{-}14)$$

② 溢流区　降液管和受液盘所占区域称为溢流区，其中降液管所占面积以 A_f 表示，受液盘面积以 A'_f 表示。

③ 安定区　开孔区与溢流区之间不开孔的区域称为安定区，或称破沫区。其中，出口堰前的安定区宽度为 W_s，其作用是使液体在流入降液管之前，有一段不鼓泡的安定地带，以免液体大量夹带气泡进入降液管。进口堰后的安定区宽度为 W'_s，其作用是在液体入口处，由于液面落差，液层较厚，有一段不开孔的安定地带，可以减少漏液量。安定区宽度可按下述范围选取：

出口堰前安定区宽度 70～100mm；

进口堰后安定区宽度 50～100mm。

对于直径小于 1m 的塔，安定区宽度可相应减少，以提高塔板的面积效率。

④ 无效区　靠近塔壁的一圈边缘区域供支撑塔板的边梁之用，称为无效区，其宽度 W_c 视塔板支撑需要而定，无效区宽度可按下述范围选取：

小塔 30～50mm；

大塔 50～70mm。

2）上升气道布置

对于筛板塔，上升气道布置包括筛孔孔径、筛孔数目以及筛孔排列。

① 筛孔孔径　筛孔孔径是影响气液两相分散与接触的重要参数，根据工程设计经验，可采用 d_0 为 4～5mm 的小孔径筛板，近年来也有采用 d_0 为 10～25mm 的大孔径筛板，大孔径筛板不易堵塞，便于制造。

② 筛板厚度　对于碳钢塔板，筛板厚度为 3～4mm；对于不锈钢塔板，筛板厚度为 2～2.5mm。

③ 孔中心距　相邻两筛孔中心之间的距离称为孔中心距，以 t 表示，按照工程设计经验，推荐使用 t/d_0 为 3～4，t 值过小易使气流互相干扰，过大则鼓泡不均匀，都会影响传质效果。

④ 筛孔排列　筛孔按正三角形排列，如图 4-9 所示。

⑤ 筛孔数目　当采用正三角形排列时，筛孔数目按下式计算

$$n = \frac{1.155A_a}{t^2} \tag{4-15}$$

⑥ 开孔率　塔板上筛孔总面积 A_0 与开孔区面积 A_a 的比值，称为开孔率，以 ϕ 表示

$$\phi = \frac{A_0}{A_a} \times 100\% \tag{4-16}$$

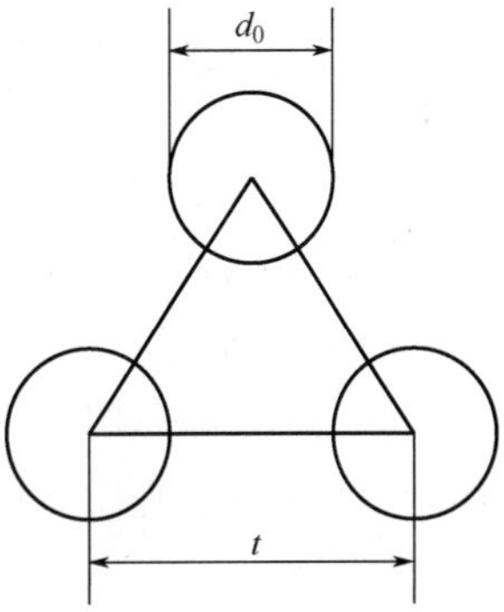

图 4-9　正三角形排列

筛孔按正三角形排列时的开孔率为

$$\phi = 0.907\left(\frac{d_0}{t}\right)^2 \tag{4-17}$$

按上述方法确定筛孔孔径和筛孔数目后，尚需进行塔板流体力学验算，若验算不合理，则需要进行调整。

3）塔板结构

塔板可分为整块式和分块式两类，塔径小于 800mm 时，采用整块式，塔径超过 800mm 时，由于刚度、安装、检修等要求，大多将塔板分为数块，通过人孔送入塔内。对于单溢流型塔板，塔板分块数如表 4-3 所示，其常用的分块方法如图 4-10 所示。

表 4-3　单溢流型塔板分块数

塔径/mm	800～1200	1400～1600	1800～2000	2200～2400
塔板分块数	3	4	5	6

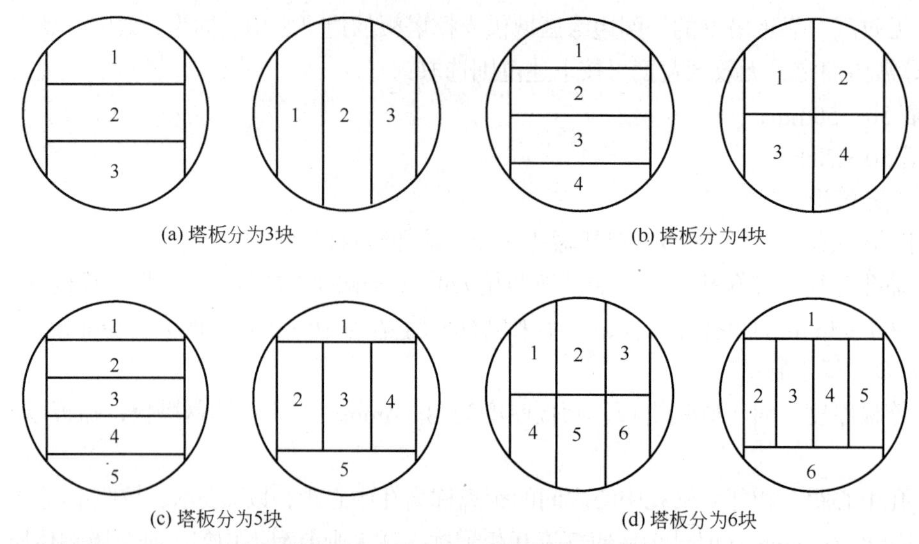

图4-10 单溢流型塔板分块示意图

4.2.5 塔板流体力学验算

塔板流体力学验算的目的是检验初步设计的塔板是否合理，塔板能否正常工作。验算的内容如下：塔板压降、液面落差、液沫夹带、漏液和液泛。现以筛板塔为例进行讨论。

（1）塔板压降

气体流过筛板时，需要克服筛板的干板阻力、板上液层阻力以及液体表面张力的阻力，这些阻力构成筛板压降Δp_p，习惯上以塔内液体的液柱高度h_p表示

$$\Delta p_p = h_p \rho_L g \tag{4-18}$$

以液柱表示的塔板压降h_p可表示为

$$h_p = h_c + h_l + h_\sigma \tag{4-19}$$

式中，h_c为液柱表示的干板压降，m液柱；h_l为液柱表示的板上液层的压降，m液柱；h_σ为液柱表示的克服液体表面张力的压降，m液柱。

当筛板开孔率≤15%，干板压降h_c可表示为

$$h_c = 0.051\frac{\rho_V}{\rho_L}\left(\frac{u_0}{C_0}\right)^2 \tag{4-20}$$

式中，u_0为气体通过筛孔气速，m/s；C_0为流量系数。

流量系数C_0与筛孔直径d_0和筛板厚度δ有关，当$d_0 < 10$mm，其值可由图4-11查出，当$d_0 \geqslant 10$mm，由图4-11查出C_0后再乘以修正系数1.15。

板上液层压降h_l与板上清液层高度h_L及液体充气程度有关，按下式估算

$$h_l = \beta h_L \tag{4-21}$$

式中，β 为充气系数，表示板上液层充气的程度，其值由图 4-12 查取。

图 4-12 中 F_0 为筛孔气相动能因子，量纲 $kg^{0.5}/(s \cdot m^{0.5})$，其定义式

$$F_0 = u_a \sqrt{\rho_V} \tag{4-22}$$

式中，u_a 为气体通过有效传质区的速度，m/s。

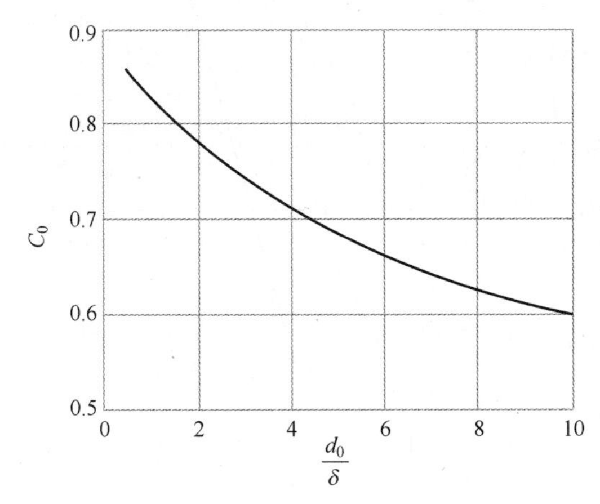

图 4-11 干筛板流量系数

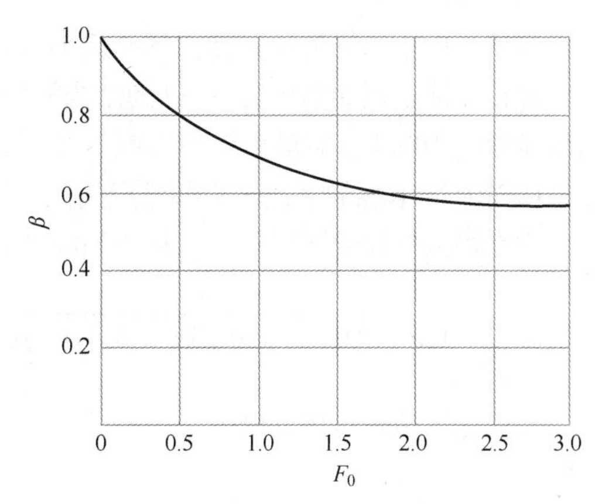

图 4-12 充气系数

气体通过有效传质区的速度 u_a 可表示为

$$u_a = \frac{V_s}{A_T - A_f} \tag{4-23}$$

克服液体表面张力的压降 h_σ 按下式估算

$$h_\sigma = \frac{4\sigma_L}{\rho_L g d_0} \tag{4-24}$$

式中，σ_L 为液体表面张力，N/m。

由以上各式分别求得 h_c、h_l、h_σ 后，即可算出筛板压降 Δp_p，该值应低于设计允许值。

（2）液面落差

液体横向流过塔板时，为克服板上流动阻力所需要的液位差，称为液面落差，用 $\varDelta$ 表示，量纲为 m。筛板板面平顺，没有凸起的构件，故液面落差很小，但对于液体流量很大且塔径大于 2m 的筛板，需要考虑液面落差。此时，筛板液面落差应小于干板阻力的一半，即

$$\varDelta < 0.5h_c \tag{4-25}$$

（3）液沫夹带

液沫夹带引起液体在塔板间返混，液沫夹带不可避免，严重时会使塔板效率急剧下降，为

此，设计中规定液沫夹带量 e_V=0.1kg 液体/kg 气体。筛板的液沫夹带量用亨特关联图计算，如图 4-13 所示。图中直线部分可用下式表示

$$e_V=\frac{5.7\times10^{-6}}{\sigma_L}\left(\frac{u_a}{H_T-h_f}\right)^{3.2} \tag{4-26}$$

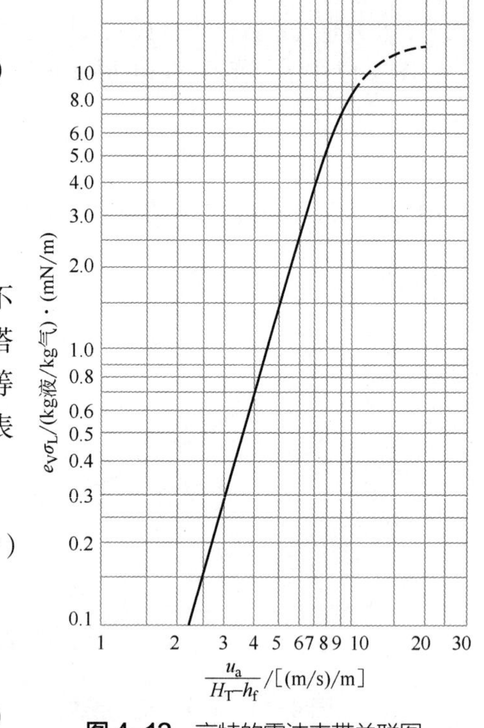

图 4-13 亨特的雾沫夹带关联图

式中，h_f 为塔板上鼓泡层高度，m。

设计时取 h_f=2.5h_L。

（4）漏液

漏液是由于当气体通过筛孔的流速小，气体动能不足以阻止液体下流而造成的。一般地，当漏液量小于塔内液流量的 10%时，对塔板效率影响不大。将漏液量等于塔内液流量 10%的气速称为漏液点气速，用 $u_{0,\min}$ 表示，它是塔内气速的下限值。筛板塔的漏液点气速

$$u_{0,\min}=4.4C_0\sqrt{(0.0056+0.13h_L-h_\sigma)\rho_L/\rho_V} \tag{4-27}$$

漏液点气速也可用动能因子进行计算

$$u_{0,\min}=\frac{F_{0,\min}}{\sqrt{\rho_V}} \tag{4-28}$$

式中，$F_{0,\min}$ 为漏液点的动能因子，其值的适宜范围为 8～10kg$^{1/2}$/(s·m$^{1/2}$)。

筛孔的实际气速 u_0 与漏液点气速 $u_{0,\min}$ 之比，称为稳定系数，用 k 表示，即

$$k=\frac{u_0}{u_{0,\min}} \tag{4-29}$$

（5）液泛

液泛分为降液管液泛和液沫夹带液泛两种，前面已对液沫夹带量作了验算，这里仅对降液管液泛进行验算。

降液管内维持一定的液层高度 H_d，用以克服塔板压降、板上液层阻力和液体流过降液管阻力，即

$$H_d=h_p+h_L+h_d \tag{4-30}$$

式中，h_d 为液体流过降液管的阻力，m。

对于不设置进口堰的筛板，h_d 由下式估算

$$h_d=0.153u_0'^2 \tag{4-31}$$

对于设置进口堰的筛板，h_d 由下式估算

$$h_d = 0.2u_0'^2 \tag{4-32}$$

式中，u_0' 为液体流经降液管底隙的流速，m/s。

降液管内的液体为泡沫液体，而非清液，假如降液管充满泡沫液体，当泡沫中的气体全部释出时，液面将从 H_T+h_w 回落至清液的 H_L。若用 ρ_b 和 ρ_L 分别表示泡沫和清液的密度，应有 $\rho_b A_f (H_T + h_w) = \rho_L A_f H_L$，令 Φ 表示以清液为基准而计算的泡沫密度，即相对泡沫密度，则

$$\Phi = \frac{\rho_b}{\rho_L} = \frac{H_L}{H_T + h_w} \tag{4-33}$$

对于易发泡物系，Φ=0.3～0.5；对于不易发泡物系，Φ=0.6～0.7。相对泡沫密度 Φ 类似于相对密度，例如，若乙醇的相对密度 d=0.8，实际上是以水的密度为 1g/cm^3，乙醇的密度是水的 0.8 倍。

由式（4-33）得 $H_L=\Phi(H_T+h_w)$，H_L 是降液管能够提供的最大清液层高度。为防止发生降液管液泛，塔内气液流动所需的清液层高度 H_d 应小于此值，即

$$H_d \leqslant \Phi(H_T + h_w) \tag{4-34}$$

4.2.6 塔板负荷性能图

按给定分离任务确定塔板结构，该塔板操作时的气、液相流量必须维持在一定范围内，才能获得较高的塔板效率，超出该范围，塔板效率将显著下降，甚至不能正常操作。通常以液相流量 L_h（m^3/h）为横坐标、气相流量 V_h（m^3/h）为纵坐标，由气、液两相流量的上、下界限线和降液管液泛线围成的区域，称为塔板负荷性能图，该区域即为塔板的稳定操作区。因此，在对塔板进行流体力学验算后，还需绘制出塔板的负荷性能图，标绘操作线，并计算操作弹性，为板式塔的操作提供参考。塔板负荷性能图的绘制可参见文献［2］，详见本章 4.3 节筛板塔工艺设计示例。

4.2.7 附属设备

板式精馏塔的主要附属设备包括塔顶冷凝器、塔底再沸器、原料液预热器、塔顶及塔底产品冷却器等。以下仅就塔顶冷凝器和塔底再沸器的型式和特点进行介绍，具体设计计算请参照有关教材和手册进行。

（1）塔顶冷凝器

塔顶冷凝器通常采用管壳式换热器，可以分为自流式和强制循环式两种。

1）自流式

将冷凝器直接安装在塔顶，冷凝液靠重力回流入塔，称为自流式，示于图 4-14。

2）强制循环式

将冷凝器安置于地面以上适当位置，冷凝液存入储罐，用泵向塔顶输送回流，称为强制循环式，示于图 4-15。

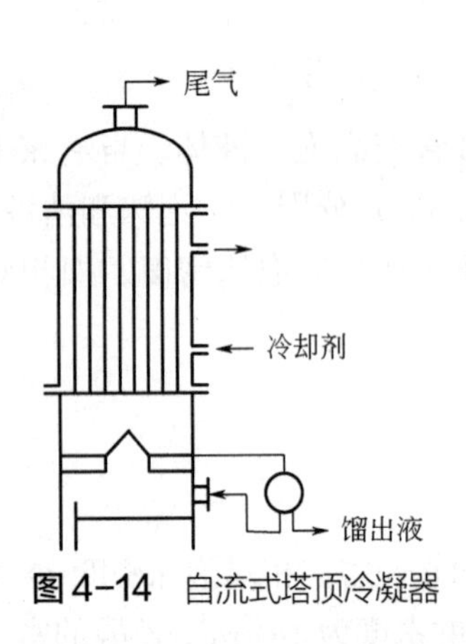

图 4-14 自流式塔顶冷凝器

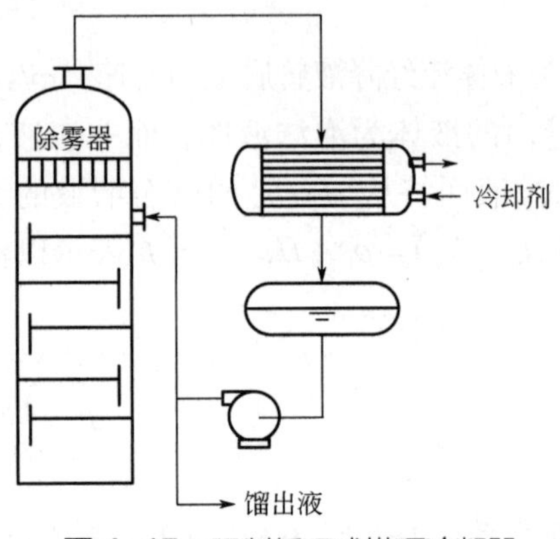

图 4-15 强制循环式塔顶冷凝器

应予指出，强制循环冷凝器的离心泵输送的是泡点溶液，很容易发生气蚀故障，为避免气蚀，离心泵宜安装在冷凝液储槽液面以下足够低的位置。

（2）塔底再沸器

塔底再沸器的作用是加热塔底物料使之部分汽化，为精馏塔提供上升汽流，工业上常用的再沸器可分为内置式再沸器、釜式再沸器、虹吸式再沸器、强制循环再沸器等。

1）内置式再沸器

将加热装置直接浸没于塔釜液体中，称为内置式再沸器，如图 4-16 所示。加热装置可以是蛇管、列管管束。其优点是安装方便，占地面积小，通常用于塔径小于 600mm 的小塔。

2）釜式再沸器

对于较大的塔，通常将再沸器置于塔外，如图 4-17 所示。为保证管束浸于沸腾液体中，管束末端设溢流堰，釜液通过溢流堰采出。

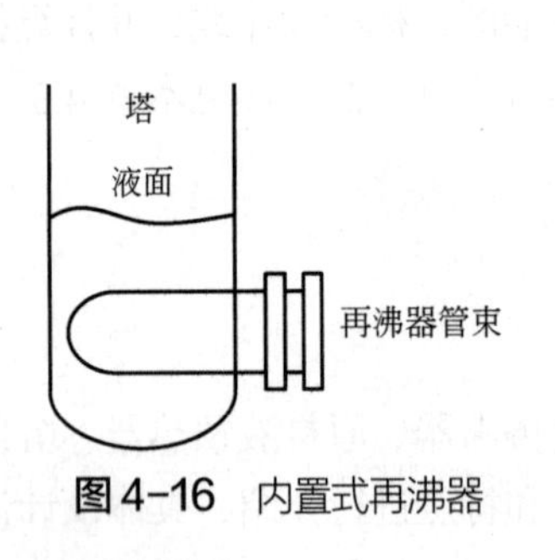

图 4-16 内置式再沸器

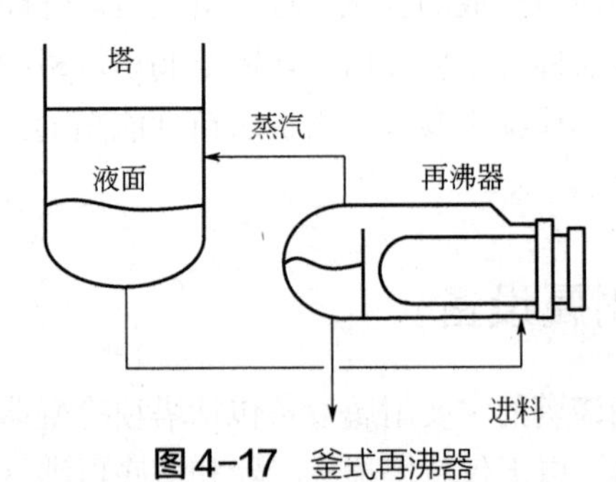

图 4-17 釜式再沸器

3）虹吸式再沸器

利用热虹吸原理，即再沸器液体被加热部分汽化后，气液混合物的密度小于塔内液体的密度，使再沸器和塔间产生静压差，促使塔内液体被虹吸进入再沸器，汽化后再返回塔内，无需用泵循环釜液。虹吸式再沸器示于图 4-18。

虹吸式再沸器占地面积小，传热效果较好，连接管线较短。

4）强制循环再沸器

对于釜液循环量要求很大的情况，可采用泵循环液体，构成强制循环再沸器，如图 4-19 所示。

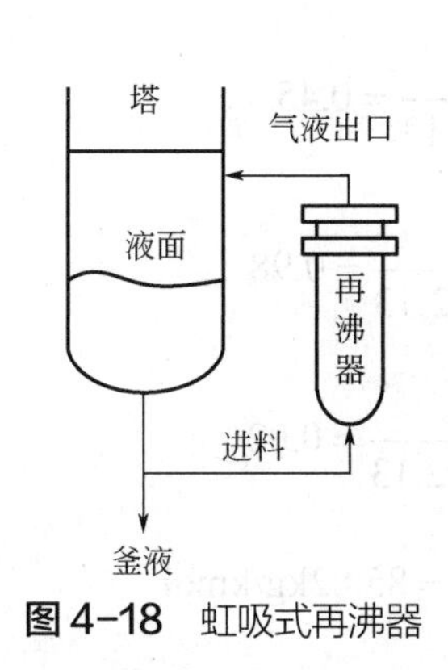

图 4-18 虹吸式再沸器

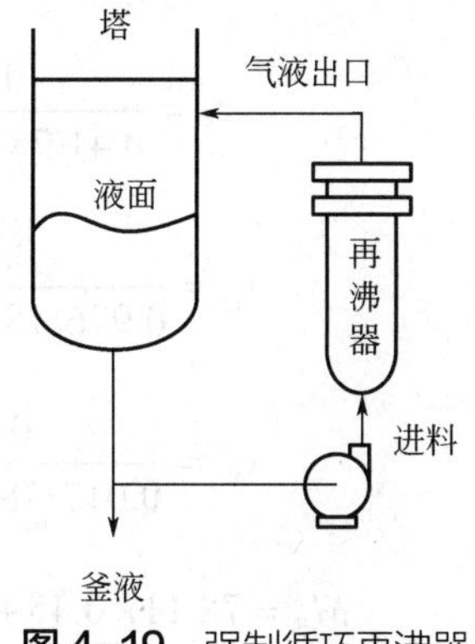

图 4-19 强制循环再沸器

4.3 筛板塔工艺设计示例

【设计题目】

某石化公司从石油裂解产物中分离出芳烃混合物。为满足市场供求平衡需要，公司对该芳烃混合物进行了一系列转化处理后，得到含苯-甲苯-二甲苯的混合液，由于二甲苯含量很少，该混合液可视为苯-甲苯二元体系，其中苯的含量为 41%（质量分数，下同），后续拟采用常压连续精馏塔对该混合液进一步进行分离，以获得高纯度的产品。已知混合料液处理量为 5000kg/h，要求塔顶馏出液的组成 97.6%，塔底产品中苯的含量不高于 1.7%。苯的摩尔质量 78.11kg/kmol，甲苯的摩尔质量 92.13kg/kmol，该体系在常压下的平均相对挥发度为 2.47。

具体工艺设计条件如下：

塔顶表压力	4kPa
进料热状态	泡点进料
回流比	$2R_{\min}$
单板压降	0.7kPa
全塔效率	E_T=52%
建厂地址	成都地区

试根据上述工艺条件设计一套筛板精馏塔。

【设计计算】

1. 设计方案

① 采用连续精馏工艺；

② 设置原料预热器对料液进行预热至泡点进料；

③ 塔釜采用间接蒸汽加热的再沸器，产品经冷却器冷却后送甲苯储罐；

④ 塔顶上升蒸汽采用全凝器进行冷凝，泡点下的冷凝液一部分回流至塔内，其余部分经产品冷却器冷却后送苯储罐。

2．物料衡算

$$z_{\mathrm{F}}=\frac{0.41/78.11}{0.41/78.11+0.59/92.13}=0.45$$

$$x_{\mathrm{D}}=\frac{0.976/78.11}{0.976/78.11+0.024/92.13}=0.98$$

$$x_{\mathrm{W}}=\frac{0.017/78.11}{0.017/78.11+0.983/92.13}=0.02$$

$$M_{\mathrm{F}}=78.11\times0.45+92.13\times0.55=85.82\mathrm{kg/kmol}$$

$$M_{\mathrm{D}}=78.11\times0.98+92.13\times0.02=78.39\mathrm{kg/kmol}$$

$$M_{\mathrm{W}}=78.11\times0.02+92.13\times0.98=91.85\mathrm{kg/kmol}$$

$$F=5000/85.82=58.26\mathrm{kmol/h}$$

$$D=F\times\frac{z_{\mathrm{F}}-x_{\mathrm{W}}}{x_{\mathrm{D}}-x_{\mathrm{W}}}=58.26\times\frac{0.45-0.02}{0.98-0.02}=26.10\mathrm{kmol/h}$$

$$W=F-D=58.26-26.10=32.16\mathrm{kmol/h}$$

3．气液负荷计算

最小回流比

$$R_{\min}=\frac{x_{\mathrm{D}}-y_{\mathrm{d}}}{y_{\mathrm{d}}-x_{\mathrm{d}}}$$

泡点进料，$x_{\mathrm{d}}=z_{\mathrm{F}}$，则

$$y_{\mathrm{d}}=\frac{\alpha x_{\mathrm{d}}}{1+(\alpha-1)x_{\mathrm{d}}}=\frac{2.47\times0.45}{1+(2.47-1)\times0.45}=0.669$$

$$R_{\min}=\frac{0.98-0.669}{0.669-0.45}=1.42$$

实际回流比　　$R=2R_{\min}=2\times1.42=2.84$

精馏段和提馏段气、液负荷

$$L=RD=2.84\times26.10=74.12\mathrm{kmol/h}$$

$$V=(R+1)D=(2.84+1)\times26.10=100.22\mathrm{kmol/h}$$

$$L'=L+qF=74.12+1\times58.26=132.38\mathrm{kmol/h}$$

$$V' = V = 100.22\text{kmol/h}$$

4．塔板数计算

（1）理论塔板数

运用吉利兰公式

$$X = \frac{2.84 - 1.42}{2.84 + 1} = 0.3698$$

$$Y = 0.5458 - 0.5914 \times 0.3698 + \frac{0.002743}{0.3698} = 0.3345$$

$$N_{\min} = \frac{\ln\left(\frac{x_D}{1 - x_D}\right)\left(\frac{1 - x_W}{x_W}\right)}{\ln\alpha} = \frac{\ln\left(\frac{0.98}{1 - 0.98}\right) \times \left(\frac{1 - 0.02}{0.02}\right)}{\ln 2.47} = 8.608$$

$$0.3345 = \frac{N - 8.608}{N + 2}$$

解得全塔理论板数（不包含塔釜与再沸器）

$$N = 13.94\text{块}$$

若包括塔釜与再沸器，全塔共 14.94 块理论板。

精馏段理论板数

$$N_{\min} = \frac{\ln\left(\frac{x_D}{1 - x_D}\right)\left(\frac{1 - z_F}{z_F}\right)}{\ln\alpha} = \frac{\ln\left(\frac{0.98}{1 - 0.98}\right) \times \left(\frac{1 - 0.45}{0.45}\right)}{\ln 2.47} = 4.526 \approx 5$$

$$0.3345 = \frac{N - 4.526}{N + 2}$$

解得精馏段理论塔板数（不包含进料板）

$$N = 7.8\text{块（不含进料板）}$$

计算了理论塔板数 N 随回流比系数 k（$=R/R_{\min}$）的变化情况，计算结果示于图 4-20。随着回流比增加，理论塔板数减少，投资费用减少，但后期减少较慢；图中 V 表示塔釜上升的蒸汽量，随着回流比增大，蒸汽量呈线性增大，热能消耗增加，日常操作费用增大。根据经验，取 k=2，经济上较为合理。

（2）实际塔板数

全塔实际塔板数　　$N = 13.94/0.52 = 26.81 \approx 27$ 块（不含塔釜与再沸器）

精馏段实际塔板数　　$N = 7.8/0.52 = 15$ 块（不含进料板）

第 16 块塔板为进料板。

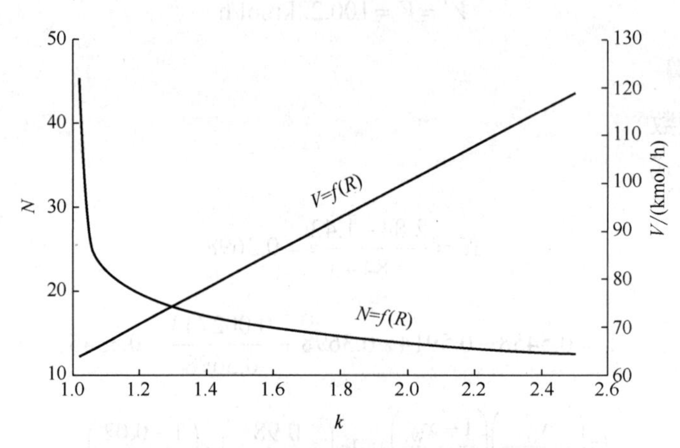

图4-20 理论塔板数随回流比系数的变化

5．精馏段工艺条件及物性数据

（1）操作压力

塔顶压力 $$p_{\mathrm{D}}=101.3+4=105.3\mathrm{kPa}$$

进料板压力 $$p_{\mathrm{F}}=105.3+15\times0.7=115.8\mathrm{kPa}$$

精馏段平均压力 $$p_{\mathrm{m}}=\left(115.8+105.3\right)/2=110.55\mathrm{kPa}$$

（2）操作温度

苯和甲苯的安托因方程式分别是

$$\lg p_{\mathrm{A}}=6.031-\frac{1211}{t+220.8}$$

$$\lg p_{\mathrm{B}}=6.080-\frac{1345}{t+219.5}$$

露点方程 $$y_{\mathrm{A}}=\frac{p_{\mathrm{A}}}{p}\times\frac{p-p_{\mathrm{A}}}{p_{\mathrm{A}}-p_{\mathrm{B}}}$$

上述三方程联立，分别将塔顶总压和塔顶汽相组成、进料板总压和进料板汽相组成代入，可求得塔顶温度、进料板温度为

$$T_{\mathrm{D}}=82.3℃，\quad T_{\mathrm{F}}=98.1℃$$

精馏段平均温度 $$T_{\mathrm{m}}=\left(82.3+98.1\right)/2=90.2℃$$

（3）摩尔质量

塔顶摩尔质量，由 $y_1=x_{\mathrm{D}}=0.98$，得

$$x_1=\frac{y_1}{\alpha-(\alpha-1)y_1}=\frac{0.98}{2.47-(2.47-1)\times0.98}=0.952$$

故 $$M_{\text{VD}}=78.11\times0.98+92.13\times0.02=78.39\text{kg/kmol}$$

$$M_{\text{LD}}=78.11\times0.952+92.13\times0.048=78.78\text{kg/kmol}$$

进料板摩尔质量

$$M_{\text{VF}}=78.11\times0.669+92.13\times0.331=82.75\text{kg/kmol}$$

$$M_{\text{LF}}=78.11\times0.45+92.13\times0.55=85.82\text{kg/kmol}$$

精馏段平均摩尔质量

$$M_{\text{Vm}}=(78.39+82.75)/2=80.57\text{kg/kmol}$$

$$M_{\text{Lm}}=(78.78+85.82)/2=82.30\text{kg/kmol}$$

（4）平均密度

气体平均密度

$$\rho_{\text{Vm}}=\frac{pM_{\text{Vm}}}{RT_{\text{m}}}=\frac{110.55\times80.57}{8.314\times(273.15+90.2)}=2.95\text{kg/m}^3$$

液体平均密度 $$\rho_{\text{Lm}}=\frac{1}{\Sigma\alpha_i/\rho_i}$$

塔顶液体密度，查 82.3℃下

$$\rho_{\text{A}}=812.7\text{kg/m}^3,\qquad \rho_{\text{B}}=807.9\text{kg/m}^3$$

$$\rho_{\text{LD}}=\frac{1}{0.976/812.7+0.024/807.9}=812.6\text{kg/m}^3$$

进料板液体密度，查 98.1℃下

$$\rho_{\text{A}}=794.3\text{kg/m}^3,\qquad \rho_{\text{B}}=792.07\text{kg/m}^3$$

$$\rho_{\text{LF}}=\frac{1}{0.41/794.3+0.59/792.07}=793.0\text{kg/m}^3$$

精馏段液体平均密度

$$\rho_{\text{Lm}}=(812.6+793.0)/2=802.8\text{kg/m}^3$$

（5）液体平均表面张力

$$\sigma_{\text{Lm}}=\Sigma x_i\sigma_i$$

塔顶液体表面张力，查 82.3℃下

$$\sigma_{\text{A}}=21.24\text{mN/m},\qquad \sigma_{\text{B}}=21.42\text{mN/m}$$

$$\sigma_{LD} = 0.98 \times 21.24 + 0.02 \times 21.42 = 21.24 \text{mN/m}$$

进料板液体表面张力，查 98.1℃下

$$\sigma_A = 19.05 \text{mN/m}, \qquad \sigma_B = 20.09 \text{mN/m}$$

$$\sigma_{LF} = 0.45 \times 19.05 + 0.55 \times 20.09 = 19.62 \text{mN/m}$$

精馏段液体平均表面张力

$$\sigma_{Lm} = (21.24 + 19.62)/2 = 20.43 \text{mN/m}$$

（6）液体平均黏度

$$\lg \mu_{Lm} = \Sigma x_i \lg \mu_i$$

塔顶液体黏度，查 82.3℃下

$$\mu_A = 0.302 \text{mPa} \cdot \text{s}, \qquad \mu_B = 0.306 \text{mPa} \cdot \text{s}$$

$$\ln \mu_{LD} = 0.98 \times \ln 0.302 + 0.02 \times \ln 0.306$$

$$\mu_{LD} = 0.302 \text{mPa} \cdot \text{s}$$

进料板液体黏度，查 98.1℃下

$$\mu_A = 0.264 \text{mPa} \cdot \text{s}, \qquad \mu_B = 0.290 \text{mPa} \cdot \text{s}$$

$$\ln \mu_{LF} = 0.45 \times \ln 0.264 + 0.55 \times \ln 0.290$$

$$\mu_{LF} = 0.278 \text{mPa} \cdot \text{s}$$

精馏段液体平均黏度

$$\mu_{Lm} = (0.302 + 0.278)/2 = 0.29 \text{mPa} \cdot \text{s}$$

6. 塔体工艺尺寸

（1）塔径

精馏段气液两相流量

$$V_s = \frac{VM_{Vm}}{3600\rho_{Vm}} = \frac{100.22 \times 80.57}{3600 \times 2.95} = 0.76 \text{m}^3/\text{s}$$

$$L_s = \frac{LM_{Lm}}{3600\rho_{Lm}} = \frac{74.12 \times 82.30}{3600 \times 802.8} = 0.00211 \text{m}^3/\text{s}$$

$$\frac{L_h}{V_h}\left(\frac{\rho_{Lm}}{\rho_{Vm}}\right)^{1/2} = \frac{3600 \times 0.00211}{3600 \times 0.76} \times \left(\frac{802.8}{2.95}\right)^{1/2} = 0.0458$$

取塔板间距 H_T=0.4m 及板上液层高度 h_L=0.06m，则

$$H_T - h_L = 0.4 - 0.06 = 0.34\text{m}$$

查图 4-2 得 $C_{20} = 0.075$ ，于是

$$C = C_{20}\left(\frac{\sigma_{Lm}}{20}\right) = 0.075 \times \left(\frac{20.43}{20}\right)^{0.2} = 0.075$$

$$u_{max} = 0.075 \times \sqrt{\frac{802.8 - 2.95}{2.95}} = 1.235\text{m/s}$$

空塔气速 $$u = 0.7u_{max} = 0.7 \times 1.235 = 0.864\text{m/s}$$

$$D = \sqrt{\frac{V_s}{0.785u}} = \sqrt{\frac{0.76}{0.785 \times 0.864}} = 1.06\text{m}$$

塔径圆整为 D=1.2m。

塔横截面积 $$A_T = 0.785D^2 = 0.785 \times 1.2^2 = 1.13\text{m}^2$$

空塔气速 $$u = \frac{V_s}{A_T} = \frac{0.76}{1.13} = 0.673\text{m/s}$$

（2）精馏塔总高度

取塔板间距 H_T=0.4m，进料板上方设置一人孔，人孔处塔板间距 H_K=0.9m，塔底高度 H_B=4.0m，塔顶高度 H_D=0.8m，塔顶封头高度 H_1=0.6m，塔裙高度 H_2=4.0m，釜液停留时间 8min，则塔总高度

$$\begin{aligned}H &= (N - N_K - 1)H_T + N_K H_K + H_B + H_D + H_1 + H_2 \\ &= (27 - 1 - 1) \times 0.4 + 1 \times 0.9 + 4.0 + 0.8 + 0.6 + 4.0 = 20.3\text{m}\end{aligned}$$

7．塔板工艺尺寸

（1）溢流装置

选择单溢流弓形降液管，采用凹形受液盘。

堰长 $$l_w = 0.7D = 0.7 \times 1.2 = 0.84\text{m}$$

溢流堰高度 $$h_w = h_L - h_{ow}$$

堰上液层高度 $$h_{ow} = \frac{2.84}{1000}E\left(\frac{L_h}{l_w}\right)^{2/3} = \frac{2.84}{1000} \times 1 \times \left(\frac{0.00211 \times 3600}{0.84}\right)^{2/3} = 0.012\text{m}$$

取塔板上清液层高度 h_L=0.06m， $h_w = 0.06 - 0.012 = 0.048\text{m}$

弓形降液管宽度 $$\frac{l_w}{D}=0.7$$

查图 4-6 得 $$\frac{A_f}{A_T}=0.09\text{，}\quad A_f=0.09A_T=0.09\times1.13=0.102\text{m}^2$$

$$\frac{W_d}{D}=0.15\text{，}\quad W_d=0.15\times1.2=0.18\text{m}$$

液体在降液管中的停留时间

$$\theta=\frac{A_f H_T}{L_s}=\frac{0.102\times0.4}{0.00211}=19\text{s}\geqslant5\text{s}$$

合理。

取底隙流速 $u_0'=0.08$ m/s，则降液管底隙高度

$$h_0=\frac{L_s}{l_w u_0'}=\frac{0.00211}{0.84\times0.08}=0.031\text{m}$$

$$h_w-h_0=0.048-0.031=0.017\text{m}>0.006\text{m}$$

选取凹形受液盘，深度 $h_w'=0.05\text{m}$ 。

（2）溢流装置

由于塔径大于 800mm，宜采用分块式塔盘，查表 4-3，分为 3 块。

取进、出口安定区和边缘区宽度分别为 $W_s=W_s'=0.065\text{m}$ ，$W_c=0.035\text{m}$，按 x=x'，开孔区面积

$$A_a=2\left(x\sqrt{r^2-x^2}+\frac{\pi r^2}{180}\sin^{-1}\frac{x}{r}\right)$$

$$x=D/2-(W_d+W_s)=0.6-(0.18+0.065)=0.355\text{m}$$

$$r=D/2-W_c=0.6-0.035=0.565\text{m}$$

$$A_a=2\times\left(0.355\times\sqrt{0.565^2-0.355^2}+\frac{\pi\times0.565^2}{180}\times\sin^{-1}\frac{0.355}{0.565}\right)=0.746\text{m}^2$$

本体系无腐蚀性，选用厚度 2.5mm 的不锈钢板，筛孔直径 5mm，正三角形排列，取孔中心距

$$t=3d_0=3\times5=15\text{mm}$$

筛孔数 $$n=\frac{1.155A_a}{t^2}=\frac{1.155\times0.746}{0.015^2}=3829$$

开孔率 $$\phi=0.907\left(\frac{d_0}{t}\right)^2=0.907\times\left(\frac{5}{15}\right)^2=10.1\%$$

筛孔气速 $$u_0 = \frac{V_s}{A_0} = \frac{0.76}{3829 \times 0.785 \times 0.005^2} = 10.1\text{m/s}$$

8．塔板流体力学验算

（1）塔板压降

① 干板阻力 h_c 计算　干板阻力 h_c

$$h_c = 0.051\left(\frac{\rho_V}{\rho_L}\right)\left(\frac{u_0}{C_0}\right)^2$$

由 $d_0/\delta = 5/2.5 = 2$，查图 4-11 得 C_0=0.77

$$h_c = 0.051 \times \left(\frac{2.95}{802.8}\right) \times \left(\frac{10.1}{0.77}\right)^2 = 0.032\text{ m}$$

② 气体通过液层的阻力 h_l 计算　气体通过液层的阻力 h_l

$$h_l = \beta h_L$$

$$u_a = \frac{V_s}{A_T - A_f} = \frac{0.76}{1.13 - 0.102} = 0.74\text{ m/s}$$

$$F_0 = 0.74 \times \sqrt{2.95} = 1.271\text{kg}^{1/2} / (\text{s} \cdot \text{m}^{1/2})$$

查图 4-12 得 β=0.64，故

$$h_l = \beta h_L = \beta\left(h_w + h_{ow}\right) = 0.64 \times (0.048 + 0.012) = 0.0384\text{ m}$$

③ 液体表面张力的阻力 h_σ 计算　液体表面张力所产生的阻力 h_σ

$$h_\sigma = \frac{4\sigma_L}{\rho_L g d_0} = \frac{4 \times 20.43 \times 10^{-3}}{802.8 \times 9.81 \times 0.005} = 0.0021\text{ m}$$

气体通过每层塔板的压降 h_p

$$h_p = h_c + h_l + h_\sigma = 0.032 + 0.0384 + 0.0021 = 0.0725\text{ m}$$

或 $$\Delta p_p = h_p \rho_L g = 0.0725 \times 802.8 \times 9.81 = 571\text{Pa} < 0.7\text{kPa}$$（设计允许值）

（2）液面落差

对于筛板塔，液面落差很小，本设计的塔径和液流量均不大，故可忽略液面落差的影响。

（3）液沫夹带

液沫夹带量

$$e_V = \frac{5.7 \times 10^{-6}}{\sigma_L}\left(\frac{u_a}{H_T - h_f}\right)^{3.2}$$

$$h_f = 2.5h_L = 2.5 \times 0.06 = 0.15\text{ m}$$

$$e_V = \frac{5.7\times10^{-6}}{20.43\times10^{-3}}\times\left(\frac{0.74}{0.40-0.15}\right)^{3.2} = 0.009\text{kg液体 / kg气体} < 0.1\text{kg液体/kg气体}$$

故本设计中液沫夹带量e_V在允许范围内。

（4）漏液

对筛板塔，漏液点气速$u_{0,\min}$为

$$u_{0,\min}=4.4C_0\sqrt{(0.0056+0.13h_L-h_\sigma)\rho_L/\rho_V}$$

代入数据可得

$$u_{0,\min}=4.4\times0.77\times\sqrt{(0.0056+0.13\times0.06-0.0021)\times802.8/2.95}=5.94\text{m/s}$$

实际孔速 $$u_0=10.1\text{m/s}>u_{0,\min}$$

稳定系数 $$k=\frac{u_0}{u_{0,\min}}=\frac{10.1}{5.94}=1.7>1.5$$

故在本设计中无明显漏液。

（5）液泛

为防止塔内发生液泛，降液管内液层高H_d应满足

$$H_d \leqslant \Phi(H_T+h_w)$$

苯–甲苯物系属一般物系，取Φ=0.5，则

$$\Phi(H_T+h_w)=0.5\times(0.40+0.048)=0.224\text{m}$$

$$H_d=h_p+h_L+h_d$$

板上不设进口堰，h_d可由式（4-31）计算，即

$$h_d=0.153(u_0')^2=0.153\times0.08^2=0.001\text{m}$$

$$H_d=0.0725+0.06+0.001=0.134\text{m}<0.224\text{m}$$

故在本设计中不会发生液泛现象。

9．精馏段塔板负荷性能图

（1）漏液线

由

$$u_{0,\min}=4.4C_0\sqrt{(0.0056+0.13h_L-h_\sigma)\rho_L/\rho_V}$$

$$u_{0,\min}=\frac{V_{s,\min}}{A_0},\quad h_L=h_w+h_{ow},\quad h_{ow}=\frac{2.84}{1000}E\left(\frac{L_h}{l_w}\right)^{2/3}$$

得 $$V_{s,\min}=4.4C_0A_0\sqrt{\left\{0.0056+0.13\left[h_w+\frac{2.84}{1000}E\left(\frac{L_h}{l_w}\right)^{2/3}\right]-h_\sigma\right\}\rho_L/\rho_V}$$

代入数据

$$V_{s,\min}=4.4\times0.77\times3829\times0.785^2\times0.005^2\times\sqrt{\left\{0.0056+0.13\times\left[0.048+\frac{2.84}{1000}\times1\times\left(\frac{3600L_s}{0.84}\right)^{2/3}\right]-0.0021\right\}\times\frac{802.8}{2.95}}$$

整理得 $$V_{s,\min}=4.23\sqrt{0.00974+0.0977L_s^{2/3}}$$

在操作范围内，任取几个 L_s 值，按上式计算出 V_s 值，计算结果列于表 4-4。

表 4-4 L_s 值对应的 V_s 值（一）

L_s/(m³/s)	0.0006	0.002	0.003	0.005
V_s/(m³/s)	0.432	0.450	0.459	0.475

由表 4-4 数据即可作出漏液线 1。

（2）液沫夹带线

以液沫夹带量 e_V=0.1kg液 / kg气 为限，求 V_s - L_s 关系

$$e_V=\frac{5.7\times10^{-6}}{\sigma_L}\left(\frac{u_a}{H_T-h_f}\right)^{3.2}$$

$$u_a=\frac{V_s}{A_T-A_f}=\frac{V_s}{1.13-0.102}=0.973V_s$$

$$h_f=2.5h_L=2.5\left(h_w+h_{ow}\right)$$

$$h_w=0.048\text{m},\qquad h_{ow}=\frac{2.84}{1000}\times1\times\left(\frac{3600L_s}{0.84}\right)^{2/3}=0.75L_s^{2/3}$$

故 $$h_f=0.12+1.88L_s^{2/3}$$

$$H_T-h_f=0.28-1.88L_s^{2/3}$$

$$e_V=\frac{5.7\times10^{-6}}{20.43\times10^{-3}}\left(\frac{0.973V_s}{0.28-1.88L_s^{2/3}}\right)^{3.2}=0.1$$

整理得 $$V_s=1.81-12.14L_s^{2/3}$$

在操作范围内，任取几个 L_s 值，按上式计算出 V_s 值，计算结果列于表 4-5。

表 4-5 L_s 值对应的 V_s 值（二）

L_s/(m³/s)	0.001	0.002	0.003	0.005
V_s/(m³/s)	1.690	1.618	1.558	1.480

由表 4-5 数据即可作出液沫夹带线 2。

（3）液相负荷下限线

对于平直堰，取堰上液层高度 $h_{ow}=6\text{mm}$ 作为最小液体负荷，得

$$h_{ow}=\frac{2.84}{1000}E\left(\frac{3600L_s}{l_w}\right)^{2/3}=0.006$$

取 E=1，则
$$L_{s,\min}=\left(\frac{0.006\times1000}{2.84}\right)^{3/2}\times\frac{0.84}{3600}=0.00072\ \text{m}^3/\text{s}$$

据此可作出与气体流量无关的垂直液相负荷下限线 3。

（4）液相负荷上限线

以 θ=9s 作为液体在降液管中停留时间的下限，即

$$\theta=\frac{A_f H_T}{L_s}=9\text{s}$$

$$L_{s,\max}=\frac{A_f H_T}{9}=\frac{0.102\times0.40}{9}=0.00453\ \text{m}^3/\text{s}$$

据此可作出与气体流量无关的垂直液相负荷上限线 4。

（5）液泛线

令 $H_d=\Phi\left(H_T+h_w\right)$，代入

$$H_d=h_p+h_L+h_d$$

$$h_p=h_c+h_l+h_\sigma\text{，}\quad h_l=\beta h_L\text{，}\quad h_L=h_w+h_{ow}$$

得
$$\Phi H_T+\left(\Phi-\beta-1\right)h_w=\left(\beta+1\right)h_{ow}+h_c+h_d+h_\sigma$$

忽略 h_σ，将 h_{ow} 与 L_s、h_d 与 L_s、h_c 与 V_s 的关系式代入上式，整理得

$$a'V_s^{\,2}=b'-c'L_s^{\,2}-d'L_s^{\,2/3}$$

其中
$$a'=\frac{0.051}{\left(A_0C_0\right)^2}\left(\frac{\rho_V}{\rho_L}\right)=\frac{0.051}{\left(0.101\times0.746\times0.77\right)^2}\times\left(\frac{2.95}{802.8}\right)=0.055$$

$$b'=\Phi H_T+\left(\Phi-\beta-1\right)h_w=0.5\times0.40+\left(0.5-0.64-1\right)\times0.048=0.147$$

$$c'=0.153/\left(l_w h_0\right)^2=0.153/\left(0.84\times0.031\right)^2=225.6$$

$$d'=2.84\times10^{-3}E\left(1+\beta\right)\left(\frac{3600}{l_w}\right)^{2/3}=2.84\times10^{-3}\times1\times\left(1+0.61\right)\times\left(\frac{3600}{0.84}\right)^{2/3}=1.21$$

整理得
$$0.055V_s^{\,2}=0.147-225.6L_s^{\,2}-1.21L_s^{\,2/3}$$

$$V_s^2=2.67-4100L_s^2-22L_s^{2/3}$$

在操作范围内，任取若干个 L_s 值，按上式计算出 V_s 值，计算结果列于表4-6。

表4-6 L_s 值对应的 V_s 值（三）

$L_s/(m^3/s)$	0.001	0.002	0.003	0.005
$V_s/(m^3/s)$	2.45	2.31	2.18	1.99

由表4-6数据即可作出液泛线5。

（6）负荷性能图

由以上各线围成筛板塔负荷性能图，如图4-21所示。

在负荷性能图上，作出精馏段的操作点 A（0.00211，0.763），连接 $0A$，即作出精馏段塔板操作线。

由图4-21可看出，精馏段塔板的操作上限为液沫夹带控制，下限为漏液控制，即

$$V_{s,max}=1.425m^3/s\text{，}\quad V_{s,min}=0.441m^3/s$$

精馏段塔板的操作弹性为

$$\frac{V_{s,max}}{V_{s,min}}=\frac{1.425}{0.441}=3.23$$

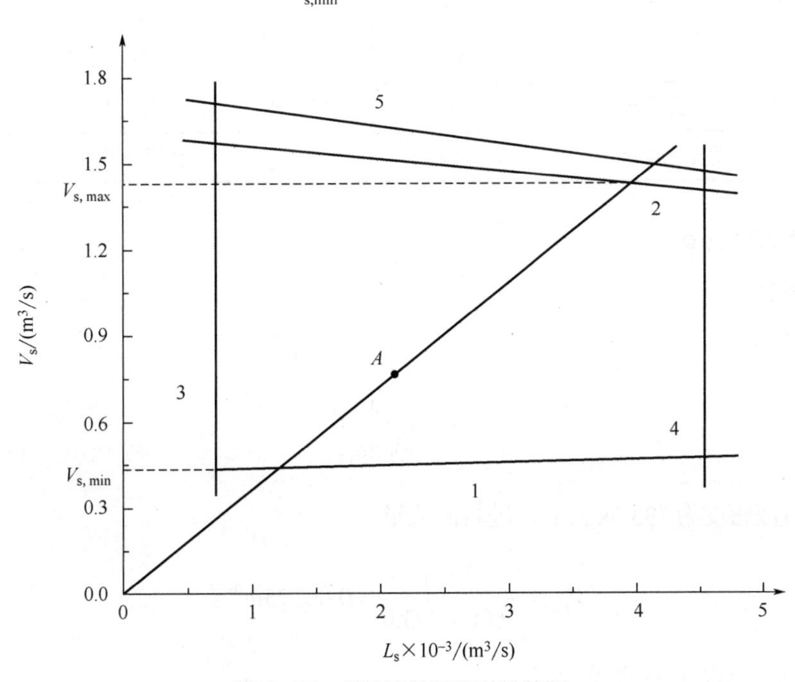

图4-21 精馏段筛板负荷性能图

以上仅是精馏段的工艺设计计算过程及结果，提馏段的计算过程与精馏段相同，此处从略。

应予指出，在本示例中，由于采取泡点进料，提馏段液相流量大于精馏段，如果采用和精

馏段工艺尺寸相同的降液装置和塔板结构，在操作中应特别注意防范发生降液管液泛。

10. 筛板塔设计结果

筛板塔主要设计计算结果汇总于表4-7。

表4-7 筛板塔设计结果

序号	项目	数值	序号	项目	数值
1	平均温度/℃	90.2	15	降液管底隙高度/m	0.031
2	平均压力/kPa	110.55	16	安定区宽度/m	0.065
3	气体流量/（m^3/s）	0.76	17	边缘区宽度/m	0.035
4	液体流量/（m^3/s）	0.00211	18	开孔区面积/m	0.0746
5	实际塔板数/块	27	19	筛孔直径/m	0.005
6	精馏段实际塔板数/块	15	20	筛孔数目	3829
7	塔径/m	1.2	21	孔中心距/m	0.015
8	塔板间距/m	0.4	22	开孔率/%	10.1
9	溢流型式	单溢流	23	空塔气速/（m/s）	0.673
10	降液管型式	弓形	24	筛孔气速/（m/s）	10.1
11	堰长/m	0.84	25	稳定系数	1.7
12	堰高/m	0.048	26	每层塔板压降/kPa	0.571
13	板上液层高度/m	0.06	27	负荷上限	液泛控制
14	堰上液层高度/m	0.012	28	负荷下限	漏液控制

11. 接管尺寸计算

（1）进料管

进料管直径

$$d_{LF}=\sqrt{\frac{4V_{LF}}{\pi u_{LF}}}$$

前已求得进料液密度为793.0kg/m^3，进料液流量

$$V_{LF}=\frac{5000}{3600\times 793.0}=0.00175\text{m}^3/\text{s}$$

取$u_{LF}=1.0$m/s，则进料管直径

$$d_{LF}=\sqrt{\frac{4\times 0.00175}{3.14\times 1.0}}=0.047\text{m}=47\text{mm}$$

选无缝钢管ϕ57×4.5mm。

（2）回流液管

回流液摩尔流率74.12kmol/h，摩尔质量78.78kg/kmol，密度812.6kg/m^3，则其体积流率

$$V_{LD}=\frac{74.12\times78.78}{3600\times812.6}=0.002\text{m}^3/\text{s}$$

取$u_{LD}=1.0\text{m/s}$，则回流液管直径

$$d_{LD}=\sqrt{\frac{4V_{LD}}{\pi u_{LD}}}=\sqrt{\frac{4\times0.002}{3.14\times1.0}}=0.050\text{m=50mm}$$

考虑到回流比的可调节性，选无缝钢管ϕ76×5.0mm。

（3）塔顶蒸汽管

塔顶蒸汽流率100.22kmol/h，摩尔质量78.39kg/kmol，密度为2.95kg/m^3，其体积流率

$$V_{VD}=\frac{100.22\times78.39}{3600\times2.95}=0.74\text{m}^3/\text{s}$$

取$u_{VD}=20\text{m/s}$，则塔顶蒸汽管径

$$d_{VD}=\sqrt{\frac{4V_{VD}}{\pi u_{VD}}}=\sqrt{\frac{4\times0.74}{3.14\times20}}=0.217\text{m=217mm}$$

选无缝钢管ϕ325×10mm。

（4）塔釜出料管

塔釜出料液流率132.38kmol/h，摩尔质量近似按甲苯计，为92.13kg/kmol，密度为780kg/m^3，其体积流率

$$V_{LW}=\frac{132.38\times92.13}{3600\times780}=0.00434\text{m}^3/\text{s}$$

取$u_{LW}=1.0\text{m/s}$，则

$$d_{LW}=\sqrt{\frac{4V_{LW}}{\pi u_{LW}}}=\sqrt{\frac{4\times0.00434}{3.14\times1.0}}=0.075\text{m=75mm}$$

选无缝钢管ϕ108×5.0mm。

（5）塔釜进气管

塔釜蒸汽摩尔流率100.22kmol/h，摩尔质量按92.13kg/kmol计，塔釜蒸汽密度为

$$\rho_{VW}=\frac{pM}{RT}=\frac{(105.3+27\times0.7)\times92.13}{8.314\times(273+110.6)}=3.585\text{kg/m}^3$$

其体积流率

$$V_{VW}=\frac{100.22\times92.13}{3600\times3.585}=0.715\text{m}^3/\text{s}$$

取$u_{VW}=20m/s$，则塔釜进气管径

$$d_{VW}=\sqrt{\frac{4V_{VW}}{\pi u_{VW}}}=\sqrt{\frac{4\times0.715}{3.14\times20}}=0.214\text{m}=214\text{mm}$$

选无缝钢管ϕ325×10mm。

现将各接管尺寸设计结果列于表 4-8。

表 4-8 塔接管尺寸设计结果表

序号	接管名称	体积流量/(m^3/s)	流速/(m/s)	接管直径/mm	接管规格
1	进料管	0.00175	1.0	47	ϕ 57×4.5mm
2	回流液管	0.002	1.0	50	ϕ 76×5.0mm
3	塔顶蒸汽管	0.74	20	217	ϕ 325×10mm
4	塔釜出料管	0.00434	1.0	75	ϕ 108×5.0mm
5	塔釜进气管	0.715	20	214	ϕ 325×10mm

12．换热器选型计算

（1）塔顶冷凝器

取有机蒸气冷凝器的总传热系数 K=1000W/(m^2·℃)，冷凝温度 82.3℃，苯蒸气冷凝潜热为 394.7kJ/kg，冷却剂为水，水温从 25℃升至 40℃，传热温差

$$\Delta t_m=\frac{40-25}{\ln\frac{82.3-25}{82.3-40}}=49.4℃$$

冷凝器的面积为

$$A=\frac{Q}{K\Delta t_m}=\frac{100.22\times78.39\times394.7\times1000}{3600\times1000\times49.4}=17.5\text{m}^2$$

查阅文献［2］附录 25 管壳式热交换器系列标准（摘录），选择 DN450 固定管板式换热器，主要参数如下：

公称直径/mm　　450

换热面积/m^2　　30.7

管径/mm　　ϕ25×2.0

管长/m　　3

总管数　　135

管程数　　1

换热器裕度

$$\vartheta=\frac{30.7-17.5}{17.5}=75\%$$

裕度较大，有利于调节回流比。

用水量

$$W = \frac{100.22 \times 78.39 \times 394.7}{4.2 \times 15 \times 1000} = 49.22\text{t/h}$$

（2）塔釜再沸器

塔釜介质近似按甲苯考虑，塔釜温度取 110.6℃，再沸器总传热系数取为 K=1000W/(m^2·℃)，甲苯汽化潜热为 360.7kJ/kg，加热蒸汽温度 135℃，传热温差

$$\Delta t_\text{m} = 135 - 110.6 = 24.4\text{℃}$$

再沸器换热面积为

$$A = \frac{Q}{K\Delta t_\text{m}} = \frac{100.22 \times 92.13 \times 360.7 \times 1000}{3600 \times 1000 \times 24.4} = 38\text{m}^2$$

订制釜式再沸器，裕度按 80%考虑，实际换热面积应不小于 70m^2。

再沸器蒸汽用量

$$D = \frac{100.22 \times 92.13 \times 360.7}{2166} = 1538\text{kg/h}$$

（3）进料预热器

取进料预热器的总传热系数 K=800W/(m^2·℃)，苯和甲苯的比热容均为 1.83kJ/(kg·℃)，加热蒸汽温度 135℃，料液温度从 20℃升至 98.2℃。

$$\Delta t_\text{m} = \frac{98.2 - 20}{\ln\dfrac{135 - 20}{135 - 98.2}} = 68.6\text{℃}$$

$$A = \frac{Q}{K\Delta t_\text{m}} = \frac{58.26 \times 85.82 \times 1830 \times (98.2 - 20)}{3600 \times 800 \times 68.6} = 3.6\text{m}^2$$

选择 DN325 固定管板式换热器，主要参数如下：

公称直径/mm	325
换热面积/m^2	10.0
管径/mm	ϕ19×2.0
管长/m	2
总管数	88
管程数	2

预热器蒸汽用量

$$D = \frac{58.26 \times 85.82 \times 1.830 \times (98.2 - 20)}{2166} = 330\text{kg/h}$$

（4）塔顶产品冷却器

取塔顶产品冷却器的总传热系数 K=800W/(m^2·℃)，近似按纯苯的比热容为 1.83kJ/(kg·℃)

计算，温度从 82.3℃冷却至 45℃，冷却水温度从 25℃升至 35℃。

$$\Delta t_{\mathrm{m}}=\frac{(82.3-25)-(45-35)}{\ln\dfrac{82.3-25}{45-35}}=27.1℃$$

$$A=\frac{Q}{K\Delta t_{\mathrm{m}}}=\frac{26.10\times78.39\times1830\times(82.3-45)}{3600\times800\times27.1}=1.8\mathrm{m}^2$$

选择 DN213 固定管板式换热器，主要参数如下：

公称直径/mm	213
换热面积/m^2	6.4
管径/mm	ϕ19×2.0
管长/m	2
总管数	56
管程数	2

冷却器用水量

$$W=\frac{26.10\times78.39\times1.830\times(82.3-45)}{4.2\times10\times1000}=3.3\mathrm{t/h}$$

（5）塔底产品冷却器

取塔底产品冷却器的总传热系数 K=800W/(m^2·℃)，按甲苯的比热容近似按 1.83kJ/(kg·℃)，温度从 110.6℃冷却至 45℃，冷却水温度从 25℃升至 35℃。

$$\Delta t_{\mathrm{m}}=\frac{(110.6-25)-(45-35)}{\ln\dfrac{110.6-25}{45-35}}=35.2℃$$

$$A=\frac{Q}{K\Delta t_{\mathrm{m}}}=\frac{32.16\times92.13\times1830\times(110.6-45)}{3600\times800\times35.2}=3.5\mathrm{m}^2$$

选择 DN213 固定管板式换热器，主要参数如下：

公称直径/mm	213
换热面积/m^2	6.4
管径/mm	ϕ19×2.0
管长/m	2
总管数	56
管程数	2

用水量

$$W=\frac{32.16\times92.13\times1.830\times(110.6-45)}{4.2\times10\times1000}=8.45\mathrm{t/h}$$

现将各换热器的设计结果列于表 4-9。

表 4-9 换热器设计结果表

序号	换热器名称	型式	总传热系数/[W/(m^2·℃)]	换热面积/m^2	公称直径
1	塔顶冷凝器	固定管板式	1000	30.7	DN450
2	塔釜再沸器	釜式再沸器	1000	≥70	非标
3	进料预热器	固定管板式	800	10.0	DN325
4	塔顶产品冷却器	固定管板式	800	6.4	DN213
5	塔底产品冷却器	固定管板式	800	6.4	DN213

13．泵选型计算

进料液泵扬程

$$H = \Delta z + \frac{\Delta p}{\rho g} + \frac{\Delta u^2}{2g} + \Sigma h_{\mathrm{f}}$$

实际流速

$$u = 1.0 \times \left(\frac{47}{57 - 2 \times 4.5} \right)^2 = 0.958\mathrm{m/s}$$

设管路长度 200m，取摩擦系数 0.03，管路上截止阀 1 支，半开时的阻力系数 9.5，标准弯头 5 支，阻力系数 0.75，则

$$\Sigma h_{\mathrm{f}} = \left(\lambda \frac{L}{d} + \Sigma \xi \right) \frac{u^2}{2g} = \left(0.03 \times \frac{200}{0.05} + 9.5 + 5 \times 0.75 \right) \times \frac{0.958^2}{2 \times 9.81} = 6.3\mathrm{m}$$

板式塔进料板高度 13.5m，115.8kPa，忽略动能项，则

$$H = \Delta z + \frac{\Delta p}{\rho g} + \frac{\Delta u^2}{2g} + \Sigma h_{\mathrm{f}} = 13.5 + \frac{115800 - 101300}{793.0 \times 9.81} + 0 + 6.3 = 21.7\mathrm{m}$$

选泵型号 IS50-32-160，其主要性能参数如下：

额定扬程 25m；额定流量 10m^3/h；额定功率 3.0kW；转速 2900r/min；2 台。

同理，对回流液泵和釜液泵进行选型设计，现将各泵的选型设计结果列于表 4-10。

表 4-10 泵选型设计结果表

序号	接管名称	流量/(m^3/h)	扬程/m	泵型号	备注
1	进料液泵，2 台	6.3	22	IS50-32-160	
2	回流液泵，2 台	7.2	25	IS50-32-160	
3	塔釜液泵，2 台	15.6	15	IS50-32-160	

14．储罐

储罐包括原料液罐、回流液罐、塔顶和塔底产品罐。储罐容积系数 0.7。

原料液罐保持 1.0h 的储存量，流量 6.3m^3/h，容积 9.0m^3。

回流液罐保持 0.2h 的储存量，流量 7.2m^3/h，容积 2.0m^3。
塔顶产品罐保持 72h 的储存量，流量 2.6m^3/h，容积 400m^3。
塔底产品罐保持 72h 的储存量，流量 3.8m^3/h，容积 400m^3。
此外，还需配备一残液罐，收装不合格产品以及停车检修时塔内排出液。
储罐设计结果列于表 4-11。

表 4-11 储罐设计结果表

序号	接管名称	停留时间/h	容积/m^3	备注
1	原料液罐	1.0	9.0	304 不锈钢
2	回流液罐	0.2	2.0	304 不锈钢
3	塔顶产品罐	72	400	304 不锈钢
4	塔底产品罐	72	400	304 不锈钢
5	残液罐	24	100	304 不锈钢

15．设计结果一览表

系统主体设备和附属设备参数及系统消耗列于表 4-12。

表 4-12 筛板塔及附属设备设计结果及系统消耗一览表

序号	设备名称	型式	主要参数	备注
1	板式精馏塔，N=27	筛板塔	D=1.2m，H=20.3m	304 不锈钢
2	塔顶冷凝器	固定管板式	30.7m^2	耗水 49.22t/h
3	塔釜再沸器	釜式	≥70m^2	耗汽 1.538t/h
4	进料预热器	固定管板式	10.0m^2	耗汽 0.33t/h
5	塔顶产品冷却器	固定管板式	6.4m^2	耗水 3.3t/h
	塔底产品冷却器	固定管板式	6.4m^2	耗水 8.5t/h
6	进料液泵，IS50-32-160	离心泵	V=6.3m^3/h，H=22m，2 台	功率 3.0kW
7	回流液泵，IS50-32-160	离心泵	V=7.2m^3/h，H=25m，2 台	功率 3.0kW
8	塔釜液泵，IS50-32-160	离心泵	V=15.6m^3/h，H=15m，2 台	功率 3.0kW
9	原料液罐	立式	V=9.0m^3	304 不锈钢
10	回流液罐	卧式	V=2.0m^3	304 不锈钢
11	塔顶产品罐	立式	V=400m^3	304 不锈钢
12	塔底产品罐	立式	V=400m^3	304 不锈钢
13	残液罐	立式	V=100m^3	304 不锈钢
其他	系统总消耗：耗汽 1.87t/h，耗水 62t/h，耗电 9.0kW			

4.4 系统工艺流程图和设备工艺条件图

苯-甲苯物系板式精馏塔系统工艺流程图见图 4-22，板式精馏塔设备工艺条件图见图 4-23。

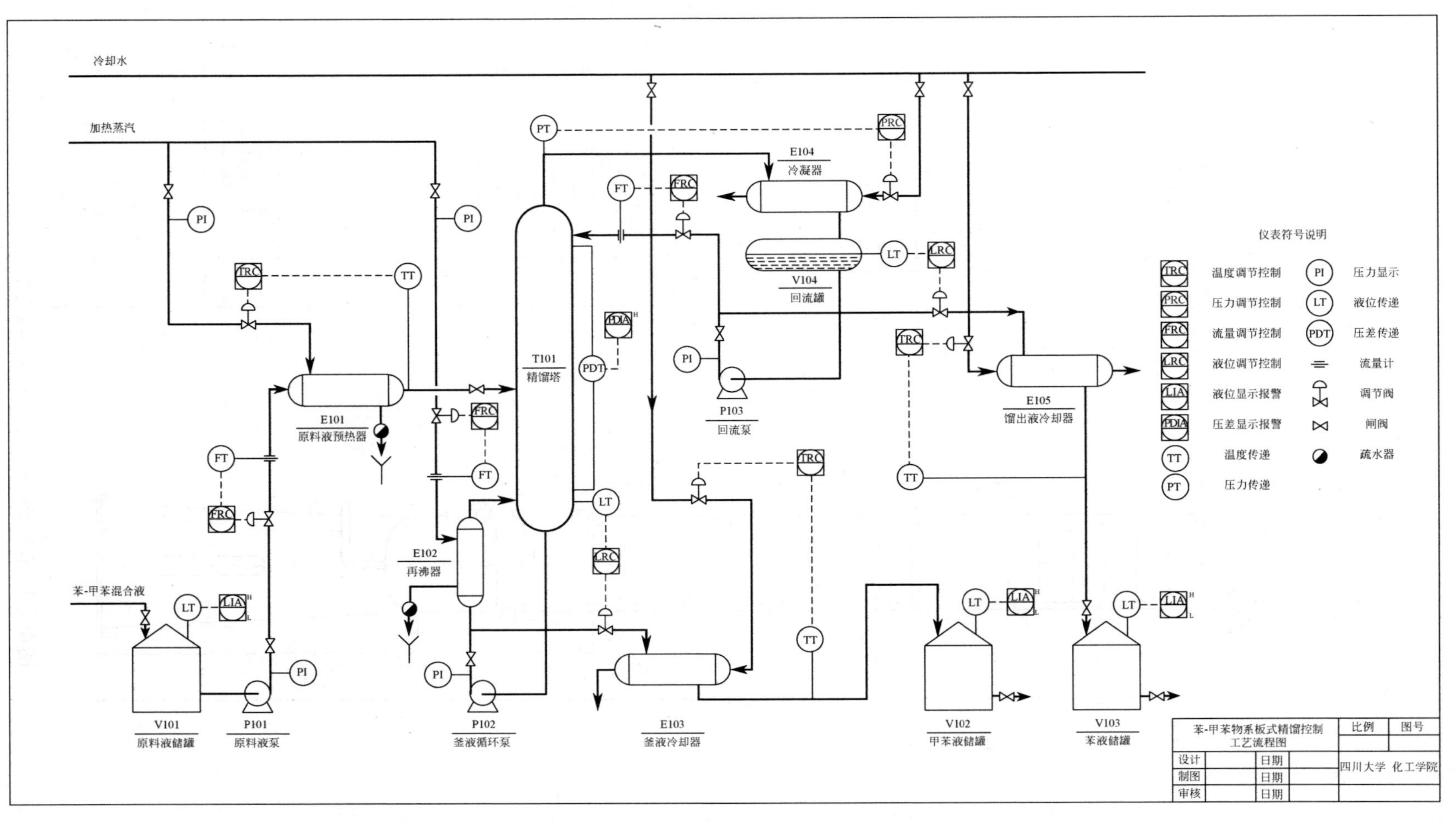

图4-22 苯-甲苯物系板式精馏塔系统工艺流程图

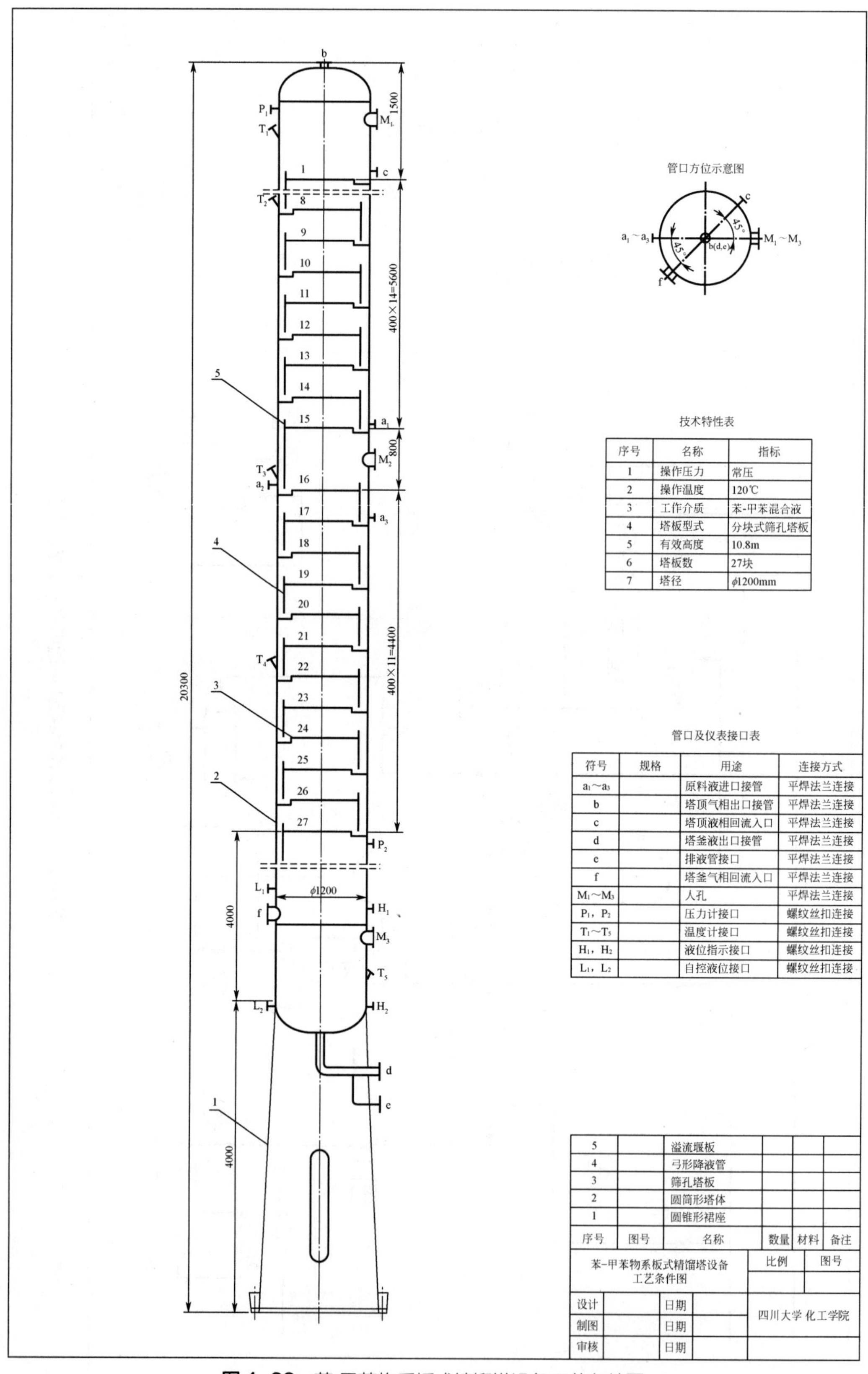

技术特性表

序号	名称	指标
1	操作压力	常压
2	操作温度	120℃
3	工作介质	苯-甲苯混合液
4	塔板型式	分块式筛孔塔板
5	有效高度	10.8m
6	塔板数	27块
7	塔径	ϕ1200mm

管口及仪表接口表

符号	规格	用途	连接方式
a_1~a_3		原料液进口接管	平焊法兰连接
b		塔顶气相出口接管	平焊法兰连接
c		塔顶液相回流入口	平焊法兰连接
d		塔釜液出口接管	平焊法兰连接
e		排液管接口	平焊法兰连接
f		塔釜气相回流入口	平焊法兰连接
M_1~M_3		人孔	平焊法兰连接
P_1，P_2		压力计接口	螺纹丝扣连接
T_1~T_5		温度计接口	螺纹丝扣连接
H_1，H_2		液位指示接口	螺纹丝扣连接
L_1，L_2		自控液位接口	螺纹丝扣连接

序号	图号	名称	数量	材料	备注
5		溢流堰板			
4		弓形降液管			
3		筛孔塔板			
2		圆筒形塔体			
1		圆锥形裙座			

图4-23 苯-甲苯物系板式精馏塔设备工艺条件图

4.5 板式精馏塔操作型计算

4.5.1 概述

按照上述方法完成板式精馏塔工艺设计，绘制设备工艺条件图，交由机械专业设计板式精馏塔施工图，机械公司依照施工图进行制造，并按工艺流程图与附属设备配套安装，形成精馏生产装置。

化工生产线为链式结构，精馏操作只是其中的一个环节。实际生产过程中，经常会出现操作条件的波动。这种波动反映在精馏操作上，就是当精馏塔入口参数发生改变时，其出口参数随即发生变化，并最终影响产品质量。必须通过精馏塔的调节，改变其分离性能，从而使出口参数维持在原设计值不变，以保证产品质量。精馏塔入口参数包括进料量和进料组成，进料量变化已在塔负荷性能图部分进行了讨论，本节仅就进料组成降低的情况分析两个问题：第一，需要预测进料液组成降低后馏出液组成受影响的程度；第二，为保证馏出液组成不变，精馏塔的回流比需要调节到多大才行。前者可以通过校核型计算来解决，后者需要进行调节型计算来确定。这两种类型的计算统称为操作型计算。

还应指出，塔釜残液的组成涉及废液排放。随着环保法规的日益严苛，降低釜液组成已是大势所趋。一台运行中的板式精馏塔，在原有设计工况的基础上，可以通过加大回流比，以达到更低的釜液组成，需要预测相应的回流比值。

化工类大学生有很大一部分要去化工厂担任生产工程师，管理生产，操作设备。只有充分了解设备性能，才能科学地用好设备，使其最大限度地发挥效能。学生在完成单元设备工艺设计后，应当对该设备在不同工况下的运行性能进行分析，掌握设备操作和调节的基本知识，为日后担任生产工程师打牢基础。

4.5.2 板式精馏塔操作型计算方法

吉利兰图是关联 N、$N_{\min}$、R、$R_{\min}$ 的曲线图。泡点进料下，理想物系的 $R_{\min}$ 和 $N_{\min}$ 与 z_F、x_D、x_W 有简单而明确的函数关系。所以，由吉利兰图转化来的吉利兰公式反映了 N、R、z_F、x_D、x_W 的定量关系，即

$$F(N,\ R,\ z_F,\ x_D,\ x_W)=0$$

将吉利兰公式和物料衡算式联立求解，可完成如下的计算任务。

设计型计算：已知 z_F、x_D、x_W，求给定 R 下的理论塔板数 N；

校核型计算：对于既有板式塔，已知某 R 下的 N，给定 z_F 求 x_D；

调节型计算：对于既有板式塔，已知 N 和 x_D，给定 z_F 求 R。

应予指出，对于理想物系，$R_{\min}$ 和 $N_{\min}$ 与 z_F、x_D、x_W 有确定的函数表达式，仅用数学分析方法即可求解，避免了作图法的烦琐。而对于非理想物系，则必须作图求解。本节仅处理理想物系。

令
$$X=\frac{R-R_{\min}}{R+1} \tag{4-35}$$

$$Y=\frac{N-N_{\min}}{N+2} \tag{4-36}$$

根据文献[3]，将吉利兰图转化为吉利兰公式，即

$$Y=0.5458-0.5914X+\frac{0.002743}{X} \tag{4-37}$$

或

$$X=\frac{(0.5458-Y)+\sqrt{(Y-0.5458)^2+0.006589}}{1.1828} \tag{4-38}$$

吉利兰公式既可以计算全塔理论板数（N不包括塔釜），也可以计算精馏段理论板数（N不包括进料板）。

吉利兰公式的适用条件如下：

① 组分数目为 2～11；

② 包括全部五种进料热状态；

③ 最小回流比为 0.53～7.0；

④ 相对挥发度 1.26～4.05；

⑤ 理论板数 2.4～43.1 块。

这个条件范围已经很宽了，可以涵盖绝大部分的精馏问题，且相当准确，可以放心使用。

4.5.3 板式精馏塔操作型计算示例

前述分离苯-甲苯混合液常压连续精馏塔，料液泡点进料，进料组成 0.45，馏出液组成 0.98，釜液组成 0.02，当选择回流比 R=2.84，其理论塔板数 14 块（不含塔釜）。现由于进料组成降低 10%，如果不改变进料位置，试计算：

① 维持回流比 R=2.84 不变，预测馏出液组成受影响的程度；

② 为保持馏出液组成 0.98 不变，回流比应调节至多大?

1．预测进料组成降低及回流比不变时的馏出液组成

设 z_F' 为降低后的进料组成，用 η 表示进料组成降低的幅度，其定义为

$$\eta=\frac{z_F-z_F'}{z_F}$$

η 值越大，表示进料组成降低越多。本例中由于进料组成降低 η=10%，故进料组成为

$$z_F'=0.45(1-\eta)=0.45\times(1-0.1)=0.405$$

泡点进料，q=1，$x_d=z_F'$，则

$$y_d=\frac{\alpha x_d}{1+(\alpha-1)x_d}=\frac{2.47\times0.405}{1+(2.47-1)\times0.405}=0.627$$

全回流条件下，混合液的分离程度 x_D、x_W 和平衡级的关系服从芬斯克方程

$$N_{min} = \frac{\ln\left(\frac{x_D}{1-x_D}\right)\left(\frac{1-x_W}{x_W}\right)}{\ln 2.47} \tag{1}$$

根据吉利兰公式

$$Y = 0.5458 - 0.5914X + \frac{0.002743}{X} \tag{2}$$

$$Y = \frac{14 - N_{min}}{14 + 2} \tag{3}$$

$$X = \frac{2.84 - R_{min}}{2.84 + 1} \tag{4}$$

最小回流比为

$$R_{min} = \frac{x_D - 0.627}{0.627 - 0.405} \tag{5}$$

同时，x_D、x_W 还应满足物料衡算式

$$26.10x_D + 32.16x_W = 58.26 \times 0.405 = 23.595 \tag{6}$$

为求 x_D，需将式（1）和式（6）联立，用试差法求解。即：先假设一 x_D，由式（5）求 R_{min}，将 R_{min} 代入式（4）求 X，X 代入式（2）求 Y，Y 代入式（3）求 N_{min}，并由式（6）求出 x_W，将 x_W 和 N_{min} 代入式（1）计算 x_D。比较前后两 x_D 值，直至两者一致为止。据此求得

$$x_D = 0.901$$

可见，当进料组成降低，回流比不变，馏出液组成相应地降低。

同理，给定若干 η 的值，算出 $z_F=0.45(1-\eta)$，即可求得相应的 x_D，将其点划得曲线图 4-24。图形显示了进料组成降低幅度 $\eta \leqslant 20\%$ 范围内 x_D 的变化情况。由图可知，随着进料组成降低幅度的增加，馏出液组成呈递减趋势，塔顶产品纯度降低。同时，图中还点划了 x_W-η 曲线，曲线显示，进料组成降低，釜液组成相应降低，塔底产品纯度提高；如果釜液是废水溶液，废液排放的污染减轻了。

2．确保馏出液组成不变之回流比

由上述计算可知，进料组成降低，塔顶产品的纯度降低。拟通过增加回流比，提高塔的传质性能，以确保塔顶产品组成 $x_D=0.98$ 不变。

由于进料浓度下降了 10%，实际的进料组成 $z_F = 0.405$，在泡点进料下，$x_d=0.405$，$y_d=0.627$，为保持馏出液组成 $x_D=0.98$ 不变，最小回流比为

$$R_{min} = \frac{0.98 - 0.627}{0.627 - 0.405} = 1.59$$

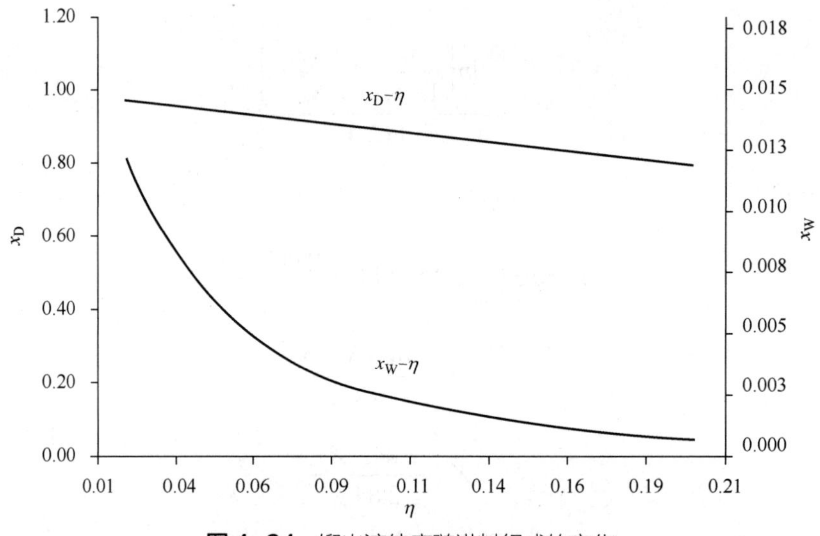

图 4-24 馏出液纯度随进料组成的变化

假设调节后新工况的塔顶产品采出率与原设计工况相同，则

$$\frac{Dx_D}{Fz_F}=\frac{26.10\times0.98}{58.26\times0.45}=0.976$$

$$D=0.976\times58.26\times\frac{0.405}{0.98}=23.50\text{kmol/h}$$

$$W=58.26-23.50=34.76\text{kmol/h}$$

在馏出液组成不变的条件下，进料组成降低，塔顶产品量减少，塔底产品量增多。

$$x_W=\frac{58.26\times0.405-23.50\times0.98}{34.76}=0.0166$$

如果两种工况的上升蒸汽量相同，则

$$V=(R+1)D=(2.84+1)\times26.10=100.22\text{kmol/h}$$

$$R=\frac{100.22}{23.50}-1=3.26$$

上述初算的 R、x_W 应服从吉利兰公式

$$X=\frac{3.26-1.59}{3.26+1}=0.392$$

$$Y=0.5458-0.5914X+\frac{0.002743}{X}=0.5458-0.5914\times0.392+\frac{0.002743}{0.392}=0.321$$

$$N_{\min}=N-Y(N+2)=14-0.321\times(14+2)=8.864$$

$$x_W = \frac{1}{1+\dfrac{1-x_D}{x_D}\alpha^{N_{min}}} = \frac{1}{1+\dfrac{1-0.98}{0.98}\times 2.47^{8.864}} = 0.0159$$

验算表明，R、x_W满足吉利兰公式，初算时所作假设合理。

调节回流比后，精馏段的气液流率为

$$L = RD = 3.26\times 23.50 = 76.61\text{kmol/h}=0.0022\text{m}^3/\text{s}$$

$$V = (R+1)D = (3.26+1)\times 23.50 = 100.11\text{kmol/h}=0.762\text{m}^3/\text{s}$$

可见，进料组成降低，在馏出液组成不变的情况下，由于塔顶产品量减少，虽然回流比有所增加，但精馏段的气液负荷与设计工况相比变化不大。

结合图 4-21，进料组成降低 10%的操作点坐标为（0.0022，0.762），几乎与原操作点 A 重合，从而保证了筛板塔较高的分离效率。

给定若干 η 的值，算出 $z_F=0.45(1-\eta)$，求得馏出液组成不变之回流比，计算结果示于图 4-25。图形表明，若要求馏出液组成不变，则随着进料组成的降低，回流比应相应地增加。同时，从图中点划的 x_W-η 曲线显示，进料组成降低和回流比增加的情况下，釜液组成降低，塔底产品的纯度提高了。

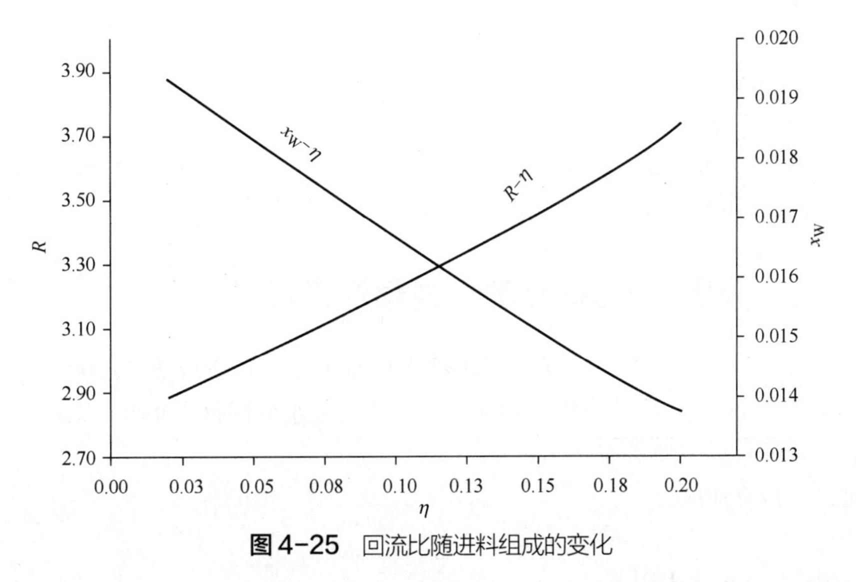

图 4-25 回流比随进料组成的变化

同理，对于进料组成增加的情况，结果正好相反。如果釜液是废水溶液，可能出现排放不达标的问题，应予注意。

4.6 设计思考题

① 采用热泵精馏技术，将塔顶蒸汽绝热压缩升温，用作塔顶再沸器的热源，试选择一台合适的蒸汽压缩机，请设计流程图，并预测节能效益。电价格：0.5 元/(kW·h)，蒸汽价格：150

元/t 蒸汽，压缩蒸汽温度高于釜液 10℃。

② 回收产品余热加热原料液至沸点，请绘制流程图，并结合塔顶冷凝器和再沸器，设计原料预热器。

③ 图 4-21 中的操作线仅为精馏段的操作线，试在该图中绘出本示例提馏段的操作线，并计算提馏段的操作弹性。

④ 选择回流液泵，并计算离心泵的安装高度。

⑤ 请测算处理 1t 料液的能耗费用（包括电费和汽费）。

附：板式精馏塔设计任务两则

设计任务一　分离苯-氯苯板式精馏塔设计

设计苯-氯苯板式精馏塔，要求年产纯度 99%（质量分数，下同）的氯苯，氯苯年产量（5000+学号后三位数字×500）t，按年开工 7200h 计，塔顶馏出液中含氯苯不得高于 2%，原料液中含氯苯 $35\%+10\%\times\sqrt[5]{\text{学号后三位数字}}$。操作条件：

① 塔顶压力 4kPa（表压）；

② 泡点进料；

③ 单板压降≤0.7kPa；

④ 回流比 $1.8R_{\min}$；

⑤ 全塔效率 $E_{\mathrm{T}}=56\%$；

⑥ 平均相对挥发度 2.16；

⑦ 建厂地址：成都地区。

设计任务二　分离环己醇-苯酚板式精馏塔设计

设计环己醇-苯酚板式精馏塔，要求年处理量（5000+学号后三位数字×500）t，年开工 300 天，塔顶产品纯度 98.5%（质量分数，下同），塔顶易挥发组分回收率 98%，原料液中环己醇含量$30\%+10\%\times\sqrt[5]{\text{学号后三位数字}}$。

建厂地址：成都地区。

操作条件：

① 塔顶压力 4kPa（表压）；

② 泡点进料；

③ 单板压降≤0.7kPa；

④ 回流比 $1.8R_{\min}$；

⑤ 全塔效率 $E_{\mathrm{T}}=52\%$；

⑥ 平均相对挥发度

$$\alpha_{\mathrm{m}}=\frac{1}{39}\Sigma\alpha_i\,,\qquad \alpha_i=\frac{y_i/\left(1-y_i\right)}{x_i/\left(1-x_i\right)}$$

环己醇-苯酚的相平衡数据

t/℃	x	y	t/℃	x	y
181.9	0.000	0.000	140.6	0.550	0.877
176.4	0.050	0.186	138.0	0.600	0.899
171.3	0.100	0.333	135.8	0.650	0.918
166.7	0.150	0.451	133.7	0.700	0.935
162.4	0.200	0.546	131.7	0.750	0.950
158.5	0.250	0.623	129.8	0.800	0.963
154.9	0.300	0.687	128.1	0.850	0.974
151.7	0.350	0.739	126.4	0.900	0.984
148.5	0.400	0.783	124.8	0.950	0.992
145.6	0.450	0.819	123.3	1.000	1.000
142.9	0.500	0.850			

符号说明

英文字母

A——换热器面积，m^2；

A_a——塔板开孔区面积，m^2；

A_f——降液管面积，m^2；

A_0——筛孔总面积，m^2；

A_T——塔板开孔区面积，m^2；

C——计算 u_{max} 时的负荷因子，m/s；

C_0——流量系数，无量纲；

C_s——气体负荷因子，无量纲；

D——塔径，m；

D——馏出液流率，kmol/s；

d——管径，m；

e_V——液沫夹带量，kg 液体/kg 气体；

E——液流收缩系数，无量纲；

E_T——总板效率，%；

F——进料流率，kmol/s；

F——气相动能因子，$kg^{1/2}/(s\cdot m^{1/2})$；

F_0——筛孔气相动能因子，$kg^{1/2}/(s\cdot m^{1/2})$；

g——重力加速度，$9.81m^2/s$；

h_l——液柱表示的板上液层的压降，m；

h_p——板上液柱高度，m；

h_0——降液管底隙高度，m；

h_{ow}——堰上液层高度，m；

h_w——溢流堰高度，m；

h_σ——液柱表示的克服液体表面张力的压降，m；

h_1——进口堰与降液管间水平距离，m；

h_c——液柱表示的干板压降，m；

h_d——流体流过降液管的阻力，m；

H——塔高，m；

H_B——塔底空间高度，m；

H_d——降液管内清液层高度，m；

H_D——塔顶空间高度，m；

H_F——进料板处塔板间距，m；

H_{OG}——气相基准传质单元高度，m；

H_K——人孔处的塔板间距，m；

H_T——塔板间距，m；

H_1——封头高度，m；

H_2——裙座高度，m；

L——液体流量，kmol/s；

V——气体流量，kmol/s；

L_h——液体体积流量，m^3/h；

L_s——液体体积流量，m^3/s；

n——筛孔数目，个；

N_{OG}——气相基准传质单元数，无量纲；

N——塔板数；

p——压力，Pa；

Δp——压力降，Pa；

Q——传热速率，kW；

R——回流比，无量纲；

r——鼓泡区半径，m；

t——孔中心距，m；

Δt_m——平均传热温差，℃；

u——流速或空塔气速，m/s；

u_0——气体通过筛孔气速，m/s；

$u_{0,min}$——漏液点气速，m/s；

V_h——气体体积流量，m^3/h；

V_s——蒸汽体积流量，m^3/s；

V——气体或液体体积流量，m^3/s；

K——换热器总传热系数，$W/(m^2 \cdot ℃)$；

k——稳定系数，无量纲；

l_w——溢流堰长度，m；

W_c——无效区宽度，m；

W_d——弓形降液管宽度，m；

W_s——安定区宽度，m；

W——釜液流率，kmol/s；

x——液相摩尔分数，%；

y——气相摩尔分数，%；

z——进料中液相摩尔分数，%。

希腊字母

β——充气系数，无量纲；

δ——筛板厚度，m；

ε——孔隙率，m；

θ——液体在降液管的停留时间，s；

Φ——相对泡沫密度，无量纲；

ϕ——开孔率，%；

ρ——密度，kg/m^3；

σ——表面张力，N/m；

μ——黏度，Pa・s；

η——进料组成降低程度，%；

ϑ——换热器裕度，%。

下标

d——平衡；

max——最大；

min——最小；

h——每小时；

s——每秒；

D——馏出液；

F——进料液；

L——液相；

V——气相；

W——釜液；

LF——料液；

LD——回流液；

LW——釜液；

VW——塔釜蒸汽；

VD——塔顶蒸汽。

参考文献

[1] 柴诚敬，贾绍义．化工原理课程设计．北京：高等教育出版社，2015.

[2] 叶世超，夏素兰等．化工原理：下册．2 版．北京：科学出版社，2006.

[3] 陈敏恒，丛德滋，齐鸣斋，等．化工原理：下册．4 版．北京：化学工业出版社，2020.

[4] 吴俊，宋孝勇等．化工原理课程设计．上海：华东理工大学出版社，2011.

[5] 王国胜．化工原理课程设计．大连：大连理工大学出版社，2005.

[6] 付家新．化工原理课程设计．2 版．北京：化学工业出版社，2016.

[7] McCabe W L，Smith J C. Unit Operation of Chemical Engineering. 6th ed. New York：McGrawhill Inc.，2003.

第5章 填料吸收塔设计

5.1 概述

分离气体混合物的单元操作称为吸收，通过气液两相的接触，使气体中的易溶组分溶于液相而分离。

气液两相有三种接触方式：第一种，气体以气泡的形式分散在液相中，如板式塔；第二种，液体以液滴的形式分散在气相中，如喷淋塔；第三种，液体以膜状流动与气相进行接触，如填料塔。

在填料塔中，液体沿填料表面呈膜状流动，气体在液膜外侧流过，液膜表面构成气液两相间的接触界面，两相在此界面上发生传热传质，达成分离目的。

填料塔是一种工业常用的分离设备，既可以分离气体混合物，也可以分离液体混合物。分离气体混合物，称为填料吸收塔；分离液体混合物，称为填料精馏塔。

填料塔在很多方面优于板式塔，填料塔具有传质效率高、压降低、结构简单、对腐蚀性介质适应性强的显著优点，随着新型高效填料的开发，以及人们对填料塔的流体力学、传质机理和放大效应的深入研究，填料塔的应用领域将越来越广泛。

工业填料吸收塔的设计步骤如下：

① 根据分离任务和工艺要求，确定设计方案；

② 根据分离要求和物系性质，选择合适的填料；

③ 计算填料塔塔径、填料层高度等工艺尺寸；

④ 计算填料层的压降；

⑤ 完成填料塔塔内构件的设计或选型。

5.2 设计方案

（1）装置流程的确定

① 逆流操作　气相自塔底进入，从塔顶排出，液相自塔顶进入，从塔底排出，此即逆流操作。逆流操作的特点是：传质平均推动力大，传质速率快，分离效率高，吸收剂用量少。工业上多采用逆流操作。

② 并流操作　气液两相均从塔顶流向塔底，此即并流操作。并流操作的特点是：系统不受液流限制，可提高操作气速，生产能力较大。并流操作适合于吸收剂用量特别大的场合，若

采用逆流操作，容易引起填料塔液泛。

③ 吸收剂部分再循环操作　在逆流操作流程中，用泵将吸收塔排出液体的一部分抽出来加以冷却，再与补充的新鲜吸收剂一起送回塔内，即为部分再循环操作。该操作通常用于以下情况：对于易溶气体的吸收，吸收剂用量较小时，以提高液体喷淋密度；对于高浓度气体吸收，需取出一部分热量，以降低填料塔的温度。但吸收剂部分再循环较逆流操作的平均推动力要低。

④ 多塔串联操作　若设计的填料层高度过大，为便于设备维修，可把填料层分装在几个串联的矮塔内，每个吸收塔通过的吸收剂和气体的量都相等。

⑤ 串联-并联混合操作　若吸收塔的液体流量很大而气体流量不大时，为防止液泛，可采用气相作串联、液相作并联的混合流程；若吸收塔的气相流量很大而液体流量不大时，可采用液相作串联、气相作并联的混合流程。

在填料塔设计中，应根据生产任务、物系性质和工艺特性，结合各种流程的优缺点选择适宜的流程布置。

（2）吸收剂的选择

吸收操作的关键是选择合适的吸收剂，吸收剂性能的优劣不仅决定着分离效果，还与设备投资和运行费用密切相关。选择吸收剂时应着重考虑以下几个方面。

① 溶解性　吸收剂对溶质组分的溶解度要大，溶解度大，传质推动力大，吸收速率快；而且可以减少吸收剂用量，降低溶剂解吸回收过程的能量消耗。

② 选择性　吸收剂对混合气体中的溶质组分易于溶解，而对其他组分不溶或溶解甚少，以提高分离产物的纯度。

③ 再生性　吸收剂易于解吸再生，以降低吸收过程的能耗。解吸过程能耗较高，吸收剂再生的难易程度是评价吸收过程经济性的重要指标。

④ 挥发性　操作温度下吸收剂的蒸气压要低，以减少吸收和解吸再生过程中吸收剂的挥发损失。

⑤ 黏性　操作温度下吸收剂的黏性要小，使液体在填料表面具有良好的流动性能，以利于气液界面的更新，提高传热传质速率。

⑥ 稳定性　吸收剂具有较好的化学稳定性和热稳定性，以减少吸收剂的降解和变质。

⑦ 此外，所选用的吸收剂应尽可能满足无毒、无害、不易燃易爆、腐蚀性小、不易发泡、价廉易得等要求。

应予指出，任何一种吸收剂都难以满足上述所有要求，选用时应针对具体情况和主要矛盾，既满足工艺要求，又兼顾经济性，对吸收剂进行全面评价，作出合理选择。工业上常用的吸收剂列于表 5-1。

表 5-1　工业常用吸收剂

溶质气体	吸收剂	溶质气体	吸收剂
氨	水、硫酸	硫化氢	碱液、砷碱液、有机溶剂
丙酮蒸气	水	苯蒸气	煤油、洗油
氯化氢	水	丁二烯	乙醇、乙腈
二氧化碳	水、碱液、碳酸丙烯酯	二氯乙烯	煤油
二氧化硫	水	一氧化碳	铜氨液

（3）吸收温度与压力的确定

① 吸收温度的确定　已经知道，对于物理吸收，降低温度可增加溶质组分的溶解度，减少溶剂用量，减轻解吸塔的负荷，但低于常温的吸收操作，需配置冷冻系统等公用工程，增加气体分离成本。对于化学吸收过程，温度的确定，则应由化学反应的条件而定。

② 吸收压力的确定　压力升高可增加溶质组分的溶解度，提高吸收速率，节省吸收剂用量，即加压有利于吸收。但随着操作压力的升高，对设备的加工制造要求提高，吸收塔的造价升高，能耗和运行费用增加，增加压力还会降低溶剂的选择性。因此需结合具体工艺条件综合考虑，以确定合适的吸收压力。

5.3　填料的类型与选择

填料的选择是填料塔设计的重要环节，因为填料提供气液两相的接触界面，是填料塔实现气液传质的基本构件，填料性能的优劣是决定填料塔操作性能的主要因素。填料的种类很多，选择填料的原则是：①较大的比表面积；②较高的空隙率；③较高的机械强度；④耐受介质腐蚀；⑤化学稳定性好；⑥有利于气液的均匀分布；⑦价格低廉。

（1）填料的类型

填料可分为散装填料和规整填料两大类。

1）散装填料

散装填料是具有一定几何形状和尺寸的构体，以随机方式堆积在塔内，又称为乱堆填料。散装填料根据其几何形状的不同，又可分为环形填料、鞍形填料、环鞍形填料、球形填料及花环填料等。现介绍几种典型的散装填料，分别示于图 5-1。

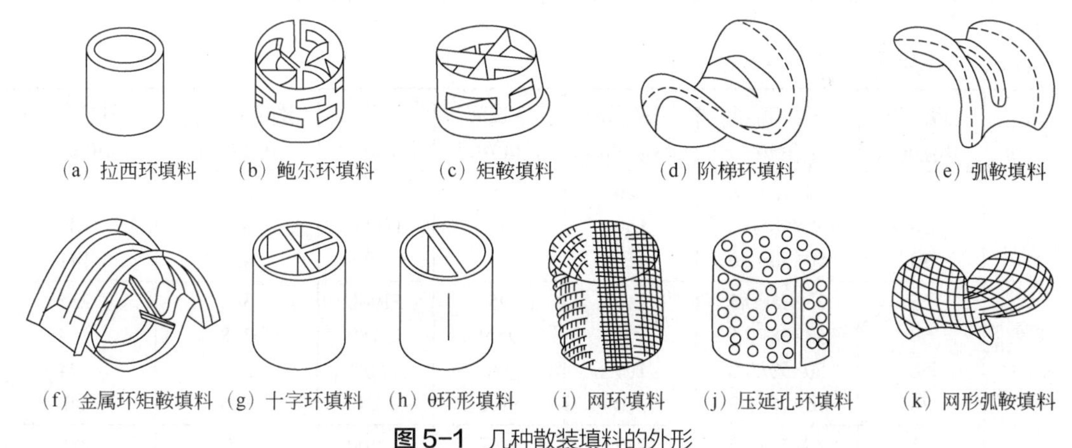

图 5-1　几种散装填料的外形

① 拉西环填料　拉西环填料是工业上应用最早的填料，其结构为外径与高度相等的圆环，可用陶瓷、塑料、金属等材质制造。拉西环填料的气液接触性能较差，传质效率不高，阻力较大，通量较小，目前工业上已很少应用。

② 鲍尔环填料　鲍尔环是由拉西环改进而来。其结构为在拉西环的侧壁上开出两排长方形的窗孔，被切开的环壁的一侧仍与壁面相连，另一侧向环内弯曲，形成内伸的舌叶，各舌叶的端边在环中心相搭。鲍尔环填料可用陶瓷、塑料、金属等材质制造。鲍尔环由于环壁开孔，

显著提高了环内空间及环内表面的利用率，气流阻力小，液体分布均匀。通量比拉西环增加 50%以上，传质效率提高 30%左右，是目前工业应用较广泛的填料之一。

③ 阶梯环填料　阶梯环是对鲍尔环的改进。阶梯环的高度比鲍尔环小一半，并在一端增加了锥形翻边。由于高度减小，气体绕流填料外壁的路径缩短，减少了气体通过填料层的阻力。锥形翻边使填料之间由线接触变为点接触，成为液体沿填料表面流动的汇集分散点，可以促进液体的混合和液膜的表面更新，有利于提高传质速率。阶梯环的综合性能优良，成为目前所使用的环形填料中最为优良的一种。

④ 弧鞍填料　弧鞍填料属鞍形填料的一种，形同马鞍，采用瓷质材料制成。弧鞍填料表面全部敞开，不分内外，液体在表面两侧均匀流动，表面利用率高，流道呈弧形，气流阻力小。其缺点是容易发生套叠，致使一部分填料表面重合，使传质效率降低。近年出现有一种网形弧鞍填料，传质效率很高。

⑤ 矩鞍填料　将弧鞍填料两端的弧形面改为矩形面，即成为矩鞍填料。矩鞍填料堆积时不会套叠，液体分布较为均匀。矩鞍填料一般采用瓷质材料制成，其性能优于拉西环。

⑥ 环矩鞍填料　环矩鞍填料是兼顾环形和鞍形结构特点而设计出的一种新型填料，该填料一般以金属材质制成，故又称为金属环矩鞍填料。环矩鞍填料将环形填料和鞍形填料的优点集于一身，综合性能优于鲍尔环和阶梯环，是工业应用最为普遍的一种金属散装填料。

⑦ 花环填料　花环填料是近年来开发出的具有各种独特构型的塑料填料的统称。花环填料的结构型式有多种，如泰勒花环填料、茵派克填料、海尔环填料等。花环填料具有通量大、压降低、耐腐蚀及抗冲击性能好等特点，填料间不会嵌套、壁流效应小及气液分布均匀。

⑧ 其他环状填料，如十字环填料、θ 环形填料、网环填料、压延孔环填料等，传质性能优良。

工业上常用散装填料的特性参数列于表 5-2 中，可供设计时参考。

表 5-2　常用散装填料特性数据

填料	公称直径 DN/mm	外径×高×厚 /mm	比表面积 $a/(m^2/m^3)$	空隙率 $\varepsilon/(m^3/m^3)$	个数 n/m^{-3}	堆积密度 ρ_p $/(kg/m^3)$	干填料因子 Φ/m^{-1}
金属拉西环	25	25×25×0.8	220	95	55000	640	257
	38	38×38×0.8	150	93	19000	570	186
	50	50×50×1.0	110	92	7000	430	141
金属鲍尔环	25	25×25×0.5	219	95	51940	393	255
	38	38×38×0.6	146	95.9	15180	318	165
	50	50×50×0.8	109	96	6500	314	124
	76	76×76×1.2	71	96.1	1830	308	80
塑料鲍尔环	25	25×25×1.2	213	90.7	48300	85	285
	38	38×38×1.44	151	91.0	15800	82	200
	50	50×50×1.5	100	91.7	6300	76	130
	76	76×76×2.6	72	92.0	1830	73	92
金属阶梯环	25	25×12.5×0.5	221	95.1	98120	382	257
	38	38×19×0.6	153	95.9	30040	325	173
	50	50×25×0.8	109	96.1	12340	308	123
	76	76×38×1.2	72	96.1	3540	306	81

续表

填料	公称直径 DN/mm	外径×高×厚 /mm	比表面积 $a/(m^2/m^3)$	空隙率 $\varepsilon/(m^3/m^3)$	个数 n/m^{-3}	堆积密度 ρ_p /(kg/m³)	干填料因子 Φ/m^{-1}
塑料阶梯环	25	25×12.5×1.4	228	90	81500	97.8	312
	38	38×19×1.0	132.5	91	27200	57.5	175
	50	50×25×1.5	114.2	92.7	10740	54.8	143
	76	76×38×3.0	90	92.9	3420	68.4	112
金属环矩鞍	25	25×20×0.6	185	96	101160	119	209
	38	38×30×0.8	112	96	24680	365	126
	50	50×40×1.0	74.9	96	10400	291	84
	76	76×60×1.2	57.6	97	3320	244.7	63

2）规整填料

规整填料是按一定几何图形排列、整齐堆砌而成的填料。规整填料种类很多，工业上应用的规整填料绝大部分为波纹填料，波纹填料按结构分为网波纹填料和板波纹填料两类，可用金属、塑料、陶瓷等材质制造。波纹与塔轴的倾角有 30°和 45°两种，倾角为 30°以代号 BX（或 X）表示，倾角为 45°，以代号 CY（或 Y）表示。

金属丝网波纹填料是网波纹填料的主要形式，是由金属丝网制成的，见图 5-2。其特点是压降低、传质效率高，特别适用于精密精馏及真空精馏装置，为难分离物系、热敏性物系的精馏提供了有效的手段。尽管造价高，但因性能优良，仍得到了广泛的应用。

金属孔板波纹填料是板波纹填料的主要形式，示于图 5-3。该填料的波纹板片上冲压有许多ϕ6mm 的小孔，可起到粗分配板片上的液体、加强横向混合的作用。波纹板片上轧成许多细小的沟纹，可起到细分配板片上的液体、增强表面润湿性能的作用。金属孔板波纹填料的特点是强度高、耐腐蚀性强，特别适用于大直径塔以及气液负荷较大的场合。

图 5-2 金属丝网波纹填料

图 5-3 金属孔板波纹填料

波纹填料的优点是结构紧凑，气体流动阻力小，传质效率高，处理能力大，比表面积大。缺点是不适于处理黏度大、易聚合或有悬浮物的液体，且装卸、清理困难，造价较高。工业上常用规整填料的性能参数列于表 5-3 中，供设计时参考。

（2）填料的选择

填料的选择包括确定填料的种类、规格、材质等。所选填料既要满足生产工艺的要求，又要使设备投资和操作费用较低。

1）填料种类的选择

填料种类的选择主要是考虑分离工艺的要求，通常考虑以下几个方面。

① 传质效率　传质效率有两种表示方法：第一种是以理论级表示，与每个理论级相当的填料层高度，即HETP值；第二种是以传质速率表示，与每个传质单元相当的填料层高度，即HTU值。在满足工艺要求的前提下，应选用传质效率高，即HETP（或HTU）值低的填料。对于常用的工业填料，其HETP（或HTU）值可从有关填料手册或文献中查到，也可通过一些经验公式估算。

② 通量　在相同的液体负荷下，若填料的泛点气速较高，或气相动能因子较大，则其通量较高，塔的处理能力亦较大。因此，在选择填料种类时，在保证具有较高传质效率的前提下，应选择具有较高泛点气速或较大气相动能因子的填料。对于大多数的常用填料，其泛点气速或气相动能因子可从有关手册或文献中查到，也可通过一些经验公式估算。

表5-3　常用规整填料特性数据

填料	型号	理论板数 $/m^{-1}$	比表面积 a $/(m^2/m^3)$	空隙率 ε $/(m^3/m^3)$	液体负荷 U $/[m^3/(h \cdot m^3)]$	动能因子 F_{max} $/\{m/[s \cdot (kg/m^3)^{0.5}]\}$	压降 $\Delta p/(MPa/m)$
金属孔板波纹填料	125Y	1～1.2	125	98.5	0.2～100	3	2.0×10^{-4}
	250Y	2～3	250	97	0.2～100	2.6	3.0×10^{-4}
	350Y	3.5～4	350	95	0.2～100	2.0	3.5×10^{-4}
	500Y	4～4.5	500	93	0.2～100	1.8	4.0×10^{-4}
	700Y	6～8	700	85	0.2～100	1.6	6.6×10^{-4}
	125X	0.8～0.9	125	98.5	0.2～100	3.5	1.3×10^{-4}
	250X	1.6～2	250	97	0.2～100	2.8	1.4×10^{-4}
	350X	2.3～2.8	350	95	0.2～100	2.2	1.8×10^{-4}
金属丝网波纹填料	BX	4～5	500	90	0.2～20	2.4	1.97×10^{-4}
	BY	4～5	500	90	0.2～20	2.4	1.99×10^{-4}
	CY	8～10	700	87	0.2～20	2.0	6.6×10^{-4}
塑料孔板波纹填料	125Y	1～2	125	98.5	0.2～100	3	2.0×10^{-4}
	250Y	2～2.5	250	97	0.2～100	2.6	3.0×10^{-4}
	350Y	3.5～4	350	95	0.2～100	2.0	3.0×10^{-4}
	500Y	4～4.5	500	93	0.2～100	1.8	3.0×10^{-4}
	125X	0.8～0.9	125	98.5	0.2～100	3.5	1.4×10^{-4}
	250X	1.5～2	250	97	0.2～100	2.8	1.8×10^{-4}
	350X	2.3～2.8	350	95	0.2～100	2.2	1.3×10^{-4}
	500X	2.8～3.2	500	93	0.2～100	2.0	1.8×10^{-4}

③ 填料层的压降　填料层的压降是填料的重要性能之一，较低的填料层压降，动力消耗较少，可节省操作费用。比较填料层的压降有两种方法：一是比较填料层单位高度的压降 $\Delta p/Z$；二是比较填料层单位传质效率的比压降 $\Delta p/N_T$。填料层压降可用经验公式计算，亦可从有关图表中查出。

④ 填料的操作性能　填料的操作性能主要指操作弹性、抗污堵性及抗热敏性等。所选填料应具有较大的操作弹性，当塔内气液负荷发生波动时能维持操作稳定。同时，还应具有一定

的抗污堵、抗热敏能力，以适应物料的变化及塔内温度的变化。

⑤ 其他　所选填料要便于安装、拆卸和检修。

2）填料规格的选择

散装填料与规整填料的规格表示方法不同，选择方法亦不相同，现分别加以介绍。

① 散装填料规格的选择　散装填料规格通常是指填料的公称直径。工业塔常用的散装填料的规格主要有 DN16、DN25、DN38、DN50、DN76 等几种。同类填料，尺寸越小，分离效率越高，但气体阻力增加，通量减小，填料费用也增加较多。大尺寸填料用于小直径塔，会导致液体分布不良，壁流加剧，使塔的分离效率降低。塔径与填料公称直径比值 D/d 的推荐值列于表 5-4。

表 5-4　塔径与填料公称直径的比值 D/d 的推荐值

填料种类	D/d 的推荐值	填料种类	D/d 的推荐值
拉西环	≥20～30	鞍环	≥15
鲍尔环	≥10～15	环矩鞍	＞8
阶梯环	＞8		

② 规整填料规格的选择　常用规整填料的规格型号，在工程上习惯用比表面积表示，主要有 $125m^2/m^3$、$150m^2/m^3$、$250m^2/m^3$、$350m^2/m^3$、$500m^2/m^3$、$700m^2/m^3$ 等几种规格，同种类型的规整填料，比表面积增大，传质效率提高，但气相阻力增加，通量减小，填料费用也明显增加。应从分离要求、通量要求、物料性质及设备投资、操作费用等方面综合考虑，使所选填料既能满足工艺要求，又具有经济合理性。

一座填料塔可以选用同种类型、不同规格的填料，也可选用不同类型、不同规格的填料；有的塔段可选用规整填料，另外的塔段可选用散装填料。设计者应根据技术与经济相统一的原则，灵活掌握，选择合适的填料类型和规格。

3）填料材质的选择

填料的材质分为金属、塑料和陶瓷三大类。

① 金属填料　金属填料可用多种材质制成，金属材质的选择主要根据物系的腐蚀性和金属材质的耐腐蚀性来综合考虑。不锈钢填料耐腐蚀性强，除 Cl^- 以外，一般能耐常见物系的腐蚀；钛材、特种合金钢等制成的填料造价极高，一般只用于某些腐蚀性极强的物系。

金属可制成壁厚为 0.2～1.0mm 的薄壁填料，与同种类型、同种规格的陶瓷、塑料填料相比，金属填料的通量大、气体阻力小，且具有很高的抗冲击性能，能在高温、高压、高冲击强度下使用，工业应用主要以金属填料为主。

② 塑料填料　塑料填料的材质主要包括聚丙烯（PP）、聚乙烯（PE）及聚氯乙烯（PVC）等，工业上多采用聚丙烯材质。塑料填料的耐腐蚀性能较好，可耐一般的无机酸、碱和有机溶剂的腐蚀。其耐温性能良好，可长期在 100℃以下使用。

塑料填料具有质轻、价廉、耐冲击、不易破碎等优点。塑料填料的缺点是表面润湿性能差，在某些特殊应用场合，需要对其表面进行处理，以提高表面润湿性能。

③ 陶瓷填料　陶瓷填料具有良好的耐腐蚀性及耐热性，除氢氟酸以外，一般能耐常见的各种无机酸、有机酸的腐蚀，对强碱介质，可以选用耐碱陶瓷填料。陶瓷填料易碎，不宜在高冲击强度下使用。陶瓷填料价格便宜，具有很好的表面润湿性能。

5.4　填料塔工艺尺寸设计

填料塔工艺尺寸的计算包括塔径的计算、填料层高度的计算及分段等。

5.4.1　塔径设计

填料塔直径由下式计算

$$D=\sqrt{\frac{4V_T}{\pi u}} \tag{5-1}$$

式中，D 为填料塔直径，m；V_T 为混合气体体积流量，m^3/s；u 为空塔气速，m/s。

由式（5-1）可见，计算塔径的核心问题是确定空塔气速。

（1）空塔气速的确定

1）泛点气速法

泛点气速是填料塔操作气速的上限，填料塔的操作空塔气速 u 必须小于泛点气速 u_F，操作空塔气速与泛点气速之比称为泛点率。

对于散装填料，泛点率的经验值为

$$\frac{u}{u_F}=0.5\sim0.85 \tag{5-2}$$

对于规整填料，泛点率的经验值为

$$\frac{u}{u_F}=0.6\sim0.95 \tag{5-3}$$

泛点率的选择主要考虑填料塔的操作压力和物系的发泡性两方面的因素。在设计中，对于加压操作的塔，应取较高的泛点率；对于减压操作的塔，则应取较低的泛点率；对易起泡沫的物系，泛点率应取低限值；而无泡沫的物系，可取较高的泛点率。

泛点气速可用经验方程式计算，亦可用关联图求取。

① 贝恩-霍根关联式　泛点气速用贝恩-霍根关联式计算

$$\lg\left[\left(\frac{u_F^2}{g}\right)\left(\frac{a_t}{\varepsilon^3}\right)\left(\frac{\rho_V}{\rho_L}\right)\mu_L^{0.2}\right]=A-K\left(\frac{w_L}{w_V}\right)^{1/4}\left(\frac{\rho_V}{\rho_L}\right)^{1/8} \tag{5-4}$$

式中，u_F 为泛点气速，m/s；g 为重力加速度，$9.81m/s^2$；a_t 为填料总比表面积，m^2/m^3；ε 为填料层空隙率，m^3/m^3；ρ_V、ρ_L 为气相、液相密度，kg/m^3；μ_L 为液相黏度，mPa·s；w_V、w_L 为气相、液相质量流量，kg/h；A、K 为关联常数。

常数 A、K 与填料的形状和材质有关，不同填料的 A、K 值列于表 5-5 中。由式（5-4）计算泛点气速，误差在 15%以内。

表 5-5 不同填料的 A、K 值

散装填料类型	A	K	规整填料类型	A	K
塑料鲍尔环	0.0942	1.75	金属丝网波纹填料	0.30	1.75
金属鲍尔环	0.1	1.75	塑料丝网波纹填料	0.420	1.75
塑料阶梯环	0.204	1.75	金属网孔波纹填料	0.155	1.75
金属阶梯环	0.106	1.75	金属孔板波纹填料	0.291	1.75
陶瓷矩鞍	0.176	1.75	塑料孔板波纹填料	0.291	1.563
金属环矩鞍	0.06225	1.75			

② 埃克特通用关联图　散装填料泛点气速可用埃克特通用关联图查取，埃克特通用关联图示于图 5-4。具体查法如下：先由气、液相的负荷和密度数据求出横坐标 $\dfrac{w_L}{w_V}\left(\dfrac{\rho_V}{\rho_L}\right)^{0.5}$，然后作垂直线与相应的泛点线相交，再通过交点作水平线与纵坐标相交，读出纵坐标 $\dfrac{u^2\Phi\Psi}{g}\left(\dfrac{\rho_V}{\rho_L}\right)\mu_L^{0.2}$ 的值，此时，对应的 u 即为泛点气速 u_F。

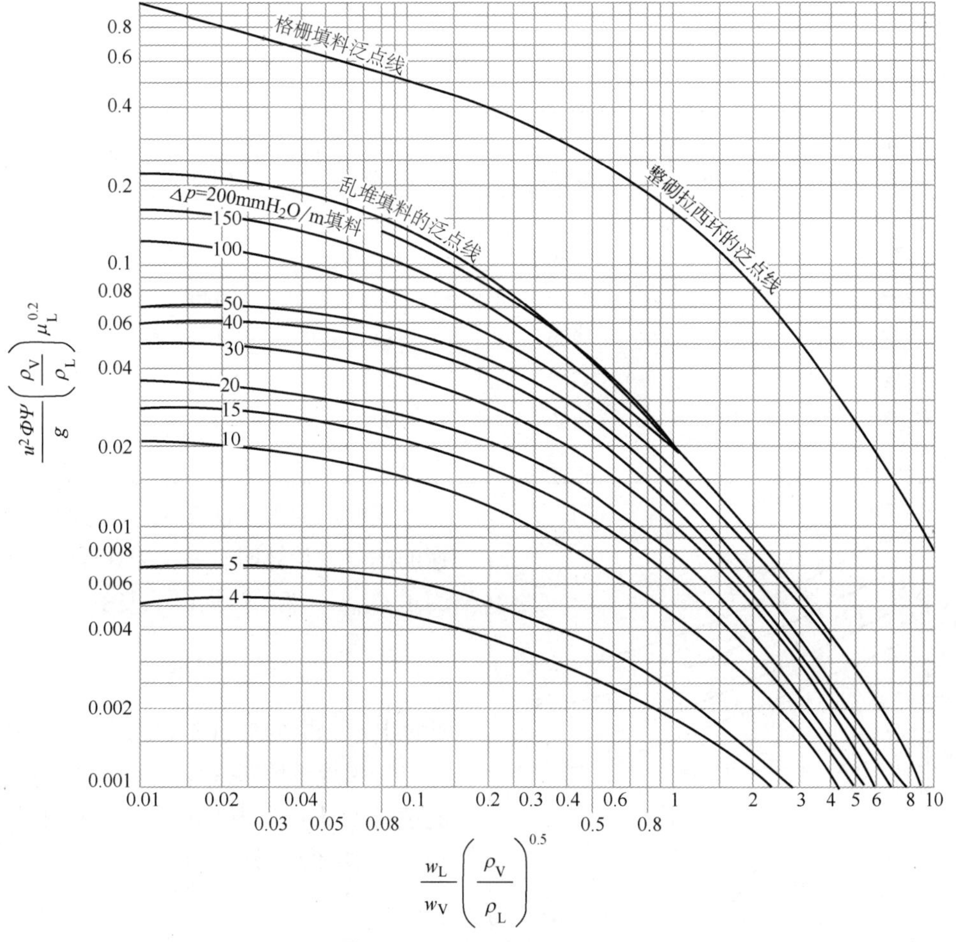

图 5-4 埃克特通用关联图

Φ —填料因子，m^{-1}；Ψ —液体密度校正系数，$\Psi=\rho_水/\rho_L$；$1mmH_2O=9.80665Pa$，下同

应予指出，采用埃克特通用关联图计算泛点气速时，所需的填料因子为液泛时的湿填料因子，称为泛点填料因子，以 Φ_F 表示，Φ_F 与液体喷淋密度有关，为了工程计算方便，常采用与液体喷淋密度无关的泛点填料因子平均值。表 5-6 列出了部分散装填料的泛点填料因子平均值。

2）气相动能因子法

气相动能因子简称 F 因子，其定义为

$$F = u\sqrt{\rho_V} \tag{5-5}$$

气相动能因子法多用于规整填料空塔气速的确定，计算时，首先从手册或图表中查得操作条件下的 F 因子，然后依据式（5-5）即可计算出空塔操作气速 u。

应予指出，采用气相动能因子法计算适宜的空塔气速，一般适用于低压操作（压力低于 0.2MPa）的场合。

3）气相负荷因子（C_s）法

气相负荷因子简称 C_s 因子，其定义为

$$C_s = u\sqrt{\frac{\rho_V}{\rho_L - \rho_V}} \tag{5-6}$$

表 5-6 散装填料泛点填料因子平均值

填料类型	填料因子/m^{-1}				
	DN16	DN25	DN38	DN50	DN76
金属鲍尔环	410	—	117	160	—
金属环矩鞍	—	170	150	135	120
金属阶梯环	—	—	160	140	—
塑料鲍尔环	550	280	184	140	92
塑料阶梯环	—	260	170	127	—
陶瓷矩鞍	1100	550	200	226	—
陶瓷拉西环	1300	832	600	410	—

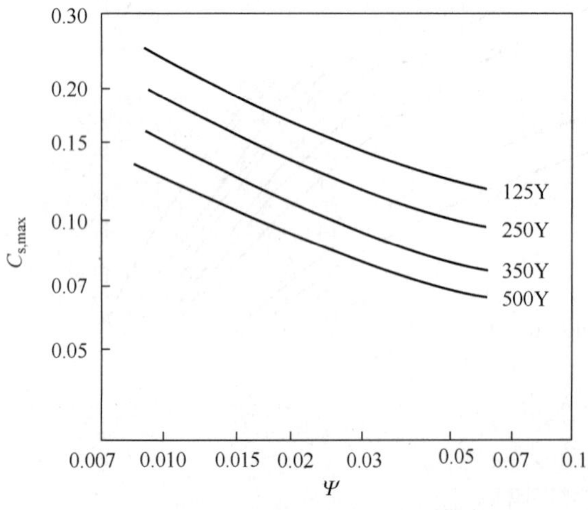

图 5-5 填料的最大气相负荷因子

气相负荷因子法多用于规整填料空塔气速的确定，计算时，首先求出最大气相负荷因子 $C_{s,max}$，然后依据以下关系

$$C_s = 0.8C_{s,max} \tag{5-7}$$

计算出 C_s，再依据式（5-6）求出空塔操作气速。

常用规整填料 $C_{s,max}$ 的计算可参阅有关的填料手册，亦可从图 5-5 所示的曲线图上查得。图中的横坐标称为流动参数，其定义为

$$\Psi = \frac{w_L}{w_V}\left(\frac{\rho_V}{\rho_L}\right)^{0.5} \tag{5-8}$$

图 5-5 所示曲线适用于板波纹填料，若以 250Y 型板波纹填料为基准，对于其他类型的波纹填料，需要乘以修正系数，其值参见表 5-7。

表 5-7 其他类型波纹填料的最大负荷修正系数

填料类型	型号	修正系数	填料类型	型号	修正系数
板波纹填料	250Y	1.0	丝网波纹填料	CY	0.65
丝网波纹填料	BX	1.0	陶瓷波纹填料	BX	0.8

（2）塔径的计算与圆整

根据上述方法求得空塔气速 u 后，即可按式（5-1）计算塔径 D。求得塔径后，还应按塔径系列标准进行圆整。常用的标准塔径为：400mm、500mm、600mm、700mm、800mm、1000mm、1200mm、1400mm、1600mm、2000mm、2200mm 等。圆整后，再核算实际的空塔操作气速 u 与泛点率。

（3）液体喷淋密度的验算

液体喷淋密度是指单位时间、单位塔截面积上液体的喷淋量，其计算式为

$$U=\frac{L_{\mathrm{h}}}{0.785D^2} \tag{5-9}$$

式中，U 为液体喷淋密度，$\mathrm{m^3/(m^2 \cdot h)}$；$L_{\mathrm{h}}$ 为液体喷淋量，$\mathrm{m^3/h}$；D 为填料塔直径，m。

为使填料能获得良好的润湿，塔内液体喷淋量不应低于某一极限值，此极限值称为最小喷淋密度，以 $U_{\min}$ 表示。

对于散装填料，其最小喷淋密度通常采用下式计算

$$U_{\min}=\left(L_{\mathrm{W}}\right)_{\min}a_{\mathrm{t}} \tag{5-10}$$

式中，$U_{\min}$ 为液体最小喷淋密度，$\mathrm{m^3/(m^2 \cdot h)}$；$\left(L_{\mathrm{W}}\right)_{\min}$ 为最小润湿速率，$\mathrm{m^3/(m \cdot h)}$；a_{t} 为填料总比表面积，$\mathrm{m^2/m^3}$。

最小润湿速率是指在塔截面上，单位长度的填料周边的最小液体体积流量，其值可采用一些经验值。对于直径不超过 75mm 的散装填料，可取最小润湿速率 $\left(L_{\mathrm{W}}\right)_{\min}=0.08\mathrm{m^3/(m \cdot h)}$；对于直径大于 75mm 的散装填料，可取 $\left(L_{\mathrm{W}}\right)_{\min}=0.12\mathrm{m^3/(m \cdot h)}$。对于规整填料，其最小喷淋密度通常取 $U_{\min}=0.2\mathrm{m^3/(m^2 \cdot h)}$。

实际的液体喷淋密度应大于最小喷淋密度，若液体喷淋密度小于最小喷淋密度，则需进行调整，重新计算塔径。

5.4.2 填料层高度设计及分段

（1）填料层高度计算

填料层高度的计算分为传质单元数法和等板高度法。通常，在吸收和解吸填料塔的设计中，多采用传质单元数法；在精馏填料塔的设计中，习惯上采用等板高度法。

1）传质单元数法

用传质单元数法计算填料层高度的基本公式是

$$Z = H_{\mathrm{OG}} N_{\mathrm{OG}} = H_{\mathrm{OL}} N_{\mathrm{OL}} \tag{5-11}$$

式中，H_{OG}为气相总传质单元高度，m；H_{OL}为液相总传质单元高度，m；N_{OG}为气相总传质单元数，无量纲；N_{OL}为液相总传质单元数，无量纲；Z为填料层高度，m。

① 总传质单元数　气相总传质单元数

$$N_{\mathrm{OG}} = \frac{1}{1-\frac{MV}{L}} \ln\left[\left(1-\frac{MV}{L}\right)\frac{Y_1 - MX_2}{Y_2 - MX_2} + \frac{MV}{L}\right] \tag{5-12}$$

液相总传质单元数

$$N_{\mathrm{OL}} = \frac{1}{1-\frac{L}{MV}} \ln\left[\left(1-\frac{L}{MV}\right)\frac{Y_1 - MX_2}{Y_1 - MX_1} + \frac{L}{MV}\right] \tag{5-13}$$

式中，V为惰性气体的摩尔流率，kmol/s；L为溶剂的摩尔流率，kmol/s；M为相平衡常数，无量纲；X_1、X_2为溶液在塔底、塔顶的比摩尔分数，无量纲；Y_1、Y_2为气体在塔底、塔顶的比摩尔分数，无量纲。

② 总传质单元高度　影响传质过程的因素十分复杂，不同的物系、不同的填料、不同的操作条件，传质系数各不相同。迄今为止，尚无通用的传质系数计算方法和计算公式。在工程设计中，多是选用一些特征数关联式或经验公式进行计算，其中，应用较普遍的是恩田公式

$$k_{\mathrm{G}} = \frac{C a_{\mathrm{t}} D_{\mathrm{V}}}{RT}\left(\frac{U_{\mathrm{V}}}{a_{\mathrm{t}}\mu_{\mathrm{V}}}\right)^{0.7}\left(\frac{\mu_{\mathrm{V}}}{\rho_{\mathrm{V}} D_{\mathrm{V}}}\right)^{1/3}\left(a_{\mathrm{t}} d_{\mathrm{p}}\right)^{-2.0} \tag{5-14}$$

$$k_{\mathrm{L}} = 0.051\left(\frac{U_{\mathrm{L}}}{a_{\mathrm{W}}\mu_{\mathrm{L}}}\right)^{2/3}\left(\frac{\mu_{\mathrm{L}}}{\rho_{\mathrm{L}} D_{\mathrm{L}}}\right)^{-1/2}\left(\frac{\mu_{\mathrm{L}} g}{\rho_{\mathrm{L}}}\right)^{1/3}\left(a_{\mathrm{t}} d_{\mathrm{p}}\right) \tag{5-15}$$

$$k_{\mathrm{G}} a = k_{\mathrm{G}} a_{\mathrm{W}} \tag{5-16}$$

$$k_{\mathrm{L}} a = k_{\mathrm{L}} a_{\mathrm{W}} \tag{5-17}$$

$$\frac{a_{\mathrm{W}}}{a_{\mathrm{t}}} = 1 - \exp\left[-1.45\left(\frac{\sigma_{\mathrm{c}}}{\sigma_{\mathrm{L}}}\right)^{0.75}\left(\frac{U_{\mathrm{L}}}{a_{\mathrm{t}}\mu_{\mathrm{L}}}\right)^{0.1}\left(\frac{U_{\mathrm{L}}^2 a_{\mathrm{t}}}{\rho_{\mathrm{L}}^2 g}\right)^{-0.05}\left(\frac{U_{\mathrm{L}}^2}{\rho_{\mathrm{L}}\sigma_{\mathrm{L}} a_{\mathrm{t}}}\right)^{0.2}\right] \tag{5-18}$$

式中，U_{V}、U_{L}为气体、液体的质量通量，kg/(m^2·s)；μ_{V}、μ_{L}为气体、液体的黏度，Pa·s；ρ_{V}、ρ_{L}为气体、液体的密度，kg/m^3；D_{V}、D_{L}为溶质在气体、液体中的扩散系数，m^2/s；k_{G}为气相分传质系数，kmol/(m^2·s·kPa)；k_{L}为液相分传质系数，kmol/[m^2·s·(kmol/m^3)]；R为通用气体常数，8.314kPa·m^3/(kmol·K)；T为热力学温度，K；C为常数，环状填料和弧鞍填料取C=5.23，若为球、棒改为2.00；g为重力加速度，g=9.81m/s^2；σ_{c}为填料材质的临界表面张力，N/m；σ_{L}为液体的表面张力，N/m；a_{W}为填料的润湿比表面积，m^2/m^3；a_{t}为填料的总比表面积，m^2/m^3。

常见填料材质的临界表面张力值见表5-8，常见填料的$a_{\mathrm{t}} d_{\mathrm{p}}$值见表5-9。

表 5-8 常见材质的临界表面张力值

材质	碳	瓷	玻璃	聚丙烯	聚氯乙烯	钢	石蜡
表面张力/(mN/m)	56	61	73	33	40	75	20

表 5-9 填料的 $a_t d_p$ 值

填料类型	球形	棒棍	拉西环	弧鞍	鲍尔环
$a_t d_p$	3.4	3.5	4.7	5.6	5.9

由恩田公式计算出 $k_G a$、$k_L a$ 后，按下式计算总体积传质系数 $K_G a$ 或 $K_L a$

$$\frac{1}{K_G a}=\frac{1}{k_G a}+\frac{1}{H k_L a} \tag{5-19}$$

$$\frac{1}{K_L a}=\frac{H}{k_G a}+\frac{1}{k_L a} \tag{5-20}$$

式中，H 为溶解度系数，kmol/(m^3·kPa)。

由

$$K_Y a = K_G a p \tag{5-21}$$

$$K_X a = K_L a c_m \tag{5-22}$$

式中，p 为系统总压力，kPa；c_m 为液相总摩尔浓度，kmol/m^3。

求取总传质单元高度

$$H_{OG}=\frac{V}{K_Y a \Omega} \tag{5-23}$$

$$H_{OL}=\frac{L}{K_X a \Omega} \tag{5-24}$$

式中，Ω 为塔横截面积，m^2。

应予指出，恩田公式只适用于 $u<0.5u_F$ 的情况，当 $u>0.5u_F$ 时，需按下式进行校正

$$k'_G a=\left[1+9.5\left(\frac{u}{u_F}-0.5\right)^{1.4}\right]k_G a \tag{5-25}$$

$$k'_L a=\left[1+2.6\left(\frac{u}{u_F}-0.5\right)^{2.2}\right]k_L a \tag{5-26}$$

2）等板高度法

采用等板高度法计算填料层高度的基本公式为

$$Z=\mathrm{HETP}\cdot N_T \tag{5-27}$$

① 理论板数　理论板数 N_T 的计算参见化工原理教材的蒸馏章。

② 等板高度　等板高度取决于众多因素，与填料的类型和尺寸、系统物性、操作条件及设

备尺寸有关。目前尚无准确可靠的方法计算填料的 HETP 值，一般的方法是通过实验测定，或从工业应用的实际经验中选取 HETP 值，某些填料在一定条件下的 HETP 值可从有关填料手册中查取。近年来人们通过大量数据回归得到了常压蒸馏时的 HETP 关联式（5-28），可供设计参考

$$\ln\left(\mathrm{HETP}\right)=h-1.292\ln\sigma_{\mathrm{L}}+1.47\ln\mu_{\mathrm{L}} \tag{5-28}$$

式中，HETP 为等板高度，mm；σ_L 为液体表面张力，N/m；μ_L 为液体黏度，mPa · s；h 为常数，其值见表 5-10。

式（5-28）考虑了液体黏度和表面张力的影响，其适用范围如下

$$1\times10^{-3}\,\mathrm{N/m}<\sigma_{\mathrm{L}}<36\times10^{-3}\,\mathrm{N/m}$$

$$0.08\times10^{-3}\,\mathrm{Pa\cdot s}<\mu_{\mathrm{L}}<0.83\times10^{-3}\,\mathrm{Pa\cdot s}$$

表 5-10 式（5-28）中的 h 值

填料类型	h	填料类型	h
DN25 金属环矩鞍填料	6.8505	DN50 金属鲍尔环	7.3781
DN40 金属环矩鞍填料	7.0382	DN25 瓷环矩鞍填料	6.8505
DN50 金属环矩鞍填料	7.2883	DN38 瓷环矩鞍填料	7.1079
DN25 金属鲍尔环	6.8505	DN50 瓷环矩鞍填料	7.4430
DN38 金属鲍尔环	7.0779		

采取上述方法计算出填料层高度后，还应留出一定的安全系数，根据设计经验，填料层的设计高度一般为

$$Z'=\left(1.2\sim1.5\right)Z \tag{5-29}$$

式中，Z' 为设计时的填料层高度，m；Z 为工艺计算得到的填料层高度，m。

（2）填料层的分段

液体沿填料层向下流动的过程中，有逐渐向塔壁方向汇集的趋势，形成壁流效应。壁流效应造成填料层气液分布不均匀，使传质效率降低。因此，当填料层较高时，应将填料层分成若干段，每两段填料层之间，应设置液体收集再分布装置。

① 散装填料层分段　对于散装填料，一般推荐的分段高度值见表 5-11，表中为分段高度与塔径之比，h_{max} 为允许的最大填料层高度。

表 5-11 散装填料分段高度推荐值

填料类型	h/D	h_{max}/m	填料类型	h/D	h_{max}/m
拉西环	2.5	≤4	阶梯环	8～15	≤6
矩鞍	5～8	≤6	环矩鞍	8～15	≤6
鲍尔环	5～10	≤6			

② 规整填料层分段　对于规整填料，填料层分段高度可按下式计算

$$h=\left(15\sim20\right)\mathrm{HETP} \tag{5-30}$$

式中，h 为规整填料分段高度，m；HETP 为规整填料的等板高度，m。

亦可按表 5-12 的推荐值确定规整填料的分段高度。

表 5-12 规整填料分段高度推荐值

规整填料	h_{max}/m	规整填料	h_{max}/m
250Y 板波纹填料	6.0	500（BX）丝网波纹填料	3.0
500Y 板波纹填料	5.0	700（CY）丝网波纹填料	1.5

5.5 填料层压降

填料层压降通常用单位高度填料层压降 $\Delta p/Z$ 表示。设计时，由埃克特通用关联图求得每米填料层的压降值，然后再乘以填料层高度，即得出整个填料层的总压降。

（1）散装填料的压降

散装填料的压降值由埃克特通用关联图 5-4 计算。先根据气液负荷及有关物性数据，求出横坐标 $\frac{w_L}{w_V}\left(\frac{\rho_V}{\rho_L}\right)^{0.5}$，再根据操作的空塔气速及有关物性数据，求出纵坐标 $\frac{u^2\Phi\Psi}{g}\left(\frac{\rho_V}{\rho_L}\right)\mu_L^{0.2}$，据此横、纵坐标值找出图中交点，过此交点的等压线数值，即得每米填料层的压降。

应予指出，由埃克特通用关联图计算压降时，填料因子 Φ 为操作状态下的湿填料因子，称为压降填料因子，以 Φ_p 表示。压降填料因子与液体的喷淋密度有关，工程上，常采用与液体喷淋密度无关的压降填料因子平均值，表 5-13 列出了部分散装填料的压降填料因子平均值，可供设计中参考。

（2）规整填料的压降

规整填料的压降通常关联成以下的形式

$$\frac{\Delta p}{Z}=\alpha\left(u\sqrt{\rho_V}\right)^{\beta} \tag{5-31}$$

式中，$\Delta p/Z$ 为每米填料层高度的压力降，Pa/m；u 为空塔气速，m/s；α、β 为关联式常数，可从有关填料手册中查取。

表 5-13 散装填料压降填料因子平均值

填料类型	填料因子/m^{-1}				
	DN16	DN25	DN38	DN50	DN76
金属鲍尔环	306	—	114	98	—
金属环矩鞍	—	138	93.4	71	36
金属阶梯环	—	—	118	82	—
塑料鲍尔环	343	232	114	125	62
塑料阶梯环	—	176	116	89	—
瓷矩鞍环	700	215	140	160	—
瓷拉西环	1050	576	450	288	—

5.6 填料塔内件的类型与设计

5.6.1 塔内件的类型

塔内件是填料塔的重要组成部分，一座完整的填料塔是由塔体、填料、塔内件共同构成的。塔内件的作用是使气液两相能够密切地接触，以保证填料塔的正常操作，发挥其最大的传质效能。

填料塔的内件主要有：液体分布装置、液体收集再分布装置、填料支撑装置、填料压紧装置等。合理地选择和设计塔内件，对填料塔的正常运行及优良传质性能的发挥十分重要。

（1）液体分布装置

前已述及，填料塔的气液接触方式为膜状接触，只有每个填料表面都分布液膜，气液才能充分接触，如果填料塔某些区域的填料是干的，这些区域就没有传质效果。液体分布装置的作用就是将液体均匀地分布到填料的表面上，使每一个填料都能发挥传质作用，液体分布装置设计合理与否是填料塔设计的重要方面。

液体分布装置的种类多样，有喷头式、盘式、管式、槽式及槽盘式等，工业上以槽式及管式液体分布装置的应用最为广泛。

槽式液体分布器示于图 5-6，是由分流槽（又称一级槽）、分布槽（又称二级槽）构成的。分流槽先将液体分配到各分布槽，再通过分布槽的底部孔道或侧壁缺口，将液体均匀分布于填料层上。槽式液体分布器具有较大的操作弹性和良好的抗污堵性，特别适合于气液负荷量大及含有固体悬浮物的液体分布，应用范围非常广泛。

管式液体分布器见图 5-7，它由不同结构型式的开孔管制成。特点是结构简单，供气体流过的自由截面大，阻力小。但小孔易堵塞，操作弹性较小。管式液体分布器多用在中等以下液体负荷的填料塔中。在减压精馏及丝网波纹填料塔中，由于液体负荷比较小，设计中通常用管式液体分布器。

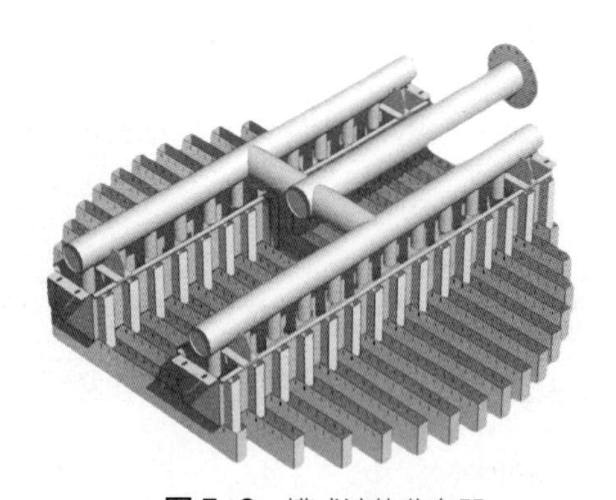

图 5-6 槽式液体分布器

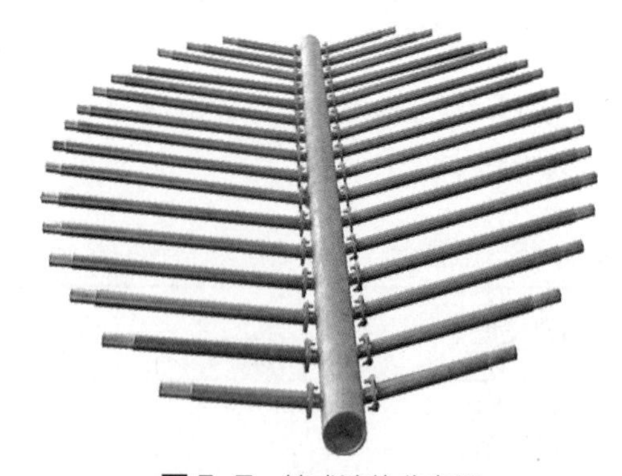

图 5-7 管式液体分布器

槽盘式液体分布器示于图 5-8，它由矩形升气管、三角形导液管、角形挡液风帽、盘板组成，分布器焊接在塔的内壁上，底部有圈、梁支撑。矩形升气管侧壁开有上下两排溢流孔，溢流孔在升气管内侧用角钢焊成三角形导液管，导液管于升气管下端伸出一定长度。

从上层填料落下的液体被盘板拦截，并经溢流孔进入导液管，在导液管的保护下穿过高气速区，进入下层填料。设置在升气管上方的角形挡液风帽旨在拦阻液体落入升气管内，避免液体分布不匀。

槽盘式液体分布器是近年来开发的新型液体分布器，兼有集液、分液和分气三种作用，结构紧凑. 液体分布均匀，气体阻力较小，适合于各种液体喷淋量，既可用作液体分布器，也可用作液体再分布器。

图 5-8　槽盘式液体分布器

（2）液体收集及再分布装置

液体沿填料层向下流动时，有偏向塔壁流动的趋势，称为壁流现象。壁流导致气体向中心区域集中，液体向边壁区域集中，使填料层内气液分布不均匀，传质效率下降。为减轻壁流造成的不利影响，可间隔一定高度在填料层内设置液体再分布装置。当填料层较高时，将其分为若干段，每段设置再分布装置。分段填料层的高度因填料种类而异，壁流倾向严重的填料，分段高度应小些。一般地，拉西环的分段高度为 1.5～4.5m，鲍尔环、鞍环为 3～6m，金属填料不超过 6～7m，塑料填料不应超过 3～4m，规整填料的分段高度可大于乱堆填料。

槽盘式液体分布器兼有集液、分液和分气的功能，是优良的液体收集及再分布装置，可优先选用。

（3）填料支撑装置

填料支撑装置的作用是支撑塔内的填料。工业上常用的填料支撑装置主要有波纹型（图 5-9）和栅板型（图 5-10）等。对于散装填料，通常选用波纹型支撑装置；对于规整填料，一般选用栅板型支撑装置。设计中，为防止在填料支撑装置处发生液泛，要求填料支撑装置的自由截面积应大于 75%。

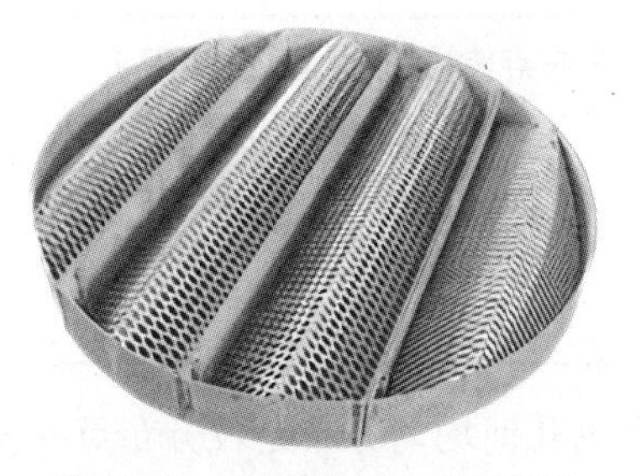

图 5-9　波纹型填料支撑装置

图 5-10　栅板型填料支撑装置

（4）填料压紧装置

在上升气流的作用下，填料床层容易松动或跳动，增加填料的磨损和破碎。需在填料层上方设置填料压紧装置，即填料压板，填料压板靠自身重量压紧填料，见图 5-11。填料压紧装置为压紧栅板。对于散装填料，根据填料的规格，在压紧栅板下方敷设一层金属丝网，并将其与压紧栅板固定；对于规整填料，为防止在压紧栅板处发生液泛，要求填料压紧装置的自由截面积应大于 70%。

图 5-11　填料压紧栅板

5.6.2 塔内件的设计

填料塔操作性能的好坏、传质效率的高低与塔内件的设计密切相关。其中，最关键的是液体分布器的设计，现对液体分布器的设计进行简要的介绍。

（1）液体分布器设计的基本要求

性能优良的液体分布器必须满足以下几点。

1）液体分布均匀

评价液体分布均匀的标准是：足够的分布点密度；分布点的几何均匀性；降液点间流量的均匀性。

① 分布点密度　液体分布器分布点密度与填料类型及规格、塔径大小、操作条件等密切相关，且各种文献的推荐值也相差较远，但大致规律是：塔径越大，分布点密度越小；液体喷淋密度越小，分布点密度越大。对于散装填料，填料尺寸越大，分布点密度越小；对于规整填料，比表面积越大，分布点密度越大。表 5-14、表 5-15 分别列出了散装填料塔和规整填料塔的分布点密度推荐值，可供设计时参考。

表 5-14　Eckert 的散装填料塔分布点密度推荐值

塔径/mm	分布点密度/（点/m^2 截面积）
D=400	330
D=750	170
D≥1200	42

表 5-15　苏尔寿公司规整填料塔分布点密度推荐值

填料类型	分布点密度/（点/m^2 截面积）
250Y 孔板波纹填料	≥100
500（BX）丝网波纹填料	≥200
700（CY）丝网波纹填料	≥300

② 分布点的几何均匀性　分布点在塔截面上的几何均匀分布是较分布点密度更为重要的问题。设计中，一般需通过反复计算和绘图排列，进行比较，选择较佳方案。分布点的排列可采用正方形、正三角形等不同方式。

③ 降液点间流量的均匀性　各分布点的流量应尽量均匀一致，这不仅需要分布器设计合理，而且需要精心制作和正确安装。性能优良的液体分布器，各分布点的流量与平均流量的偏差小于 6%。

2）操作弹性大

液体分布器的操作弹性是指液体的最大负荷与最小负荷之比。工业上一般要求液体分布器的操作弹性为 2~4，但对于液体负荷变化很大的工艺过程，有时要求操作弹性达到 10，此时的分布器必须进行专门设计。

3）自由截面积大

液体分布器的自由截面积是指气体通道占塔截面积的比值。根据设计经验，性能优良的液体分布器的自由截面积为 50%～70%，一般不应小于 35%。

4）其他

液体分布器应结构紧凑、占用空间小、制造容易、调整和维修方便。

（2）液体分布器布液能力

液体分布器布液能力的计算，按其布液作用原理和结构特性的不同，选用不同的公式计算。

1）重力型液体分布器布液能力

重力型液体分布器有多孔型和溢流型两种型式，工业上以多孔型为主，其布液的推动力来自开孔上方的液位高度。多孔型分布器布液能力的计算公式为

$$L = \frac{\pi}{4} d_0^2 n\varphi \sqrt{2g\Delta H} \tag{5-32}$$

式中，L 为液体流量，m^3/s；n 为开孔数目；φ 为孔流系数，通常取 φ=0.55～0.6；d_0 为孔径，m；ΔH 为开孔上方的液位高度，m。

2）压力型液体分布器布液能力

压力型液体分布器的布液工作推动力为压力差，其布液能力计算公式为

$$L = \frac{\pi}{4} d_0^2 n\varphi \sqrt{\frac{2\Delta p}{\rho_L}} \tag{5-33}$$

式中，φ 为孔流系数，通常取 φ=0.55～0.6；Δp 为分布器的工作压差，Pa。

在式（5-32）和式（5-33）中，液体流量 L 为已知，给定开孔上方的液位高度 ΔH（或压差 Δp），可设定孔数 n，计算孔径 d_0；亦可设定孔径 d_0，计算孔数 n。

5.7 填料塔工艺设计示例

【设计题目】

硝酸磷肥是含有氮、磷的二元高效复合肥，它是由硝酸分解磷矿石并与氨进行中和而制得。硝酸磷肥生产过程中产生大量的含氨湿废尾气，造成环境污染。拟采用填料吸收塔对硝酸磷肥尾气进行吸收处理，回收氨源，净化空气。某厂生产系统排出常压、70℃的硝酸磷肥尾气 $8.0\times10^4 m^3/h$，其中含氨 $10000mg/m^3$，用清水作为吸收剂，清水进吸收塔的温度为 30℃，要求净化气中氨的含量不高于 $100mg/m^3$，试为此过程设计一座填料吸收塔。

硝酸磷肥生产流程简图见图 5-12，磷矿粉在酸解槽中用硝酸进行分解，分解液中杂质硝酸钙通过冷冻结晶、过滤去除，得到的磷酸料液在中和反应器中通氨反应，产物料浆经过蒸发浓缩、造粒干燥，得到粒状硝酸磷肥产品。由于中和反应器温度较高，造成氨气挥发和溢出，形成含氨湿废尾气，其中含有一定量的水蒸气，测得露点温度为 40℃。

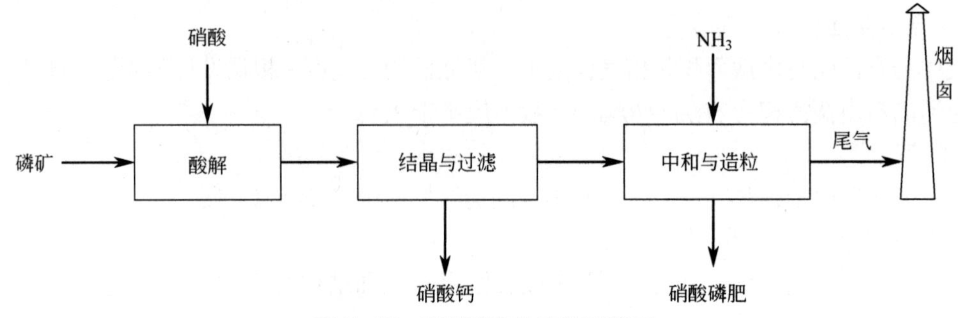

图 5-12 硝酸磷肥生产流程简图

【设计计算】

1. 方案确定

氨易溶于水，故可选择在常压下进行吸收操作，由于尾气中氨浓度不高，可视为低浓度恒温吸收过程。填料可选用塑料散装填料，在塑料散装填料中，塑料阶梯环的综合性能较好，故选用 50mm×25mm×1.5mm 聚丙烯阶梯环填料。

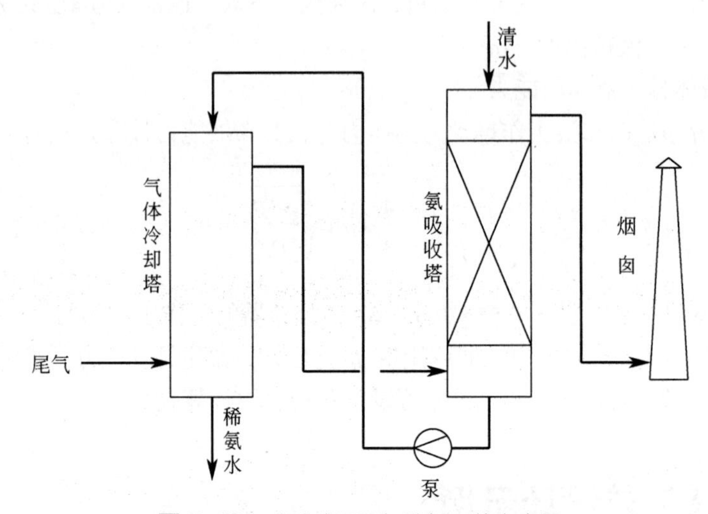

图 5-13 硝酸磷肥尾气除氨工艺方案图

拟定的硝酸磷肥尾气除氨工艺方案简图见图 5-13，由于含氨尾气温度较高，脱氨操作前先进行冷却处理，设置冷却塔，尾气进入冷却塔冷却至 30℃，同时，除去部分水汽，然后送填料吸收塔脱氨，净化气由烟囱排空。清水自填料塔顶部引入，塔底排出的稀氨水送冷却塔，与尾气逆流接触，对气体进行冷却。吸收产生的稀氨水用作工厂燃煤锅炉烟气脱除二氧化硫的脱硫剂，并制备硫酸铵肥料。尾气冷却塔的物热衡算同学们可自行完成之。

2. 基础数据

（1）液相物性数据

对于低浓度吸收，溶液的物性数据可近似按纯水处理，30℃纯水物性参数如下：

密度：ρ_L=995.7kg/m^3；

黏度：μ_L=0.0008Pa・s；

表面张力：σ_L=0.0712N/m；

氨在水中的扩散系数：$D_L=1.82\times10^{-9}m^2/s$。

（2）气相物性数据

气体的物性数据近似按空气处理，30℃空气物性参数如下：

密度：$\rho_V=1.165kg/m^3$；

黏度：$\mu_V=1.86\times10^{-5}Pa\cdot s$；

空气的摩尔质量：M_V=28.84kg/kmol；

氨在空气中的扩散系数：$D_V=1.98\times10^{-5}m^2/s$。

（3）相平衡数据

查得30℃下氨-水的相平衡数据如表5-16所示，表中x为摩尔分数。由表中数据可拟合得到氨在30℃下的溶解度常数

$$H=0.423kmol/(m^3\cdot kPa)$$

进而求取氨在水中的亨利系数

$$E=\frac{c}{Hx}=\frac{c_m x}{Hx}=\frac{c_m}{H}=\frac{\rho_L}{HM}=\frac{995.7}{0.423\times18}=130.77kPa$$

表5-16 温度为30℃的氨-水相平衡数据

x/%	0.0125	0.0166	0.0207	0.0258	0.0308	0.0406	0.0502
p/kPa	1.53	2.04	2.57	3.25	3.95	5.35	6.8

氨-水体系的相平衡常数

$$m=\frac{E}{p}=\frac{130.77}{101.3}=1.291$$

$$M=\frac{m}{1+(1-m)X}\approx m$$

本例中采用$Y\approx mX$作近似计算，设计结果的误差小于0.5%，可以满足工程计算精度要求。

3．用水量计算

以比摩尔分数表示的塔底、塔顶气相组成

$$Y_1=\frac{10000\times10^{-6}/17}{1.165/28.84}=0.01456\text{，}\quad Y_2=\frac{100\times10^{-6}/17}{1.165/28.84}=0.00015$$

以摩尔分数表示的塔底、塔顶气相组成

$$y_1=\frac{Y_1}{1+Y_1}=0.01435\text{，}\quad y_2=\frac{Y_2}{1+Y_2}=0.00015$$

氨吸收率
$$\eta=1-\frac{Y_2}{Y_1}=1-\frac{0.00015}{0.01456}=0.99$$

混合气体体积流率 $$V_{\mathrm{T}}=\frac{80000}{3600}=22.22\mathrm{m}^3/\mathrm{s}$$

惰性气体摩尔流率

$$V=22.22\times\frac{273}{273+30}\times\frac{1}{22.4}\times(1-0.01435)=0.881\mathrm{kmol/s}$$

最小液气比

$$\left(\frac{L}{V}\right)_{\min}=\frac{Y_1-Y_2}{X_{1\max}-X_2}=\frac{Y_1-Y_2}{Y_1/M-X_2}=\frac{0.01456-0.00015}{0.01456/1.291-0}=1.278$$

取实际液气比为最小液气比的 2 倍，则

$$\frac{L}{V}=2.0\left(\frac{L}{V}\right)_{\min}=2.0\times1.278=2.556$$

水用量 $$L=2.556\times0.881=2.252\mathrm{kmol/s}$$

塔底吸收液组成

$$X_1=X_2+\frac{Y_1-Y_2}{L/V}=0+\frac{0.01456-0.00015}{2.556}=0.00564$$

4．塔径

混合气体的质量流量

$$w_{\mathrm{V}}=V_{\mathrm{V}}\rho_{\mathrm{V}}=22.22\times1.165=25.89\mathrm{kg/s}$$

吸收剂的质量流量 $$w_{\mathrm{L}}=2.252\times18=40.536\mathrm{kg/s}$$

用贝恩-霍根关联式计算泛点气速

$$\lg\left(\frac{u_{\mathrm{F}}^2}{g}\frac{a_{\mathrm{t}}}{\varepsilon^3}\frac{\rho_{\mathrm{V}}}{\rho_{\mathrm{L}}}\mu_{\mathrm{L}}^{0.2}\right)=A-K\left(\frac{w_{\mathrm{L}}}{w_{\mathrm{V}}}\right)^{1/4}\left(\frac{\rho_{\mathrm{V}}}{\rho_{\mathrm{L}}}\right)^{1/8}$$

塑料阶梯环填料，查表 5-5 得，A=0.204，K=1.75。对于 50mm×25mm×1.5mm 塑料阶梯环。查表 5-2 得，a_{t}=114.2m^2/m^3，ε=0.927。取 30℃下水的黏度 μ_{L}=0.8mPa·s，则

$$\lg\left(\frac{u_{\mathrm{F}}^2}{9.81}\times\frac{114.2}{0.927^3}\times\frac{1.165}{995.7}\times0.8^{0.2}\right)=0.204-1.75\times\left(\frac{40.536}{25.89}\right)^{1/4}\times\left(\frac{1.165}{995.7}\right)^{1/8}$$

解得泛点气速 $u_{\mathrm{F}}=3.752\mathrm{m/s}$。取操作气速 $u=0.65u_{\mathrm{F}}=0.65\times3.752=2.439\mathrm{m/s}$。

塔径 $$D=\sqrt{\frac{V_{\mathrm{T}}}{0.785u}}=\sqrt{\frac{22.22}{0.785\times2.439}}=3.407\mathrm{m}$$

圆整塔径，D=3.4m，塔径圆整后的气速

$$u=\frac{V_{\mathrm{T}}}{0.785D^2}=\frac{22.22}{0.785\times3.4^2}=2.449\mathrm{m/s}$$

校核泛点率 $$\frac{u}{u_{\mathrm{F}}}=\frac{2.449}{3.752}=0.653$$

在允许范围内。

填料规格校核 $$\frac{D}{d}=\frac{3.4}{0.05}=68>10$$

符合要求。

取填料最小润湿速率

$$(L_{\mathrm{W}})_{\min}=0.08\mathrm{m^3/(m\cdot h)}$$

液体最小喷淋密度

$$U_{\min}=(L_{\mathrm{W}})_{\min}a_{\mathrm{t}}=0.08\times114.2=9.136\mathrm{m^3/(m^2\cdot h)}$$

实际的液体喷淋密度

$$U=\frac{3600w_{\mathrm{L}}/\rho_{\mathrm{L}}}{0.785D^2}=\frac{3600\times40.536/995.7}{0.785\times3.4^2}=16.15\mathrm{m^3/(m^2\cdot h)}$$

$U>U_{\min}$，喷淋密度合理。

5．填料层高度

以清水为吸收剂时，$Y_2^*=0$

$$\frac{Y_1-Y_2^*}{Y_2-Y_2^*}=\frac{Y_1}{Y_2}=\frac{1}{1-\eta}$$

$$N_{\mathrm{OG}}=\frac{1}{1-\frac{MV}{L}}\ln\left[\left(1-\frac{MV}{L}\right)\frac{1}{1-\eta}+\frac{MV}{L}\right]$$

$$N_{\mathrm{OG}}=\frac{1}{1-\frac{1.291\times0.881}{2.252}}\times\ln\left[\left(1-\frac{1.291\times0.881}{2.252}\right)\times\frac{1}{1-0.99}+\frac{1.291\times0.881}{2.252}\right]=7.90$$

气、液两相的质量流速分别为

$$U_{\mathrm{V}}=\frac{w_{\mathrm{V}}}{0.785D^2}=\frac{25.89}{0.785\times3.4^2}=2.853\mathrm{kg/(m^2\cdot s)}$$

$$U_{\mathrm{L}}=\frac{w_{\mathrm{L}}}{0.785D^2}=\frac{40.536}{0.785\times3.4^2}=4.467\mathrm{kg/(m^2\cdot s)}$$

由恩田关联式，可得填料润湿面积

$$\frac{a_W}{a_t}=1-\exp\left[-1.45\left(\frac{\sigma_c}{\sigma_L}\right)^{0.75}\left(\frac{U_L}{\mu_L a_t}\right)^{0.1}\left(\frac{U_L^2 a_t}{\rho_L^2 g}\right)^{-0.05}\left(\frac{U_L^2}{\rho_L\sigma_L a_t}\right)^{0.2}\right]$$

查表 5-8 得聚丙烯塑料的临界表面张力为 $\sigma_c=0.033\text{N/m}$，则

$$\frac{a_W}{a_t}=1-\exp\left[-1.45\times\left(\frac{0.033}{0.0712}\right)^{0.75}\times\left(\frac{4.467}{0.0008\times114.2}\right)^{0.1}\times\left(\frac{4.467^2\times114.2}{995.7^2\times9.81}\right)^{-0.05}\times\left(\frac{4.467^2}{995.7\times0.0712\times114.2}\right)^{0.2}\right]$$

$$=0.416$$

即 $$a_W=0.416\times114.2=47.45\text{m}^2/\text{m}^3$$

气相分传质系数

$$k_G=\frac{Ca_t D_V}{RT}\left(\frac{U_V}{\mu_V a_t}\right)^{0.7}\left(\frac{\mu_V}{\rho_V D_V}\right)^{1/3}\left(a_t d_p\right)^{-2.0}$$

查表 5-9 得环状填料的 $a_t d_p$=4.7，则

$$k_G=\frac{5.23\times114.2\times1.98\times10^{-5}}{8.314\times303}\times\left(\frac{2.853}{1.86\times10^{-5}\times114.2}\right)^{0.7}\times\left(\frac{1.86\times10^{-5}}{1.165\times1.98\times10^{-5}}\right)^{1/3}\times\left(4.7\right)^{-2.0}$$

$$=2.074\times10^{-5}\text{kmol/(m}^2\cdot\text{s}\cdot\text{kPa)}$$

液相分传质系数

$$k_L=0.051\left(\frac{U_L}{a_W\mu_L}\right)^{2/3}\left(\frac{\mu_L}{\rho_L D_L}\right)^{-1/2}\left(\frac{\mu_L g}{\rho_L}\right)^{1/3}\left(a_t d_p\right)$$

$$k_L=0.051\times\left(\frac{4.467}{47.45\times0.0008}\right)^{2/3}\times\left(\frac{0.0008}{995.7\times1.82\times10^{-9}}\right)^{-1/2}\times\left(\frac{0.0008\times9.81}{995.7}\right)^{1/3}\times4.7$$

$$=6.02\times10^{-3}\text{kmol/[m}^2\cdot\text{s}\cdot\text{(kmol/m}^3\text{)]}$$

气液相体积分传质系数

$$k_G a=k_G a_W=2.074\times10^{-5}\times47.45=0.00098\text{kmol/(m}^3\cdot\text{s}\cdot\text{kPa)}$$

$$k_L a=k_L a_W=0.00602\times47.45=0.286\text{kmol/[m}^3\cdot\text{s}\cdot\text{(kmol/m}^3\text{)]}=0.286\text{s}^{-1}$$

$$k_G'a = k_Ga\left[1+9.5\left(\frac{u}{u_F}-0.5\right)^{1.4}\right] = 0.00098\times\left[1+9.5\times(0.653-0.5)^{1.4}\right] = 0.00166\text{kmol/(m}^3\cdot\text{s}\cdot\text{kPa)}$$

$$k_L'a = k_La\left[1+2.6\left(\frac{u}{u_F}-0.5\right)^{2.2}\right] = 0.286\times\left[1+2.6\times(0.653-0.5)^{2.2}\right] = 0.298\text{s}^{-1}$$

气相总传质系数为

$$K_Ga = \frac{1}{\dfrac{1}{k_G'a}+\dfrac{1}{Hk_L'a}} = \frac{1}{\dfrac{1}{0.00166}+\dfrac{1}{0.423\times0.298}} = 0.00164\text{kmol/(m}^3\cdot\text{s}\cdot\text{kPa)}$$

换算为 $K_Ya = pK_Ga = 101.3\times0.00164 = 0.166\text{kmol/(m}^3\cdot\text{s)}$

气相总传质单元高度

$$H_{OG} = \frac{V}{K_Ya\Omega} = \frac{0.881}{0.166\times0.785\times3.4^2} = 0.586\text{m}$$

填料层高度为 $Z = H_{OG}N_{OG} = 0.586\times7.90 = 4.63\text{m}$

根据式（5-29），取安全系数为 1.35，实际的填料层高度为

$$Z = 1.35\times4.63=6.25\text{m}\approx6.4\text{m}$$

对于阶梯环填料，填料层分段高度与塔径之比 $h/D=8\sim15$，取 $h=8D$，$h=8\times3.4=27.2\text{m}$，但 $h_{max}\leqslant6\text{m}$，故可分为 2 段，每段高度 h=3.2m。

6．填料层压降

采用 Eckert 通用关联图计算填料层压降，横坐标值为

$$\frac{w_L}{w_V}\left(\frac{\rho_V}{\rho_L}\right)^{1/2} = \frac{40.536}{25.89}\times\left(\frac{1.165}{995.7}\right)^{1/2} = 0.054$$

查表 5-13 得阶梯环压降填料因子 Φ=89m^{-1}，液体密度校正系数 Ψ=1.0，则纵坐标值为

$$\frac{u^2\Phi\Psi}{g}\frac{\rho_V}{\rho_L}\mu_L^{0.2} = \frac{2.449^2\times89\times1.0}{9.81}\times\frac{1.165}{995.7}\times0.8^{0.2} = 0.06088$$

查图 5-4 得，$\Delta p/Z$=46mmH$_2$O/m，填料层总压降为

$$\Delta p=46\times6=276\text{mmH}_2\text{O}=2708\text{Pa}$$

7．液体分布器设计

① 液体分布器选型　本示例的液相负荷较大，可选用溢流槽式液体分布器。

② 分布点密度计算　由于塔径较大，根据 Eckert 的推荐值，喷淋点密度可取为 42 点/m^2，布液点数

$$n = 0.785D^2 \times 42 = 0.785 \times 3.4^2 \times 42 = 381\text{点}$$

溢流槽式液体分布器二级槽布液点示意于图 5-14。

③ 孔径计算　取孔流系数 φ=0.6，开孔上方液位高度 ΔH=0.16m，溢流槽液体分布器孔径为

$$d_0 = \left(\frac{4w_L}{\rho_L \pi n \varphi \sqrt{g\Delta H}}\right)^{1/2} = \left(\frac{4 \times 40.536}{995.7 \times 3.14 \times 381 \times 0.6 \times \sqrt{2 \times 9.81 \times 0.16}}\right)^{1/2} = 0.0113\text{m} = 11.3\text{mm}$$

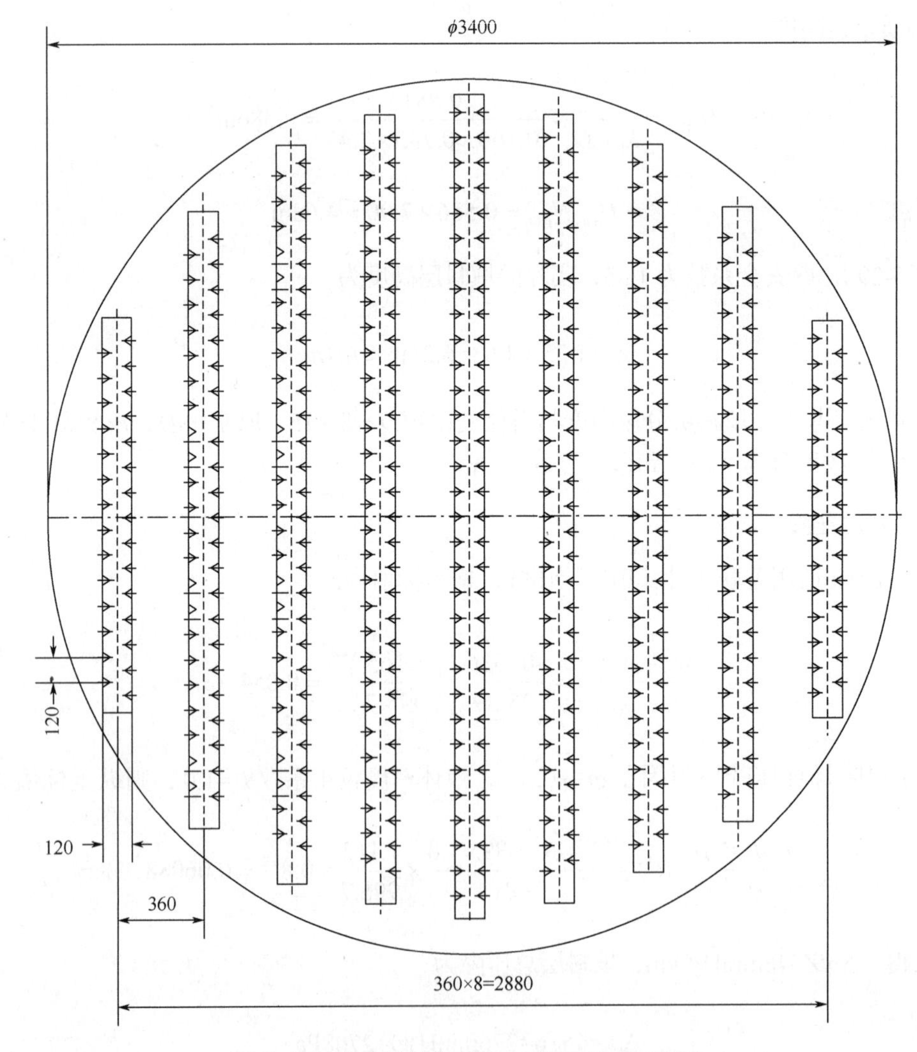

图 5-14　槽式液体分布器二级槽布液点示意图

8．填料塔其他主要内件选型

① 液体再分布器　选用槽盘式液体再分布器。

② 填料支撑装置　选用波纹型填料支撑装置。

③ 填料压板　选用填料压紧栅板。

9．设计结果一览表

硝酸磷肥尾气除氨填料吸收塔设计结果见表 5-17。

表 5-17　填料吸收塔设计结果

序号	项目	数值	序号	项目	数值
1	操作温度/℃	30	16	空塔气速/(m/s)	2.449
2	操作压力/kPa	101.3	17	喷淋密度/[m^3/(m^2·h)]	16.15
3	液相密度/(kg/m^3)	995.7	18	气相总传质高度/m	0.586
4	液相黏度/mPa·s	0.8	19	气相总传质单元数	7.9
5	氨在水中的扩散系数/(m^2/s)	1.82×10^{-9}	20	填料层高度/m	4.63
6	气相密度/(kg/m^3)	1.165	21	填料层实际高度/m	6.4
7	气相黏度/mPa·s	0.0186	22	填料层安全系数	1.35
8	氨在空气中的扩散系数/(m^2/s)	1.98×10^{-5}	23	填料层段数	2
9	溶解度常数/[kmol/(m^3·kPa)]	0.423	24	填料层压降/kPa	2.708
10	气体入塔流量/(m^3/h)	80000	25	填料规格	阶梯环
11	液体入塔流量/(t/h)	146	26	填料材质	塑料
12	尾气氨含量/(mg/m^3)	10000	27	填料尺寸/mm	50×25×1.5
13	净化气氨含量/(mg/m^3)	100	28	液体分布器型式	溢流槽
14	氨吸收率/%	99	29	液体分布器点数	381
15	塔径/mm	3400	30	液体分布器孔径/mm	11.3

5.8　硝酸磷肥尾气除氨系统工艺流程图和设备工艺条件图

硝酸磷肥尾气除氨工艺流程图示于图 5-15，填料吸收塔工艺条件图见图 5-16。

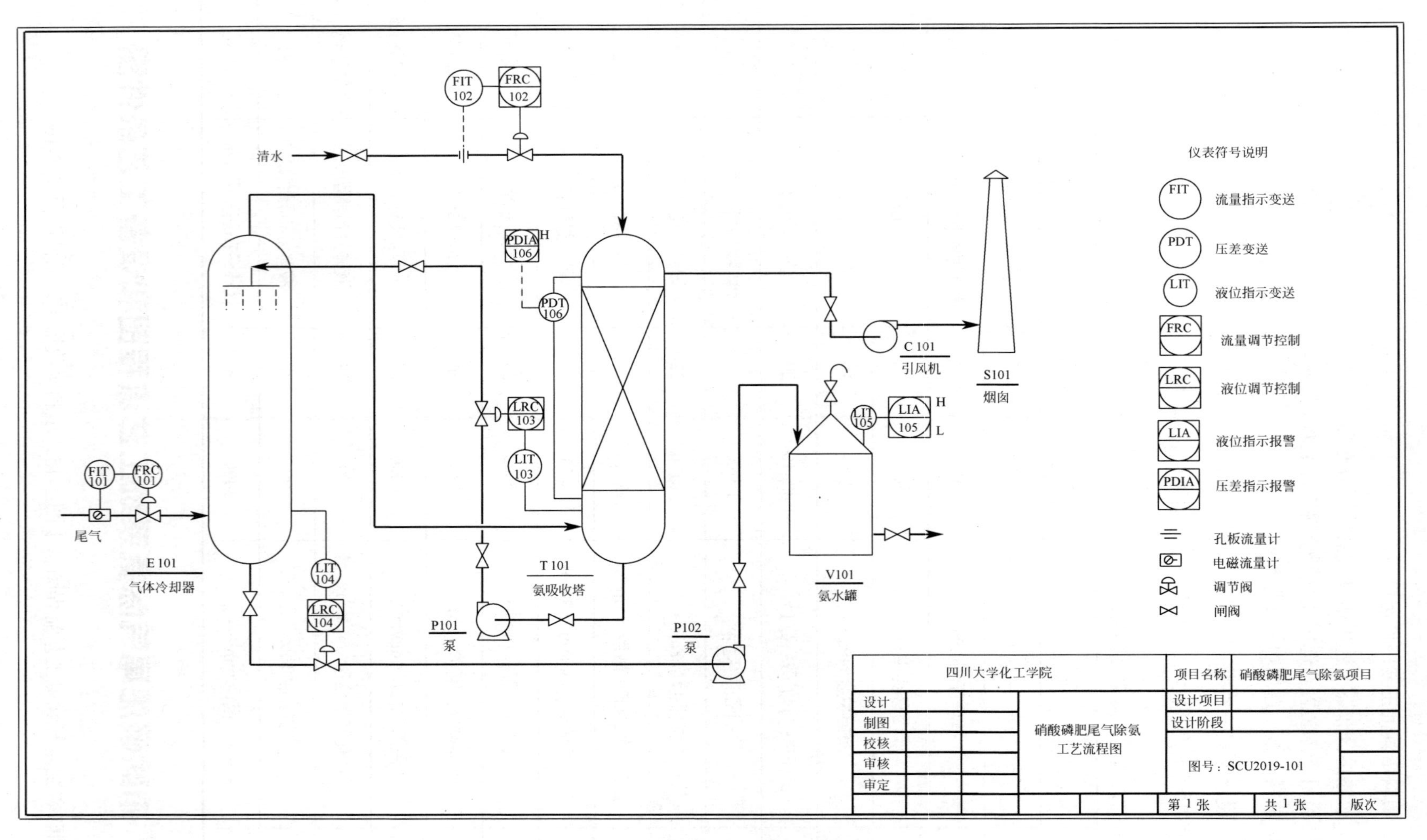

图 5-15 硝酸磷肥尾气除氨工艺流程图

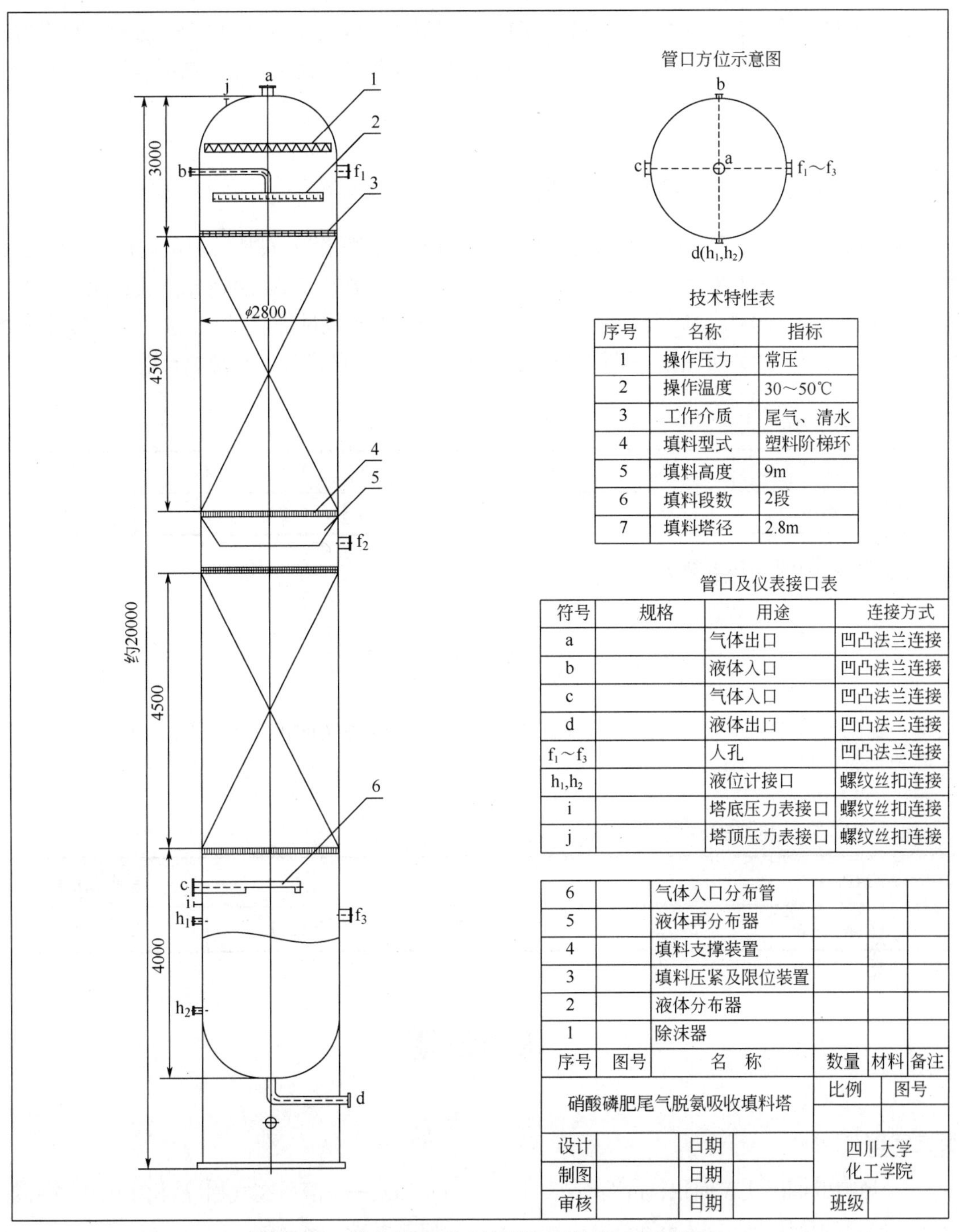

图 5-16　硝酸磷肥尾气除氨填料吸收塔工艺条件图

附：填料吸收塔设计任务两则

设计任务一　二氧化硫填料吸收塔设计

工厂热风炉产生的烟道气在换热后，经进一步冷却至 30℃进入填料塔中，用 20℃的清水

洗涤除去其中的 SO_2，入塔烟气流量为 $5000m^3/h$，其中 SO_2 的含量为 $10000mg/m^3$，要求脱硫后的气体中 SO_2 含量不高于 $200mg/m^3$，吸收塔为常压操作。试对本案填料吸收脱硫塔进行工艺设计。

设计任务二　二氧化碳填料吸收塔

某合成氨生产厂，采用水洗法脱除变换气中的 CO_2，水洗塔为填料塔，填料规格为 DN38mm 塑料鲍尔环，变换气流量为 $3500m^3/h$，组成示于表 5-18，操作压力为 2.0MPa，吸收温度为 30℃。要求 CO_2 回收率为 95%，由于清水用量很大，可视为等温吸收过程。已知 CO_2 在水中扩散系数为 $1.96\times10^{-9}m^2/s$，CO_2 在气体中扩散系数为 $1.22\times10^{-6}m^2/s$。试设计该水洗填料塔。

表 5-18　变换气组成

组分	CO_2	H_2	N_2	CO	合计
体积分数/%	18.5	57.7	21.3	2.5	100

CO_2 在水中的亨利系数为

$$\ln\left(\frac{E}{E_0}\right)=A\left(1-\frac{T_0}{T}\right)+B\ln\frac{T}{T_0}+C\left(\frac{T}{T_0}-1\right)$$

式中，E_0 为温度 T_0=298K 时的亨利系数，MPa；E 为温度为 T 时的亨利系数，MPa；A、B、C 为亨利常数，见表 5-19。

表 5-19　二氧化碳在水中的亨利常数值

E_0/MPa	A	B	C	温度范围/K
165.8	29.32	−21.67	0.3257	273～353

符号说明

英文字母

a_W——填料的润湿比表面积，m^2/m^3；

a_t——填料的总比表面积，m^2/m^3；

c——摩尔浓度，$kmol/m^3$；

c_m——总摩尔浓度，$kmol/m^3$；

C_s——气相负荷因子，m/s；

C——常数，无量纲；

d_0——孔径，m；

D——填料塔直径，m；

D_V、D_L——溶质在气相、液相中的扩散系数，m^2/s；

ΔH——开孔上方的液位高度，m；

E——亨利系数，Pa；

F——气相动能因子，$kg^{1/2}/(s\cdot m^{1/2})$；

g——重力加速度，$9.81m/s^2$；

H——溶解度系数，$kmol/(m^3\cdot kPa)$；

H_{OG}——气相总传质单元高度，m；

H_{OL}——液相总传质单元高度，m；
HETP——等板高度，mm；
h——规整填料分段高度，m；
L——溶剂的摩尔流率，kmol/s；
L——液体体积流量，m^3/s；
L_h——液体喷淋量，m^3/h；
$(L_W)_{min}$——最小润湿速率，$m^3/(m \cdot h)$；
k_G——气相分传质系数，$kmol/(m^2 \cdot s \cdot kPa)$；
k_L——液相分传质系数，$kmol/[m^2 \cdot s \cdot (kmol/m^3)]$；
m——相平衡常数，无量纲；
M——相平衡常数，无量纲；
N_{OG}——气相总传质单元数，无量纲；
N_{OL}——液相总传质单元数，无量纲；
n——开孔数目；
Δp——分布器的工作压差，Pa；
$\Delta p / Z$——每米填料层高度的压力降，Pa/m；
p——系统总压力，kPa；
R——通用气体常数，$8.314kPa \cdot m^3/(kmol \cdot K)$；
T——热力学温度，K；
u——空塔气速，m/s；
u_F——泛点气速，m/s；
U——液体喷淋密度，$m^3/(m^2 \cdot h)$；
U_{min}——液体最小喷淋密度，$m^3/(m^2 \cdot h)$；
U_V、U_L——气体、液体的质量通量，$kg/(m^2 \cdot s)$；
V——惰性气体的摩尔流率，kmol/s；
V_T——混合气体体积流量，m^3/s；
w_V、w_L——气体、液体质量流量，kg/h；
X_1、X_2——溶液在塔底、塔顶的比摩尔分数，无量纲；
Y_1、Y_2——气体在塔底、塔顶的比摩尔分数，无量纲；
Z——填料层高度，m。

希腊字母

ε——填料层空隙率，m^3/m^3；
φ——孔流系数，无量纲；
η——吸收率，%；
μ_V、μ_L——气体、液体的黏度，$Pa \cdot s$；
μ_L——液相黏度，$mPa \cdot s$；
ρ_V、ρ_L——气体、液体的密度，kg/m^3；
σ_c——填料材质的临界表面张力，N/m；
σ_L——液体的表面张力，N/m；
Φ——填料因子，m^{-1}；
Ω——塔横截面积，m^2；
Ψ——液体密度校正系数，无量纲。

下标

max——最大；
min——最小；
L——液相；
V——气相。

参考文献

[1]《化工原理设计导论》编写组. 化工原理设计导论. 成都：成都科技大学出版社，1994.
[2] 柴诚敬. 化工原理课程设计. 天津：天津科学技术出版社，1994.
[3] 王瑶，张晓冬. 化工单元过程及设备课程设计. 3版. 北京：化学工业出版社，2013.
[4] 刘乃鸿. 工业塔新型规整填料应用手册. 天津：天津大学出版社，1993.
[5] 徐崇嗣. 塔填料产品及技术手册. 北京：化学工业出版社，1995.
[6] 兰州石油机械研究所. 现代塔器技术. 2版. 北京：中国石化出版社，2005.
[7] Strigle R F. Random Packings and Packed Tower Design and Applications. Houston：Gulf Publishing Company，1987.
[8] 涂晋林，吴志泉. 化学工业中的吸收操作：气体吸收工艺与工程. 上海：华东理工大学出版社，1994.

第6章 干燥器设计

6.1 气流干燥器设计

6.1.1 气流干燥器工艺简介

6.1.1.1 气流干燥器工作原理

气流干燥器工作原理及流程可由图6-1予以说明，将粉粒状湿物料加入到向上的热气流中，物料受热风输送而向上运动，气固两相在向上的并流运动过程中，发生传热与传质，固体所含的湿分被汽化，物料得以干燥。这样的过程称为气流干燥，也称为闪急干燥或快速干燥。气流干燥管为一直立的空管，气体由送风机吹入预热器进行加热，热风自下而上流经干燥管，湿物料由加料器加入干燥管的下部，受热气流的作用，作向上的加速运动，当气固两相的速度差等于固体的自由沉降速度时，固体进入等速运动阶段。固体物料与热气流接触后，吸收气体的热量，首先使自身预热；当物料的温度达到湿球温度后，开始恒速干燥阶段；物料湿含量降低到临界湿含量时，干燥过程转入降速干燥阶段。气流输送固体物料至干燥管顶部时，干燥过程完成。此时，干燥后的粉粒状产品分散悬浮在气流中，采用气固分离装置收集固体产品，废气由引风机抽出排空。系统配备两台风机，前送后抽，气流干燥器处于微负压状态。

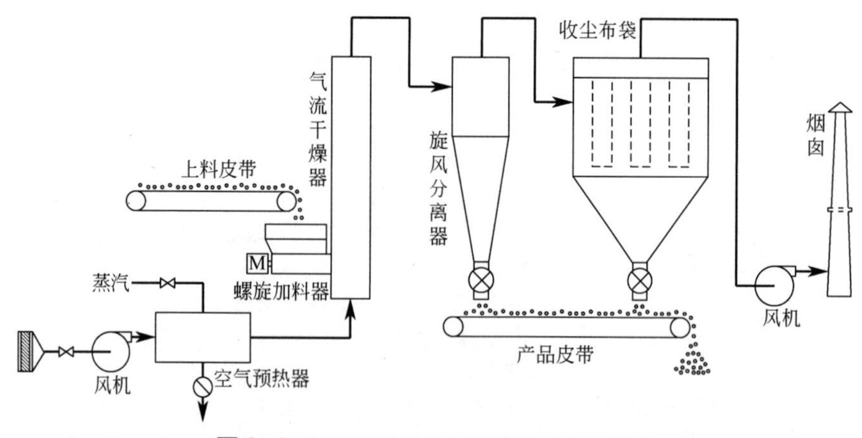

图6-1 气流干燥器工作原理及工艺方案图

6.1.1.2 气流干燥器工作特性

气流干燥器中气固两相同向流动，为并流干燥过程，干燥初期，高温气体和湿物料接触，传热传质推动力大，干燥速度快，有利于迅速除掉非结合水分；干燥后期，物料和低温气体接触，传热较慢，避免烧坏物料。气流干燥方式符合粉粒状物料干燥的基本规律，具有以下的显著特性：

① 干燥极为迅速，干燥时间很短，物料在气流干燥管中的停留时间仅 1s 左右，几乎是在瞬间即可将物料干燥。

② 物料受干燥管高速热气流的冲击呈充分分散状态，物料颗粒的全部表面积几乎都是有效的干燥面积，加之在颗粒加速运动段的气固两相间的相对速度较大，气流干燥管的体积传热系数较大。通常情况下，气流干燥管平均体积传热系数 ha 约为 2300～7000W/(m^3·℃)，干燥强度高。由于物料颗粒呈一粒粒分散，且物料粒径细小，其临界湿含量大为降低，绝大部分水分的汽化发生在恒速干燥段，能够以最大的干燥速率将物料干燥。

③ 固体物料与热风呈并流操作，且气固接触时间很短，可以使用高温气体作为干燥介质，以增大传热温差和提高传热效率。由于恒速干燥段物料温度为湿球温度，而在降速干燥段，固体温度虽有所提高，但气体的温度已经显著降低，不至于烧坏物料，操作安全。因此，气流干燥特别适合于热敏性物料的干燥。

④ 气流干燥器结构简单，只是一根管子，造价低，易于维修，占地面积小，干燥管的体积虽小，却具有很大的生产能力，能够实现小设备大生产。此外，气流干燥器便于实现自动化控制。

任何事物都是一分为二的，气流干燥器也有缺点，主要是：①由于气固接触时间很短，不适于干燥结合水分；②气流干燥管的气流阻力较大，动力消耗较高；③物料的破碎粉化现象比较严重，气固分离和产品收集任务重，一般需要旋风分离器和袋滤器两级串联收尘，进一步增加了干燥介质的流动阻力和风机的电耗。

6.1.1.3 气流干燥器流程

气流干燥器有不同的流程，主要体现在空气预热器类型，以及是否配备物料分散器。

（1）间接换热空气预热器

间接换热空气预热器采用水蒸气作为加热热源，换热管为螺旋翅片管，即在换热管外密集缠绕螺旋翅片以增大管外的传热面积，水蒸气在管内冷凝，放出潜热将流经管外的空气加热。这类空气预热器一般采用压力为 0.2～1.0MPa 的饱和水蒸气，可将空气加热到 120～180℃左右。

（2）热风炉

热风炉是产生热风的装置，分为两种：一种是直接产生烟道气的燃烧炉，另一种是间接换热热风炉。燃烧炉通常是以煤气、天然气、柴油为燃料，燃烧产生清洁的烟道气，直接用作干燥介质，燃烧炉产生的烟道气温度较高，可掺入适量冷空气降温后使用，通常使用的温度范围在 300～400℃左右。燃料燃烧产生水，所以使用烟道气作干燥介质，要防止在干燥后期气体中水汽凝结使物料返潮，造成生产事故。

间接换热热风炉以煤为燃料，煤燃烧产生含大量烟尘的烟道气，不能直接用作干燥介质，而是通过间接换热器，以气-气换热的方式，将空气加热用作干燥介质。气-气换热器通常采用 U 形列管换热器，这种热风炉可将空气加热至 200～300℃。

（3）直接加料流程

直接加料流程适合于散粒状物料，或物料虽为团块状，但受热气流冲击可以分散的物料。

干燥后的产品通过旋风分离器收集绝大部分，气体中夹带的少量细微粉尘采用袋滤器进行捕集，废气由引风机抽出排空。某些特殊情况下，还有采用文丘里洗涤器将废气洗涤后，再行放空。

（4）带分散器的加料流程

物料因含有较多水分而黏结成块，仅靠热气流冲击不能分散的情况下，可以采用一种简易的分散器，将团块状物料打散，以改善气固接触。分散器为一组旋转叶片，由电机驱动，装配在物料入口附近，以强化干燥过程。此外，还有将干产品返料的气流干燥流程，即将旋风分离器排出部分干燥产品返料至加料器，与湿料混合，以减轻物料结块，增强其分散性。

6.1.2 气流干燥器设计方法

6.1.2.1 颗粒物料在干燥管中的运动特性

将一粒球形颗粒置于干燥管内快速上升的气流中，颗粒受气体曳力的作用而向上运动，设气流速度为 u_g，颗粒速度为 u_m，则气体与颗粒间的速度差即相对速度 $u_r=u_g-u_m$。颗粒刚加入干燥管时，其上升速度 $u_m=0$，之后，颗粒被气流所加速，u_m 不断增加，而相对速度 u_r 不断降低，直到 u_r 等于颗粒的终端速度时，颗粒不再被加速而作等速运动，即颗粒在干燥管中的运动可分为初始的“加速运动段”和随后的“等速运动段”。

针对干燥管上升气流中的一粒球形颗粒作受力分析，可得

$$\frac{\pi}{6}d_p^3\rho_m\frac{du_m}{d\tau}=\zeta\frac{\pi}{4}d_p^2\rho_g\frac{u_r^2}{2}-\frac{\pi}{6}d_p^3\left(\rho_m-\rho_g\right)g \tag{6-1}$$

式中，d_p 为颗粒粒径，m；ρ_m、ρ_g 为固体和气体的密度，kg/m^3；g 为重力加速度，m/s^2；τ 为时间，s；ζ 为阻力系数，无量纲。

由于 $\rho_g \ll \rho_m$，则

$$\frac{du_m}{d\tau}=\frac{3}{4}\frac{\zeta\rho_g}{d_p\rho_m}u_r^2-g \tag{6-2}$$

此式为球形颗粒在加速运动段的基本方程式。

等速运动段，$\frac{du_m}{d\tau}=0$，又 $u_r=u_t$，由式（6-2）可得球形颗粒的终端速度为

$$u_t=\sqrt{\frac{4d_p\rho_m g}{3\zeta\rho_g}} \tag{6-3}$$

式（6-3）中阻力系数 ζ 是以相对速度 u_r 为基准的雷诺数 Re_r 的函数，其值由实验测定。大多数气流干燥条件下，$Re_r=1\sim1000$，阻力系数 ζ 可用下式表示

$$\zeta=\frac{18.5}{Re_r^{0.6}}=\frac{18.5}{\left(\dfrac{d_p u_r\rho_g}{\mu_g}\right)^{0.6}} \tag{6-4}$$

6.1.2.2 干燥管中颗粒物料的有效传热面积

在加速运动段，沿干燥管自下而上，随着颗粒运动速度的增加，气流中颗粒的密集程度下降，单位体积气体中颗粒的比表面积减少。对于呈分散状态的球形颗粒物料，如果忽略粒径和密度在干燥过程中的变化，则单位体积干燥管中颗粒物料的比表面积，即气、固两相的传热面积为

$$a=\frac{G_{\mathrm{c}}\left(\pi d_{\mathrm{p}}^{2}\right)}{\left(\frac{\pi}{6}d_{\mathrm{p}}^{3}\rho_{\mathrm{m}}\right)\left(\frac{\pi}{4}D^{2}\right)u_{\mathrm{m}}}=\frac{6G_{\mathrm{c}}}{d_{\mathrm{p}}\rho_{\mathrm{m}}\left(\frac{\pi}{4}D^{2}\right)u_{\mathrm{m}}} \tag{6-5}$$

式中，a 为干燥管中物料的比表面积，$\mathrm{m^2/m^3}$；D 为干燥管直径，m；G_{c} 为绝干物料流率，kg/s。

令

$$A_{\mathrm{a}}=\frac{6G_{\mathrm{c}}}{d_{\mathrm{p}}\rho_{\mathrm{m}}\left(\frac{\pi}{4}D^{2}\right)} \tag{6-6}$$

式（6-5）可写为

$$a=\frac{A_{\mathrm{a}}}{u_{\mathrm{m}}} \tag{6-7}$$

式（6-7）只有当物料呈一粒粒分散时才能适用。物料在干燥管中分散有一个过程，在加速段起点 $u_{\mathrm{m}}=0$，物料还没有分散开，式（6-7）没有意义。通常，将式（6-7）用于孔隙率 $\varepsilon\geqslant 0.99$ 的情况，认为从 $\varepsilon=0.99$ 开始，物料呈单粒分散，对应的物料比表面积为

$$a=\frac{(1-\varepsilon)\pi d_{\mathrm{p}}^{2}}{\frac{\pi}{6}d_{\mathrm{p}}^{3}}=(1-\varepsilon)\frac{6}{d_{\mathrm{p}}}=(1-0.99)\frac{6}{d_{\mathrm{p}}}=\frac{0.06}{d_{\mathrm{p}}} \tag{6-8}$$

即

$$a=\frac{0.06}{d_{\mathrm{p}}}=\frac{A_{\mathrm{a}}}{u_{\mathrm{m1}}} \tag{6-9}$$

于是

$$u_{\mathrm{m1}}=\frac{A_{\mathrm{a}}d_{\mathrm{p}}}{0.06} \tag{6-10}$$

加速段起点颗粒运动速度不取为零，而取 u_{m1}，由此产生的干燥管管长的计算误差很小，可以忽略不计。

6.1.2.3 干燥管对流给热系数关联式

在干燥管的等速运动段，颗粒速度较高，气体中所含的颗粒数相对稀疏，颗粒与气体间的给热可以近似按照单一颗粒与气体间的给热来考虑，对于空气-水系统，采用 Ranz 和 Marshall 公式计算给热系数

$$Nu=2+0.54Re_{\mathrm{r}}^{0.5} \tag{6-11}$$

在加速运动段，气流中颗粒较为密集，特别是在加料点附近，颗粒很密集，颗粒运动受到临近其他颗粒的干扰，给热系数较等速运动段大得多。加速段起点即进料处的给热系数

$$Nu_1 = 0.76 Re_{r1}^{0.65} \quad (30 < Re_{r1} < 400) \tag{6-12}$$

$$Nu_1 = 0.95 \times 10^{-4} Re_{r1}^{2.15} \quad (400 < Re_{r1} < 1300) \tag{6-13}$$

在加速段起点，给热系数用式（6-12）或式（6-13）计算；在加速段终点，给热系数按式（6-11）计算，而在整个加速区段，给热系数用下式进行关联

$$Nu = A_n Re_r^{\,n} \tag{6-14}$$

式中，常数 A_n 和 n 由加速段起点和终点的数据拟合而得

$$n = \frac{\ln\left(Nu_1 / Nu_t\right)}{\ln\left(Re_{r1} / Re_{rt}\right)} \tag{6-15}$$

$$A_n = \frac{Nu_1}{Re_{r1}} \tag{6-16}$$

将式（6-14）改写为

$$\frac{hd_p}{k_g} = A_n \left(\frac{d_p u_r \rho_g}{\mu_g}\right)^n \tag{6-17}$$

令
$$A_h = A_n \frac{k_g}{d_p}\left(\frac{d_p \rho_g}{\mu_g}\right)^n \tag{6-18}$$

即式（6-17）化为
$$h = A_h u_r^n \tag{6-19}$$

6.1.2.4 干燥管长度的分段计算法

将式（6-4）和式（6-5）代入式（6-2）得

$$\frac{du_m}{d\tau} = 13.875 \frac{\rho_g^{0.4} \mu_g^{0.6}}{d_p^{1.6} \rho_m} u_r^{1.4} - g \tag{6-20}$$

令
$$A_J = 13.875 \frac{\rho_g^{0.4} \mu_g^{0.6}}{d_p^{1.6} \rho_m} \tag{6-21}$$

及
$$J = \frac{du_m}{d\tau} \tag{6-22}$$

则式（6-20）化为
$$J = A_J u_r^{1.4} - g \tag{6-23}$$

在等速运动段，颗粒的加速度 $J = 0$，由式（6-23）可得颗粒的终端速度

$$u_t = \left(\frac{g}{A_J}\right)^{\frac{1}{1.4}} \tag{6-24}$$

干燥管长度的分段计算法，是将干燥管分段来计算管长，加速区分为若干小段（其中第一小段为预热段），等速区为一个小段，对于每个小段，以下标 i 表示本小段起点，$i+1$ 表示本小段终点，示于图 6-2。

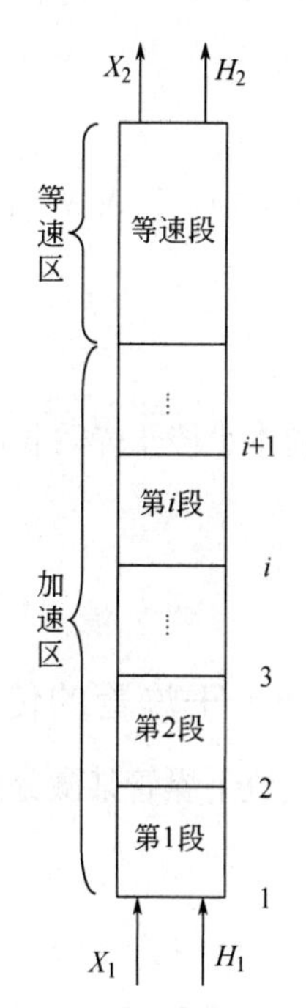

图6-2 气流干燥管分段示意图

根据式（6-23），可得

$$J_i = A_J u_{ri}^{1.4} - g \tag{6-25}$$

$$J_{i+1} = A_J u_{ri+1}^{1.4} - g \tag{6-26}$$

该小段加速度的数学平均值以 J_m 表示，即

$$J_m = \frac{\int_{u_{ri+1}}^{u_{ri}} \left(A_J u_r^{1.4} - g\right) du_r}{u_{ri} - u_{ri+1}} = \frac{A_J}{2.4}\left(\frac{u_{ri}^{2.4} - u_{ri+1}^{2.4}}{u_{ri} - u_{ri+1}}\right) - g \tag{6-27}$$

在加速区的每个小段，气速可近似视为不变，$du_r = d\left(u_g - u_m\right) = -du_m$，即 $du_m = -du_r$，则由式（6-22）得

$$d\tau = \frac{du_m}{J} = -\frac{du_r}{J} \tag{6-28}$$

即

$$\Delta\tau = -\int_{u_{ri}}^{u_{ri+1}} \frac{du_r}{J} \tag{6-29}$$

为便于式（6-29）积分，将式（6-23）所示的加速度近似用线性关系表示

$$J = m u_r + b \tag{6-30}$$

这实际上是将加速度曲线近似用割线表示，近似表达应满足的条件为

$$u_{ri+1} \geqslant \frac{u_{ri}}{2} \tag{6-31}$$

就是说，只要本小段终点相对速度不小于起点相对速度的一半，近似表达所产生的误差在工程计算允许范围内。

式（6-30）的斜率 m 和截距 b 分别为

$$m = \frac{J_i - J_{i+1}}{u_{ri} - u_{ri+1}} = A_J \frac{u_{ri}^{1.4} - u_{ri+1}^{1.4}}{u_{ri} - u_{ri+1}} \tag{6-32}$$

$$b = J_m - m\frac{u_{ri} + u_{ri+1}}{2} \tag{6-33}$$

将式（6-30）代入式（6-29）中积分得本小段干燥时间

$$\Delta\tau = -\int_{u_{ri}}^{u_{ri+1}} \frac{du_r}{m u_r + b} = \frac{1}{m}\ln\frac{m u_{ri} + b}{m u_{ri+1} + b} \tag{6-34}$$

由于 $$\mathrm{d}L = u_\mathrm{m}\mathrm{d}\tau = -u_\mathrm{m}\frac{\mathrm{d}u_\mathrm{r}}{J} = \left(u_\mathrm{r} - u_\mathrm{g}\right)\frac{\mathrm{d}u_\mathrm{r}}{J} \tag{6-35}$$

将式（6-30）代入式（6-35）中

$$\Delta L = \int_{u_{ri}}^{u_{ri+1}}\left(u_\mathrm{r} - u_\mathrm{g}\right)\frac{\mathrm{d}u_\mathrm{r}}{mu_\mathrm{r} + b} \tag{6-36}$$

积分得本小段干燥管长度

$$\Delta L = \left(\frac{b}{m^2} + \frac{u_\mathrm{g}}{m}\right)\ln\frac{mu_{ri} + b}{mu_{\mathrm{r}i+1} + b} - \frac{u_{\mathrm{r}i} - u_{\mathrm{r}i+1}}{m} \tag{6-37}$$

6.1.2.5 干燥管的传热速率

气流干燥管某微分段内气固两相间的传热速率可按下式计算

$$\mathrm{d}q = ha\left(\frac{\pi}{4}D^2\right)\Delta t_\mathrm{m}\mathrm{d}L \tag{6-38}$$

式中，ha 为给热系数和比表面积的乘积，称为体积给热系数，W/(m^3·℃)；Δt_m 为平均传热温差，℃。

将式（6-7）、式（6-19）、式（6-23）和式（6-35）代入式（6-38）得

$$\mathrm{d}q = \left(A_\mathrm{h}u_\mathrm{r}^n\right)\left(\frac{A_\mathrm{a}}{u_\mathrm{m}}\right)\left(\frac{\pi}{4}D^2\right)\Delta t_\mathrm{m}\left(-u_\mathrm{m}\frac{\mathrm{d}u_\mathrm{r}}{A_\mathrm{J}u_\mathrm{r}^{1.4} - g}\right) = -A_\mathrm{h}A_\mathrm{a}\left(\frac{\pi}{4}D^2\right)\Delta t_\mathrm{m}\frac{u_\mathrm{r}^n\mathrm{d}u_\mathrm{r}}{A_\mathrm{J}u_\mathrm{r}^{1.4} - g} \tag{6-39}$$

积分得 $$\Delta q = -A_\mathrm{h}A_\mathrm{a}\left(\frac{\pi}{4}D^2\right)\Delta t_\mathrm{m}\int_{u_{ri}}^{u_{ri+1}}\frac{u_\mathrm{r}^n\mathrm{d}u_\mathrm{r}}{A_\mathrm{J}u_\mathrm{r}^{1.4} - g} \tag{6-40}$$

即 $$\Delta q = \frac{A_\mathrm{h}A_\mathrm{a}}{1.4A_\mathrm{J}}\left(\frac{\pi}{4}D^2\right)\Delta t_\mathrm{m}\int_{u_{ri+1}}^{u_{ri}}\frac{u_\mathrm{r}^{n-0.4}\mathrm{d}\left(A_\mathrm{J}u_\mathrm{r}^{1.4} - g\right)}{A_\mathrm{J}u_\mathrm{r}^{1.4} - g} \tag{6-41}$$

由于 $u_\mathrm{r}^{n-0.4}$ 变化不大，将其取算术平均值并作为常数提到积分号外面，积分得本小段的传热速率为

$$\Delta q = \frac{A_\mathrm{h}A_\mathrm{a}}{1.4A_\mathrm{J}}\left(\frac{\pi}{4}D^2\right)\Delta t_\mathrm{m}\left(\frac{u_{ri}^{n-0.4} + u_{\mathrm{r}i+1}^{n-0.4}}{2}\right)\ln\frac{A_\mathrm{J}u_{\mathrm{r}i}^{1.4} - g}{A_\mathrm{J}u_{\mathrm{r}i+1}^{1.4} - g} \tag{6-42}$$

6.1.2.6 干燥管的分段公式

式（6-42）中的 Δt_m 为某小段对数平均温差，在恒速干燥段，物料温度近似为气体湿球温度，则

$$\Delta t_\mathrm{m} = \frac{t_i - t_{i+1}}{\ln\dfrac{t_i - t_\mathrm{w}}{t_{i+1} - t_\mathrm{w}}} \tag{6-43}$$

式（6-42）中的 Δq 为该小段的传热速率，表示为

$$\Delta q = L_G c_{Hi}\left(t_i - t_{i+1}\right) \tag{6-44}$$

将式（6-43）、式（6-44）代入式（6-42），得

$$L_G c_{Hi}\left(t_i - t_{i+1}\right) = \frac{A_h A_a}{1.4A_J}\left(\frac{\pi}{4}D^2\right)\frac{t_i - t_{i+1}}{\ln\dfrac{t_i - t_w}{t_{i+1} - t_w}}\left(\frac{u_{ri}^{n-0.4} + u_{ri+1}^{n-0.4}}{2}\right)\ln\frac{A_J u_{ri}^{1.4} - g}{A_J u_{ri+1}^{1.4} - g} \tag{6-45}$$

令

$$A_t = \frac{A_h A_a}{1.4A_J L_G c_{Hi}}\left(\frac{\pi}{4}D^2\right) \tag{6-46}$$

$$B_u = \frac{u_{ri}^{n-0.4} + u_{ri+1}^{n-0.4}}{2} \tag{6-47}$$

得

$$\frac{t_{i+1} - t_w}{t_i - t_w} = \exp\left(-A_t B_u \ln\frac{A_J u_{ri}^{1.4} - g}{A_J u_{ri+1}^{1.4} - g}\right) \tag{6-48}$$

式（6-48）称为分段公式，分段公式反映了本小段终点气体温度和终点相对速度间的函数关系，在式（6-31）中取等号求得 u_{ri+1}，代入式（6-47）和式（6-48）中，即可求得 t_{i+1}。t_{i+1} 一经算出，本小段分段完毕。

6.1.2.7 本小段终点相对速度试差公式

在式（6-42）中，令

$$A_q = \frac{A_h A_a}{1.4A_J}\left(\frac{\pi}{4}D^2\right)\Delta t_m \tag{6-49}$$

则

$$\Delta q = A_q B_u \ln\frac{A_J u_{ri}^{1.4} - g}{A_J u_{ri+1}^{1.4} - g} \tag{6-50}$$

整理式（6-50），得本段终点相对速度

$$u_{ri+1} = \left\{\frac{1}{A_J}\left[\frac{A_J u_{ri}^{1.4} - g}{\exp[\Delta q / (A_q B_u)]} + g\right]\right\}^{\frac{1}{1.4}} \tag{6-51}$$

6.1.2.8 干燥管等速段管长

干燥管等速段传热速率为

$$\Delta q = ha\left(\frac{\pi}{4}D^2 \Delta L\right)\Delta t_m \tag{6-52}$$

等速段管长

$$\Delta L = \frac{\Delta q}{ha\left(\dfrac{\pi}{4}D^2\right)\Delta t_m} \tag{6-53}$$

等速段物料干燥时间

$$\Delta \tau = \frac{\Delta L}{u_m} \tag{6-54}$$

应予指出，上述气流干燥器管长和停留时间的设计计算是基于球形颗粒模型，实际情况往往要复杂得多。第一，颗粒并非球形；第二，颗粒粒径大小不一，特别是湿含量较高的物料，往往会黏结成团，团块状物料是边干燥边分散的；第三，物料颗粒之间、物料和器壁之间存在强烈的碰撞摩擦和破碎作用，从而使物料微粉化。考虑到实际问题的复杂性，气流干燥管长度的设计要酌留裕量。

6.1.3 气流干燥器工艺设计步骤

6.1.3.1 设计参数

气流干燥器工艺设计的主要任务，就是将满足一定生产要求所需的干燥管长度和直径计算出来，干燥管长度是指从物料加料口到干燥管顶部出料口之间的管长，即物料在干燥管内流经的长度，干燥管直径是指该段管子的内径。由于干燥管底部尚需设置热风进风管、块料收集管以及其他一些机构，上述计算的干燥管长只是气流干燥器总管长中的一部分。

气流干燥器设计已知条件包括：湿物料的处理量 G_1 或干产品产量 G_2，kg/h；湿物料含水率 w_1 和产品含水率 w_2，%；湿物料进口温度 θ_1，℃；物料平均粒径 d_p，m；物料密度 ρ_m，kg/m^3；绝干物料比热容 c_s，kJ/(kg · ℃)。

对于以空气作为干燥介质、湿分为水的情况，需要设计者选定的参数有：空气进干燥器的温度 t_1、废气出干燥器的温度 t_2 以及空气进干燥器的湿度 H_1，对于以水蒸气为热源的间接空气预热器，空气进口温度通常不超过 180℃，出口温度可取为 70～90℃。空气湿度与地域有关，南方空气湿度高于北方。由于环境空气湿度对设计结果影响不大，近似地，南方地区相对湿度按 80%计及，北方地区按 50%。

气流干燥器设计还包括附属设备选型，附属设备有：风机、空气预热器、螺旋加料器、旋风分离器、布袋过滤器、星型卸料器等。

6.1.3.2 干燥介质用量和干燥管管径

干燥器汽化水分量由物料衡算确定

$$W = G_c\left(X_1 - X_2\right) = L_G\left(H_2 - H_1\right) \tag{6-55}$$

式中，X_1、X_2 为固体物料在干燥器进、出口的干基湿含量，kg/kg；H_1、H_2 为气体在干燥器进、出口的湿度，kg/kg；W 为汽化水分量，kg/h；G_c 为绝干物料流率，kg/h；L_G 为绝干气体流量，kg/h。

干燥介质用量通过热量衡算进行计算

$$L_G c_{H1}\left(t_1 - t_2\right) = W\left(r_0 + c_v t_2 - c_w \theta_1\right) + G_c c_{m2}\left(\theta_2 - \theta_1\right) + Q_1 \tag{6-56}$$

式中，t_1、t_2 为气体在干燥器进、出口的温度，℃；θ_1、θ_2 为湿物料和干燥产品的温度，℃；c_{H1} 为气体在干燥器进口的比热容，kJ/(kg · ℃)；c_v 为湿分蒸汽的比热容，J/(kg · ℃)；c_w 为液态湿分的比热容，kJ/(kg · ℃)；c_{m2} 为干燥产品的干基湿比热容，kJ/(kg · ℃)；r_0 为液态湿分在 0℃的汽化潜热，kJ/kg；Q_1 为干燥器外壁散热损失，kW。

气流干燥器的散热损失可按气体在干燥管放出热量的 2%计及。

干燥管直径由式（6-57）计算

$$D=\sqrt{\frac{4L_{\mathrm{G}}v_{\mathrm{H}}}{\pi u_{\mathrm{g}}}} \tag{6-57}$$

干燥管管径计算需选定干燥管进口气速。通常，选取进口气速 20～40m/s，多数情况下取为 30m/s。求得干燥管管径后需进行圆整，并由圆整后的管径，重新计算进口气速

$$u_{\mathrm{g}}=\frac{L_{\mathrm{G}}v_{\mathrm{H}}}{0.785D^2}$$

6.1.3.3 空气湿球温度和产品温度

气体湿球温度由

$$t_{\mathrm{w}}=t_1-\frac{r_{\mathrm{w}}}{c_{\mathrm{H1}}}\left(H_{\mathrm{w}}-H_1\right) \tag{6-58}$$

$$r_{\mathrm{w}}=2491.27-2.3t_{\mathrm{w}} \tag{6-59}$$

$$H_{\mathrm{w}}=0.622\frac{p_{\mathrm{w}}}{p-p_{\mathrm{w}}} \tag{6-60}$$

$$p_{\mathrm{w}}=\frac{2}{15}\exp\left(18.5916-\frac{3991.11}{t_{\mathrm{w}}+233.84}\right) \tag{6-61}$$

四式联立，用试差法计算。

物料在气流干燥器内的停留时间很短，一般不超过 1s，主要脱除非结合水分，产品温度可按湿球温度考虑，即 $\theta_2=t_{\mathrm{w}}$，若要求产品含水率较低时，需要按下式计算产品温度 θ_2

$$\frac{t_2-\theta_2}{t_2-t_{\mathrm{w}}}=\frac{r_{\mathrm{w}}\left(X_2-X^*\right)-c_{\mathrm{s}}\left(t_2-t_{\mathrm{w}}\right)\left(\dfrac{X_2-X^*}{X_{\mathrm{c}}-X^*}\right)^{\frac{r_{\mathrm{w}}\left(X_{\mathrm{c}}-X^*\right)}{c_{\mathrm{s}}\left(t_2-t_{\mathrm{w}}\right)}}}{r_{\mathrm{w}}\left(X_2-X^*\right)-c_{\mathrm{s}}\left(t_2-t_{\mathrm{w}}\right)} \tag{6-62}$$

6.1.3.4 加速区给热系数关联式

假设加速区的传热量占总传热量的 80%，据此估算加速区终点气体温度，由热衡算可求加速区汽化水分量。加速段起点相对速度 $u_{\mathrm{r1}}=u_{\mathrm{g1}}-u_{\mathrm{m1}}$，据此计算加速段起点相对雷诺数。由式（6-24）计算颗粒终端速度，并计算加速段终点相对雷诺数，按式（6-12）、式（6-13）或式（6-14）计算加速区起点、终点的努赛尔数，并由式（6-15）、式（6-16）拟合常数 n 及 A_{n}，得到加速区给热系数关联式。

由于 A_{J} 在整个干燥过程中基本不变，无需精确计算，最后也不必校正。

6.1.3.5 加速区管长

（1）分段

加速区第一段为预热段，预热段终点气温 t_2 由式 $G_{\mathrm{c}}c_{\mathrm{m1}}(t_{\mathrm{w}}-\theta_1)=L_{\mathrm{G}}c_{\mathrm{H0}}(t_1-t_2)$ 计算。

加速区除预热段以外，其他各小段终点相对速度取$u_{ri+1}=u_{ri}/2$，按式（6-48）计算各小段终点气体温度t_{i+1}，完成分段。

（2）本段终点相对速度

由本段空气的平均温度和平均湿度计算本段平均气速，进而计算本段起点相对速度$u_{ri}=u_{gave}-u_{mi}$，初设本段终点相对速度$u_{ri+1}=u_{ri}/2$，求B_u，代入式（6-51）求出u_{ri+1}，若计算值与初设值不吻合，以计算值代替初设值重复计算直至吻合。一般需要2～3次重复计算，即可得到准确值。

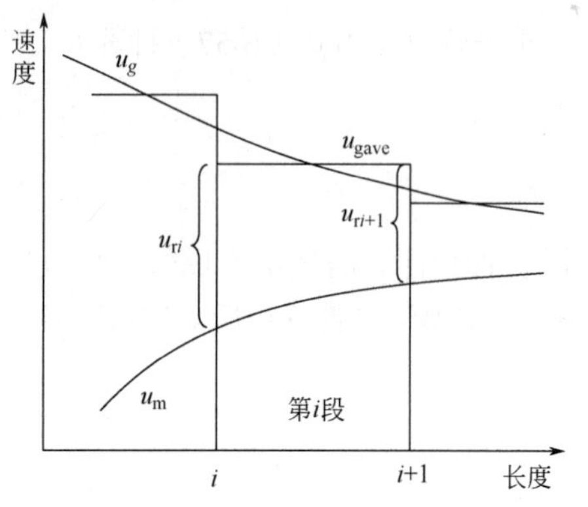

图6-3 平均气速、颗粒速度和相对速度的关系

由平均气速u_{gave}和u_{ri+1}算出本段终点颗粒速度$u_{mi+1}=u_{gave}-u_{ri+1}$。

平均气速、颗粒速度和相对速度的关系示于图6-3。

（3）本段管长和停留时间

由式（6-27）计算本段平均加速度J_m，并由式（6-32）、式（6-33）分别计算m和b，最后由式（6-34）、式（6-37）计算颗粒在本段所经历的停留时间和所需管长。

判断本段终点相对速度u_{ri+1}接近u_t的程度，当$u_{ri+1}<2u_t$时，结束加速段计算，进入等速段，并将剩余的加速段管长纳入等速段进行计算，产生的误差不大。

6.1.3.6 等速区管长

首先计算等速区传热量，由传热量计算等速区的汽化水分量，用与加速区相同的方法计算等速段气体湿度、比容、密度、黏度、热导率、传热温差、给热系数和比表面积，由式（6-53）和式（6-54）求等速段管长和干燥时间。等速段可按一段进行计算。

6.1.3.7 干燥管总管长和总干燥时间

将前述各小段管长相加，即得干燥管总管长

$$L=\Sigma\Delta L_j \tag{6-63}$$

各小段停留时间相加，即得总干燥时间

$$\tau=\Sigma\Delta\tau_j \tag{6-64}$$

6.1.4 气流干燥器工艺设计示例

【设计任务】

1．干燥任务

物料：一水硫酸亚铁；

生产能力：3000kg/h；

初始湿含量：20%；

产品湿含量：1%。

2．固体物料的参数

粒径：120×10^{-6} m；
密度：1900kg/m³；
绝干物料比热容：1.0kJ/(kg·℃)；
临界湿含量：0.8%。

3．热源条件

表压 0.7MPa 饱和水蒸气。

4．干燥介质

干燥介质为空气，干燥器中湿空气的性质近似按干空气计算，已将干空气的黏度和热导率拟合为温度的关系式，式中，t 为空气的平均温度；t_s 为颗粒物料表面气膜的平均温度。

$$\mu_g = 3.214\times10^{-7}\left(t+273\right)^{0.712}, \qquad k_g = 2.82\times10^{-4}(t_s+273)^{0.8}$$

【设计计算】

1．物热衡算

（1）汽化水分量

$$X_1=\frac{w_1}{1-w_1}=\frac{0.2}{1-0.2}=0.25, \qquad X_2=\frac{w_2}{1-w_2}=\frac{0.01}{1-0.01}=0.0101$$

$$G_2=\frac{3000}{3600}=0.833\text{kg/s}$$

$$G_c=G_2\left(1-w_2\right)=0.833\times\left(1-0.01\right)=0.825\text{kg/s}$$

$$W=G_c(X_1-X_2)=0.825\times(0.25-0.0101)=0.198\text{kg/s}$$

$$G_1=G_2+W=0.833+0.198=1.031\text{kg/s}$$

（2）空气湿度和比热容

$$p_s=\frac{2}{15}\times\exp(18.5916-\frac{3991.11}{20+233.84})=2.348\ \text{kPa}$$

$$H_0=0.622\frac{\varphi p_s}{101.325-\varphi p_s}=0.622\times\frac{0.8\times2.348}{101.325-0.8\times2.348}=0.01175$$

$$c_{H1}=1.005+1.884H_0=1.005+1.884\times0.01175=1.027\ \text{kJ/(kg·℃)}$$

（3）湿球温度

$$t_{\mathrm{w}}=150-r_{\mathrm{w}}(H_{\mathrm{w}}-0.01175)$$

$$r_{\mathrm{w}}=2491.27-2.3t_{\mathrm{w}}$$

$$H_{\mathrm{w}}=0.622\frac{p_{\mathrm{w}}}{101.325-p_{\mathrm{w}}}$$

$$p_{\mathrm{w}}=\frac{2}{15}\exp\left(18.5916-\frac{3991.11}{t_{\mathrm{w}}+233.84}\right)$$

将上述四式联立，采用试差法求解，得湿球温度

$$t_{\mathrm{w}}=42.52℃$$

（4）绝干气体用量

固体物料的进、出口干基湿比热容

$$c_{\mathrm{m1}}=c_{\mathrm{s}}+4.187X_1=1.0+4.187\times0.25=2.047\mathrm{kJ/(kg\cdot℃)}$$

$$c_{\mathrm{m2}}=c_{\mathrm{s}}+4.187X_2=1.0+4.187\times0.0101=1.042\mathrm{kJ/(kg\cdot℃)}$$

取干燥器出口废气温度为 80℃，本例中，产品湿含量高于临界湿含量，干燥仅有恒速干燥段，产品温度近似为湿球温度，干燥器的热损失近似按 2%计，则干燥器的耗热量为

$$L_{\mathrm{G}}c_{\mathrm{H1}}\left(t_1-t_2\right)=1.02\left[W\left(r_0+c_{\mathrm{v}}t_2-c_{\mathrm{w}}\theta_1\right)+G_{\mathrm{c}}c_{\mathrm{m2}}\left(\theta_2-\theta_1\right)\right]$$

即

$$L_{\mathrm{G}}=\frac{1.02\left[W\left(r_0+c_{\mathrm{v}}t_2-c_{\mathrm{w}}\theta_1\right)+G_{\mathrm{c}}c_{\mathrm{m2}}\left(\theta_2-\theta_1\right)\right]}{c_{\mathrm{H1}}\left(t_1-t_2\right)}$$

代入数据计算得绝干空气的消耗量为

$$L_{\mathrm{G}}=\frac{1.02\times\left[0.198\times(2491.27+1.884\times80-4.187\times20)+0.825\times1.042\times(42.52-20)\right]}{1.027\times(150-80)}=7.458\mathrm{kg/s}$$

2．干燥管管径

由于空气预热器为间接换热器，进干燥器空气湿比容

$$v_{\mathrm{H1}}=(0.002835+0.004557\times0.01175)\times(150+273)=1.222\mathrm{m^3/kg}$$

初设进口气速为 30m/s，干燥管直径为

$$D=\sqrt{\frac{L_{\mathrm{G}}v_{\mathrm{H1}}}{0.785u_{\mathrm{g}}}}=\sqrt{\frac{7.458\times1.222}{0.785\times30}}=0.622\mathrm{m}$$

圆整后取干燥管管径 D=0.62m，重新计算气体进口速度

$$u_{\mathrm{g1}}=\frac{L_{\mathrm{G}}v_{\mathrm{H1}}}{0.785D^2}=\frac{7.458\times1.222}{0.785\times0.622^2}=30.2\mathrm{m/s}$$

3．加速区给热系数关联式

（1）加速区起点的相对雷诺数和努赛尔数

$$\rho_{g1}=\frac{1+H_1}{v_{H1}}=\frac{1+0.01175}{1.222}=0.828\text{kg/m}^3$$

$$\mu_{g1}=3.214\times10^{-7}(t_1+273)^{0.712}=3.214\times10^{-7}\times(150+273)^{0.712}=2.3823\times10^{-5}\text{Pa·s}$$

$$Re_{r1}=\frac{d_p u_{g1}\rho_{g1}}{\mu_{g1}}=\frac{120\times10^{-6}\times30.2\times0.828}{2.3823\times10^{-5}}=125.95$$

$$Nu_1=0.76Re_{r1}^{0.65}=0.76\times(125.95)^{0.65}=17.62$$

（2）加速区终点的相对雷诺数和努赛尔数

假设加速区耗热量占干燥器总耗热量的80%，据此计算加速区终点温度

$$t_t=t_1-0.8(t_1-t_2)=150-0.8\times(150-80)=94℃$$

由加速区热衡算式

$$L_G c_{H1}(t_1-t_t)=W_t(r_0+c_v t_t-c_w t_w)+G_c c_{m1}(t_w-\theta_1)$$

可求得加速区汽化水分量

$$W_t=\frac{7.458\times1.027\times(150-94)-0.825\times2.047\times(42.52-20)}{2491.27+1.884\times94-4.187\times42.52}=0.157\text{kg/s}$$

加速区终点气体湿度

$$H_t=H_1+\frac{W_t}{L_G}=0.01175+\frac{0.157}{7.458}=0.0328$$

$$v_{Ht}=(0.002835+0.004557\times0.0328)\times(94+273)=1.095\text{m}^3/\text{kg}$$

$$\rho_{gt}=\frac{1+H_t}{v_{Ht}}=\frac{1+0.0328}{1.095}=0.943\text{kg/m}^3$$

$$\mu_{gt}=3.214\times10^{-7}(t_t+273)^{0.712}=3.214\times10^{-7}\times(94+273)^{0.712}=2.15\times10^{-5}\text{Pa·s}$$

加速区终点气体的相对速度、相对雷诺数和努赛尔准数

$$A_J=13.875\frac{\rho_{gt}^{0.4}\mu_{gt}^{0.6}}{d_p^{1.6}\rho_m}=13.875\times\frac{0.943^{0.4}\times(2.15\times10^{-5})^{0.6}}{(120\times10^{-6})^{1.6}\times1900}=21.20$$

$$u_t=\left(\frac{9.81}{A_J}\right)^{\frac{1}{1.4}}=\left(\frac{9.81}{21.20}\right)^{\frac{1}{1.4}}=0.577\text{m/s}$$

$$Re_{\rm rt}=\frac{d_{\rm p}u_{\rm t}\rho_{\rm gt}}{\mu_{\rm gt}}=\frac{120\times10^{-6}\times0.577\times0.943}{2.15\times10^{-5}}=3.03$$

$$Nu_{\rm t}=2+0.54Re_{\rm rt}^{0.5}=2+0.54\times(3.03)^{0.5}=2.94$$

（3）加速区给热系数关联式的参数

$$n=\frac{\ln\left(\dfrac{Nu_1}{Nu_{\rm t}}\right)}{\ln\left(\dfrac{Re_{\rm r1}}{Re_{\rm rt}}\right)}=\frac{\ln\left(\dfrac{17.62}{2.94}\right)}{\ln\left(\dfrac{125.95}{3.03}\right)}=0.48$$

$$A_{\rm n}=\frac{Nu_1}{Re_{\rm r1}^{n}}=\frac{17.62}{125.95^{0.48}}=1.726$$

（4）加速段起点固体颗粒的速度

$$A_{\rm a}=\frac{6G_{\rm c}}{d_{\rm p}\rho_{\rm m}\left(\dfrac{\pi}{4}D^2\right)}=\frac{6\times0.825}{120\times10^{-6}\times1900\times(0.785\times0.622^2)}=71.95$$

$$u_{\rm m1}=\frac{A_{\rm a}d_{\rm p}}{0.06}=\frac{71.95\times120\times10^{-6}}{0.06}=0.144{\rm m/s}$$

4．分段法计算干燥管长度

（1）预热段（加速区第一段）

预热段为加速区第一段。预热段起点各参数下标以“1”表示，终点各参数下标以“2”表示。

① 预热段热量衡算　预热段起点气体温度 t_1=150℃，预热段终点气体温度

$$t_2=t_1-\frac{G_{\rm c}c_{\rm m1}(t_{\rm w}-\theta_1)}{L_{\rm G}c_{\rm H1}}=150-\frac{0.825\times2.047\times(42.52-20)}{7.458\times1.027}=145.03℃$$

预热段的传热量

$$\Delta q=L_{\rm G}c_{\rm H1}(t_1-t_2)=7.458\times1.027\times(150-145.03)=38.034{\rm kW}$$

预热段平均传热温差

$$\Delta t_{\rm m}=\frac{(t_1-\theta_1)-(t_2-t_{\rm w})}{\ln\dfrac{(t_1-\theta_1)}{(t_2-t_{\rm w})}}=\frac{(150-20)-(145.03-42.52)}{\ln\dfrac{150-20}{145.03-42.52}}=115.71℃$$

② 预热段气体参数的平均值　预热段气体温度、湿度、比容、密度、黏度、热导率、速度的平均值分别为

$$t_{ave}=\frac{t_1+t_2}{2}=\frac{150+145.03}{2}=147.52℃$$

$$H_{ave}=H_1=0.01175$$

$$v_{Have}=(0.002835+0.004557\times0.01175)\times(147.52+273)=1.215\text{m}^3/\text{kg}$$

$$\rho_{gave}=\frac{1+H_{ave}}{v_{Have}}=\frac{1+0.01175}{1.215}=0.833\text{kg/m}^3$$

$$\mu_{gave}=3.214\times10^{-7}\times(147.52+273)^{0.712}=2.37\times10^{-5}\,\text{Pa}\cdot\text{s}$$

$$t_{save}=\frac{t_1+t_2+\theta_1+t_w}{4}=\frac{150+145.03+20+42.52}{4}=89.39℃$$

$$k_{gave}=2.82\times10^{-4}(t_{save}+273)^{0.8}=2.82\times10^{-4}\times(89.39+273)^{0.8}=0.0314\text{W/(m}\cdot℃)$$

$$A_h=A_n\frac{k_{gave}d_p^{n-1}\rho_{gave}^n}{\mu_{gave}^n}=1.726\times\frac{0.0314\times\left(120\times10^{-6}\right)^{0.48-1}\times0.833^{0.48}}{\left(2.37\times10^{-5}\right)^{0.48}}=902.65$$

$$A_q=\frac{A_hA_a}{1.4A_J}\left(\frac{\pi}{4}D^2\right)\Delta t_m=\frac{902.65\times71.95}{1.4\times21.20}\times\left(0.785\times0.62^2\right)\times115.71=76384$$

预热段平均气速

$$u_{gave}=\frac{L_Gv_{Have}}{0.785D^2}=\frac{7.458\times1.215}{0.785\times0.62^2}=30.02\text{m/s}$$

③ 预热段起点和终点相对速度　预热段起点相对速度

$$u_{r1}=u_{gave}-u_{m1}=30.02-0.144=29.88\text{m/s}$$

初设预热段终点相对速度 u_{r2}=22.80m/s，则

$$B_u=\frac{u_{r1}^{n-0.4}+u_{r2}^{n-0.4}}{2}=\frac{29.88^{0.48-0.4}+22.80^{0.48-0.4}}{2}=1.30$$

$$u_{r2}=\left\{\frac{1}{A_J}\left[\frac{A_Ju_{r1}^{1.4}-g}{\exp\left[\Delta q/\left(A_qB_u\right)\right]}+g\right]\right\}^{\frac{1}{1.4}}=\left\{\frac{1}{21.20}\times\left[\frac{21.20\times29.88^{1.4}-9.81}{\exp\left[38.034/\left(76384\times1.30\right)\right]}+9.81\right]\right\}^{\frac{1}{1.4}}=22.75\text{m/s}$$

计算的预热段终点相对速度与初设的值很接近，确定 u_{r2}=22.75m/s，预热段终点颗粒速度

$$u_{m2}=u_{gave}-u_{r2}=30.02-22.75=7.266\text{m/s}$$

④ 预热段管长和物料停留时间

$$J_{\mathrm{m}}=\frac{A_{\mathrm{J}}}{2.4}\left(\frac{u_{\mathrm{r1}}^{\ 2.4}-u_{\mathrm{r2}}^{\ 2.4}}{u_{\mathrm{r1}}-u_{\mathrm{r2}}}\right)-9.81=\frac{21.20}{2.4}\times\left(\frac{29.88^{2.4}-22.75^{2.4}}{29.88-22.75}\right)-9.81=2058$$

$$m=A_{\mathrm{J}}\frac{u_{\mathrm{r1}}^{\ 1.4}-u_{\mathrm{r2}}^{\ 1.4}}{u_{\mathrm{r1}}-u_{\mathrm{r2}}}=21.20\times\frac{29.88^{1.4}-22.75^{1.4}}{29.88-22.75}=109.73$$

$$b=J_{\mathrm{m}}-m\frac{u_{\mathrm{r1}}+u_{\mathrm{r2}}}{2}=2058-109.73\times\frac{29.88+22.75}{2}=-829.78$$

$$\Delta\tau_{1}=\frac{1}{m}\ln\left(\frac{mu_{\mathrm{r1}}+b}{mu_{\mathrm{r2}}+b}\right)=\frac{1}{109.73}\times\ln\left(\frac{109.73\times29.88-829.78}{109.73\times22.75-829.78}\right)=3.50\times10^{-3}\mathrm{s}$$

$$\begin{aligned}\Delta L_{1}&=\left(\frac{b}{m^{2}}+\frac{u_{\mathrm{gave}}}{m}\right)\ln\left(\frac{mu_{\mathrm{r1}}+b}{mu_{\mathrm{r2}}+b}\right)-\frac{u_{\mathrm{r1}}-u_{\mathrm{r2}}}{m}\\&=\left(-\frac{829.78}{109.73^{2}}+\frac{30.02}{109.73}\right)\times\ln\left(\frac{109.73\times29.88-829.78}{109.73\times22.75-829.78}\right)-\frac{29.88-22.75}{109.73}=0.0138\mathrm{m}\end{aligned}$$

（2）第二段

加速区第二段起点各参数下标以“2”表示，终点各参数下标以“3”表示。

① 本段终点气体温度　第二段起点气体温度 t_2=145.03℃，终点气体温度由分段公式（6-48）计算

$$A_{\mathrm{t}}=\frac{A_{\mathrm{h}}A_{\mathrm{a}}}{1.4A_{\mathrm{J}}L_{\mathrm{G}}c_{\mathrm{H2}}}\left(\frac{\pi}{4}D^{2}\right)=\frac{902.65\times71.95}{1.4\times21.20\times7.458\times1027}\times\left(\frac{\pi}{4}\times0.62^{2}\right)=0.0862$$

式中，$c_{\mathrm{H2}}=c_{\mathrm{H1}}$=1027J/(kg・℃)。

取 u_{r3}=22.75/2=11.38m/s

$$B_{\mathrm{u}}=\frac{u_{\mathrm{r2}}^{n-0.4}+u_{\mathrm{r3}}^{n-0.4}}{2}=\frac{22.75^{0.48-0.4}+11.38^{0.48-0.4}}{2}=1.25$$

$$\frac{t_{3}-t_{\mathrm{w}}}{t_{2}-t_{\mathrm{w}}}=\exp\left\{-A_{\mathrm{t}}B_{\mathrm{u}}\ln\frac{A_{\mathrm{J}}u_{\mathrm{r2}}^{1.4}-g}{A_{\mathrm{J}}u_{\mathrm{r3}}^{1.4}-g}\right\}$$

$$\frac{t_{3}-42.52}{145.03-42.52}=\exp\left(-0.0862\times1.25\times\ln\frac{21.20\times22.75^{1.4}-9.81}{21.20\times11.38^{1.4}-9.81}\right)$$

$$t_{3}=134.76℃$$

② 本段传热温差、传热量、水分汽化量和终点气体湿度　本段传热温差

$$\Delta t_{\mathrm{m}}=\frac{(145.03-42.52)-(134.76-42.52)}{\ln\dfrac{145.03-42.52}{134.76-42.52}}=97.28℃$$

本段传热量

$$\Delta q = L_{\mathrm{G}} c_{\mathrm{H2}} (t_2 - t_3) = 7.458 \times 1.027 \times (145.03 - 134.76) = 78.71\mathrm{kW}$$

汽化水分量

$$W = \frac{\Delta q}{2491.27 + 1.884 t_3 - 4.187 t_{\mathrm{w}}} = \frac{78.71}{2491.27 + 1.884 \times 134.76 - 4.187 \times 42.52} = 0.0307\mathrm{kg/s}$$

本段终点气体湿度

$$H_3 = H_2 + \frac{W}{L_{\mathrm{G}}} = 0.01175 + \frac{0.0307}{7.458} = 0.0159$$

③ 本段气体参数平均值

$$H_{\mathrm{ave}} = \frac{H_2 + H_3}{2} = \frac{0.01175 + 0.0159}{2} = 0.0138$$

$$t_{\mathrm{ave}} = \frac{t_2 + t_3}{2} = \frac{145.03 + 134.76}{2} = 139.90℃$$

$$v_{\mathrm{Have}} = (0.002835 + 0.004557 \times 0.0138) \times (139.90 + 273) = 1.20\mathrm{m}^3/\mathrm{kg}$$

$$\rho_{\mathrm{gave}} = \frac{1 + H_{\mathrm{ave}}}{v_{\mathrm{Have}}} = \frac{1 + 0.0138}{1.20} = 0.847\mathrm{kg/m}^3$$

$$\mu_{\mathrm{gave}} = 3.214 \times 10^{-7} \times (139.90 + 273)^{0.712} = 2.34 \times 10^{-5}\ \mathrm{Pa \cdot s}$$

$$t_{\mathrm{save}} = \frac{t_2 + t_3 + t_{\mathrm{w}} + t_{\mathrm{w}}}{4} = \frac{145.03 + 134.76 + 42.52 + 42.52}{4} = 91.21℃$$

$$k_{\mathrm{gave}} = 2.82 \times 10^{-4} \times (91.21 + 273)^{0.8} = 0.0316\mathrm{W/(m \cdot ℃)}$$

$$A_{\mathrm{h}} = A_{\mathrm{n}} \frac{k_{\mathrm{gave}}}{d_{\mathrm{p}}} \left(\frac{d_{\mathrm{p}} \rho_{\mathrm{gave}}}{\mu_{\mathrm{gave}}} \right)^n = 1.726 \times \frac{0.0316}{120 \times 10^{-6}} \times \left(\frac{120 \times 10^{-6} \times 0.847}{2.34 \times 10^{-5}} \right)^{0.48} = 919.48$$

$$A_{\mathrm{q}} = \frac{A_{\mathrm{h}} A_{\mathrm{a}}}{1.4 A_{\mathrm{J}}} \left(\frac{\pi}{4} D^2 \right) \Delta t_{\mathrm{m}} = \frac{919.48 \times 71.95}{1.4 \times 21.20} \times (0.785 \times 0.62^2) \times 97.28 = 65415$$

$$u_{\mathrm{gave}} = \frac{L_{\mathrm{G}} v_{\mathrm{Have}}}{0.785 D^2} = \frac{7.458 \times 1.20}{0.785 \times 0.62^2} = 29.57\mathrm{m/s}$$

④ 本段起点和终点相对速度　本段起点相对速度

$$u_{\mathrm{r2}} = u_{\mathrm{gave}} - u_{\mathrm{m2}} = 29.57 - 7.27 = 22.30\mathrm{m/s}$$

终点相对速度取为

$$u_{\mathrm{r3}} = \frac{u_{\mathrm{r2}}}{2} = \frac{22.30}{2} = 11.15\mathrm{m/s}$$

则
$$B_{\mathrm{u}}=\frac{22.30^{0.48-0.4}+11.15^{0.48-0.4}}{2}=1.247$$

$$u_{\mathrm{r3}}=\left\{\frac{1}{A_{\mathrm{J}}}\left[\frac{A_{\mathrm{J}}u_{\mathrm{r2}}{}^{1.4}-9.81}{\exp\left[\Delta q/\left(B_{\mathrm{u}}A_{\mathrm{q}}\right)\right]}+9.81\right]\right\}^{\frac{1}{1.4}}$$

$$u_{\mathrm{r3}}=\left\{\frac{1}{21.20}\left[\frac{21.20\times22.30^{1.4}-9.81}{\exp\left[78.71\times1000/\left(1.247\times65415\right)\right]}+9.81\right]\right\}^{\frac{1}{1.4}}=11.29\mathrm{m/s}$$

u_{r3}的计算值与初取值接近，以计算值为准。本段终点颗粒速度为

$$u_{\mathrm{m3}}=u_{\mathrm{gave}}-u_{\mathrm{r3}}=29.57-11.29=18.28\mathrm{m/s}$$

⑤ 本段管长和颗粒停留时间

$$J_{\mathrm{m}}=\frac{21.20}{2.4}\times\left(\frac{22.30^{2.4}-11.29^{2.4}}{22.30-11.29}\right)-9.81=1102$$

$$m=21.20\times\frac{22.30^{1.4}-11.29^{1.4}}{22.30-11.29}=91.36$$

$$b=1102-91.36\times\frac{22.30+11.29}{2}=-432.27$$

$$\Delta\tau_2=\frac{1}{91.36}\times\ln\left(\frac{91.36\times22.30-432.27}{91.36\times11.29-432.27}\right)=0.0108\mathrm{s}$$

$$\Delta L_2=\left(-\frac{432.27}{91.36^2}+\frac{29.57}{91.36}\right)\times\ln\left(\frac{91.36\times22.30-432.27}{91.36\times11.29-432.27}\right)=0.148\mathrm{m}$$

（3）加速区其他段

加速区第三段、第四段和第五段的计算与第二段相同，为节省篇幅，计算过程从略，仅将设计结果列于表6-1。

表6-1 加速区第三段～第五段计算结果

项目	量纲	第三段	第四段	第五段
本段终点气体温度，t_{i+1}	℃	125.76	117.70	109.60
传热量，Δq	kW	69.45	62.62	63.35
汽化水分量，W	kg/s	0.0272	0.0247	0.0251
本段终点气体湿度，H_{i+1}	kg/kg	0.0195	0.0228	0.0262
本段终点气体比热容，$c_{\mathrm{H}i+1}$	kJ/(kg·℃)	1.042	1.048	1.054
本段平均气速，u_{g}	m/s	29.06	28.60	28.16
本段参数，A_{h}	—	926.57	933.14	939.64

续表

项目	量纲	第三段	第四段	第五段
本段传热温差，Δt_m	℃	87.66	79.14	71.05
本段参数，A_q	—	59399	54005	48821
本段起点相对速度，u_{ri}	m/s	10.77	4.95	2.052
本段终点相对速度，u_{ri+1}	m/s	5.41	2.47	1.077
本段终点颗粒速度，u_{mi+1}	m/s	23.65	26.11	27.08
颗粒干燥时间，$\Delta\tau_i$	s	0.0149	0.0215	0.0366
管长，ΔL_i	m	0.319	0.540	0.978

由表 6-1 可知，第五段终点相对速度 u_{r6}=1.077m/s，终端速度 u_t=0.577m/s，则

$$\frac{u_{r6}}{u_t}=\frac{1.077}{0.577}=1.87<2$$

可结束加速区计算，进入等速段进行计算。

（4）等速段

加速区共 5 段，等速段为第六段，等速段起点参数下标为“6”，终点参数下标为“7”。

① 本段传热量、汽化水分量及出口气体湿度　由于 t_7=80℃，本段传热量和汽化水分量分别为

$$\Delta q=L_G c_{H6}(t_6-t_7)=7.458\times1.054\times(109.60-80)=232.71\text{kW}$$

$$W=\frac{\Delta q}{2491.27+1.884\times80-4.187t_w}=\frac{232.71}{2491.27+1.884\times80-4.187\times42.52}=0.0944\text{kg/s}$$

本段终点气体湿度，也即气流干燥器出口气体湿度

$$H_7=H_6+\frac{W}{L_G}=0.0262+\frac{0.0944}{7.458}=0.0389$$

② 本段气体参数的平均值

$$H_{ave}=\frac{H_6+H_7}{2}=\frac{0.0262+0.0389}{2}=0.0325$$

$$t_{ave}=\frac{t_6+t_7}{2}=\frac{109.60+80}{2}=94.80℃$$

$$v_{Have}=(0.002835+0.004557\times0.0325)\times(94.80+273)=1.097\text{m}^3/\text{kg}$$

$$\rho_{gave}=\frac{1+H_{ave}}{v_{Have}}=\frac{1+0.0325}{1.097}=0.941\text{kg/m}^3$$

$$\mu_{gave}=3.214\times10^{-7}\times(94.80+273)^{0.712}=2.16\times10^{-5}\text{Pa}\cdot\text{s}$$

$$t_{\text{save}}=\frac{t_6+t_7+t_{\text{w}}+t_{\text{w}}}{4}=\frac{109.60+80+42.52+42.52}{4}=76.06℃$$

$$k_{\text{gave}}=2.82\times10^{-4}\times(76.06+273)^{0.8}=0.0305\text{W/(m·℃)}$$

$$u_{\text{gave}}=\frac{L_{\text{G}}v_{\text{Have}}}{0.785D^2}=\frac{7.458\times1.097}{0.785\times0.62^2}=27.12\text{m/s}$$

③ 等速段相对速度及给热系数　等速段气、固间相对速度等于颗粒的终端速度，即

$$A_{\text{J}}=13.875\times\frac{1.097^{0.4}\times\left(2.16\times10^{-5}\right)^{0.6}}{\left(120\times10^{-6}\right)^{1.6}\times1900}=21.20$$

$$u_{\text{t}}=\left(\frac{9.81}{A_{\text{J}}}\right)^{\frac{1}{1.4}}=\left(\frac{9.81}{21.20}\right)^{\frac{1}{1.4}}=0.577\text{m/s}$$

$$Re_{\text{rt}}=\frac{d_{\text{p}}u_{\text{t}}\rho_{\text{gave}}}{\mu_{\text{gave}}}=\frac{120\times10^{-6}\times0.577\times0.941}{2.16\times10^{-5}}=3.02$$

$$Nu_{\text{t}}=2+0.54Re_{\text{rt}}^{0.5}=2+0.54\times3.02^{0.5}=2.94$$

等速段的给热系数为

$$h=Nu_{\text{t}}\frac{k_{\text{gave}}}{d_{\text{p}}}=2.94\times\frac{0.0305}{120\times10^{-6}}=747.27\text{W/(m}^2\text{·℃)}$$

④ 颗粒速度及物料比表面积

$$u_{\text{m}}=u_{\text{gave}}-u_{\text{t}}=27.12-0.577=26.54\text{m/s}$$

$$a=\frac{A_{\text{a}}}{u_{\text{m}}}=\frac{71.95}{26.54}=2.71\text{m}^2/\text{m}^3$$

⑤ 等速段传热温差

$$\Delta t_{\text{m}}=\frac{(109.60-42.52)-(80-42.52)}{\ln\frac{109.60-42.52}{80-42.52}}=50.84℃$$

⑥ 等速段管长及物料停留时间

$$\Delta L_6=\frac{\Delta q}{0.785D^2ha\Delta t_{\text{m}}}=\frac{232.71\times1000}{0.785\times0.62^2\times747.27\times2.71\times50.84}=7.487\text{m}$$

$$\Delta\tau_6=\frac{\Delta L_6}{u_{\text{m}}}=\frac{7.487}{26.54}=0.282\text{s}$$

（5）干燥管总长度和总干燥时间

① 干燥管总管长

$$L = \Delta L_1 + \Delta L_2 + \Delta L_3 + \Delta L_4 + \Delta L_5 + \Delta L_6$$
$$= 0.0138 + 0.148 + 0.319 + 0.540 + 0.978 + 7.487 = 9.486\text{m}$$

② 物料总停留时间

$$\tau = \Delta\tau_1 + \Delta\tau_2 + \Delta\tau_4 + \Delta\tau_3 + \Delta\tau_5 + \Delta\tau_6$$
$$= 0.0035 + 0.0108 + 0.0149 + 0.0215 + 0.0366 + 0.282 = 0.369\text{s}$$

应予指出，此干燥管长度和物料总停留时间是根据球形颗粒理论模型计算的长度，考虑各种工程因素，本应适当加长气流干燥管管长，但由于此管长仅为加料口至干燥器出口的管长，实际上，物料从干燥器出口至旋风分离器气固分离之前的这段管程中仍处在干燥过程中，这段管程至少有 2m，这足以弥补因计算模型而产生的偏差，所以，设计的管长无需加长，仅需根据制造的方便作适当取整即可。

另外需要说明的是，本示例干燥管长度和物料停留时间是编程计算的，与写在本书中各式的计算结果在末位数上稍有差别，这是由于有效位数取舍不同造成的，读者不必过于苛求完全一致。

5．结果一览表

一水硫酸亚铁气流干燥器设计结果示于表 6-2。

表 6-2 设计结果一览表

项目		量纲	数据
干燥任务	生产能力	kg/h	3000
	初始湿含量	%	20
	产品湿含量	%	1
物性参数	物料粒径	m	120×10^{-6}
	物料密度	kg/m^3	1900
	绝干物料比热容	kJ/(kg・℃)	1.0
	临界湿含量	%	0.8
干燥条件	干燥器进口温度	℃	150
	空气湿度	kg/kg	0.01175
	干燥器出口温度	℃	80
设计结果	空气消耗量	kg/h	7.458
	气体进口速度	m/s	30.2
	总管长	m	9.486
	总停留时间	s	0.369

6．附属设备选型

（1）加料器

物料加料量为

$$G_1 = G_2 + W = 0.833 + 0.198 = 1.031\text{kg/s}$$

$$V_s = \frac{3600 \times 1.031}{1900 \times 0.5} = 3.9\text{m}^3/\text{s}$$

选用星型加料器，查得下述规格的星型加料器合适。

规格：ϕ200×200mm；

加料能力：$4\text{m}^3/\text{h}$；

叶轮转速：20r/min；

齿轮减速机型号：JTC502。

（2）空气预热器

选用 SRL 系列螺旋翅片换热器。

取气体质量流速 $V_r = 8\text{kg}/(\text{m}^2 \cdot \text{s})$，则换热器的通风净截面积

$$A' = \frac{7.458}{8} = 0.93\text{m}^2$$

查得型号 $\text{SRL}_{20\times10/2}$ 合适，该型号的通风净截面积 0.85m^2，散热面积 84.2m^2。

换热器的总传热系数

$$K = 15.2V_r^{0.40} = 15.2 \times 8^{0.40} = 34.9\text{W}/(\text{m}^2 \cdot \text{K})$$

平均传热温差
$$\Delta t_m = \frac{150 - 20}{\ln\dfrac{170 - 20}{170 - 150}} = 64.5℃$$

换热面积
$$A = \frac{7.458 \times 1.027 \times (150 - 20) \times 1000}{34.9 \times 64.5} = 442\text{m}^2$$

换热单元台数
$$n = \frac{442}{84.2} = 5.25 \approx 6$$

空气阻力
$$\Delta p' = 1.71V_r^{1.67} = 1.71 \times 8^{1.67} = 55\text{Pa}$$

换热器空气总阻力
$$\Delta p = n\Delta p' = 6 \times 55 = 330\text{Pa}$$

（3）旋风分离器

废气的体积流率为

$$v_H = (0.002835 + 0.004557 \times 0.0325) \times (80 + 273) = 1.05\text{m}^3/\text{kg}$$

$$V = 3600 \times 7.458 \times 1.05 = 28252\text{m}^3/\text{h}$$

选用 CLP/B-10.6 型旋风分离器，其参数如下。

进口风速：17m/s；

单台风量：14300m^3/h；

台数：2 台并联；

空气阻力：1423Pa。

（4）布袋除尘器（略）

（5）风机

风机在进口状态下的风量

$$V = \frac{3600 \times 7.458}{1.2} = 22374\text{m}^3/\text{h}$$

干燥系统阻力：

已知空气预热器 330Pa；

取气流干燥管 1500Pa；

已知旋风分离器 1423Pa；

取布袋除尘器 2000Pa；

取管路总阻力 1500Pa。

干燥系统气体总阻力

$$\Delta p = 330+1500+1423+2000+1500 = 6753\text{Pa}$$

风机提供的风压应大于系统阻力。采用一送一引送风模式，选用：

前置送风机

型号：B4-72 No.8D；

转速：1450r/min；

风量：15826～29344m^3/h；

风压：1490～3032Pa；

轴功率：18.5kW。

后置引风机

型号：9-26 No.11.2D；

转速：1450r/min；

风量：24126～36189m^3/h；

风压：7747～7009Pa；

轴功率：110kW。

6.1.5 气流干燥系统工艺流程图和设备工艺条件图

一水硫酸亚铁气流干燥工艺流程图示于图 6-4，气流干燥器工艺条件图示于图 6-5。

思考题

1. 用图形说明气体速度、颗粒速度、相对速度是如何随管长变化的？

2. 物料进料处的颗粒速度如何计算？
3. 本段起点相对速度和上一段终点相对速度的关系是什么？
4. 请推导预热段末气体温度计算式。
5. 试说明干燥管加速运动段、等速运动段、预热段、恒速干燥段的运动和干燥特征。
6. 本段起点和终点相对速度为什么要以本段平均气速为基准进行计算？
7. 写出预热段、等速干燥段和降速干燥段的平均给热系数计算式。

附：气流干燥器设计任务两则

设计任务一　一水硫酸亚铁气流干燥

1. 干燥任务

生产能力：（1000+学号末两位数×50）kg/h；
初始湿含量：（15+学号末两位数×0.1）%；
产品湿含量：2%。

2. 物料参数

粒径：（120+学号末两位数×0.25）$\times 10^{-6}$ m；
密度：1500kg/m³；
比热容：1.25kJ/(kg・℃)；
临界湿含量：1%。

3. 干燥条件

热风温度：（150+学号末两位数×0.2）℃。

设计任务二　钛精矿气流干燥

1. 干燥任务

生产能力：（10000+学号末两位数×100）kg/h；
初始湿含量：（10+学号末两位数×0.1）%；
产品湿含量：1%。

2. 物料参数

粒径：（80+学号末两位数×0.25）$\times 10^{-6}$ m；
密度：3500kg/m³；
比热容：1.25kJ/(kg・℃)；
临界湿含量：1%。

3. 干燥条件

热风温度：（150+学号末两位数×0.2）℃。

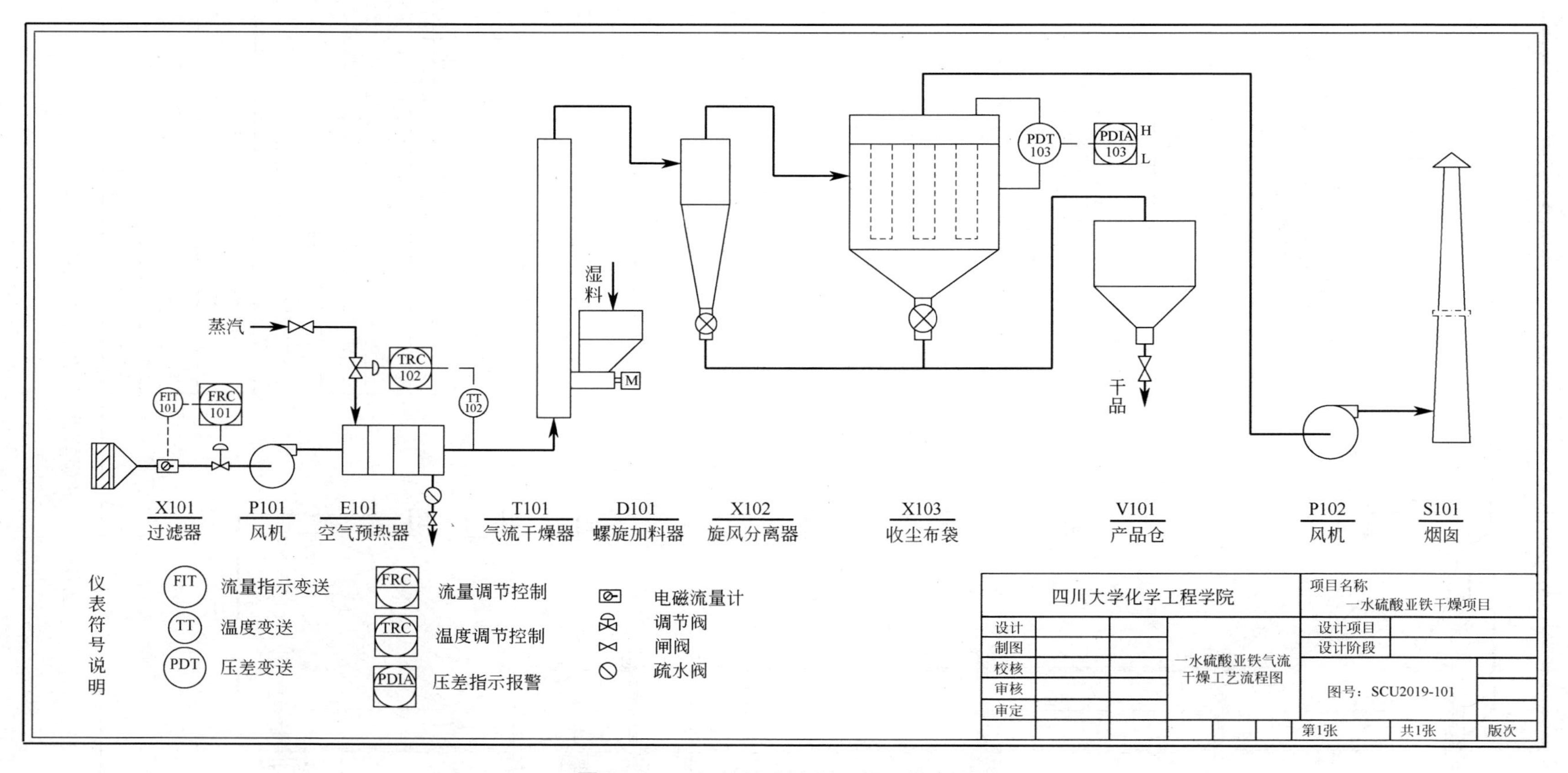

图 6-4 一水硫酸亚铁气流干燥工艺流程图

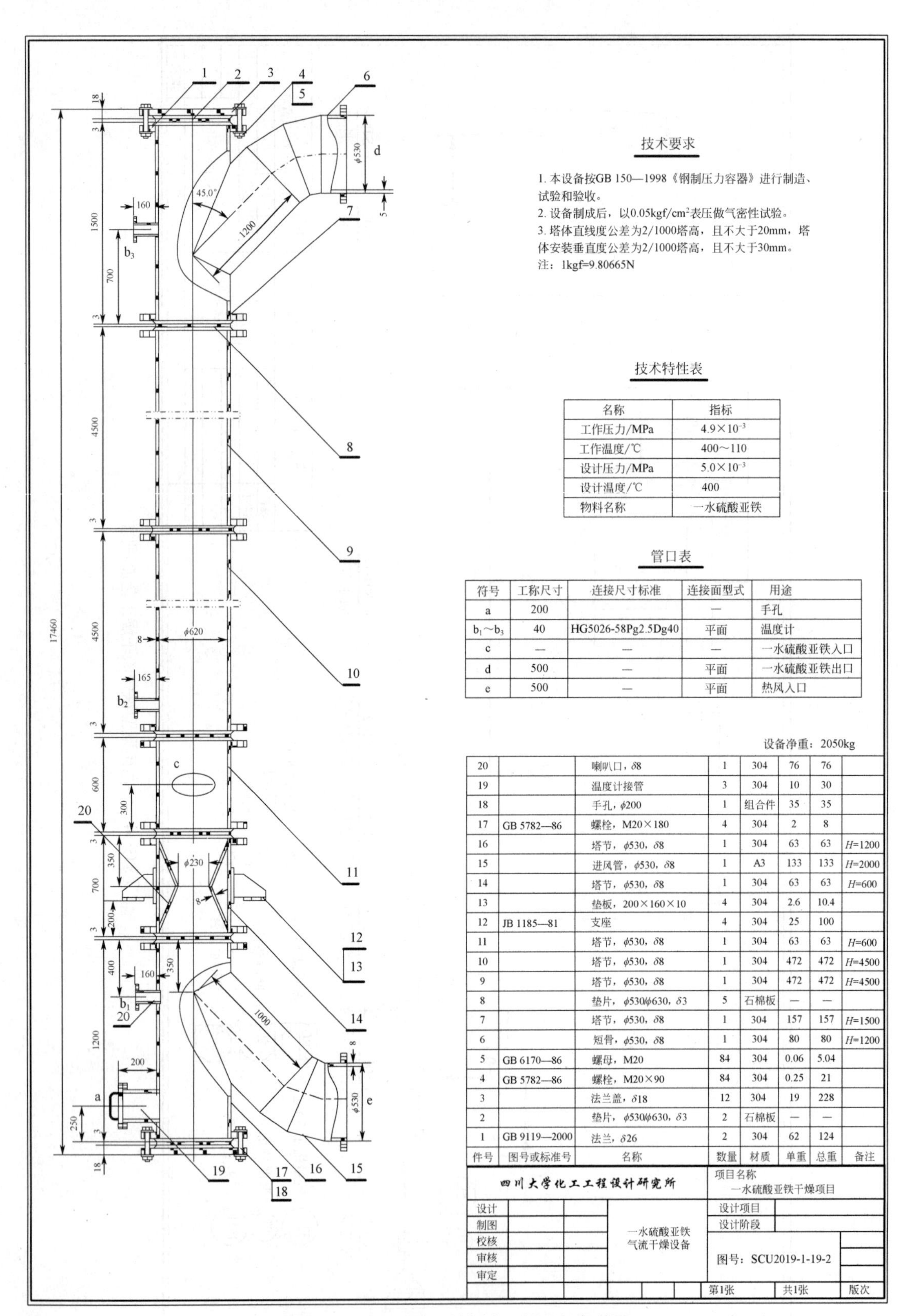

图 6-5 一水硫酸亚铁气流干燥设备条件图

6.2 喷雾干燥器设计

6.2.1 喷雾干燥工艺简介

6.2.1.1 喷雾干燥器工作原理

喷雾干燥是针对原料为液体状物料的干燥单元操作。采用雾化器（又称喷嘴）将料液分散为雾滴，并用热介质（通常为热空气）干燥雾滴而获得固体产品。原料液可以是溶液、乳浊液或悬浮液，也可以是熔融液或膏糊液。产品可根据生产要求制成粉状、颗粒状、空心球或团粒状。喷雾干燥器的典型工艺流程如图 6-6 所示。料液由料液储槽 1 经高压泵 2 输送到喷雾干燥器 8 顶部的雾化器 3 雾化为雾滴。新鲜空气经空气过滤器 4 由鼓风机 5 送入空气加热器 6 加热至所需温度后，经热风分布器 7 送入喷雾干燥器 8 顶部。雾滴和热风在喷雾干燥器 8 内并流向下，互相接触，传热、传质，进行干燥。干燥后的绝大部分产品从干燥器 8 塔底排出，夹带产品粉尘的废气进入旋风分离器 9 进行气固分离。分离出来的产品从旋风分离器 9 底部排出，废气经引风机 10 引入烟囱 11 排空。因此，喷雾干燥的典型工艺流程可分为三个阶段：料液雾化为雾滴；雾滴与热空气接触得以干燥；干燥产品与低温高湿空气（废气）分离。

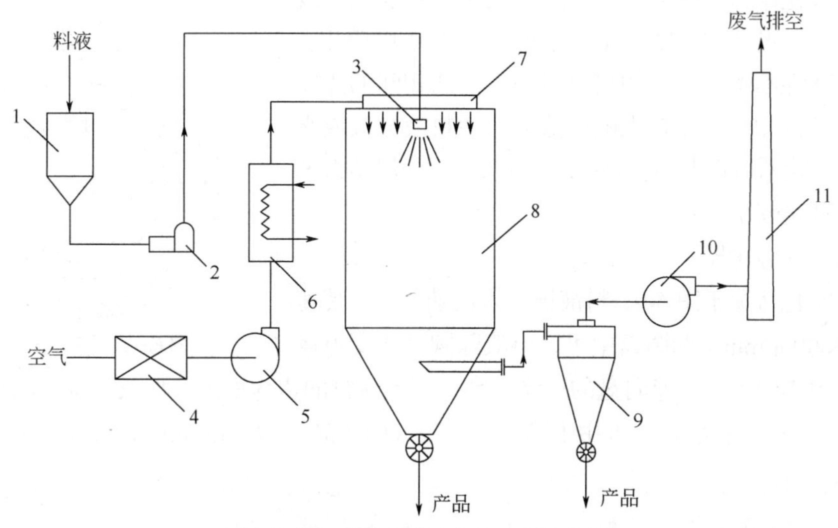

图 6-6 喷雾干燥器典型工艺流程图

1—料液储槽；2—高压泵；3—雾化器；4—空气过滤器；5—鼓风机；6—空气加热器；
7—热风分布器；8—干燥器；9—旋风分离器；10—引风机；11—烟囱

6.2.1.2 喷雾干燥器特点

喷雾干燥由料液直接得到干燥产品，生产工艺流程大大简化，可以将蒸发、结晶、固液分离、干燥、粉碎等单元操作用喷雾干燥操作一步完成。料液被雾化器分散成雾滴，雾滴直径一般仅为 30～60μm，蒸发面积大，干燥速度快，干燥时间短，约为 5～30s。因此，喷雾干燥特别适用于热敏性物料的干燥。喷雾干燥的缺点是体积传热系数和水分汽化强度都较低，干燥器体积庞大，装置投资费用较高，热效率较低，热能消耗和动力消耗都较大。此外，热风消耗量大导致后端的气固分离任务较重。

6.2.1.3 雾化器类型

雾化器是喷雾干燥器的关键部件，经雾化器将料液雾化的目的在于使料液分散成为细微的雾滴，使料液具有很大的表面积。当雾滴与热空气接触时，两者间的传热、传质过程迅速进行，溶剂迅速汽化，物料得以快速干燥成产品。雾化过程产生的雾滴的尺寸和分布，直接影响产品的质量和能量消耗。常用的雾化器有以下三种基本型式。

（1）压力式雾化器

压力式雾化器示于图6-7，采用高压泵使液体获得高压（30～200atm，1atm=101325Pa，下同），由切线入口通入喷嘴。喷嘴内有旋转室，液体在其中高速旋转，喷嘴中央形成气芯，液体在气芯周围形成液膜，液体的静压能转变为动能，使液体从喷嘴孔高速喷出而分散成雾滴。压力式雾化器结构简单，可用于制备粗颗粒产品（120～150μm），是目前应用最为广泛的雾化器。但该雾化器产生的雾滴粒径不均匀，喷嘴容易被腐蚀或磨损。

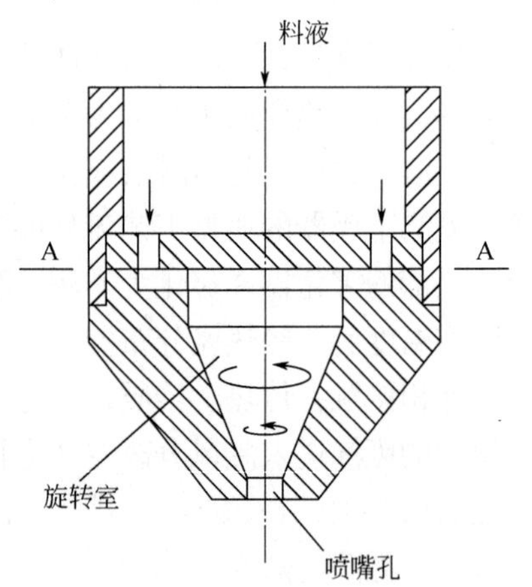

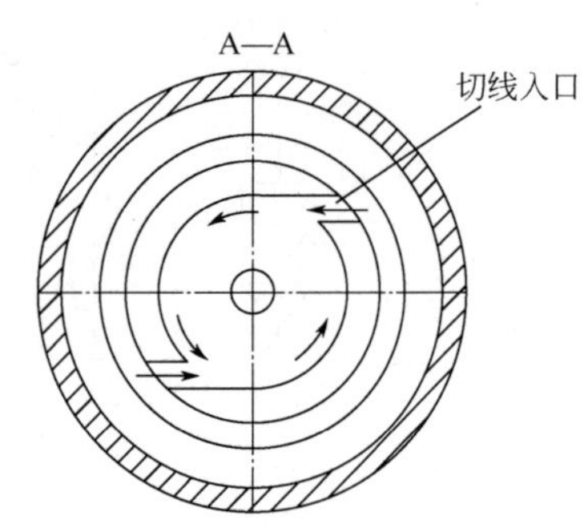

图6-7 压力式雾化器

（2）气流式雾化器

气流式雾化器示于图6-8，料液走中心管，压缩空气或蒸汽走环隙且以很高的速度（200～340m/s）从喷嘴喷出。当料液与气体在喷嘴出口处相接触时，气液两相间的速度差很大，导致两相间产生较大的摩擦力，使料液分散成雾滴。气流式雾化器可以制备5μm以下的细颗粒，但动力消耗较大，处理量较小。

（3）离心式雾化器

离心式雾化器示于图6-9，料液被送入高速旋转（转速为4000～20000r/min）的圆盘中央，料液随圆盘作受迫运动，在离心力作用下，加速向盘的边缘运动，直至从盘的边缘甩出，形成雾滴。圆盘外沿的圆周速度通常为100～160m/s，可用于制备颗粒较细的产品（30～120μm），且产品的粒径均匀。

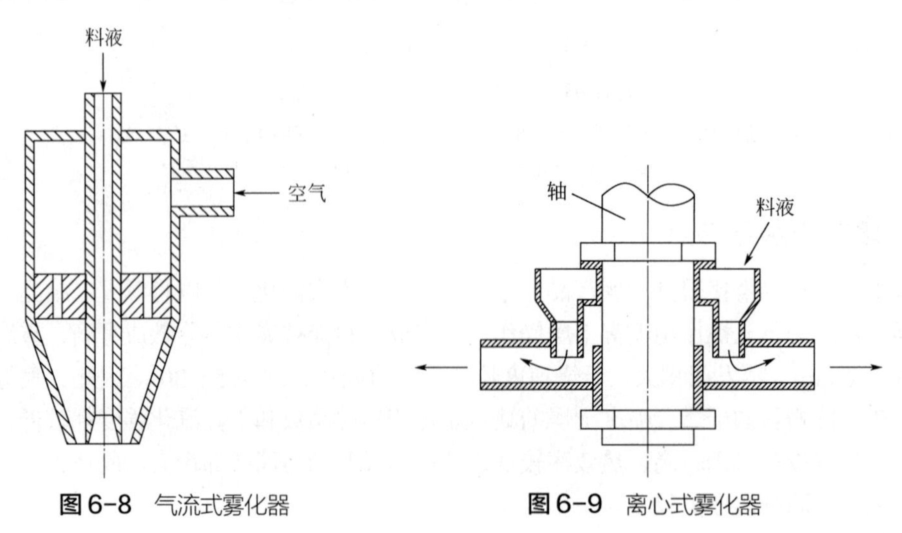

图6-8 气流式雾化器

图6-9 离心式雾化器

6.2.2 喷雾干燥器设计方法

6.2.2.1 喷雾干燥器设计条件确定

（1）喷雾干燥流程确定

喷雾干燥流程可以根据料液性质、产品品质要求及干燥介质特点选择不同的流程布置。常用流程有开放式流程、封闭式流程和半封闭式循环流程等。

1）开放式流程

适用于以空气作为干燥介质的场合。该流程从大气中直接吸取空气，热空气只经过干燥器一次即排回大气。废气的含湿量较高，不含有毒有臭气体，不污染大气。这是应用最广泛的一种流程。

该流程可用一台或两台风机来输送空气。用一台风机时，若风机置于干燥器前面，则整个干燥系统处于正压下操作，要求输送管路、干燥器、气固分离器等密封良好，不能向外漏气漏粉；若风机置于干燥器后面，可能会有外界气体吸入，但粉尘不会泄漏。单风机一般适用于小型喷雾干燥系统。通常，为了保持干燥器内小的负压（–50～–300 Pa）、防止粉尘外扬或干燥系统压差较大时，需采用双风机系统，即一台风机置于干燥器前面送风、另一台风机置于干燥器后面抽风，并用调节阀调节塔内压力。

开放式流程相对简单，但干燥介质的消耗量较大，热损失很大，热效率较低。

2）封闭式流程

适用于料液中的有机溶剂需要回收及易氧化、易燃、易爆或有毒的物料。干燥介质一般为惰性气体（如 NO_2、N_2 等），在干燥系统中不断循环、重复使用，组成一个封闭循环系统（图 6-10）。该流程有利于节约干燥介质，降低热损失，提高热效率。但对系统的气密性要求高，而且干燥器要在低压下操作。此外，在系统中需要添加洗涤-冷凝器，以洗涤气体中的粉尘，避免堵塞加热器，并冷凝回收进入气体中的有机溶剂蒸气。

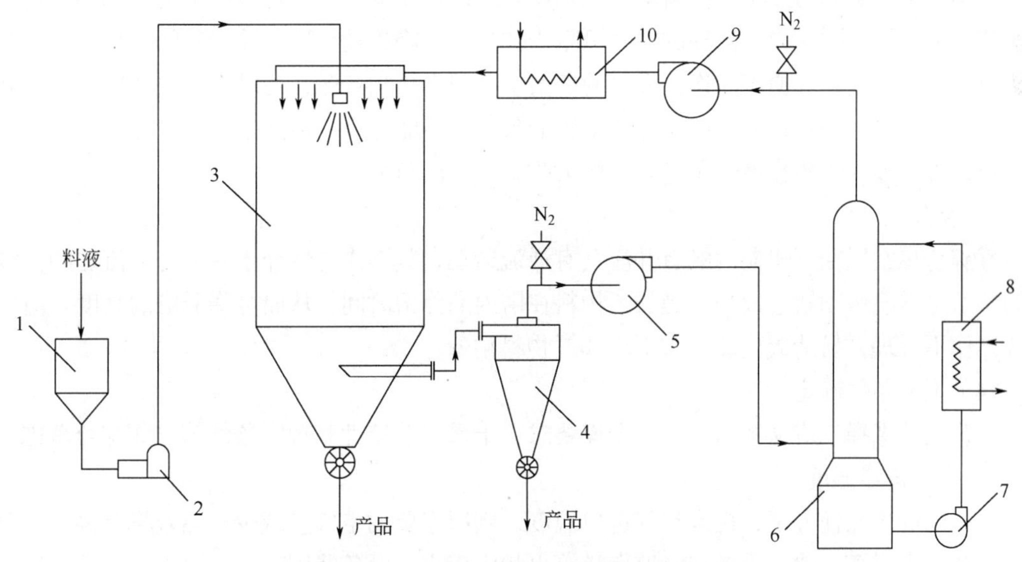

图 6-10 封闭式循环喷雾干燥系统流程

1—料液储槽；2—高压泵；3—干燥器；4—旋风分离器；5—引风机；6—洗涤-冷凝器；7—溶剂循环泵；8—冷却器；9—鼓风机；10—加热器

除了以上两种流程外，还有半封闭式循环系统流程，它的特点介于开放式和封闭式之间。还有其他干燥流程，当需要时可以参考有关资料。

（2）干燥介质确定

干燥介质可根据物料的性质和工厂的实际情况确定。一般采用空气，也可以采用烟道气或惰性气体。

（3）雾滴与热空气的接触方式确定

雾滴和热空气接触，热量由空气传递给雾滴，雾滴吸热后湿分汽化进入空气，传热、传质过程同时进行。料液离开雾化器形成雾滴后，雾滴与空气之间存在明显的速度差，气液两相之间还存在动量传递。因此，雾滴和热空气的接触方式不同，对干燥器内的温度分布、颗粒的运动轨迹、物料在干燥器内的停留时间及产品品质有很大的影响。雾滴和热空气的接触方式可根据物料的性质和干燥要求选择并流、逆流或混合流。

1）并流

干燥器中，雾滴与热空气同向向下流动。雾滴在塔顶与高温低湿的热空气接触，传热、传质推动力大，雾滴中的湿分迅速汽化，空气温度迅速降低。如果干燥处于表面汽化阶段，雾滴保持湿球温度。故并流操作时，允许热空气具有较高的进口温度。在塔底部，产品与低温高湿的废气接触，传热、传质推动力较小。需要关注出口废气的温度和湿度，以防产品吸湿返潮。并流操作废气夹带的粉粒量较多，收尘设备的负荷较大。

另一种并流方式是雾滴与热空气同向向上流动，其操作特性与前者相同。但后者因雾滴和热空气都从塔底送入，当热空气温度不够高或塔内气速较低时，物料会发生严重的粘壁现象。

不论哪种并流方式，干燥器中的物料温度都较低，适于热敏性物料的干燥。

2）逆流

干燥器中，雾滴与热空气的流动方向相反。逆流操作的传热、传质推动力较均匀，传热、传质速率也较大。同时向上流动的空气可阻碍颗粒的下降运动，使其停留时间增长，有利于干燥，热效率相对较高。逆流操作，进口的高温空气与产品相接触，可以最大限度地除去产品中的湿分，但热空气进口温度受产品允许温度的限制，不能过高。逆流操作还需要选择适宜的塔内气速，避免废气中粉粒夹带量过多，增大收尘设备的负荷。

3）混合流

雾滴与热空气在干燥器内既有并流又有逆流运动，其操作特性介于并流与逆流之间。混合流的特点是雾滴运动轨迹较长，延长了物料在塔内的停留时间，从而可降低塔的高度。但若设计或操作不合理，易造成气流分布不均和湿物料粘壁。

（4）工艺条件确定

工艺条件选择，应从物料性质、干燥要求、干燥工艺特性和现实条件等方面综合考虑。

1）空气进口温度

在相同的干燥任务下，提高空气进口温度，则所需要的空气量减少，热效率升高。同时，风机负荷、干燥塔、除尘设备、管道直径等也相应变小，设备费用减少。因此，在保证产品质量的前提下，应尽可能采用高的空气进口温度。此外，还要结合物料的特性、干燥工艺和所选加热介质的温度限制，综合考虑确定空气进口温度。

2）空气出口温度

空气出口温度过高，热损失大，热效率低。但若过低，在空气出口相对湿度较大的情况下，空气可能在干燥器及之后的管道和除尘设备中冷凝出水滴，使产品返潮，影响产品质量，严重时甚至会堵塞设备和管道，破坏干燥器的正常操作。空气出口温度应比露点温度高 20～50℃。一般来说，还应结合产品的特性和工艺要求，综合考虑确定空气出口温度。

3）物料进口温度

物料进口温度应主要根据物料的性质和前序工段的出口温度考虑，不一定是常温。若有的原料液常温下黏度极大，流动性差，雾化极其困难，就需考虑将原料液预热至一定的温度；有的原料液从前序工段出来温度就高于常温，也没有必要再冷却至常温。

4）物料出口温度

出口处，若干燥过程处于表面汽化阶段，物料出口温度等于与之接触的空气的湿球温度；若干燥过程已处于降速干燥阶段，则物料温度一般介于所接触空气的干、湿球温度之间。

5）空气进口湿度

空气的进口湿度取决于当地的气候条件和预热器的加热方式。若预热器为间壁式换热器，空气进口湿度等于当地的大气湿度；若是燃料燃烧产生的热气体，其进口湿度会高于当地的大气湿度，这是由于燃烧生成了水的缘故。

6）空气出口湿度

空气出口湿度与出口温度相关联。在干燥器设计计算时，先根据经验设定出口温度，再由物、热衡算求得出口湿度。为保证产品不出现返潮现象，由出口湿度计算得到露点温度，对出口温度进行校核。（注：出口湿度还和空气用量有关，增加空气用量，出口湿度降低。）

6.2.2.2 喷雾干燥器绝干气体用量

喷雾干燥器绝干气体用量由热量衡算进行计算

$$L_G c_{H1}(t_1 - t_2) = W(r_0 + c_v t_2 - c_w \theta_1) + G_c c_{m2}(\theta_2 - \theta_1) + Q_1$$

喷雾干燥器的热损失 Q_1 可根据经验，取 Q_g 或 Q_m 和 Q_w 之和的 10%左右。汽化水分量 W 由物料衡算确定

$$W = G_c(X_1 - X_2) = L_G(H_2 - H_1)$$

6.2.2.3 压力式雾化器设计

压力式雾化器是目前应用最广泛的雾化器。在此仅介绍压力式雾化器的设计，气流式和离心式雾化器的设计计算见参考文献。

图 6-11 为压力式雾化器内液体的流动示意图。液体以切线方向进入旋转室，强烈旋转后形成环绕半径为 r_c 的空气芯的液膜，沿喷孔喷出。旋转室半径为 R，喷孔直径为 d_0（半径为 r_0），雾化角为 β。切向进口可以是矩形（宽度和高度分别为 b 和 h），也可以是圆形（直径为 d_{in}）。

喷嘴设计的主要内容如下：

① 喷嘴的主要工艺尺寸；

② 雾化角 β、雾滴的水平分速度 u_x 和轴向分速度 u_y；

③ 雾滴的平均直径 d_p。

（1）喷嘴主要尺寸的初步计算

① 根据经验选择雾化角 β 和切向进口的断面形状（下文以矩形示例）。

② 初步假设切向进口个数 n、进口宽度 b、旋转室半径 R。

③ 喷嘴结构参数 A'由下式计算

$$\beta = 43.51\lg(14A') \tag{6-65}$$

由喷嘴结构参数 A'可从图 6-12 查得喷嘴流量系数 C_D；当 $A'<6.0$ 时，由下式计算 C_D

$$C_D = 0.977 - 0.468\lg(14A') \tag{6-66}$$

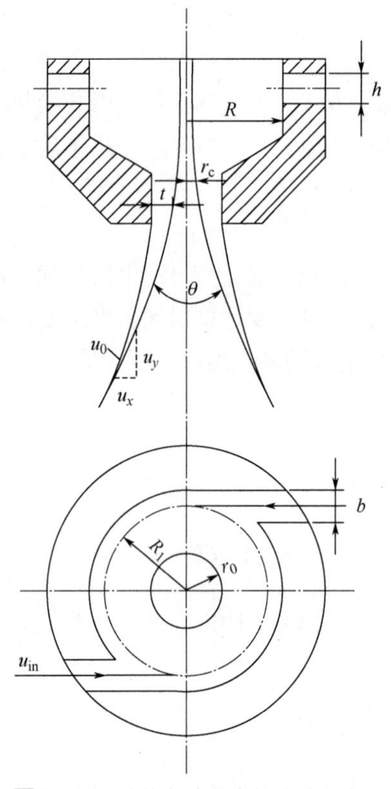

图6-11 液体在喷嘴内的流动示意图

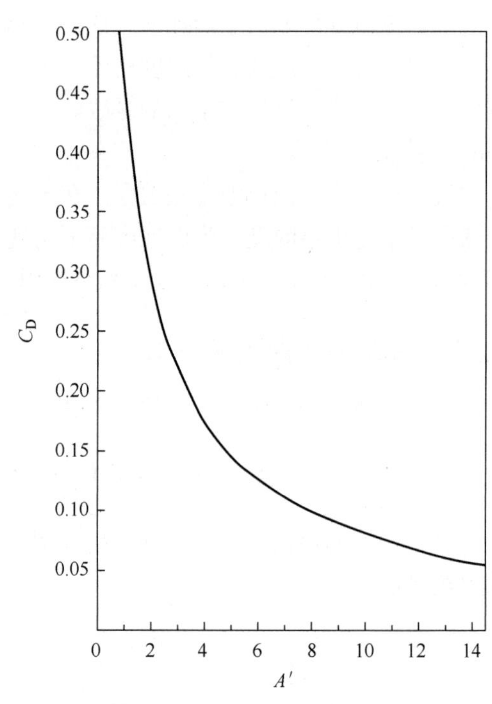

图6-12 C_D与 A'的关联图

④ 根据喷嘴的流量方程式（6-67）计算喷孔直径 d_0，并圆整。

$$Q_0 = C_D \frac{\pi}{4} d_0^2 \sqrt{\frac{2\Delta p}{\rho_l}} \tag{6-67}$$

式中，Q_0 为原料液体积流量，m^3/s；Δp 为喷嘴的操作压力差（或表压），Pa；ρ_l 为料液密度，kg/m^3。

⑤ 根据喷嘴的几何特性方程式（6-68）确定旋转室尺寸。

$$A' = A\left(\frac{r_0}{R_1}\right)^{\frac{1}{2}} = \frac{\pi r_0 R}{A_1}\left(\frac{r_0}{R_1}\right)^{\frac{1}{2}} \tag{6-68}$$

式中，A 为喷嘴的几何特性参数；A_1 为全部切向入口通道的总横截面积，m^2；$(r_0/R_1)^{\frac{1}{2}}$ 为校正系数。

A_1 和 R_1 分别为

$$A_1 = nbh \tag{6-69}$$

$$R_1 = R - \frac{b}{2} \tag{6-70}$$

式中，h 为矩形切向进口高度，m。

由式（6-68）计算得到喷嘴切向进口总横截面积 A_1 后，根据式（6-69）计算得到进口高度 h，并进行圆整。h/b 的适宜范围为 1.3～3。进口导管长度 L 和宽度之比 L/b 为 3 最佳。若 L/b 过大，则流动阻力大；若 L/b 太短，流体在旋转室发生散乱流动，不能均匀旋转。旋转室直径 D 和切向宽度 b 之比 D/b 对喷嘴流量系数 C_D 直接影响不大，可在 2.6～30 的范围内选取。旋转室直径 D 和喷孔直径 d_0 之比 D/d_0 对 C_D 影响很大。喷孔长度 L_0 和直径 d_0 之比 L_0/d_0 取 0.5～1，过长会增加流动阻力损失。

（2）校核计算

由于初步计算过程中对喷孔直径 d_0 和切向进口高度 h 进行了圆整，需用圆整后的 d_0 和 h 进行校核计算。

① 雾化角的校核　根据式（6-68），用圆整后的 d_0 和 h 计算 A'，再由式（6-65）计算雾化角。雾化角应在 40°～60°范围内。因为雾化角越大，雾滴的径向分速度越大，为了避免物料粘壁，所需的干燥塔塔径越大。此外，流量系数 C_D 随雾化角的增大而减小，若雾化角过大，原料液体积流量变小，生产能力降低。

② 切向进口速度 u_{in} 的校核　根据式（6-69），用圆整后的 h 计算 A_1，再根据式（6-71）计算 u_{in}

$$u_{in} = \frac{Q_0}{A_1} \tag{6-71}$$

u_{in} 一般控制在 3～15m/s 的范围内。

③ 喷嘴生产能力的校核　由 A' 计算（或查图）得到 C_D，再由喷嘴流量方程式（6-67）计算原料液的实际流量，即生产能力 Q'。若 $Q'>Q_0$，则能完成生产任务；若 $Q'<Q_0$，不能满足生产要求，需要重新选择或假设，进行计算。

（3）喷嘴孔出口处的液膜速度和液滴直径计算

喷嘴孔出口处的液膜速度直接影响干燥塔的直径和高度设计。液滴尺寸与最终产品的粒度大小相关联，并直接影响液滴与空气的传热、传质速率，进而影响干燥时间。所以当喷嘴尺寸确定后，必须计算喷嘴孔出口处的液膜速度和液滴直径。

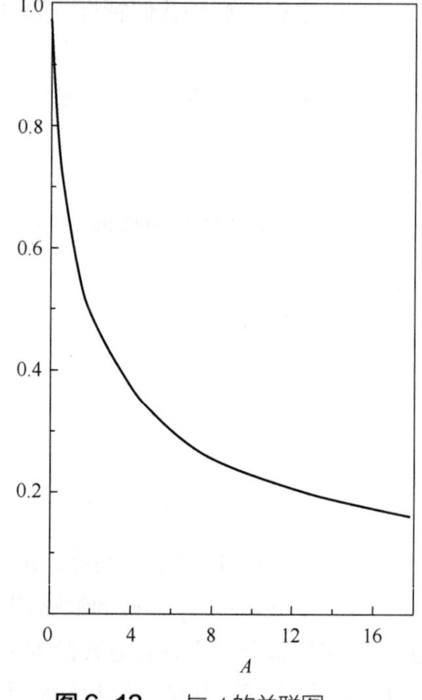

图6-13 a 与 A 的关联图

① 液膜速度、水平分速度和轴向分速度计算 喷嘴孔出口处的液膜速度 u_0

$$u_0 = \frac{Q_0}{\pi({r_0}^2 - {r_c}^2)} \quad (6\text{-}72)$$

式中，r_c 为空气芯半径，m，由式（6-73）计算

$$r_c = r_0\sqrt{1-a} \quad (6\text{-}73)$$

a 为有效截面系数，表示喷嘴孔出口处的液膜流动截面积占整个喷孔截面积的比，反映空气芯的大小。a 与喷嘴几何特性参数 A 有关，具体关联见图 6-13。

液膜速度 u_0 可分解为水平分速度 u_{x0} 和轴向分速度 u_{y0}

$$u_{x0} = u_0 \sin\frac{\beta}{2} \quad (6\text{-}74)$$

$$u_{y0} = u_0 \cos\frac{\beta}{2} \quad (6\text{-}75)$$

② 液滴直径计算 若进料是水，喷嘴孔喷出的是水滴，由式（6-76）可以计算喷出水滴的平均直径 d_w（μm）。

$$d_w = 11260(d_0 + 0.00432)\exp\left(\frac{3.96}{u_m} - 0.0308u_{in}\right) \quad (6\text{-}76)$$

式中，u_m 为自由速度，m/s，由式（6-77）计算

$$u_m = \frac{Q_0}{\frac{\pi}{4}d_0^2} \quad (6\text{-}77)$$

因料液与水的性质差异，需要用式（6-78）对喷出的料液雾滴初始平均直径 d_{p0}（μm）进行修正。

$$d_{p0} = d_w\left(\frac{\sigma_l}{72.8}\right)^{0.5}\left(\frac{\mu_l}{1.0}\right)^{0.2}\left(\frac{1000}{\rho_l}\right)^{0.3} \quad (6\text{-}78)$$

式中，σ_l 为料液的表面张力，N/m；μ_l 为料液的黏度，cP（1cP=1mPa·s，下同）。

6.2.2.4 干燥时间

大多数物料在干燥过程中都会经历两个阶段，即第一（或称恒速）干燥阶段和第二（或称降速）干燥阶段。干燥时间 τ 为恒速干燥段和降速干燥段所需的干燥时间之和。

在计算干燥时间过程中，通常做如下假设：

① 热空气的运动速度可忽略不计，传热阻力主要在气膜。

② 雾滴为球形，干燥过程中无碰撞聚并，也不再分散，因此雾滴个数可视为不变；雾滴在恒速干燥段缩小的体积为蒸发的湿分体积；在降速干燥段，雾滴的直径变化可忽略不计。

③ 雾滴群的干燥特性可以用单一雾滴的干燥行为来描述。

（1）干燥过程临界点的液滴直径确定

计算液滴的干燥时间需要确定临界点的雾滴直径 d_c，可以通过实验测定或估算确定。此处介绍三种确定方法，其他方法可查阅相关文献资料。

方法一：假设在恒速干燥段，液滴平均直径从雾滴的初始平均直径 d_{p0} 缩小至 d_c；在降速干燥段，液滴直径的变化可以忽略不计。测定 d_{p0} 和产品的平均直径，两者比较，即可确定 d_c。

方法二：用 d_{p0} 的 60%～80%来估算 d_c。

方法三：测定液滴尺寸在干燥过程中的变化，找到临界点所对应的液滴尺寸。

（2）液滴干燥时间计算

在恒速干燥段，可以忽略料液中固体的存在对物料表面蒸气压降低的影响，则此阶段的湿分汽化吸热速率就等于空气对流传热速率，则，

$$h\left(\pi d_p^{\ 2}\right)\Delta t_{mI}=\left(\frac{dW'}{d\tau}\right)_I r \tag{6-79}$$

式中，h 为雾滴周围的气膜对流给热系数，W/(m^2・℃)；W'为单个球形雾滴的气化湿分质量，kg；r 为湿分的汽化潜热，kJ/kg，定性温度取热空气的湿球温度；Δt_{mI} 为恒速干燥段空气与液滴的平均传热温差，由式（6-80）计算。

$$\Delta t_{mI}=\frac{(t_1-\theta_1)-(t_c-t_w)}{\ln\dfrac{t_1-\theta_1}{t_c-t_w}} \tag{6-80}$$

式中，t_w 为热空气进干燥器时的湿球温度，℃；t_c 为临界点的空气温度，℃。

取空气对流传热过程的努塞尔数为 2，则

$$h=\frac{2k}{d_p} \tag{6-81}$$

k 为雾滴周围的气膜热导率，W/(m・℃)，定性温度取恒速干燥段的平均气膜温度 t_I，由式（6-84）计算。

根据质量守恒定律

$$dW'=d\left(\frac{\pi}{6}d_p^{\ 3}\rho_w\right) \tag{6-82}$$

式中，ρ_w 为湿分的密度，kg/m^3。

在恒速干燥段由于水分的汽化使雾滴直径由 d_{p0} 缩小至 d_c，将式（6-80）～式（6-82）代入式（6-79），并积分，得到恒速干燥段所需的干燥时间为

$$\tau_{\mathrm{I}}=\frac{r\rho_{\mathrm{w}}\left(d_{\mathrm{p0}}^{2}-d_{\mathrm{c}}^{2}\right)}{8k\Delta t_{\mathrm{mI}}} \tag{6-83}$$

$$t_{\mathrm{I}}=\frac{\frac{t_{1}+t_{\mathrm{c}}}{2}+\frac{\theta_{1}+t_{\mathrm{w}}}{2}}{2}=\frac{t_{1}+t_{\mathrm{c}}+\theta_{1}+t_{\mathrm{w}}}{4} \tag{6-84}$$

降速干燥段除去的是雾滴内部少量的非结合水分和结合水分。因此，降速段的干燥速率主要取决于水分从雾滴内部扩散到表面的速率，由雾滴本身性质所决定。物料的干燥性质不同，在干燥降速阶段具有不同的干燥速率。但在设计计算中，降速段的平均干燥速率$(\mathrm{d}W'/\mathrm{d}\tau)_{\mathrm{II}}$可用式（6-85）表示。

$$\left(\frac{\mathrm{d}W'}{\mathrm{d}\tau}\right)_{\mathrm{II}}=\frac{12k\Delta t_{\mathrm{mII}}G_{\mathrm{c}}'}{rd_{\mathrm{c}}^{2}\rho_{\mathrm{s}}} \tag{6-85}$$

式中，ρ_{s}为干物料的密度，$\mathrm{kg/m^3}$；G_{c}'为单个球形雾滴所含的干燥固体质量，kg。

Δt_{mII}为降速干燥段空气与颗粒的平均传热温差，由式（6-86）计算。

$$\Delta t_{\mathrm{mII}}=\frac{(t_{\mathrm{c}}-t_{\mathrm{w}})-(t_{2}-\theta_{2})}{\ln\frac{t_{\mathrm{c}}-t_{\mathrm{w}}}{t_{2}-\theta_{2}}} \tag{6-86}$$

此处，汽化潜热r的定性温度取热空气的湿球温度与物料出口温度的平均值；热导率k的定性温度取降速干燥段的平均气膜温度t_{II}，由式（6-87）计算。

$$t_{\mathrm{II}}=\frac{\frac{t_{2}+t_{\mathrm{c}}}{2}+\frac{\theta_{2}+t_{\mathrm{w}}}{2}}{2}=\frac{t_{2}+t_{\mathrm{c}}+\theta_{2}+t_{\mathrm{w}}}{4} \tag{6-87}$$

根据式（6-85）计算出降速干燥段干燥速率，再计算单个雾滴在降速干燥段除去的湿分质量，即可求得降速干燥段的干燥时间τ_{II}。

$$\tau_{\mathrm{II}}=\frac{(W'-W_{\mathrm{c}}')rd_{\mathrm{c}}^{2}\rho_{\mathrm{s}}}{12k\Delta t_{\mathrm{mII}}G_{\mathrm{c}}'}=\frac{(W-W_{\mathrm{c}})rd_{\mathrm{c}}^{2}\rho_{\mathrm{s}}}{12k\Delta t_{\mathrm{mII}}G_{\mathrm{c}}} \tag{6-88}$$

式中，W_{c}'为单个球形雾滴在恒速干燥段的汽化湿分质量，kg。

喷雾干燥器总干燥时间τ即为

$$\tau=\tau_{\mathrm{I}}+\tau_{\mathrm{II}} \tag{6-89}$$

需要注意的是，雾滴大小不均匀，具有粒度分布。因此，为了保证所有的雾滴均能达到要求的湿含量，计算所用d_{p}取1.5倍料液雾滴的实际d_{p0}。

6.2.2.5 喷雾干燥塔的塔径及塔高

在喷雾干燥塔内，空气-雾滴的运动是非常复杂的，涉及空气分布器的配置与设计、雾化器的配置与操作、雾滴在干燥时的特性、干燥塔的大小、出料方式以及排气方式等，导致不能准确计算雾滴运动轨迹。但在一些简化情况下，可以确定雾滴运动轨迹，进而确定干燥塔的直径和高度。

为研究雾滴运动，假定：

① 雾滴为均匀的球形，且在干燥过程中不变形。

② 热空气相对雾滴流速非常小，可当作静止的空气来考虑。

雾滴从喷嘴喷出后主要受到重力、浮力和曳力的作用。液滴在空气中运动，合速度为 u，在水平和竖直方向上的速度分量分别为 u_x 和 u_y。在运动方向上，受到空气曳力为 F_d，其方向与运动方向相反。水平方向与运动方向的夹角为 α（$\alpha=90°-\beta/2$），根据雾滴的受力分析，可得到雾滴在水平和竖直方向的运动微分方程。

$$m\left(\frac{\mathrm{d}u_x}{\mathrm{d}\tau}\right)=-F_d\cos\alpha \tag{6-90}$$

$$m\left(\frac{\mathrm{d}u_y}{\mathrm{d}\tau}\right)=mg\left(\frac{\rho_p-\rho_a}{\rho_p}\right)-F_d\sin\alpha \tag{6-91}$$

式中，m 为单个雾滴的质量，kg；ρ_p 为雾滴的密度，kg/m^3；ρ_a 为空气的密度，kg/m^3。

空气曳力 F_d 可表示为

$$F_d=\frac{1}{2}\zeta A_p\rho_a u^2 \tag{6-92}$$

式中，A_p 为雾滴在流体流动方向上的投影面积，由式（6-93）计算；ζ为曳力系数，与颗粒雷诺数 Re_p 相关。颗粒雷诺数的表达式为式（6-94）。

$$A_p=\frac{\pi}{4}d_p^{\ 2} \tag{6-93}$$

$$Re_p=\frac{d_p u\rho_a}{\mu_a} \tag{6-94}$$

式中，μ_a 为空气的黏度，Pa·s。

当 $Re_p<1$ 时，颗粒运动处于层流区

$$\zeta=\frac{24}{Re_p} \tag{6-95}$$

当 $1<Re_p<500$ 时，颗粒运动处于过渡区

$$\zeta=\frac{18.5}{Re_p^{\ 0.6}} \tag{6-96}$$

当 $500<Re_p<2\times10^5$ 时，颗粒运动处于湍流区

$$\zeta \approx 0.44 \tag{6-97}$$

整理后得到

$$\frac{\mathrm{d}u_x}{\mathrm{d}\tau} = -\frac{3\rho_a}{4\rho_p d_p}\zeta_x u_x^2 \tag{6-98}$$

$$\frac{\mathrm{d}u_y}{\mathrm{d}\tau} = \frac{\rho_p - \rho_a}{\rho_p}g - \frac{3\rho_a}{4\rho_p d_p}\zeta_y u_y^2 \tag{6-99}$$

（1）塔径设计

压力式雾化器产生的雾滴以与轴线成 $\beta/2$ 角喷射出来，根据雾滴的初始水平分速度可以近似计算雾滴的水平飞行距离，以确定塔径。塔径的设计除了使雾滴在塔中有足够的停留时间外，还要避免雾滴及半湿润颗粒黏附在塔壁上。由于雾滴直径越大，飞行距离越远，计算所用 d_p 取 2 倍料液雾滴的实际 d_{p0}。

近似取$\zeta_x=\zeta$，将$u_x = \dfrac{\mu_a Re_p}{d_p \rho_a}$代入式（6-98），整理可得

$$\tau = \frac{4\Omega}{3}\int_{Re_p}^{Re_{p0}} \frac{\mathrm{d}Re_p}{\zeta Re_p^2} \tag{6-100}$$

式中

$$\Omega = \frac{d_p^2 \rho_p}{\mu_a} \tag{6-101}$$

$$S_x = \int_0^{\tau} u_x \mathrm{d}\tau = \frac{4 d_p \rho_p}{3\rho_a}\int_{Re_p}^{Re_{p0}} \frac{\mathrm{d}Re_p}{\zeta Re_p} \tag{6-102}$$

式中，Re_{p0}为雾滴的初始径向颗粒雷诺数；Re_p为雾滴的瞬时径向颗粒雷诺数。

由式（6-102）对雾滴的径向颗粒雷诺数从 Re_{p0} 至 0.1 分段积分，得到雾滴由初始水平分速度 u_{x0} 降低到接近于 0 所需的长度 S_x，则塔径 D_T 取 2.1～2.5 倍 S_x，并圆整。

（2）塔高设计

根据雾滴的初始轴向分速度可以近似计算雾滴的轴向飞行距离，以确定塔高。塔高的设计要保证雾滴在塔中有足够的停留时间，即颗粒在塔内的停留时间要大于干燥时间。计算所用 d_p 取 1.5 倍料液雾滴的实际 d_{p0}。

雾滴在干燥塔内向下运动时，由于受空气的阻力作用，在轴线方向速度从初始轴向分速度 u_{y0} 开始逐渐减小，加速度亦逐渐减小并降至零。当雾滴受力平衡时，由减速运动变为匀速运动，直至塔底出口，该匀速运动速度为颗粒沉降速度 u_t。颗粒在塔内的停留时间为减速运动段和匀速运动段的时间之和。塔的最低高度为液滴在减速运动段和匀速运动段的飞行距离之和。

当雾滴做匀速运动时，$\mathrm{d}u_y/\mathrm{d}\tau = 0$，$u_y = u_t$，由式（6-99）可得

$$\frac{\mathrm{d}u_t}{\mathrm{d}\tau} = \frac{\rho_p - \rho_a}{\rho_p}g - \frac{3\rho_a}{4\rho_p d_p}\zeta_t u_t^2 = 0 \tag{6-103}$$

$$u_{\mathrm{t}}=\sqrt{\frac{4d_{\mathrm{p}}\left(\rho_{\mathrm{p}}-\rho_{\mathrm{a}}\right)g}{3\rho_{\mathrm{a}}\zeta_{\mathrm{t}}}} \tag{6-104}$$

雾滴的沉降雷诺数为

$$Re_{\mathrm{t}}=\frac{d_{\mathrm{p}}u_{\mathrm{t}}\rho_{\mathrm{a}}}{\mu_{\mathrm{a}}} \tag{6-105}$$

将式（6-104）和式（6-105）代入式（6-103）并整理，得

$$\phi=\frac{4d_{\mathrm{p}}^{3}(\rho_{\mathrm{p}}-\rho_{\mathrm{a}})\rho_{\mathrm{a}}g}{3\mu_{\mathrm{a}}^{2}}=\zeta_{\mathrm{t}}Re_{\mathrm{t}}^{\ 2} \tag{6-106}$$

根据式（6-106），由雾滴粒径、雾滴和空气的相关物性参数可以计算出ϕ值。再结合不同运动区域的ζ值，由式（6-106）求得沉降雷诺数。

由式（6-105），得到雾滴沉降速度

$$u_{\mathrm{t}}=\frac{Re_{\mathrm{t}}\mu_{\mathrm{a}}}{d_{\mathrm{p}}\rho_{\mathrm{a}}} \tag{6-107}$$

令$B=\dfrac{\mu_{\mathrm{a}}}{d_{\mathrm{p}}\rho_{\mathrm{a}}}$，则

$$u_{\mathrm{t}}=BRe_{\mathrm{t}} \tag{6-108}$$

减速运动段雾滴的飞行时间和距离的计算原理与塔径计算所用的原理一致，计算区间为雾滴由初始轴向分速度u_{y0}降低到沉降速度u_{t}，计算方法采用数值积分法（或图解积分法）。

近似取$\zeta_y=\zeta$，将$u_y=\dfrac{\mu_{\mathrm{a}}Re_{\mathrm{p}}}{d_{\mathrm{p}}\rho_{\mathrm{a}}}$和式（6-101）代入式（6-99），整理可得

$$\tau_1=\frac{4\Omega}{3}\int_{Re_{\mathrm{p}}}^{Re_{\mathrm{p0}}}\frac{\mathrm{d}Re_{\mathrm{p}}}{\zeta Re_{\mathrm{p}}^{\ 2}-\phi} \tag{6-109}$$

当$Re_{\mathrm{p}}<1$时，$\zeta=\dfrac{24}{Re_{\mathrm{p}}}$，则

$$\tau_1=\frac{\Omega}{18}\ln\left(\frac{u_{y0}-u_{\mathrm{t}}}{u_y-u_{\mathrm{t}}}\right) \tag{6-110}$$

当$1<Re_{\mathrm{p}}<500$时，$\zeta=\dfrac{18.5}{Re_{\mathrm{p}}^{\ 0.6}}$，则

$$\tau_1=\frac{4\Omega}{3}\sum_{i=1}^{n-1}\left(\frac{1}{18.5Re_{\mathrm{p}i}^{\ 1.4}-\phi}+\frac{1}{18.5Re_{\mathrm{p}i+1}^{\ 1.4}-\phi}\right)\times\frac{L'}{2} \tag{6-111}$$

式中，L'为对Re_{p}取的积分步长。

当$500<Re_{\mathrm{p}}<2\times10^5$时，$\zeta\approx0.44$，则

$$\tau_1=\frac{\Omega}{\sqrt{\phi}}\ln\left[\frac{\left(0.664Re_{p0}-\sqrt{\phi}\right)\left(0.664Re_p+\sqrt{\phi}\right)}{\left(0.664Re_{p0}+\sqrt{\phi}\right)\left(0.664Re_p-\sqrt{\phi}\right)}\right] \tag{6-112}$$

与塔径的计算方法相同，可求出雾滴减速运动段飞行的距离 S_{y1} 为

$$S_{y1}=\int_0^{\tau_1}u_y\mathrm{d}\tau_1 \tag{6-113}$$

对于匀速运动段，运动速度恒为 u_t，运动时间为 τ_2 为

$$\tau_2=\tau-\tau_1 \tag{6-114}$$

雾滴匀速运动段飞行的距离 S_{y2} 为

$$S_{y2}=u_t\tau_2 \tag{6-115}$$

喷雾干燥塔的最低高度 S_y 为

$$S_y=S_{y1}+S_{y2} \tag{6-116}$$

喷雾干燥塔的有效干燥高度取 1.1～1.5 倍 S_y。喷雾干燥塔的塔高应加上塔内安装喷嘴的高度及出料段的锥形高度。一般锥形高度取 0.5～1 倍塔径。

喷雾干燥塔设计时，通常是在塔径和塔高的计算基础上，先确定塔径，再结合干燥塔的有效容积 V 估算塔高。干燥塔的有效容积可根据容积传热系数 h_V 或容积干燥强度 U_V 进行估算。

若已知 h_V，则干燥塔的有效容积为

$$V=\frac{Q_g}{h_V\Delta t_m} \tag{6-117}$$

式中，Δt_m 为干燥介质与物料表面间的平均温差，℃。

若已知 U_V，则

$$V=\frac{W}{U_V} \tag{6-118}$$

h_V 和 U_V 受多种因素影响，如物质性质、流动状况、操作条件等。设计中可采用实测的实验数据或经验公式计算。

（3）校核

在得到塔径、塔高的初步计算结果后，必须对喷雾干燥塔的空塔气速和热损失进行校核计算。

① 空塔气速校核　空塔气速校核的主要目的是避免空塔气速过高。一旦空塔气速超过了液滴的沉降速度，就会带走较多的颗粒进入气固分离器，增大分离装置的操作负荷。当空塔气速过大时，需增大塔径来满足空塔气速小于液滴沉降速度；当空塔气速小于液滴沉降速度时，则无需调整塔径。

② 热损失校核　在 6.2.2.2 节，热损失是根据经验，取 Q_g 或 Q_m 和 Q_w 之和的 10%左右。在确定干燥塔的塔高、塔径后，需由式（6-119）估算实际热损失 Q_l'。

$$Q_1' = h_T A_T (t_F - t_a) \tag{6-119}$$

式中，h_T为辐射对流联合传热系数，按经验公式（6-120）计算；A_T为设备外表面积，m^2。

$$h_T = 9.4 + 0.052(t_F - t_a) \tag{6-120}$$

式中，t_F为设备外表温度，℃；t_a为大气温度，℃。

若$Q_1'/Q_1 = 0.85\sim1$，则认为热损失Q_1的假设合适，否则重新计算。

6.2.3 喷雾干燥器设计示例

【设计任务】

设计一喷雾干燥塔对浓缩奶进行干燥以制取奶粉。原料浓缩奶的湿含量为55%，要求产品奶粉湿含量为3%，平均粒径在60～100μm。雾化器压强为2000～5000kPa，设计年产量为1800t。建厂地址气候条件：大气压强94.5kPa，常年平均温度20℃，空气相对湿度80%。

【设计计算】

1．设计方案

选择开放式喷雾干燥流程，采用后置单风机系统；

干燥介质采用热空气；

雾滴与热空气选择同向向下流动的并流接触方式；

选择空气进干燥塔温度t_1为150℃，出干燥塔温度t_2为70℃；

浓缩奶进口温度θ_1为50℃，奶粉出口温度θ_2为60℃。

2．喷雾干燥器的物热衡算

浓缩奶干基湿含量 $X_1 = \dfrac{w_1}{1-w_1} = \dfrac{0.55}{1-0.55} = 1.2222$

奶粉干基湿含量 $X_2 = \dfrac{w_2}{1-w_2} = \dfrac{0.03}{1-0.03} = 0.0309$

产品质量流率 $G_2 = \dfrac{1800\times10^3}{330\times24\times3600} = 0.063\text{kg/s}$

绝干物料质量流率 $G_c = G_2(1-w_2) = 0.063\times(1-0.03) = 0.061\text{kg/s}$

浓缩奶质量流率 $G_1 = \dfrac{G_c}{1-w_1} = \dfrac{0.061}{1-0.55} = 0.136\text{kg/s}$

单位时间内汽化的水分质量

$$W = G_1 - G_2 = 0.136 - 0.063 = 0.073\text{kg/s}$$

水分汽化吸热速率

$$Q_w = W(2491.27 + 1.884t_2 - 4.187\theta_1) = 0.073\times(2491.27 + 1.884\times 70 - 4.187\times 50) = 176.207\text{kW}$$

绝干奶粉比热容取 $c_s = 1.790\ \text{kJ/(kg·℃)}$

产品湿比热容 $c_{m2} = c_s + X_2 c_w = 1.790 + 0.0309\times 4.187 = 1.919\ \text{kJ/(kg·℃)}$

牛奶升温吸热 $Q_m = G_c c_{m2}(\theta_2 - \theta_1) = 0.061\times 1.919\times(60-50) = 1.171\text{kW}$

假设干燥塔热损失

$$Q_l = 0.1(Q_w + Q_m) = 0.1\times(176.207 + 1.171) = 17.738\text{kW}$$

水在20℃下的饱和蒸气压

$$p_s = \frac{2}{15}\times\exp\left(18.5916 - \frac{3991.11}{20 + 233.84}\right) = 2.348\text{kPa}$$

空气进口湿度

$$H_0 = 0.622\frac{\varphi p_s}{p - \varphi p_s} = 0.622\times\frac{0.8\times 2.348}{94.5 - 0.8\times 2.348} = 0.0126\text{kg 水汽/kg 绝干气体}$$

空气进口湿比热容

$$c_{H0} = 1.005 + 1.884H_0 = 1.005 + 1.884\times 0.0126 = 1.029\text{kJ/(kg·℃)}$$

绝干空气用量

$$L_G = \frac{Q_w + Q_m + Q_l}{c_{H0}(t_1 - t_2)} = \frac{176.207 + 1.171 + 17.738}{1.029\times(150 - 70)} = 2.370\text{kg/s}$$

间壁加热

$$H_1 = H_0 = 0.0126\text{kg 水汽/kg 绝干气体}$$

空气出口湿度

$$H_2 = H_1 + \frac{W}{L_G} = 0.0126 + \frac{0.073}{2.370} = 0.0434\ \text{kg 水汽/kg 绝干气体}$$

水在70℃下的饱和蒸气压

$$p_{s2} = \frac{2}{15}\times\exp\left(18.5916 - \frac{3991.11}{70 + 233.84}\right) = 31.222\text{kPa}$$

空气出口的相对湿度

$$\varphi_2 = \frac{p}{p_{s2}\left(\dfrac{0.622}{H_2} + 1\right)}\times 100\% = \frac{94.5}{31.222\times\left(\dfrac{0.622}{0.0434} + 1\right)}\times 100\% = 19.74\%$$

空气出口露点温度

$$t_{\mathrm{d}}=\frac{3991.11}{16.58-\ln(\varphi_2 p_{\mathrm{s2}})}-233.84=\frac{3991.11}{16.58-\ln(19.74\%\times 31.222)}-233.84=36.53℃$$

$$t_2-t_{\mathrm{d}}=70-36.53=33.47℃$$

满足空气出口温度应比露点温度高 20～50℃的要求，奶粉不会出现返潮现象。

空气预热器提供热量

$$Q_{\mathrm{p}}=L_{\mathrm{G}}c_{\mathrm{H0}}(t_1-t_0)=2.370\times 1.029\times(150-20)=317.035\mathrm{kW}$$

干燥器热效率

$$\eta=\frac{Q_{\mathrm{w}}+Q_{\mathrm{m}}}{Q_{\mathrm{p}}}=\frac{176.207+1.171}{317.035}=55.95\%$$

3．压力式雾化器的设计

取雾化器喷嘴压力 $\Delta p=4000\mathrm{kPa}$，雾化角 $\beta=45°$，旋转室半径 R=6mm，2 个矩形切向进口，取切向进口宽度 $b=2\mathrm{mm}$，符合 $\frac{2R}{b}$ 在 2.6～30 的范围内的要求。

喷嘴结构参数

$$A'=\frac{10^{\frac{\beta}{43.5}}}{14}=\frac{10^{\frac{45}{43.5}}}{14}=0.773$$

流量系数

$$C_{\mathrm{D}}=0.977-0.468\lg(14A')=0.977-0.468\times\lg(14\times 0.773)=0.493$$

奶粉密度取 ρ_{s}=1632kg/m^3

浓缩奶密度估算 $$\rho_1=\frac{1}{\frac{w_1}{\rho_{\mathrm{w}}}+\frac{1-w_1}{\rho_{\mathrm{s}}}}=\frac{1}{\frac{0.55}{988}+\frac{1-0.55}{1632}}=1201\mathrm{kg/m^3}$$

浓缩奶体积流量 $$Q_0=\frac{G_1}{\rho_1}=\frac{0.136}{1201}=1.13\times 10^{-4}\mathrm{m^3/s}$$

喷孔直径

$$d_0'=\sqrt{\frac{Q_0}{C_{\mathrm{D}}\frac{\pi}{4}\sqrt{\frac{2\Delta p}{\rho_1}}}}=\sqrt{\frac{1.13\times 10^{-4}}{0.493\times\frac{\pi}{4}\times\sqrt{\frac{2\times 4000\times 1000}{1201}}}}\times 1000=1.9\mathrm{mm}$$

喷孔直径圆整后

$$d_0 = 2\text{mm}，\quad r_0 = \frac{d_0}{2} = 1\text{mm}$$

切向入口总横截面积

$$A_1 = \pi \frac{r_0 R}{A'} \sqrt{\frac{r_0}{R - \frac{b}{2}}} = \pi \times \frac{1 \times 6}{0.773} \times \sqrt{\frac{1}{6 - \frac{2}{2}}} = 10.90\text{mm}^2$$

切向进口高度

$$h' = \frac{A_1}{nb} = \frac{10.90}{2 \times 2} = 2.73\text{mm}$$

切向进口高度圆整后

$$h = 2.8\text{mm}，\quad \frac{h}{b} = \frac{2.8}{2} = 1.4$$

满足 $\frac{h}{b} = 1.3 \sim 3$ 的条件。

切向进口长度 $$L = 3b = 3 \times 2 = 6\text{mm}$$

喷嘴长度取 $$L_0 = 1.6\text{mm}$$

则 $$\frac{L_0}{d_0} = \frac{1.6}{2} = 0.8$$

满足 $\frac{L_0}{d_0} = 0.5 \sim 1$ 的条件。

喷嘴结构参数校核

$$A'_{校核} = \pi \frac{r_0 R}{A_{1校核}} \times \sqrt{\frac{r_0}{R - \frac{b}{2}}} = \pi \times \frac{1 \times 6}{2 \times 2 \times 2.8} \times \sqrt{\frac{1}{6 - \frac{2}{2}}} = 0.753$$

喷雾角校核 $$\beta' = 43.5\lg(14A'_{校核}) = 43.5 \times \lg(14 \times 0.753) = 44.5^\circ$$

与假设的雾化角偏差很小，符合雾化角在 40°～60°范围内。

切向进口速度校核

$$u_{in} = \frac{Q_0}{A_{1校核}} = \frac{1.13 \times 10^{-4}}{2 \times 2 \times 2.8 \times 10^{-6}} = 10.09\text{m/s}$$

符合 u_{in} 在 3～15m/s 范围内。。

流量系数校核

$$C_D' = 0.977 - 0.468\lg(14A') = 0.977 - 0.468 \times \lg(14 \times 0.753) = 0.498$$

校正流量

$$Q_0' = C_D \frac{\pi}{4} d_0^2 \sqrt{\frac{2\Delta p}{\rho}} = 0.498 \times \frac{\pi}{4} \times (2 \times 10^{-3})^2 \times \sqrt{\frac{2 \times 4000 \times 10^3}{1201}} = 1.28 \times 10^{-4}\ \mathrm{m^3/s}$$

$$\frac{Q_0'}{Q_0} = \frac{1.28 \times 10^{-4}}{1.13 \times 10^{-4}} = 1.13$$

能完成生产任务。

所设计的雾化器结构见图 6-14。

$$A = A'_{校核} \sqrt{\frac{R - \frac{b}{2}}{r_0}} = 0.753 \times \sqrt{\frac{6 - \frac{2}{2}}{1}} = 1.68$$

由图 6-13 查得，当 $A = 1.68$ 时，有效截面系数 a=0.54。

空气芯半径 $$r_c = r_0 \sqrt{1 - a} = 1 \times \sqrt{1 - 0.54} = 0.68\mathrm{mm}$$

合速度 $$u_0 = \frac{Q_0}{\pi(r_0^2 - r_c^2)} = \frac{1.13 \times 10^{-4}}{\pi \times (1^2 - 0.68^2) \times 10^{-6}} = 66.91\mathrm{m/s}$$

径向分速度 $$u_{x0} = u_0 \sin\frac{\beta}{2} = 66.91 \times \sin\frac{45°}{2} = 25.61\mathrm{m/s}$$

轴向分速度 $$u_{y0} = u_0 \cos\frac{\beta}{2} = 66.91 \times \cos\frac{45°}{2} = 61.82\mathrm{m/s}$$

自由速度 $$u_m = \frac{Q_0}{0.785 d_0^2} = \frac{1.13 \times 10^{-4}}{0.785 \times (2 \times 10^{-3})^2} = 35.99\mathrm{m/s}$$

水滴平均直径 $$d_w = 11260(d_0 + 0.00432)\exp\left(\frac{3.96}{u_m} - 0.0308 u_{in}\right)$$

$$= 11260 \times (2 \times 10^{-3} + 0.00432) \times \exp\left(\frac{3.96}{35.99} - 0.0308 \times 10.09\right) = 58\mu\mathrm{m}$$

浓缩奶的黏度取 μ_1=20cP，表面张力取 $\sigma_1 = 50 \times 10^{-3}$ N/m。

料液雾滴平均直径

$$d_{p0} = d_w \left(\frac{\sigma_1}{72.8}\right)^{0.5} \left(\frac{\mu_1}{1.0}\right)^{0.2} \left(\frac{1000}{\rho_1}\right)^{0.3} = 58 \times \left(\frac{50}{72.8}\right)^{0.5} \times \left(\frac{20}{1.0}\right)^{0.2} \times \left(\frac{1000}{1201}\right)^{0.3} = 83\mu\mathrm{m}$$

奶粉平均直径取 $0.8 d_{p0}$，为 66μm。

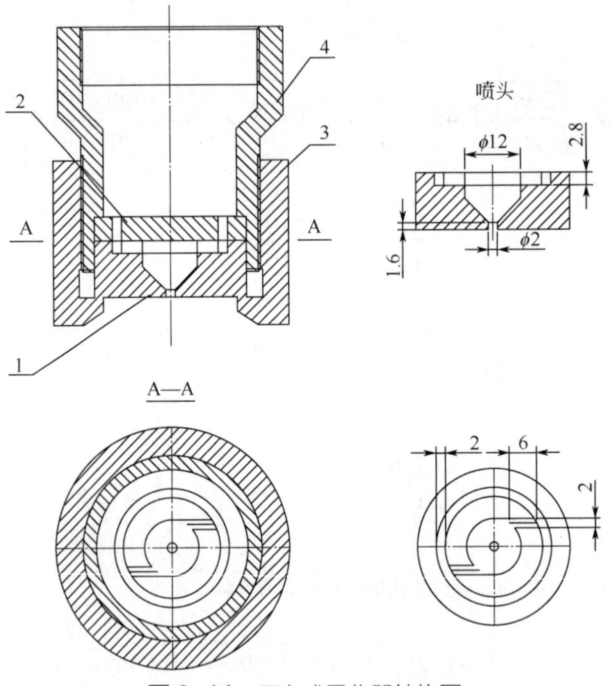

图6-14 压力式雾化器结构图

1—喷头；2—料液分布板；3—喷头底座；4—连接头

4．干燥时间计算

为了保证所有的雾滴均能达到要求的湿含量，计算所用 d_{p0} 取 1.5 倍的实际 d_{p0}，且用 $1.5d_{p0}$ 的 80%来估算 d_c

$$d_c = 0.8 \times 1.5 d_{p0} = 0.8 \times 1.5 \times 83 = 100\mu m$$

按 $1.5d_{p0}$ 计算的雾滴粒数

$$n = \frac{Q_0}{\frac{\pi}{6}\left(1.5d_{p0}\right)^3} = \frac{1.13 \times 10^{-4}}{\frac{\pi}{6} \times \left(1.5 \times 83\right)^3 \times 10^{-18}} = 1.119 \times 10^8 \text{ 颗/s}$$

一个球形雾滴在恒速干燥段的水分汽化质量

$$W_c' = \frac{\pi}{6} \times \left[\left(1.5d_{p0}\right)^3 - d_c^{\ 3}\right]\rho_w = \frac{\pi}{6} \times \left[\left(1.5 \times 83\right)^3 - 100^3\right] \times 10^{-18} \times 988 = 4.81 \times 10^{-10} \text{kg}$$

恒速干燥段水分汽化速率

$$W_c = nW_c' = 1.119 \times 10^8 \times 4.81 \times 10^{-10} = 0.054 \text{kg/s}$$

临界湿含量
$$X_c = X_1 - \frac{W_c}{G_c} = 1.2222 - \frac{0.054}{0.061} = 0.3370$$

空气临界湿度

$$H_c = \frac{W_c}{L_G} + H_1 = \frac{0.054}{2.370} + 0.0126 = 0.0354\text{kg 水汽/kg 绝干气体}$$

在恒速干燥段，空气降温放出的热量用于水分汽化和补偿设备热损失。假设热损失取水分汽化热的 10%，则

$$L_G c_{H0}(t_1 - t_c) = 1.1W_c(2491.27 + 1.884t_c - 4.187\theta_1)$$

由此即可求得临界点的空气温度

$$t_c = \frac{t_1 - 1.1W_c/(L_G c_{H0}) \times (2491.27 - 4.187\theta_1)}{1 + 1.884 \times 1.1W_c/(L_G c_{H0})}$$
$$= \frac{150 - 1.1 \times 0.054/(2.370 \times 1.029) \times (2491.27 - 4.187 \times 50)}{1 + 1.884 \times 1.1 \times 0.054/(2.370 \times 1.029)} = 90.28℃$$

计算湿球温度 t_w

$$t_w = 150 - r_w(H_w - 0.0126)$$

$$r_w = 2491.27 - 2.30285t_w$$

$$H_w = \frac{0.622p_w}{94.5 - p_w}$$

$$p_w = \frac{2}{15}\exp\left(18.5916 - \frac{3991.11}{t_w + 233.84}\right)$$

将以上 4 个式子联立，采用试差法解得湿球温度 t_w=41.56℃。
恒速干燥段水分汽化潜热

$$r_1 = 2491.27 - 2.30285t_w = 2491.27 - 2.30285 \times 41.56 = 2395.56\text{kJ/kg}$$

k_{I}的定性温度

$$t_{\text{I}} = \frac{t_1 + t_c + \theta_1 + t_w}{4} = \frac{150 + 90.28 + 50 + 41.56}{4} = 82.96℃$$

空气热导率估算公式为

$$k = 0.01 \times \left(2.436 + 0.007835t - 0.00000225t^2\right)$$

恒速干燥段空气热导率

$$k_{\text{I}} = 0.01 \times \left(2.436 + 0.007835 \times 82.96 - 0.00000225 \times 82.96^2\right) = 0.0307\text{W/(m} \cdot \text{K)}$$

恒速干燥段传热推动力

$$\Delta t_{\text{mI}} = \frac{(t_1 - \theta_1) - (t_c - t_w)}{\ln\frac{t_1 - \theta_1}{t_c - t_w}} = \frac{(150 - 50) - (90.28 - 41.56)}{\ln\frac{150 - 50}{90.28 - 41.56}} = 71.31℃$$

恒速干燥段干燥时间

$$\tau_{\mathrm{I}}=\frac{r_{\mathrm{I}}\rho_{\mathrm{w}}\left[(1.5D_{\mathrm{p0}})^2-D_{\mathrm{c}}^2\right]}{8k\Delta t_{\mathrm{mI}}}=\frac{2395.56\times1000\times988^2\times\left[(1.5\times83)^2-100^2\right]\times10^{-12}}{8\times0.0307\times71.31}=0.74\mathrm{s}$$

降速干燥段水分汽化潜热

$$r_{\mathrm{II}}=2491.27-2.30285\frac{t_{\mathrm{w}}+\theta_2}{2}=2491.27-2.30285\times\frac{41.56+60}{2}=2374.37\mathrm{kJ/kg}$$

k_{II}的定性温度

$$t_{\mathrm{II}}=\frac{t_2+t_{\mathrm{c}}+\theta_2+t_{\mathrm{w}}}{4}=\frac{70+90.28+60+41.56}{4}=65.46℃$$

降速干燥段空气热导率

$$k_{\mathrm{II}}=0.01\times\left(2.436+0.007835\times65.46-0.00000225\times65.46^2\right)=0.0294\ \mathrm{W/(m\cdot K)}$$

降速干燥段传热推动力

$$\Delta t_{\mathrm{mII}}=\frac{(t_{\mathrm{c}}-t_{\mathrm{w}})-(t_2-\theta_2)}{\ln\dfrac{t_{\mathrm{c}}-t_{\mathrm{w}}}{t_2-\theta_2}}=\frac{(90.28-41.56)-(70-60)}{\ln\dfrac{90.28-41.56}{70-60}}=24.45℃$$

降速干燥段干燥时间

$$\tau_{\mathrm{II}}=\frac{(W-W_{\mathrm{c}})r_{\mathrm{II}}d_{\mathrm{c}}^{2}\rho_{\mathrm{s}}}{12k\Delta t_{\mathrm{mII}}G_{\mathrm{c}}}=\frac{(0.073-0.054)\times2374.37\times1000\times100^2\times10^{-12}\times1632}{12\times0.0294\times24.45\times0.061}=1.40\mathrm{s}$$

$$\tau=\tau_{\mathrm{I}}+\tau_{\mathrm{II}}=0.74+1.40=2.14\mathrm{s}$$

5．喷雾干燥塔的塔径计算

计算颗粒密度取奶粉和雾滴的平均密度

$$\rho_{\mathrm{p}}=\frac{\rho_{\mathrm{s}}+\rho_{\mathrm{l}}}{2}=\frac{1632+1201}{2}=1417\mathrm{kg/m^3}$$

干燥塔内空气平均湿度

$$H_{\mathrm{m}}=\frac{H_1+H_2}{2}=\frac{0.0126+0.0434}{2}=0.028\mathrm{kg}\ 水汽/\mathrm{kg}\ 绝干气体$$

干燥塔内空气平均温度

$$t_{\mathrm{m}}=\frac{t_1+t_2}{2}=\frac{150+70}{2}=110℃$$

干燥塔内空气平均湿比体积

$$v_{\mathrm{Hm}}=(0.287+0.462H_{\mathrm{m}})\frac{t_{\mathrm{m}}+273}{p}=(0.287+0.462\times0.028)\times\frac{110+273}{94.5}=1.2156\mathrm{m^3/kg}$$

干燥塔内空气平均密度

$$\rho_a = \frac{1+H_m}{v_{Hm}} = \frac{1+0.028}{1.2156} = 0.8457\text{kg/m}^3$$

空气黏度估算公式

$$\mu_a \times 10^5 = 0.0043t_m + 1.760$$

干燥塔内空气平均黏度

$$\mu_a = (0.0043\times110+1.760)\times10^{-5} = 2.233\times10^{-5}\text{Pa}\cdot\text{s}$$

计算所用 d_p 取 2 倍料液雾滴的实际 d_{p0}。初始径向雷诺数

$$Re_{p0} = \frac{d_{p0}u_{x0}\rho_a}{\mu_a} = \frac{2\times83\times10^{-6}\times25.61\times0.8457}{2.233\times10^{-5}} = 161$$

雾滴水平飞行时间

$$\tau = \frac{4\Omega}{3}\int_{Re_p}^{Re_{p0}} \frac{\mathrm{d}Re_p}{\zeta Re_p^{\ 2}}$$

雾滴水平飞行距离

$$S_x = \int_0^{\tau} u_x \mathrm{d}\tau = \frac{4d_p\rho_p}{3\rho_a}\int_{Re_p}^{Re_{p0}} \frac{\mathrm{d}Re_p}{\zeta Re_p}$$

$$\Omega = \frac{d_p^2\rho_p}{\mu_a} = \frac{(2\times83)^2\times10^{-12}\times1417}{2.233\times10^{-5}} = 1.749$$

对 τ 和 S_x 进行数值积分计算，积分上限为 $Re_{p0}=161$，下限取 $Re_p=0.1$。此积分区域涉及层流区和过渡区，需以 $Re_p=1$ 为分界线分成两段进行数值积分。当 $1<Re_p\leqslant161$ 时，过渡区，$\zeta=\frac{18.5}{Re_p^{\ 0.6}}$。当 $Re_p<1$ 时，层流区，$\zeta=\frac{24}{Re_p}$。

在 Re_p 为 130～161 区间进行计算，当 $Re_p=161$ 时

$$\frac{1}{\zeta Re_p^2} = \frac{1}{18.5\times161^{1.4}} = 4.398\times10^{-5}$$

$$u_x = u_{x0} = 25.61\text{m/s}$$

同理，当 $Re_p=130$ 时

$$\frac{1}{\zeta Re_p^2} = \frac{1}{18.5\times130^{1.4}} = 5.933\times10^{-5}$$

$$u_x = \frac{Re_p\mu_a}{d_p\rho_a} = \frac{130\times2.233\times10^{-5}}{2\times83\times10^{-6}\times0.8457} = 20.68\text{m/s}$$

在 Re_p 为 130～161 区间积分，得到

$$\tau = \frac{4\Omega}{3}\int_{130}^{161}\frac{\mathrm{d}Re_{\mathrm{p}}}{\zeta Re_{\mathrm{p}}{}^{2}} = \frac{4}{3}\times 1.749\times\frac{1}{2}\times(4.398+5.933)\times 10^{-5}\times(161-130) = 3.733\times 10^{-3}\,\mathrm{s}$$

$$S_x = \frac{1}{2}\times(25.61+20.68)\times(3.733\times 10^{-3}-0) = 0.086\mathrm{m}$$

同理，在 Re_{p} 为 100～130 区间进行计算，当 $Re_{\mathrm{p}} = 100$ 时

$$\frac{1}{\zeta Re_{\mathrm{p}}^{2}} = \frac{1}{18.5\times 100^{1.4}} = 8.567\times 10^{-5}$$

$$u_x = \frac{Re_{\mathrm{p}}\mu_{\mathrm{a}}}{d_{\mathrm{p}}\rho_{\mathrm{a}}} = \frac{100\times 2.233\times 10^{-5}}{2\times 83\times 10^{-6}\times 0.8457} = 15.91\mathrm{m/s}$$

在 Re_{p} 为 100～130 区间积分，得到

$$\tau = \frac{4\Omega}{3}\int_{100}^{130}\frac{\mathrm{d}Re_{\mathrm{p}}}{\zeta Re_{\mathrm{p}}{}^{2}} = \frac{4}{3}\times 1.749\times\frac{1}{2}\times(5.933+8.567)\times 10^{-5}\times(130-100) = 5.071\times 10^{-3}\,\mathrm{s}$$

$$S_x = \frac{1}{2}\times(20.68+15.91)\times 5.071\times 10^{-3} = 0.093\mathrm{m}$$

其他积分区间的计算亦同理，但需要注意计算区间对应的 ζ 取值。计算时，积分步长减小，计算量增大，但计算精度提高。Re_{p} 较大，处于过渡区时，积分步长可适度取大；处于层流区时，积分步长需要取小。计算结果列于表 6-3。

运动时间 $\tau = 0.54\mathrm{s}$，塔径

$$D_{\mathrm{T}}' = 2.4\Sigma S_x = 2.4\times 0.76 = 1.82\mathrm{m}$$

塔径圆整后 $$D_{\mathrm{T}} = 1.9\mathrm{m}$$

表 6-3 雾滴的水平飞行时间和距离计算

Re	u_x /(m/s)	$1/(\zeta Re_{\mathrm{p}}^2)$	τ /s	S_x /m
161	25.61	4.398×10^{-5}	0	0
130	20.68	5.933×10^{-5}	3.733×10^{-3}	0.086
100	15.91	8.567×10^{-5}	5.071×10^{-3}	0.093
70	11.31	1.412×10^{-4}	7.934×10^{-3}	0.108
40	6.36	3.090×10^{-4}	1.574×10^{-2}	0.139
20	3.18	8.154×10^{-4}	2.622×10^{-2}	0.125
10	1.59	2.152×10^{-3}	3.459×10^{-2}	0.082
5	0.80	5.679×10^{-3}	4.565×10^{-2}	0.055
4	0.64	7.761×10^{-3}	1.567×10^{-2}	0.011

续表

Re	u_x /(m/s)	$1/(\zeta Re_p^2)$	τ /s	S_x /m
3	0.48	1.161×10^{-2}	2.258×10^{-2}	0.013
2	0.32	2.048×10^{-2}	3.741×10^{-2}	0.015
1	0.16	5.405×10^{-2}	8.688×10^{-2}	0.021
0.7	0.11	5.952×10^{-2}	3.972×10^{-2}	0.005
0.4	0.06	1.042×10^{-1}	5.726×10^{-2}	0.005
0.3	0.05	1.389×10^{-1}	2.834×10^{-2}	0.002
0.2	0.03	2.083×10^{-1}	4.047×10^{-2}	0.002
0.1	0.02	4.167×10^{-1}	7.286×10^{-2}	0.002

6. 喷雾干燥塔塔高计算

计算所用 d_p 取 1.5 倍料液雾滴的实际 d_{p0}。

减速运动段运动时间

$$\tau_1 = \frac{4A}{3}\int_{Re_p}^{Re_{p0}} \frac{dRe_p}{\zeta Re_p^{\ 2} - \phi}$$

飞行的距离

$$S_{y1} = \int_0^{\tau_1} u_y d\tau_1$$

初始轴向雷诺数

$$Re_{p0} = \frac{d_p u_{y0} \rho_a}{\mu_a} = \frac{1.5\times83\times10^{-6}\times61.82\times0.8457}{2.233\times10^{-5}} = 291$$

$$\phi = \frac{4d_p^3(\rho_p - \rho_a)\rho_a g}{3\mu_a^2} = \frac{4\times(1.5\times83)^3\times10^{-18}\times(1417-0.8457)\times0.8457\times9.81}{3\times2.233^2\times10^{-10}} = 60.63$$

假设 Re_t 处于过渡区

$$\zeta_t = \frac{18.5}{Re_t^{0.6}}$$

代入 $\phi = \zeta_t Re_t^{\ 2}$，得

$$\phi = \frac{18.5}{Re_t^{0.6}} Re_t^2 = 60.63$$

解得

$$Re_t = 2.33$$

$1 < Re_t < 500$，处于过渡区的假设成立。

$$B = \frac{\mu_a}{d_p \rho_a} = \frac{2.233\times10^{-5}}{1.5\times83\times10^{-6}\times0.8457} = 0.2121$$

雾滴沉降速度

$$u_t = BRe_t = 0.2121\times2.33 = 0.49\text{m/s}$$

$$\Omega=\frac{d_{\mathrm{p}}^{2}\rho_{\mathrm{p}}}{\mu_{\mathrm{a}}}=\frac{(1.5\times 83)^{2}\times 10^{-12}\times 1417}{2.233\times 10^{-5}}=0.984$$

对 τ_1 和 S_{y1} 进行数值积分计算，积分上限为 $Re_{\mathrm{p0}}=291$，下限为 $Re_{\mathrm{t}}=2.34$。此积分区域

$$\zeta=\frac{18.5}{Re_{\mathrm{p}}^{0.6}}$$

在 Re_{p} 为 250～291 区间进行计算

当 $Re_{\mathrm{p}}=291$ 时
$$\frac{1}{\zeta Re_{\mathrm{p}}^{2}-\phi}=\frac{1}{18.5\times 291^{1.4}-60.63}=1.923\times 10^{-5}$$

$$u_y=u_{y0}=61.82\mathrm{m/s}$$

同理，$Re_{\mathrm{p}}=250$ 时

$$\frac{1}{\zeta {Re_{\mathrm{p}}}^{2}-\phi}=\frac{1}{18.5\times 250^{1.4}-60.63}=2.379\times 10^{-5}$$

$$u_y=BRe_{\mathrm{p}}=0.2121\times 250=53.03\mathrm{m/s}$$

在 Re_{p} 为 250～291 区间积分，得到

$$\tau=\frac{4\Omega}{3}\int_{250}^{291}\frac{\mathrm{d}Re_{\mathrm{p}}}{\zeta {Re_{\mathrm{p}}}^{2}-\phi}=\frac{4}{3}\times 0.984\times\frac{1}{2}\times(1.923+2.379)\times 10^{-5}\times(291-250)=1.157\times 10^{-3}\mathrm{s}$$

$$S_y=\frac{1}{2}\times(61.82+53.03)\times(1.157\times 10^{-3}-0)=0.066\mathrm{m}$$

同理，在 Re_{p} 为 200～250 区间进行计算，当 $Re_{\mathrm{p}}=200$ 时

$$\frac{1}{\zeta {Re_{\mathrm{p0}}}^{2}-\phi}=\frac{1}{18.5\times 200^{1.4}-60.63}=3.253\times 10^{-5}$$

$$u_y=BRe_{\mathrm{p}}=0.2121\times 200=42.42\mathrm{m/s}$$

在 Re_{p} 为 200～250 区间积分，得到

$$\tau=\frac{4\Omega}{3}\int_{200}^{250}\frac{\mathrm{d}Re_{\mathrm{p}}}{\zeta {Re_{\mathrm{p}}}^{2}-\phi}=\frac{4}{3}\times 0.984\times\frac{1}{2}\times(2.379+3.253)\times 10^{-5}\times(250-200)=1.847\times 10^{-3}\mathrm{s}$$

$$S_y=\frac{1}{2}\times(53.03+42.42)\times 1.847\times 10^{-3}=0.088\mathrm{m}$$

其他积分区间的计算亦同理，计算结果列于表 6-4。

减速运动段运动时间

$$\tau_1=\Sigma\tau=0.15\mathrm{s}$$

减速运动段飞行距离

$$S_{y1} = \Sigma S_y = 0.82\text{m}$$

匀速运动段距离

$$S_{y2}=u_t\left(\tau-\tau_1\right)=0.49\times\left(2.13-0.15\right)=0.97\text{m}$$

最低干燥高度

$$S_y=S_{y1}+S_{y2}=0.82+0.97=1.79\text{m}$$

喷雾干燥塔的有效干燥高度取 1.25 倍 S_y，塔顶部安装喷嘴的高度取 0.5m，塔底的料锥高度取 1.6m，则实际塔高

$$H_T'=0.5+1.25S_y+D_T=0.5+1.25\times1.79+1.6=4.34\text{m}$$

塔高圆整后 $$H_T=4.4\text{m}$$

表 6-4 减速运动段雾滴的运动时间和飞行距离计算

Re	u_y /(m/s)	$1/(\zeta Re_p^2-\phi)$	τ /s	H /m
291	61.82	1.923×10^{-5}	0	0
250	53.03	2.379×10^{-5}	1.157×10^{-3}	0.066
200	42.42	3.253×10^{-5}	1.847×10^{-3}	0.088
150	31.82	4.871×10^{-5}	2.665×10^{-3}	0.099
100	21.21	8.612×10^{-5}	4.422×10^{-3}	0.117
70	14.85	1.424×10^{-4}	4.497×10^{-3}	0.081
40	8.48	3.149×10^{-4}	9.000×10^{-3}	0.105
20	4.24	8.578×10^{-4}	1.539×10^{-2}	0.098
10	2.12	2.475×10^{-3}	2.186×10^{-2}	0.070
5	1.06	8.661×10^{-3}	3.653×10^{-2}	0.058
4	0.85	1.466×10^{-2}	1.530×10^{-2}	0.015
3	0.64	3.922×10^{-2}	3.535×10^{-2}	0.026
2.33	0.49	∞		

7．校核计算

（1）空塔气速校核计算

空塔气速

$$u=\frac{L_G}{\frac{\pi}{4}D_T^{\ 2}\rho_a}=\frac{2.370}{\frac{\pi}{4}\times1.9^2\times0.8457}=0.99\text{m/s}>u_t$$

空塔气速过大，需增大塔径，以满足空塔气速小于雾滴沉降速度。取塔径 D_T 为 2.8m，则

$$u=\frac{L_G}{\frac{\pi}{4}D_T^2\rho_a}=\frac{2.370}{\frac{\pi}{4}\times2.8^2\times0.8457}=0.46\text{m/s}<u_t$$

（2）热损失校核计算

干燥塔外表面面积近似估算

$$F=\frac{\pi D_T^2}{2}+\pi D_T H_T=\frac{\pi\times2.8^2}{2}+\pi\times2.8\times4.4=50.99\text{m}^2$$

假设干燥塔外壁壁面温度 $t_F=50℃$

干燥塔实际热损失

$$Q_l'=\left[9.4+0.052(t_F-t_a)\right]A_T(t_F-t_a)=\left[9.4+0.052\times(50-20)\right]\times50.99\times(50-20)\times10^{-3}=16.767\text{kW}$$

$$\frac{Q_l'}{Q_l}=\frac{16.767}{17.738}=0.945$$

满足 $Q_l'/Q_l=0.85\sim1$ 的条件。

绝干空气的实际用量

$$L_G=\frac{Q_w+Q_m+Q_l}{c_{H0}(t_1-t_2)}=\frac{176.207+1.171+16.767}{1.029\times(150-70)}=2.358\text{kg/s}$$

绝干空气的实际用量与初算用量相差极小。因此，不再进行空气的出口湿度校核。

8．接管尺寸计算

（1）空气进口管

空气进口体积流量

$$V_1=L_G v_1=2.358\times(0.287+0.462\times0.0126)\times\frac{150+273}{94.5}=3.091\text{m}^3/\text{s}$$

取管内空气流速为 20m/s，则进口管直径

$$d_{1a}=\sqrt{\frac{4V_1}{\pi u_1}}=\sqrt{\frac{4\times3.091}{20\pi}}=0.444\text{m}=444\text{mm}$$

选无缝钢管 ϕ480×10mm。

（2）空气出口管

空气出口体积流量

$$V_2=L_G v_2=2.358\times(0.287+0.462\times0.0434)\times\frac{70+273}{94.5}=2.628\text{m}^3/\text{s}$$

取管内空气流速为 18m/s，则出口管直径

$$d_{2a}=\sqrt{\frac{4V_2}{\pi u_2}}=\sqrt{\frac{4\times 2.628}{18\pi}}=0.431\text{m}=431\text{mm}$$

选无缝钢管ϕ480×10mm。

（3）浓缩奶进料管

浓缩奶体积流量

$$Q_0=1.13\times10^{-4}\ \text{m}^3/\text{s}$$

取管内浓缩奶流速为0.6m/s，则进口管直径

$$d_{1n}=\sqrt{\frac{Q_0}{\pi u_{1n}}}=\sqrt{\frac{4\times 1.13\times 10^{-4}}{0.6\pi}}=0.015\text{m}=15\text{mm}$$

选无缝钢管ϕ32×8mm。

9．设计结果一览表

奶粉喷雾干燥器设计结果示于表6-5。

表6-5 奶粉喷雾干燥器设计结果一览表

<table>
<tr><th>项目</th><th colspan="2">质量流率/（kg/s）</th><th colspan="2">湿含量/%</th><th colspan="2">温度/℃</th><th colspan="2">密度/（kg/m³）</th><th>平均直径/μm</th></tr>
<tr><td>原料</td><td colspan="2">0.136</td><td colspan="2">55</td><td colspan="2">50</td><td colspan="2">1201</td><td>83</td></tr>
<tr><td>产品</td><td colspan="2">0.063</td><td colspan="2">3</td><td colspan="2">60</td><td colspan="2">1632</td><td>66</td></tr>
<tr><td rowspan="2">空气</td><td colspan="2">入塔温度/℃</td><td colspan="2">出塔温度/℃</td><td colspan="2">加热源</td><td colspan="2">所需热量/kW</td><td>出口湿度/（kg水汽/kg绝干气体）</td></tr>
<tr><td colspan="2">150</td><td colspan="2">70</td><td colspan="2">水蒸气</td><td colspan="2">317.035</td><td>0.0434</td></tr>
<tr><td rowspan="3">雾化器</td><td rowspan="2">雾化方法</td><td colspan="6">喷嘴尺寸/mm</td><td rowspan="2">雾化角/（°）</td><td rowspan="2">雾化器喷嘴压力/kPa</td></tr>
<tr><td>R</td><td>b</td><td>L</td><td>h</td><td>d_0</td><td>L_0</td></tr>
<tr><td>压力式喷嘴</td><td>6</td><td>2</td><td>6</td><td>2.8</td><td>2</td><td>1.6</td><td>45</td><td>4000</td></tr>
<tr><td rowspan="2">干燥塔</td><td colspan="3">塔径/m</td><td colspan="3">塔高/m</td><td colspan="3">热效率/%</td></tr>
<tr><td colspan="3">1.9</td><td colspan="3">4.4</td><td colspan="3">55.95</td></tr>
</table>

10．附属设备选型

参阅本章第6.1.4节和6.1.4节第（6）条进行附属设备选型。

6.2.4 喷雾干燥系统工艺流程图和设备工艺条件图

奶粉喷雾干燥系统工艺流程图见图6-15，喷雾干燥塔工艺条件图见图6-16。

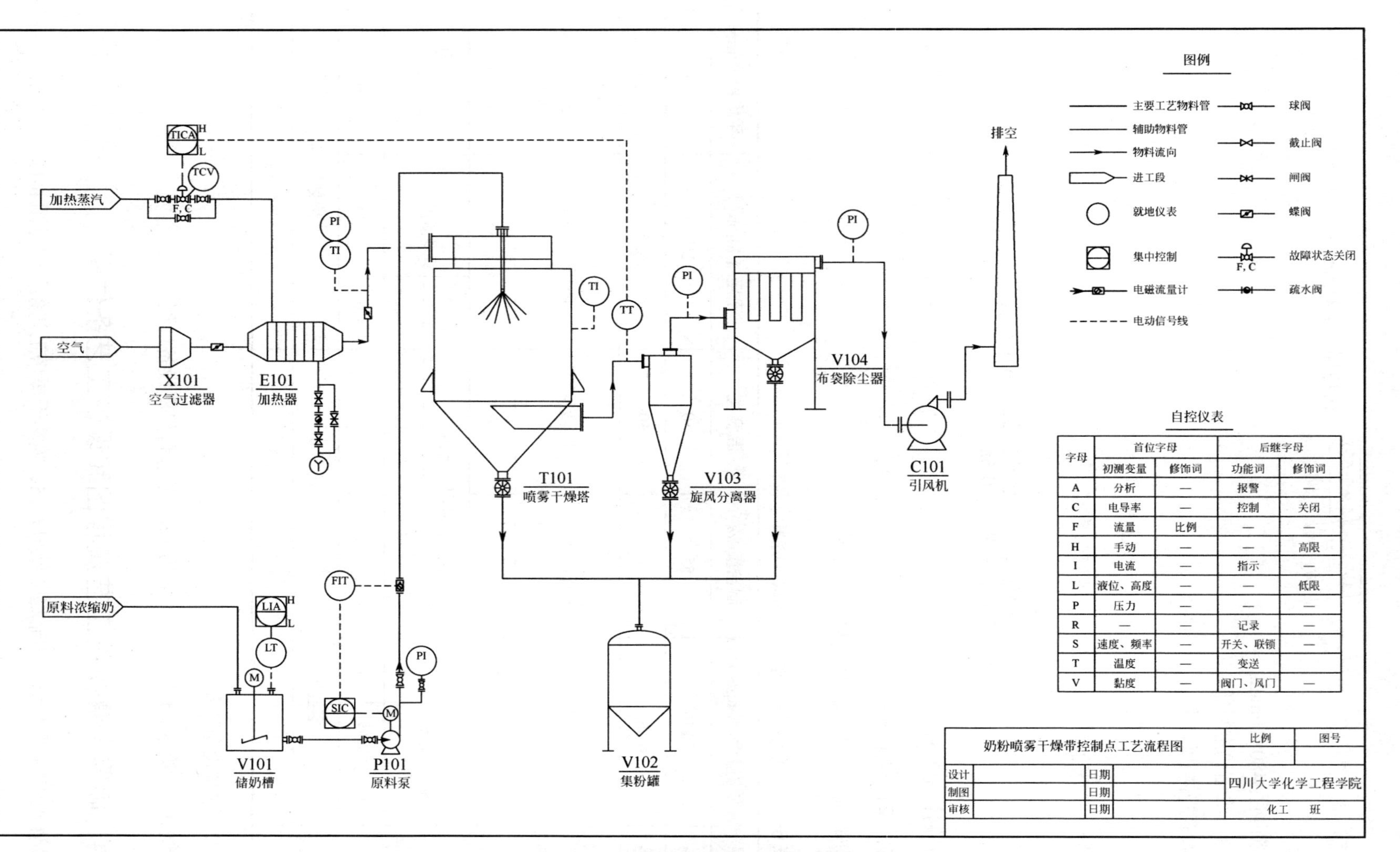

字母	首位字母		后继字母	
	初测变量	修饰词	功能词	修饰词
A	分析	—	报警	—
C	电导率	—	控制	关闭
F	流量	比例	—	—
H	手动	—	—	高限
I	电流	—	指示	—
L	液位、高度	—	—	低限
P	压力	—	—	—
R	—	—	记录	—
S	速度、频率	—	开关、联锁	—
T	温度	—	变送	
V	黏度	—	阀门、风门	—

图 6-15　奶粉喷雾干燥系统工艺流程图

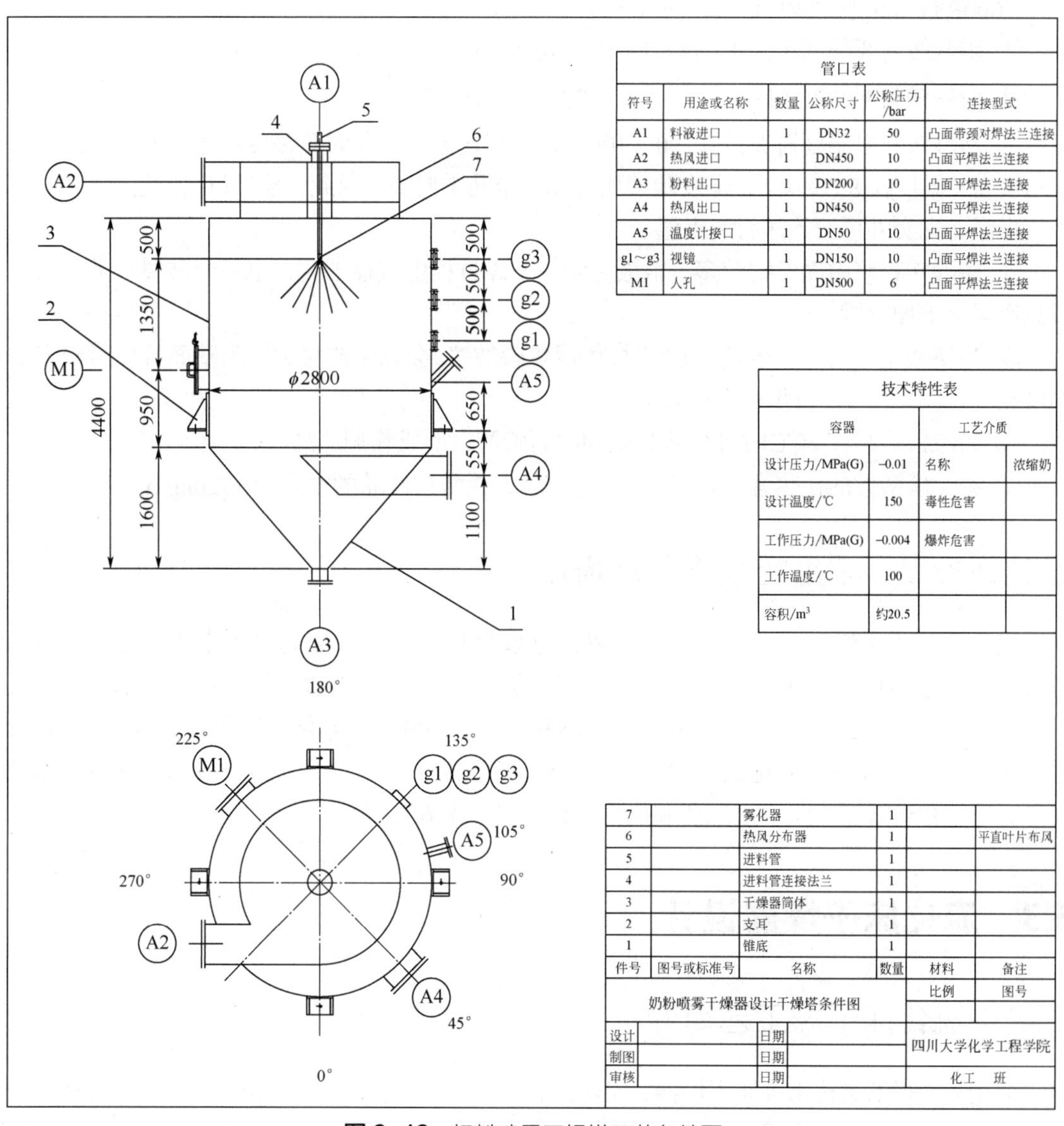

管口表

符号	用途或名称	数量	公称尺寸	公称压力/bar	连接型式
A1	料液进口	1	DN32	50	凸面带颈对焊法兰连接
A2	热风进口	1	DN450	10	凸面平焊法兰连接
A3	粉料出口	1	DN200	10	凸面平焊法兰连接
A4	热风出口	1	DN450	10	凸面平焊法兰连接
A5	温度计接口	1	DN50	10	凸面平焊法兰连接
g1～g3	视镜	1	DN150	10	凸面平焊法兰连接
M1	人孔	1	DN500	6	凸面平焊法兰连接

技术特性表

容器		工艺介质	
设计压力/MPa(G)	−0.01	名称	浓缩奶
设计温度/℃	150	毒性危害	
工作压力/MPa(G)	−0.004	爆炸危害	
工作温度/℃	100		
容积/m³	约20.5		

件号	图号或标准号	名称	数量	材料	备注
7		雾化器	1		
6		热风分布器	1		平直叶片布风
5		进料管	1		
4		进料管连接法兰	1		
3		干燥器筒体	1		
2		支耳	1		
1		锥底	1		

奶粉喷雾干燥器设计干燥塔条件图			比例	图号
设计		日期	四川大学化学工程学院	
制图		日期		
审核		日期	化工　班	

图 6–16　奶粉喷雾干燥塔工艺条件图

附：喷雾干燥器设计任务两则

设计任务一　磷酸铵喷雾干燥塔设计

设计一喷雾干燥塔对磷酸铵料浆进行干燥以制取磷酸铵产品。料浆含水率为（0.30+学号尾数×0.01，当学号尾数在 0～6 区间；0.20+学号尾数×0.01，当学号尾数在 7～9 区间），要求磷酸铵产品湿含量为（0.03，当学号尾数为 1、4、7；0.04，当学号尾数为 0、2、5、8；0.05，当学号尾数为 3、6、9），平均粒径在 140～150μm。设计年产量为（15000+学号尾数×3000）t，雾化器压强为 2000～7000kPa。建厂地址气候条件：大气压强 94.5kPa，常年平均温度 20℃，空气相对湿度 80%。

磷酸铵料浆及磷酸铵产品性质如下：

① 磷酸铵料浆黏度（cP），$\mu_1 = 1 + 127 \times 0.00319^{w_1}$ 。

② 磷酸铵料浆密度（kg/m^3），$\rho_1 = 3627 \times (100w_1)^{-0.263}$ 。

③ 磷酸铵料浆温度需保持在 90～100℃，且高速流动，此时其黏度约为 30cP，可用管道输送。当其温度在 85℃以下，黏度陡然增至几百至几千厘泊。因此，输送料浆的管道要用夹套蒸汽保温，夹套外再用绝热材料保温。

④ 磷酸铵料浆内固形物较多，料液雾滴在干燥过程中直径不变，也不会破裂，呈小球状，且只有降速干燥阶段。

⑤ 当磷酸铵料浆温度达到 180℃时，生成焦磷酸铵，会黏结成块和黏附壁面且黏附较牢固；温度在 140℃以下时，转化速度很缓慢。

⑥ 磷酸铵产品在 80℃时可分解为氨和游离磷酸，形成黏稠产品。

⑦ 绝干磷酸铵的比热容，c_s=1.5kJ/(kg·K)；磷酸铵产品的密度为 1720kg/m^3。

设计任务二　浓缩奶喷雾干燥塔设计

设计一喷雾干燥塔对浓缩奶进行干燥以制取奶粉。原料浓缩奶含水率为（0.50+学号尾数×0.01，当学号尾数在 0～6 区间；0.40+学号尾数×0.01，当学号尾数在 7～9 区间），要求产品奶粉湿含量为（0.024+学号尾数×0.001），平均粒径 60～100μm。雾化器压强为 2000～5000kPa，设计年产量为（2000+学号尾数×500）t。建厂地址气候条件：大气压强 94.5kPa，常年平均温度 20℃，空气相对湿度 80%。浓缩奶和奶粉的相关物性见 6.2.3 节。

6.3　流化床干燥器设计

6.3.1　流化床干燥工艺简介

流化床干燥器又称沸腾床干燥器，是流态化技术在干燥操作中的应用，在我国，流化床干燥器首先在食盐工业上应用，由于其干燥效率高，干燥产品质量好，目前在化工、轻工、医药、食品等工业中已广泛采用。流态化干燥器中，固体颗粒悬浮于干燥介质之中，气固两相具有很大的接触面积，固体颗粒与干燥介质密切接触，物料床层剧烈湍动，无论在传热、传质、容积干燥强度、热效率等方面都很优良。

6.3.1.1　流化床干燥器的典型流程

图 6-17 是流化床干燥流程示意图。流化床干燥系统由主机、加料装置、空气加热装置、分离除尘装置、排料装置、排风装置等组成。工作时，由加料器将物料加入流化床干燥器，物料在干燥室中与热风相遇，形成流化态，进行传热、传质，完成干燥过程，少量物料细粉被气体夹带，进入旋风分离器，在离心力的作用下，固体物料被甩向筒壁并沿筒壁下落，被分离下来，如有必要，还可在旋风分离器后设置布袋除尘器，将少量未被旋风分离器分离的细粉进一步捕集回收。湿废气体排空，从而实现物料干燥过程。

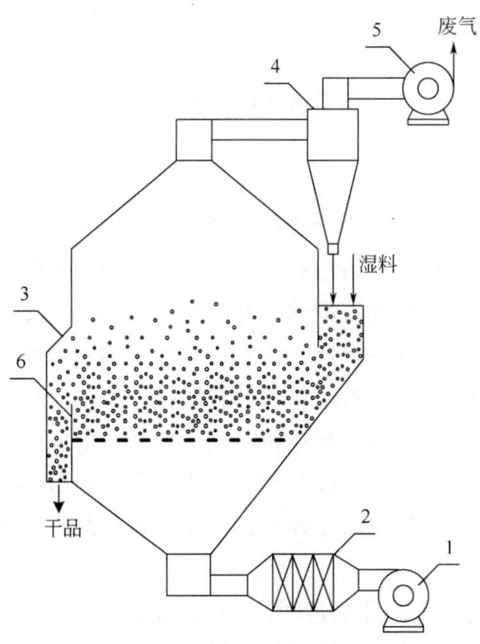

图6-17 流化床干燥器典型流程示意图

1—鼓风机；2—空气加热器；3—干燥器；4—旋风分离器；5—引风机；6—堰板

6.3.1.2 流化床干燥器特点

流化床具有类似液体的某些性质，如具有流动性，无固定形状，随容器形状而变，可从小孔中喷出，从一个容器流入另一个容器；具有上界面，当容器倾斜时，床层上界面保持水平，当两个床层连通时，它们的上界面自动调整至同一水平；比床层密度小的物体被推入床层后会浮在床层表面上；床层中任意两截面的压差可用压差计测定，且大致等于两截面间单位面积床层的重力。

流化床干燥器具有以下的优点：

① 颗粒完全混合，床内各处的温度均匀一致，避免了物料的局部过热，为物料的优质干燥提供了可能，间歇干燥时产品质量均匀；

② 体积传热系数大[2300～7000 W/(m^3·℃)]，传热速度快，干燥能力大，可实现小装置大生产；

③ 物料在床内的停留时间可根据工艺要求任意调节，故对难干燥物料或要求产品含湿量很低的物料，特别适用；

④ 设备结构简单，造价低，可动部件少，便于制造、操作和维修。

流化床干燥器的缺点如下：

① 床层内物料返混严重，对单级式连续干燥器，物料在设备内的停留时间不均匀，有可能使部分未干燥的物料随着产品一起排出床层外，导致固体产品的质量不均匀；

② 一般不适用于含湿量过高且易黏结成团的物料的干燥，因为容易发生物料结块或堵床现象；

③ 对被干燥物料的粒度有一定限制，生产上一般要求不小于 30μm、不大于 5mm。

因此，掌握流态床干燥技术，了解其优、缺点，应用时扬长避短，可以获得更好的使用效果。

6.3.1.3 流化床干燥器类型

流化床干燥器有很多种型式，工业上常用的有以下三种：单室流化床、多层流化床、卧式多室流化床。

（1）单室流化床干燥器

单层单室流化床示于图 6-18，待干燥的颗粒物料置于流化床干燥器内的气体分布板上，热空气从底部输入，穿过气体分布板均匀地分布并与物料接触。操作气速控制在临界流化速度和带出速度之间，使颗粒在流化床中剧烈翻动、充分与热空气接触。在此过程中，气固两相之间发生传热和传质，物料所含水分受热汽化，含水量减少，达到干燥目的，气体温度下降，湿度增大。干燥产品从干燥器侧壁的排料管经星型卸料器排出，湿废气体则从干燥器顶部排出。

单层流化床干燥器由于存在颗粒物料停留时间不均一，造成干燥质量不均匀的情况，部分物料由于停留时间不足而未得到充分干燥就离开了干燥器，而另一部分物料又会因为停留时间过长而被过度干燥。因此，单层流化床干燥器仅适用于对产品的干燥均匀性要求不高的场合。

（2）双层圆筒流化床干燥器

图 6-19 为双层圆筒流化床干燥器示意图，物料最先被加入到上层流化床中流化干燥，然后通过溢流管落入下层流化床进一步进行干燥，干燥产品从下层流化床取出；热风从底部引入，穿过下层流化床后，进入上层流化床，继续与物料进行接触，废气自顶部引出。由于物料与热空气多次接触，热利用率较高。双层流化床由于停留时间比单层流化床更为均一，物料干燥的均匀性提高。

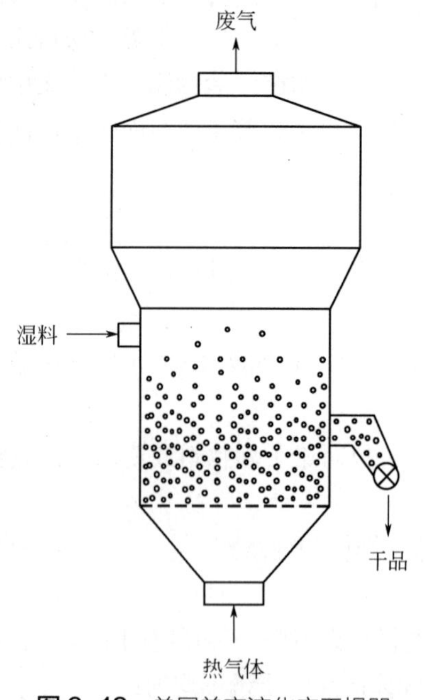

图 6-18 单层单室流化床干燥器

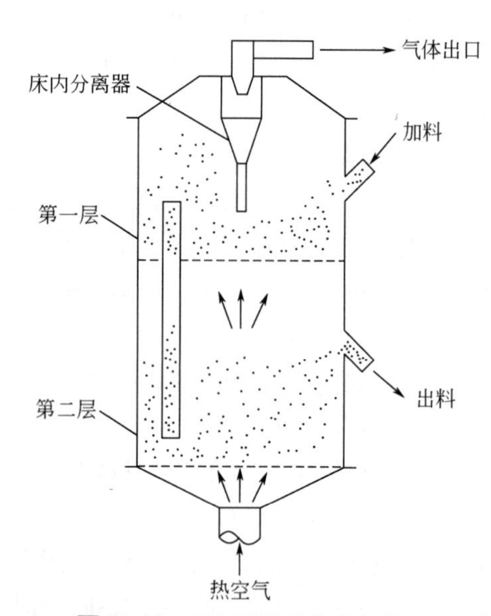

图 6-19 双层圆筒流化床干燥器

（3）卧式多室流化床干燥器

为保证物料干燥均匀，可采用如图 6-20 所示的卧式多室流化床干燥器。该流化床干燥器的主体为长方形，器内用垂直挡板分隔成多室，一般为 4～8 室。挡板下端与多孔板之间留有几十毫米的间隙，使物料能逐室通过，最后翻过堰板顶端而卸出。最后一室可通入冷空气冷却干燥产品，以便贮存。这种型式的干燥器，干燥产品含湿量均匀。

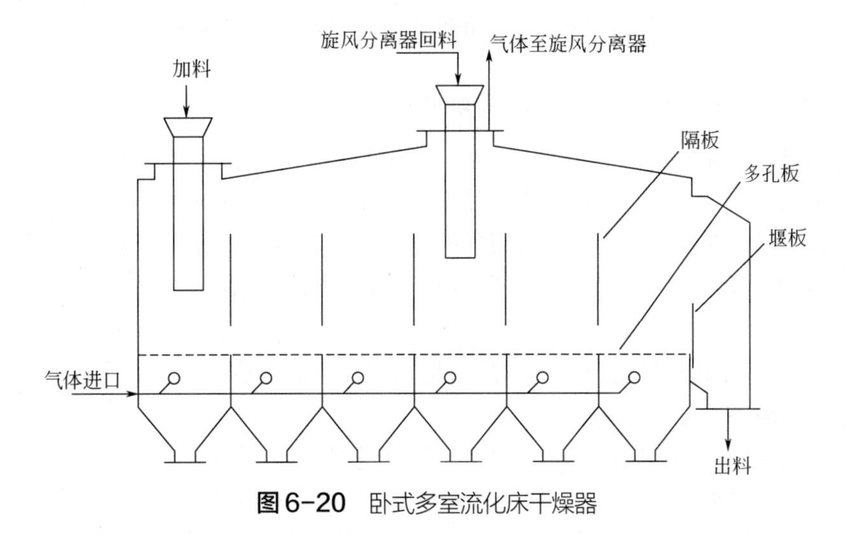

图 6-20 卧式多室流化床干燥器

为了适应不同的工艺条件，还有许多型式的流化床干燥器。例如惰性粒子流化床干燥器可以将溶液、悬浮液或膏糊状物料干燥；脉冲式流化床干燥器适用于处理不易流动的物料；内热构件流化床干燥器可在低温条件下对高湿物料进行干燥；离心流化床干燥器除去表面水分的干燥速率是传统流化床干燥器的 10～30 倍，对于被干燥物料的粒度、含湿量及表面黏性的适应能力很强。随着对流态化现象的认识不断深入，流化床干燥技术的应用将越来越广泛。

6.3.2 流化床干燥器设计方法

6.3.2.1 工艺条件确定

流化床干燥器的设计是在流化床选型和确定工艺条件基础上，进行流化床干燥器工艺尺寸计算及其结构设计。

不同物料、不同操作条件、不同型式的干燥器，气固两相的接触方式差异很大，对流传热系数 a 及传质系数 k 不相同，目前还没有通用的求算 a 和 k 的关联式，流化床干燥器的设计大多采用经验或半经验方法进行。

流化床干燥器工艺设计的基本依据是物料衡算、热量衡算、速率方程和平衡关系。干燥器操作条件的确定与许多因素（如干燥器的型式、物料的特性及干燥过程的工艺要求等）有关。并且各种操作条件之间又是相互关联的，应予以综合考虑。干燥条件的选择首先要保证产品的质量，同时，也要有利于强化干燥过程，还应考虑干燥器的节能问题，适宜的操作条件通常由实验测定。

6.3.2.2 干燥介质的选择

干燥过程的工艺及可利用的热源决定了干燥介质的选择，此外，还应考虑介质的经济性及来源。基本的热源有固态、液态或气态的燃料，电能以及热气体。在对流干燥中，干燥介质可采用空气、惰性气体、烟道气和过热蒸汽。

热空气是最廉价易得的热源，但对某些易氧化的物料，或物料所含湿分为有机溶剂时，则需用惰性气体作为干燥介质。烟道气适用于高温干燥，但要求被干燥的物料不怕污染且不与烟气发生化学作用。由于烟道气温度高，故可强化干燥过程，缩短干燥时间。

6.3.2.3 干燥介质进口和出口状态的确定

干燥介质进入干燥器的温度升高，传热、传质的推动力增大，干燥速率加快，设备尺寸减小，同时还可以减少干燥介质用量，提高热效率。因此，在避免物料发生变色、分解等理化变化的前提下，干燥介质的进口温度应尽可能高一些。对于同一种物料，允许的介质进口温度随干燥器型式不同而异。在流化床干燥器中，由于物料不断地翻滚，物料温度较均匀，干燥速率快、时间短，因此介质进口温度可高些；热敏性物料，宜采用较低的入口温度。

干燥介质进口的湿度取决于介质的初始状态和预热器加热方式，当采用空气做干燥介质时，还应考虑地域和季节的影响。

干燥介质出干燥器的温度和湿度取决着干燥器的经济性。提高干燥介质出口温度，降低出口湿度，可以增大传热传质推动力，提高干燥速率，但放空热损失增大，干燥器的热效率降低。相反，降低干燥介质出口温度和提高出口湿度，干燥推动力减小，设备的生产能力降低，甚至发生湿分凝结现象，使干料返潮，严重时会堵塞设备和管道，破坏干燥器的正常操作。一般干燥介质出口温度比出口湿度对应的露点温度高20～50℃。在设计计算时，一般是根据经验设定出口温度，再由热量衡算式计算气体用量，然后结合物料衡算求得出口湿度。所以干燥介质的进、出口状态要根据技术上的限制和经济上的权衡来选择。

6.3.2.4 物料出口温度

物料的出口温度 θ_2 与物料在干燥器内经历的过程有关，主要取决于物料的最终湿含量 X_2、临界湿含量 X_c 和内部迁移控制阶段的传质系数。

如果 $X_2 \geqslant X_c$，则 $\theta_2 = t_w$（空气的湿球温度）。

如果 $X_2 < X_c$，若物料的临界湿含量 X_c 低于0.05kg水/kg绝干料时，则对于悬浮或薄层物料，物料温度可用式（6-62)计算。

6.3.2.5 绝干气体用量

流化床干燥器的绝干气体用量通过热量衡算进行计算

$$L_G c_{H1}(t_1 - t_2) = W(r_0 + c_v t_2 - c_w \theta_1) + G_c c_{m2}(\theta_2 - \theta_1) + Q_1$$

流化床干燥器的热损失可按气体放出热量的5%左右来考虑，式中 W 为干燥器的汽化水分量，其值由物料衡算确定

$$W = G_c(X_1 - X_2) = L_G(H_2 - H_1)$$

6.3.2.6 流化速度的确定

要使固体颗粒床层在流化状态下操作，必须使气速高于临界气速 u_{mf} ，而最大气速又不得超过颗粒带出速度 u_t ，因此，流化床的操作范围应在临界流化速度和带出速度之间。确定流化

速度有很多种方法，现介绍工程上常用的两种方法。

（1）临界流化速度

对于均匀球形颗粒的流化床，开始流化的空隙率$\varepsilon_{mf}=0.4$。

1）李森科法（Ly-Ar 关联曲线法)

根据$\varepsilon_{mf}=0.4$算出Ar的数值，从图 6-21 中查得Ly_{mf}，便可按下式计算临界流化速度，即

$$u_{mf}=\sqrt[3]{\frac{Ly_{mf}\mu\rho_s g}{\rho^2}} \quad (6\text{-}121)$$

$$Ly=\frac{u^3\rho^2}{\mu(\rho_s-\rho)g} \quad (6\text{-}122)$$

$$Ar=\frac{d_p^3(\rho_s-\rho)\rho g}{\mu^2} \quad (6\text{-}123)$$

式中，u_{mf}为临界流化速度，m/s；Ly为李森科数，无量纲；Ar为阿基米德数，无量纲；d_p为颗粒直径，m；ρ为干燥介质的密度，kg/m^3；μ为干燥介质的黏度，Pa・s；ρ_s为固体物料的密度，kg/m^3。

2）关联式法

定义颗粒雷诺数

$$Re_{p,mf}=\frac{d_p\rho u_{mf}}{\mu} \quad (6\text{-}124)$$

当物料为粒度分布较为均匀的混合颗粒床层时，可用关联式法进行估算。

对于小颗粒，$Re_{p,mf}<20$

$$u_{mf}=\frac{d_p^2(\rho_s-\rho)g}{1650\mu} \quad (6\text{-}125)$$

对于大颗粒，颗粒雷诺数$Re_{p,mf}>1000$

$$u_{mf}^2=\frac{d_p(\rho_s-\rho)g}{24.5\rho} \quad (6\text{-}126)$$

式中，u_{mf}为临界流化气速，m/s。

（2）带出速度

颗粒被带出时，床层空隙率$\varepsilon=1$。根据$\varepsilon=1$即Ar的数值，从图 6-21 查得Ly值，便可按下式计算带出速度，即

$$u_t=\sqrt[3]{\frac{Ly\cdot\mu\rho_s g}{\rho^2}} \quad (6\text{-}127)$$

式中，u_t为颗粒沉降速度，m/s。

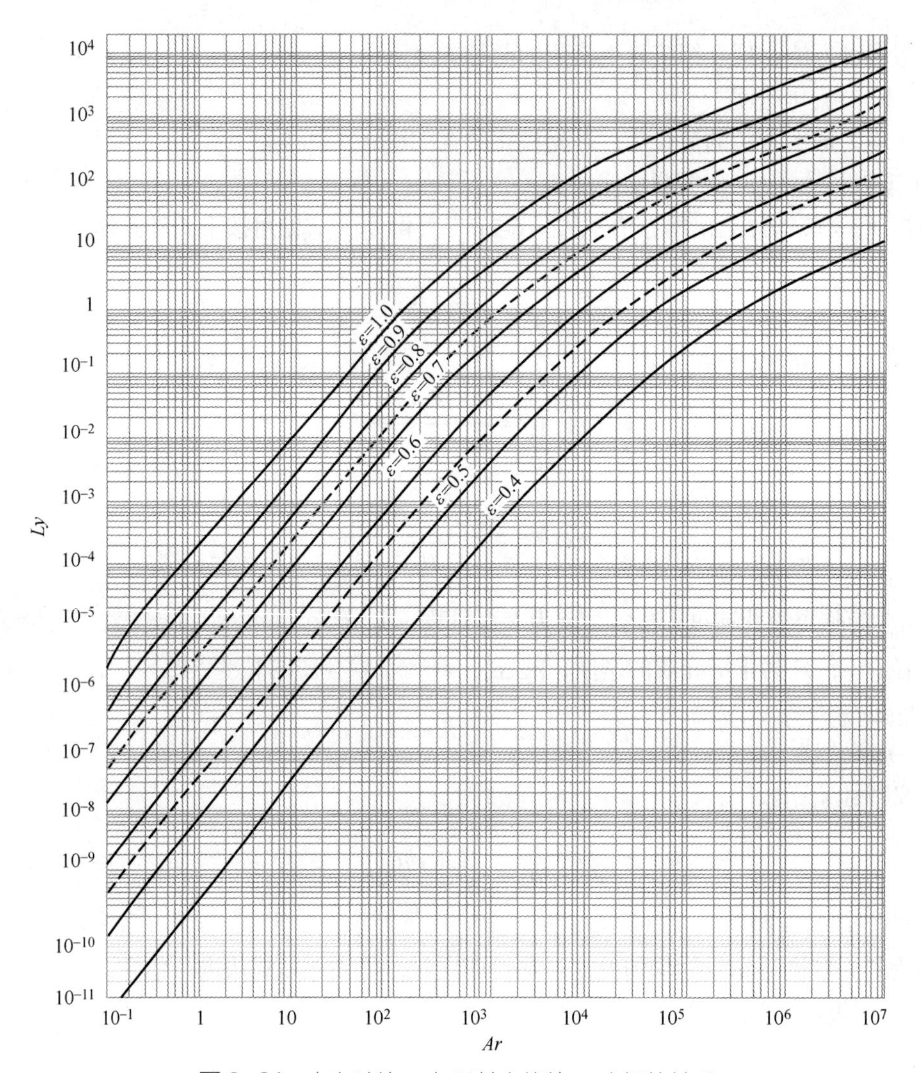

图 6-21 李森科数 Ly 与阿基米德数 Ar 之间的关系

上式适用于球形颗粒，对于非球形颗粒应乘以校正系数，即

$$u_t' = C_t u_t \tag{6-128}$$

$$C_t = 12.96 g \varphi_s \tag{6-129}$$

$$\varphi_s = \frac{S}{S_p} \tag{6-130}$$

式中，u_t' 为非球形颗粒的带出速度，m/s；C_t 为非球形颗粒校正系数，无量纲；φ_s 为颗粒的形状系数或球形度，无量纲；S_p 为与球形颗粒等体积的非球形颗粒的表面积，m^2；S 为球形颗粒的表面积，m^2。

颗粒带出速度即颗粒的沉降速度，也可根据沉降区选用相应公式计算。值得注意的是，计算 u_{mf} 时要用实际存在于床层中不同粒度颗粒的平均直径 d_p，而计算 u_t 时则必须用最小颗粒直径或允许带出颗粒直径。

（3）流化速度

操作流化速度 u 与临界流化速度 u_{mf} 之比称为流化数 n，即

$$n=\frac{u}{u_{mf}} \tag{6-131}$$

对于均匀的细颗粒，$Ar<1$，$n=u_t/u_{mf}=91.7$；

对于大颗粒，$Ar>10^6$，$n=u_t/u_{mf}=8.62$。

对于粒径大于 500μm 的颗粒，根据平均粒径计算出粒子的带出速度，通常取操作流化速度为 $(0.4\sim0.8)u_t$。

6.3.2.7 流化床底面积的确定

（1）单层单室流化床

单层圆筒流化床干燥器截面积 A 由下式计算

$$A=\frac{Lv_H}{3600u} \tag{6-132}$$

式（6-132）的湿比容由下式计算

$$v_H=(0.772+1.244H)\frac{273+t}{273}\times\frac{101.3}{p} \tag{6-133}$$

式中，v_H 为气体的干基湿比容，m^3/kg 绝干气；p 为干燥器中操作压力，Pa。

若流化床设备为圆柱形，根据 A 可求得床层直径 D；若流化床采用方形，可根据 A 确定其长度 l 和宽度 b。

（2）卧式多室流化床

物料在干燥器中通常经历表面汽化控制和内部迁移控制两个阶段。床层底面积等于两个阶段所需底面积之和。

1）表面汽化阶段所需底面积 A_1

在忽略热损失的条件下，列出热量衡算及传热速率方程，并经整理得表面气化所需底面积 A_1 计算式为

$$\alpha az_0=\frac{L_G(1.01+1.88H_0)}{\frac{L_G(1.01+1.88H_0)(t_1-t_2)A_1}{G_c(X_1-X_c)r_w}-1} \tag{6-134}$$

$$a=\frac{6(1-\varepsilon_0)}{d_p} \tag{6-135}$$

$$h=4\times10^{-3}\frac{\kappa}{d_p}Re^{1.5} \tag{6-136}$$

$$Re=\frac{d_p u\rho}{\mu} \tag{6-137}$$

式中，L_G为干空气的质量流速，kg 绝干气/(m^2·s)；z_0为静止时床层厚度，m（一般可取 0.05～0.15m）；A_1为干燥第一阶段所需底面积，m^2；a为静止时床层的比表面积，m^2/m^3；h为流化床的对流传热系数，W/(m^2·℃)；ε_0为静止床层的空隙率，无量纲；κ为气体的热导率，W/(m·℃)。

由此可求得A_1，当$d_p = d_m < 0.9$mm 时，由该式求得的值偏高，需根据图 6-22 校正。其横坐标$C = h'_V / h_V$。h'_V是修正后的体积传热系数。

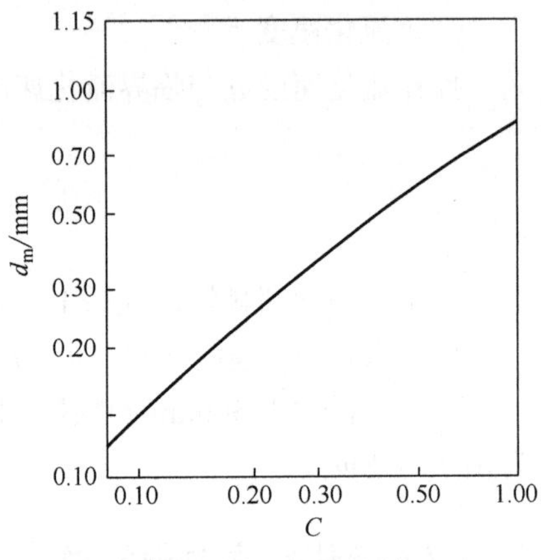

图 6-22 校正系数

2）物料升温阶段所需底面积

在流化床干燥器中，物料的临界含水量一般都很低，故可认为水分在表面汽化控制阶段已全部蒸发，在此阶段物料由湿球温度上升到排出温度。对干燥器微元面积列热量衡算和传热速率方程，经化简、积分，整理得物料升温阶段所需底面积A_2计算式为

$$h_V z_0 = \frac{L_G(1.01+1.88H_0)}{\dfrac{L_G(1.01+1.88H_0)A_2}{G_c c_{m2}} \Big/ \ln\dfrac{t_1-\theta_1}{t_1-\theta_2} - 1} \tag{6-138}$$

流化床的总底面积$A = A_1 + A_2$。

（3）流化床高度

流化床的总高度分为浓相区和稀相区，流化床界面以下的区域称为浓相区，界面以上的区域称为稀相区。

1）浓相区高度

当操作速度大于临界流化速度时，床层开始膨胀，气速越大或颗粒越小，床层膨胀程度越大。由于床层内颗粒质量是一定的，对于床层截面积不随床高而变化的情况，浓相区高度z与起始流化高度z_0之间有如下关系

$$R_c = \frac{z}{z_0} = \frac{1-\varepsilon_{mf}}{1-\varepsilon} \tag{6-139}$$

R_c为流化床的膨胀比。床层空隙率ε可根据流化速度u计算Ly和Ar，从图 6-21 查得，或根据下式近似估算

$$\varepsilon = \left(\frac{18Re+0.36Re^2}{Ar}\right)^{0.21} \tag{6-140}$$

2）分离高度

流化床中的固体都有一定的粒度分布，而且在干燥过程中也会因为颗粒间的碰撞、摩擦、破碎，产生一些细小的颗粒，因此，流化床的颗粒中会有一部分细小颗粒的沉降速度低于气流速度，在操作中会从浓相区被淘洗出来，经过分离区而被气体夹带出干燥器外。此外，气体通过流化床时会产生气泡，气泡上升到床层表面上破裂时会将一些固体颗粒抛入稀相区，其中大部分颗粒的沉降速度大于气流速度，它们到达一定高度后又会落回床层。这样就使得距离床面

越远的区域，固体颗粒的浓度越小，离开床层表面一定距离后，固体颗粒的浓度基本上不再变化。固体颗粒浓度开始保持不变的最小距离称为分离区高度。床层界面之上必须有一定的分离区，以保证沉降速度大于气流速度的颗粒能够重新回到流化床而不被气流带出。

分离区高度的影响因素比较复杂，系统物性、设备及操作条件均会对其产生影响，至今尚无适当的计算公式。图 6-23 给出了确定分离段高度 z_2 的参考数据。图中虚线部分是在小床层中实验得出的，数据可靠性较差；对于非圆柱形设备，可用当量直径 D_e 代替圆筒形流化床的直径 D 进行计算。

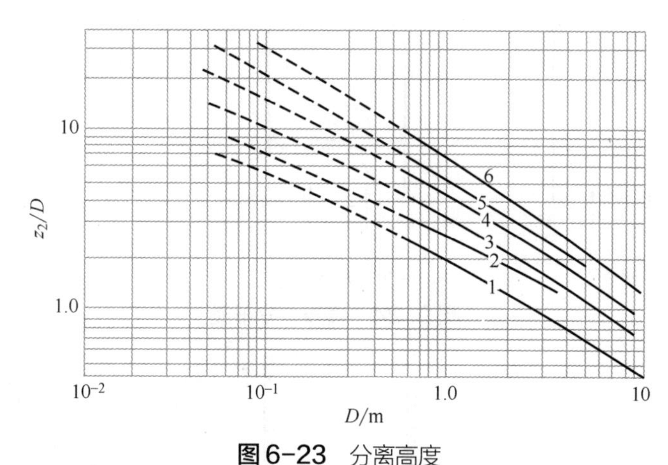

图 6-23 分离高度

1—u=0.31m/s；2—u=0.45m/s；3—u=0.61m/s；4—u=0.915m/s；5—u=1.22m/s；6—u=1.525m/s

为了进一步减小流化床粉尘带出量，可以在流化室上部设置一扩大段，以降低气流流速，使固体颗粒得以较彻底地沉降。扩大段的直径和高度一般可根据经验视具体情况选取。

（4）物料停留时间

$$\tau=\frac{z_0 A\rho_b}{G_2} \tag{6-141}$$

式中，ρ_b 为物料的堆积密度，kg/m^3。

需要指出，物料在干燥器中的停留时间必须大于或等于干燥所需时间。

6.3.2.8 流化床干燥器内件设计

流化床干燥器内件主要包括气体分布板、隔板和溢流堰。

（1）气体分布板设计

在流化床中，气体分布板的作用除了支撑固体颗粒、防止漏料外，还有分散气流使气体得到均匀分布。

设计良好的气体分布板应对通过它的气流有足够大的阻力，从而保证气流均匀分布于整个床层截面上，也只有当气体分布板的阻力足够大时，才能克服聚式流化的不稳定性，抑制床层中出现沟流、腾涌等不正常现象。

工业生产用的气体分布板型式很多，常见的有直流式、侧流式和填充式等。直流式分布板如图 6-24 所示。单层多孔板结构简单，便于制造，但易使床层形成沟流；小孔易于堵塞，停车时易漏料。多层多孔板能避免漏料，但结构复杂。凹形多孔板能够承受固体颗粒的重荷和热应力，还有助于抑制鼓泡和沟流。侧流式分布板如图 6-25 所示，在分布板的孔上装有锥形风帽，气流从锥帽底部的侧缝或锥帽四周的侧孔流出。目前这种带锥帽的分布板应用最广，效果也最好，其中侧缝式锥帽采用最多。填充式分布板如图 6-26 所示，它是在直孔筛板和金属丝网层间铺设卵石-石英砂-卵石。这种分布板结构能够达到均匀布气的要求。

分布板的开孔率一般在 3%～13%，下限常用于低流化速度，即用于颗粒细、密度小物料干燥的场合。孔径常取 1.5～2.5mm，有时可达 5mm。

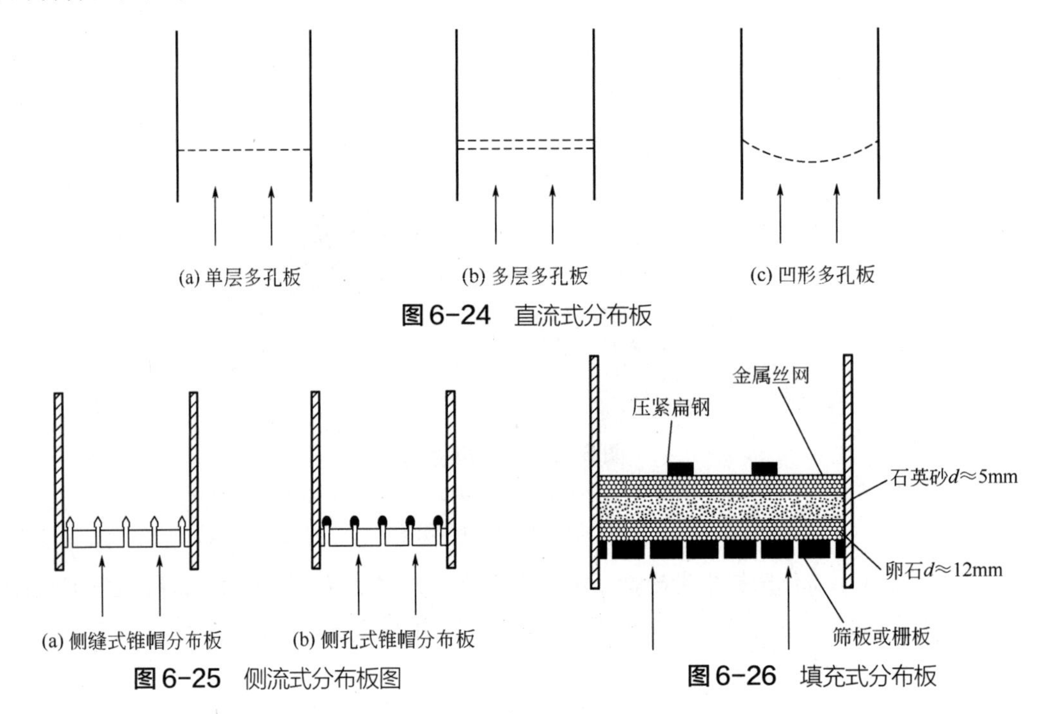

图 6-24 直流式分布板

图 6-25 侧流式分布板图

图 6-26 填充式分布板

分布板的压力降必须等于或大于床层压力降的 10%，床层压力降 Δp_b

$$\Delta p_b = z_0(1-\varepsilon_0)(\rho_s - \rho)g \tag{6-142}$$

则分布板的压力降 Δp_d 取为

$$\Delta p_d = (0.1\sim0.3)\Delta p_b \tag{6-143}$$

气体通过分布板的孔速 u_0 可按下式计算

$$u_0 = \sqrt{\frac{2\Delta p_d}{\xi\rho}} \tag{6-144}$$

式中，ξ 为分布板的阻力系数，无量纲。

分布板上需要的孔数 n_0 为

$$n_0 = \frac{V_s}{\frac{\pi}{4}d_0^2 u_0} \tag{6-145}$$

式中，d_0为孔径，mm。

$$V_s = Lv_H$$

分布板的实际开孔率φ为

$$\varphi = \frac{A_0}{A} = \frac{\frac{\pi}{4}d_0^2 n_0}{A} \tag{6-146}$$

若分布板上筛孔按等边三角形布置，则孔心距t为

$$t = \left(\frac{\pi d_0^2}{2\sqrt{3}\varphi}\right)^{\frac{1}{2}} = 0.952\frac{d_0}{\sqrt{\varphi}} \tag{6-147}$$

（2）分隔板设计

为了改善气固接触情况和使物料在床层内停留时间分布均匀，对于卧式多室流化床干燥器，常常采用分隔板沿长度方向将整个干燥室分隔成 4～8 室（隔板数 3～7 块）。隔板与分布板之间的距离为 30～60mm。隔板做成上下移动式，以调节其与分布板之间的距离。

（3）溢流堰设计

为了保持流化床层内物料层厚度，物料出口通常采用溢流方式。溢流堰的高度h可取 50～200mm，其值可用下式计算，即

$$2.14\left(z_0 - \frac{h}{E_v}\right) = \left(18 - 1.52\ln\frac{Re_t}{5h}\right)\left(\frac{1}{E_v}\right)^{\frac{1}{3}}\left(\frac{G_c}{b\rho_b}\right)^{\frac{2}{3}} \tag{6-148}$$

$$\frac{E_v - 1}{u - u_{mf}} = \frac{25}{Re_t^{0.44}} \tag{6-149}$$

式中，h为溢流堰的高度，m；b为溢流堰的宽度，m；E_v为床层膨胀率，无量纲；Re_t为对应于颗粒带出速度的雷诺数。

为了便于调节物料的停留时间，溢流堰的高度设计成可调节结构。

6.3.3　流化床干燥器设计示例

【设计任务】

设计一卧式流化床干燥器，将磷酸二氢钾从含水率 13%（湿基，下同）干燥至 1%。要求生产能力为 25000t/a（以干燥后的磷酸二氢钾计），操作周期 260 天/年。已知参数如下：

被干燥物料：颗粒密度ρ_s=2238kg/m^3；绝干物料比热容c_s=1.256 kJ/(kg·℃)；颗粒平均直径d_p= 600μm；临界湿含量X_c=0.05；平衡湿含量$X^* \approx 0$；物料进口温度θ_1=15℃。

干燥介质：空气，进干燥器温度 t_1=110℃，干燥装置热损失按有效传热量的 5%计。热源为饱和蒸汽（压力 0.4MPa）。

【设计计算】

1．干燥方案的确定

根据物料的干燥要求，采用卧式多室流化床干燥器，其干燥流程方案示于图6-27。颗粒状湿物料由加料器加入流化床的第一室，逐次流经各室，进行干燥，干燥产品从流化床末室溢流而出并经卸料阀排出床外。送风机抽取环境空气经过滤器过滤，送入空气预热器预热后，进入流化床底部，穿过气体分布板射入颗粒物料层，对物料进行流化和干燥，废气从流化床顶部离开，进入旋风分离器和布袋除尘器，除去所夹带的粉尘，由引风机抽出，经烟囱放空。

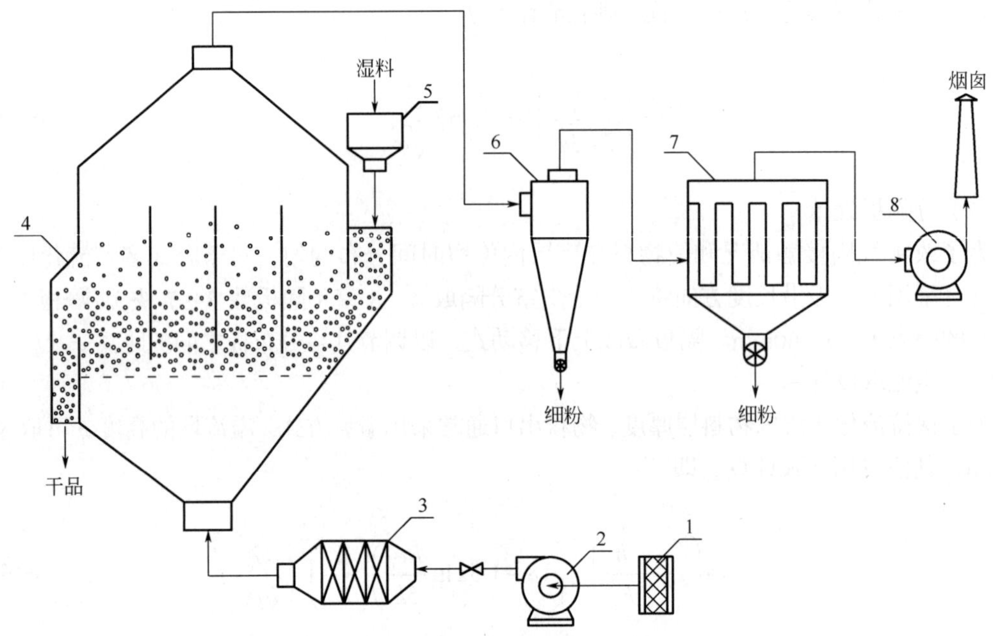

图6-27 卧式多室流化床干燥系统流程方案示意图

1—过滤器；2—送风机；3—空气预热器；4—卧式多室流化床干燥器；
5—加料器；6—旋风分离器；7—布袋除尘器；8—引风机

2．汽化水分量的计算

根据成都的年平均气象条件，将空气进预热器的温度取为16℃，相对湿度为84%。水在16℃下的饱和蒸气压为

$$p_s = \frac{2}{15}\exp\left(18.5916 - \frac{3991.11}{t_w + 233.84}\right) = \frac{2}{15}\times\exp\left(18.5916 - \frac{3991.11}{16 + 233.84}\right) = 1.826\text{kPa}$$

则空气湿度为

$$H_0 = 0.622\frac{\phi p_s}{p - \phi p_s} = 0.622\times\frac{0.84\times1.826}{101.325 - 0.84\times1.826} = 0.00956$$

由给定干燥任务知，产量 $G_2 = 25000\times10^3/(260\times24) = 4006.41\text{kg/h}$，干基湿含量为

$$X_1 = \frac{w_1}{1-w_1} = \frac{0.13}{1-0.13} = 0.15,\quad X_2 = \frac{w_2}{1-w_2} = \frac{0.01}{1-0.01} = 0.01$$

绝干物料质量流率为

$$G_c = G_2(1-w_2) = 4006.41\times(1-0.01) = 3966.35\ \text{kg 绝干固体/h}$$

干燥器汽化水分量为

$$W = G_c(X_1 - X_2) = 3966.35\times(0.15-0.01) = 555.3\ \text{kg/h}$$

3．空气和物料出口温度的确定

空气出口温度应比出口处露点温度高出20～50℃，近似取t_2=73℃。

因$X_2 < X_c$及$X_c = 0.05$，物料离开干燥器的温度θ_2为

$$\frac{t_2-\theta_2}{t_2-t_w} = \frac{r_w(X_2-X^*) - c_s(t_2-t_w)\left(\dfrac{X_2-X^*}{X_c-X^*}\right)^{\frac{r_w(X_c-X^*)}{c_s(t_2-t_w)}}}{r_w(X_c-X^*) - c_s(t_2-t_w)}$$

由空气-水湿度图查得t_w=38℃，且

$$r_w = 2491.27 - 2.3t_w = 2491.27 - 2.3\times 38 = 2403.87\text{kJ/kg}$$

代入数据

$$\frac{73-\theta_2}{73-38} = \frac{2403.87\times 0.01 - 1.256\times(73-38)\times\left(\dfrac{0.01}{0.05}\right)^{\frac{2403.87\times 0.05}{1.256\times(73-38)}}}{2403.87\times 0.05 - 1.256\times(73-38)}$$

求得θ_2= 62.2℃。

4．绝干气体用量的计算

若热损失按5%计入，则干燥器的热量衡算式

$$L_G c_{H0}(t_1-t_2) = 1.05\left[W(r_0 + c_v t_2 - c_w\theta_1) + G_c c_{m2}(\theta_2-\theta_1)\right]$$

$$c_{H1} = c_{H0} = 1.005 + 1.884H_0 = 1.005 + 1.884\times 0.00956 = 1.023\text{kJ/(kg·℃)}$$

$$c_{m2} = c_s + 4.187X_2 = 1.256 + 4.187\times 0.01 = 1.30\text{kJ/(kg·℃)}$$

代入数据

$$L_G\times 1.023\times(110-73) = 1.05\times\left[555.3\times(2491.27 + 1.884\times 73 - 4.187\times 15) + 3966.35\times 1.30\times(62.2-15)\right]$$

解得绝干气体用量

$$L_G = 46278\text{kg 绝干气/h}$$

干燥器出口湿度

$$H_2 = 0.00956 + \frac{555.3}{46278} = 0.02156\text{水/kg 绝干气}$$

5．流化速度的计算

（1）临界流化速度的计算

对于均匀的球形颗粒的流化床，开始流化的空隙率$\varepsilon_{mf} = 0.4$。在 110℃下空气的有关物性参数为：密度ρ=0.898kg/m^3，黏度$\mu = 2.18\times10^{-5}$Pa·s，热导率$\lambda = 3.2\times10^{-2}$W/(m·℃)，则

$$Ar = \frac{d_p^3(\rho_s - \rho)\rho g}{\mu^2} = \frac{(0.6\times10^{-3})^3\times(2238-0.898)\times0.898\times9.81}{(2.18\times10^{-5})^2} = 8957.2$$

查李森科关系图 6-21 得Ly_{mf}=1.3×10^{-2}，临界流化速度

$$u_{mf} = \sqrt[3]{\frac{Ly_{mf}\mu\rho_s g}{\rho^2}} = \sqrt[3]{\frac{1.3\times10^{-2}\times2.18\times10^{-5}\times2238\times9.81}{0.898^2}} = 0.198\text{m/s}$$

（2）沉降速度的计算

颗粒被带出时，床层的空隙率$\varepsilon\approx1$，根据$\varepsilon=1$及Ar的数值，查李森科关系图可得Ly_{mf}=100，沉降速度为

$$u_t = \sqrt[3]{\frac{Ly\mu\rho_s g}{\rho^2}} = \sqrt[3]{\frac{100\times2.18\times10^{-5}\times2238\times9.81}{0.898^2}} = 3.9\text{m/s}$$

（3）流化速度的计算

取实际操作的流化速度为 0.4u_t，即

$$u = 0.4\times3.9 = 1.56\text{m/s}$$

6．流化床层底面积的设计计算

（1）干燥第一阶段所需底面积

表面汽化阶段所需底面积A_1可以按公式

$$h_V z_0 = \frac{\bar{L}c_{H0}}{\dfrac{c_{H0}\bar{L}A_1(t_1 - t_w)}{G_c(X_1 - X_2)r_w} - 1}$$

式中，取静止床高$z_0 = 0.1$m，$\bar{L} = \rho u = 0.898\times1.56 = 1.401\text{kg/(m}^2\cdot\text{s)}$

$$a = \frac{6(1-\varepsilon_0)}{d_p} = \frac{6\times(1-0.4)}{0.6\times10^{-3}} = 6000\text{m}^2/\text{m}^3$$

$$Re = \frac{d_p u\rho}{\mu} = \frac{0.6\times10^{-3}\times1.56\times0.898}{2.18\times10^{-5}} = 38.56$$

$$h = 4\times10^{-3}\frac{\lambda}{d_p}(Re)^{1.5} = 4\times10^{-3}\times\frac{0.032}{0.6\times10^{-3}}\times(38.56)^{1.5} = 51.08\text{W/(m}^2\cdot\text{K)}$$

$$h_V = 51.08\times6000 = 306480\text{W/(m}^3\cdot\text{K)}$$

由于 $d_p = d_m < 0.9\text{mm}$，所得 h_V 需要校正，由 d_p 从图 6-22 可查得 $C = 0.5$，所以

$$h_V' = 0.5\times306480 = 153240\text{W/(m}^3\cdot\text{K)}$$

代入数据

$$153240\times0.1 = \frac{1.401\times(1.01+1.88\times0.00956)}{\frac{(1.01+1.88\times0.00956)\times1.401\times(110-38)A_1}{(3966.35/3600)\times(0.15-0.01)\times2403.87}-1}$$

解得 $A_1 = 3.576\ \text{m}^2$。

（2）物料升温阶段所需底面积

物料升温阶段的所需底面积 A_2 可以按公式

$$h_V z_0 = \frac{\bar{L}c_{H0}}{\frac{c_{H0}\bar{L}A_2}{G_c c_{m2}}\Big/\ln\frac{t_1-\theta_1}{t_1-\theta_2}-1}$$

代入数据

$$153240\times0.1 = \frac{1.401\times(1.01+1.88\times0.00956)}{\frac{(1.01+1.88\times0.00956)\times1.401A_2}{(3966.35/3600)\times1.298}\Big/\ln\frac{110-15}{110-62.2}-1}$$

解得 $A_2 = 0.683\text{m}^2$。

（3）床层总面积

流化床层总的底面积

$$A = A_1 + A_2 = 3.576 + 0.683 = 4.259\text{m}^2$$

（4）流化床底部的长度和宽度

今取宽度 b=1.2m，长度 a=3.8m，则流化床的实际底面积为 4.56m^2，沿长度方向在床层内设置 3 个横向分隔板，板间距约为 0.95m。

（5）停留时间

物料堆密度

$$\rho_b = \rho_s(1-\varepsilon_0) = 2238\times(1-0.4) = 1343\text{kg/m}^3$$

物料在床层中的停留时间为

$$\tau = \frac{z_0 A\rho_b}{G_2} = \frac{0.1\times4.56\times1343}{4006.41} = 0.153\text{h} = 9.2\,\text{min}$$

7．干燥器高度

（1）浓相段高度计算

$$\varepsilon=\left(\frac{18Re+0.36Re^2}{Ar}\right)^{0.21}=\left(\frac{18\times38.56+0.36\times38.56^2}{8957.2}\right)^{0.21}=0.659$$

$$z_1=z_0\frac{1-\varepsilon_0}{1-\varepsilon}=0.1\times\frac{1-0.4}{1-0.659}=0.176\text{m}$$

（2）干燥器高度

为了减少气流对固体颗粒的带出量，结合已有的生产经验，取分布板以上的总高度为2.0m。

8．干燥器内件设计

（1）布气装置设计

取分布板压降为床层压降的20%，则

$$\Delta p_{\text{d}}=z_0\left(1-\varepsilon_0\right)\left(\rho_{\text{s}}-\rho\right)g\times0.2=0.1\times\left(1-0.4\right)\times\left(2338-0.898\right)\times9.81\times0.2=275\text{Pa}$$

取阻力系数$\xi=2$，则筛孔气速为

$$u_0=\sqrt{\frac{2\Delta p_{\text{d}}}{\xi\rho}}=\sqrt{\frac{2\times275}{2\times0.898}}=17.5\text{m/s}$$

干燥介质的体积流量为

$$V_{\text{s}}=L\left(0.772+1.244H_0\right)\frac{t_1+273}{273}=\frac{46278}{3600}\times\left(0.772+1.244\times0.00956\right)\times\frac{110+273}{273}=14.13\text{m}^3/\text{s}$$

选取筛孔直径$d_0=3\text{mm}$，则总筛孔数目为

$$n_0=\frac{4V_{\text{s}}}{\pi d^2u_0}=\frac{4\times14.13}{3.14\times0.003^2\times17.5}=114286$$

分布板的实际开孔率为

$$\varphi=\frac{A_0}{A}=\frac{\frac{\pi}{4}\times0.003^2\times114286}{4.56}=17.7\%$$

在分布板上筛孔按等边三角形布置，孔心距为

$$t=0.952\frac{d_0}{\sqrt{\varphi}}=0.952\times\frac{3}{\sqrt{0.177}}=6.8\text{mm}$$

分布板采用单层多孔布气板，如图 6-28 所示。

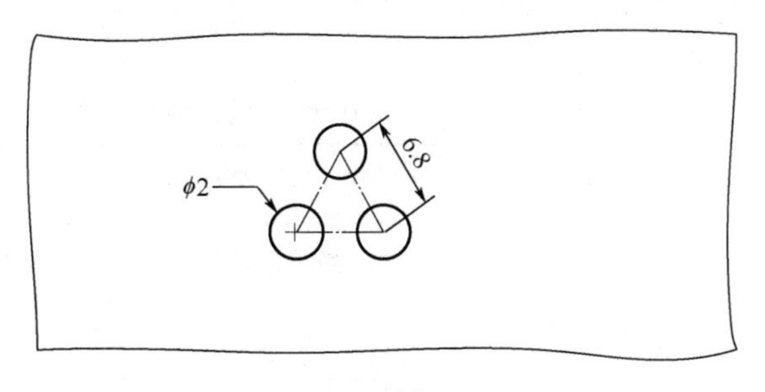

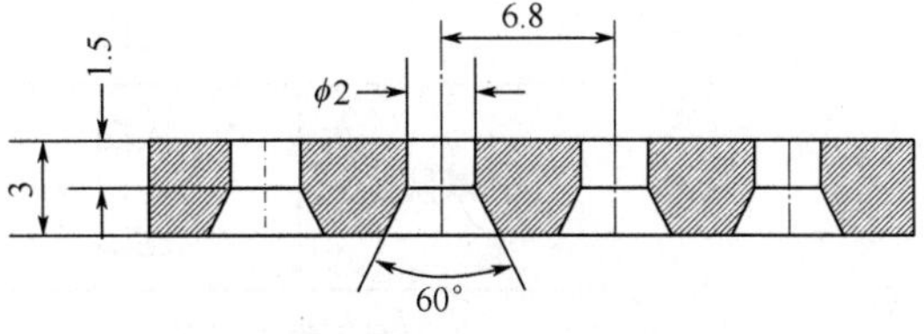

图 6-28　分布板图

（2）分隔板设计

沿长度方向设置 3 个横向分隔板，板间距约为 0.9m。分隔板与分布板之间的距离为 50mm，隔板做成上下移动式，以调节其与分布板之间的距离。分隔板宽 1.2m，高 1.6m，由 5mm 厚钢板制造。

（3）物料出口堰高

$$\frac{E_v - 1}{u - u_{mf}} = \frac{25}{Re_t^{0.44}}$$

$$Re_t = \frac{d_p u_t \rho}{\mu} = \frac{6\times10^{-4}\times3.9\times0.898}{2.18\times10^{-5}} = 96.39$$

代入数据

$$\frac{E_v - 1}{1.56 - 0.198} = \frac{25}{96.39^{0.44}}$$

解得 E_v=5.562 。

由公式

$$2.14\left(z_0 - \frac{h}{E_v}\right) = \left(18 - 1.52\ln\frac{Re}{5h}\right)\left(\frac{1}{E_v}\right)^{1/3}\left(\frac{G_c}{b\rho_b}\right)^{2/3}$$

代入数据

$$2.14\times\left(0.1 - \frac{h}{5.562}\right) = \left(18 - 1.52\times\ln\frac{38.56}{5h}\right)\times\left(\frac{1}{5.562}\right)^{1/3}\times\left(\frac{3967}{1.2\times1343\times3600}\right)^{2/3}$$

整理上式得到

$$32.0587 = 87.83h + 1.52\ln h$$

采用试差法解得溢流堰高度

$$h=0.38\text{m}$$

为了便于调节物料的停留时间，溢流堰的高度设计成可调节结构。

9．设计结果一览表

流化床工艺设计结果列于表 6-6。

表6-6 计算结果一览表

项目		量纲	数值
绝干物料质量流率		kg/h	3966.35
物料温度	入口	℃	15
	出口	℃	62.2
气体温度	入口	℃	110
	出口	℃	73
绝干气体用量		kg 绝干气/h	46278
流化速度		m/s	1.56
床层底面积	第一阶段	m^2	3.576
	升温阶段	m^2	0.683
流化床尺寸	长度	m	3.8
	宽度	m	1.2
	高度	m	2.0
布气装置	型号		单层多孔板
	筛孔直径	mm	3
	筛孔气速	m/s	14.13
	筛孔数目	个	114286
	开孔率	%	17.7
分隔板	宽	m	1.2
	分隔板与分布板之间的距离	mm	50
物料出口堰高		m	0.38

10. 附属设备选型

参阅本章第 6.1.4 节和 6.1.4 节第（6）条进行附属设备选型。

6.3.4 流化床干燥系统工艺流程图和设备工艺条件图

磷酸二氢钾流化床干燥系统工艺流程图示于图 6-29，流化床干燥器工艺条件图见图 6-30。

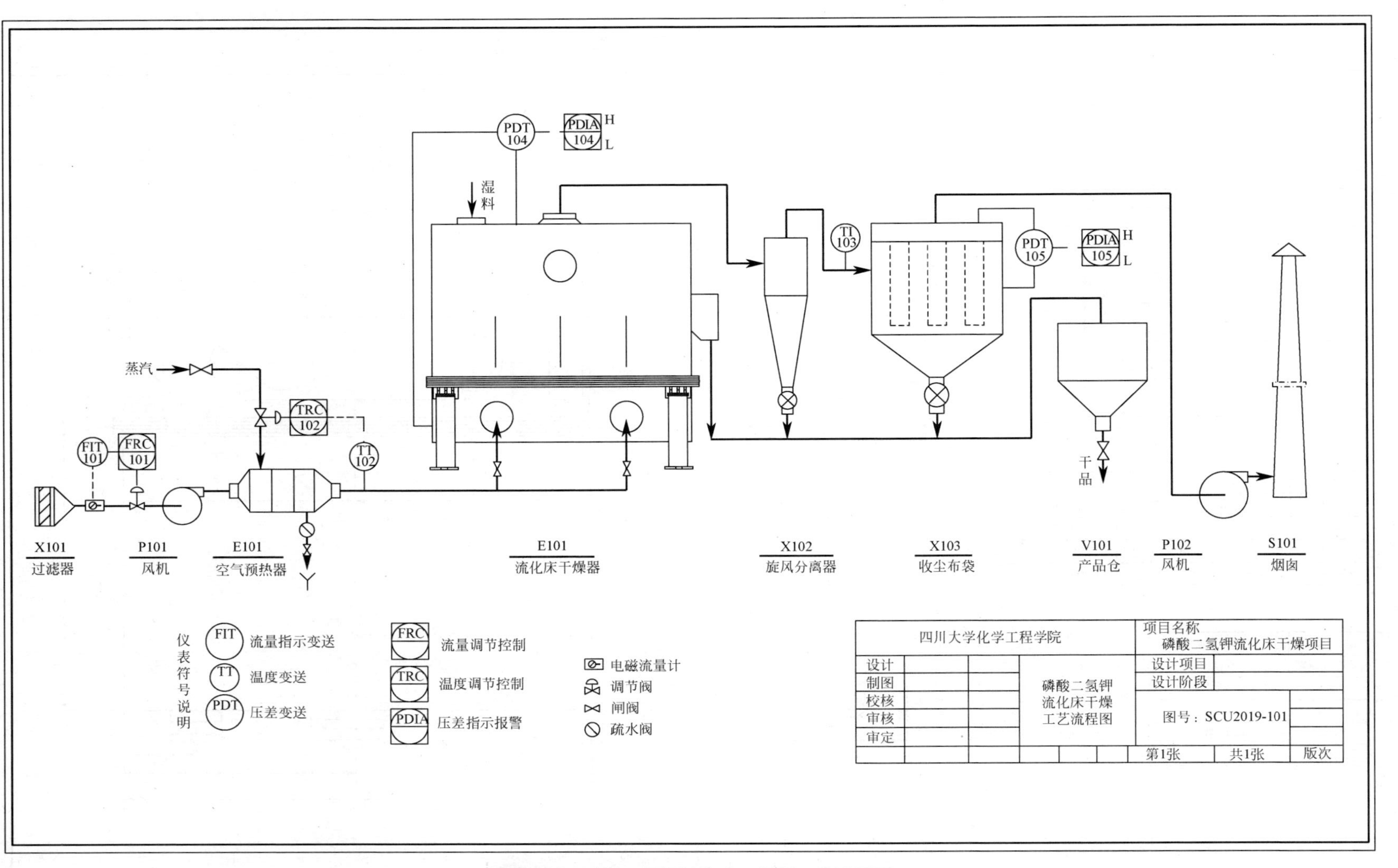

图6-29 磷酸二氢钾流化床干燥器工艺流程图

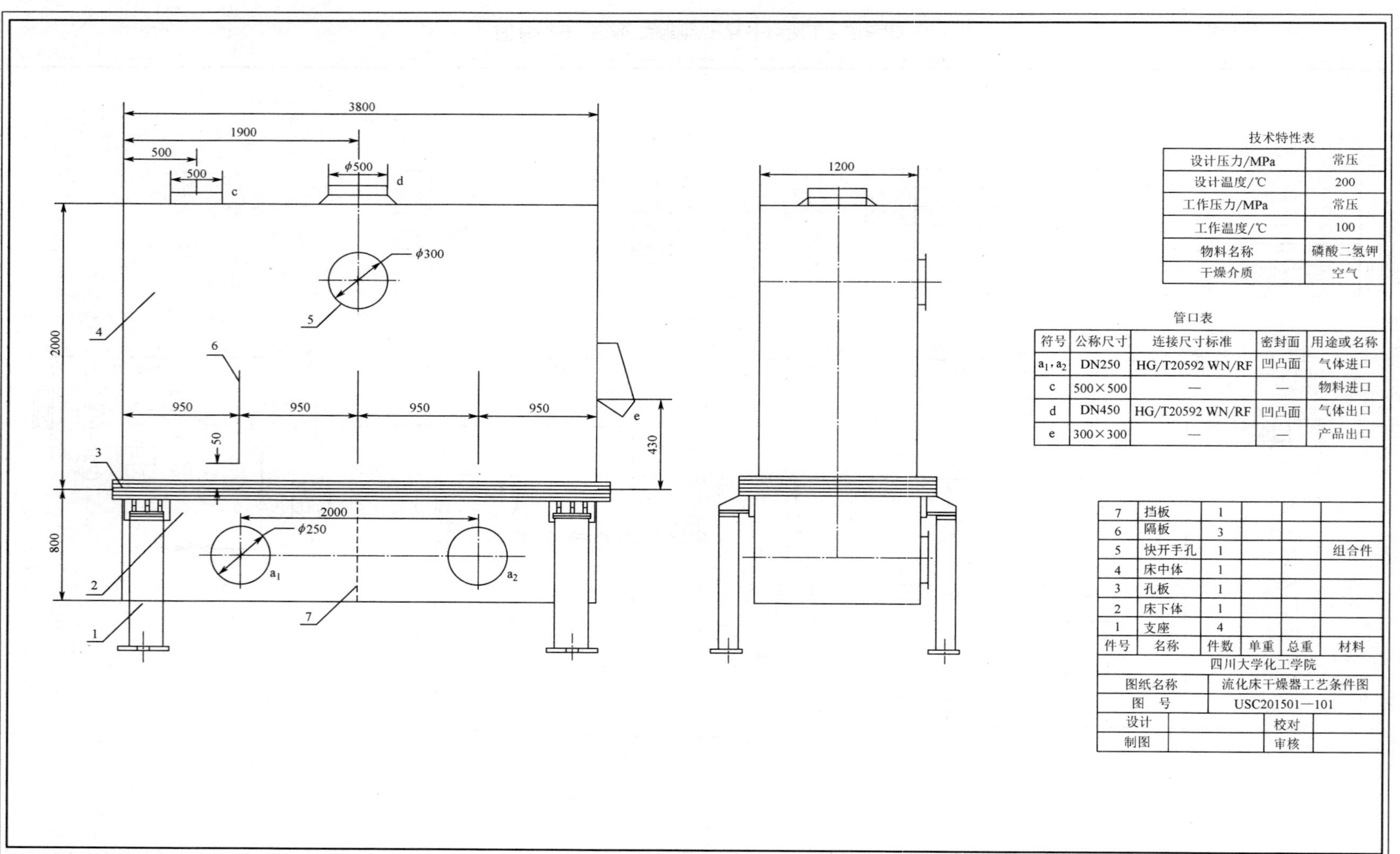

技术特性表

设计压力/MPa	常压
设计温度/℃	200
工作压力/MPa	常压
工作温度/℃	100
物料名称	磷酸二氢钾
干燥介质	空气

管口表

符号	公称尺寸	连接尺寸标准	密封面	用途或名称
a_1, a_2	DN250	HG/T20592 WN/RF	凹凸面	气体进口
c	500×500	—	—	物料进口
d	DN450	HG/T20592 WN/RF	凹凸面	气体出口
e	300×300	—	—	产品出口

件号	名称	件数	单重	总重	材料
7	挡板	1			
6	隔板	3			
5	快开手孔	1			组合件
4	床中体	1			
3	孔板	1			
2	床下体	1			
1	支座	4			

四川大学化工学院			
图纸名称	流化床干燥器工艺条件图		
图　号	USC201501—101		
设计		校对	
制图		审核	

图 6-30　磷酸二氢钾流化床干燥器工艺条件图

附：流化床干燥器设计任务两则

设计任务一　生产颗粒状肥料用卧式多室流化床干燥器

试设计一台卧式多室流化床干燥器，用于干燥颗粒状肥料。将其含水量从 0.04 干燥至 0.0004（以上均为干基）。生产能力（以干燥产品计）2900kg/h。

被干燥物料：

颗粒密度：ρ_s=1730kg/m^3；

堆积密度：ρ_b=800kg/m^3；

干物料比热容：c_s=1.47 kJ/(kg·℃)；

颗粒平均直径：d_m=0.4mm；

临界含水量：X_c=0.013（干基）；

平衡含水量：X^*=0；

干燥用热源：表压为 0.7MPa 的饱和水蒸气；

干燥介质：环境空气；

厂址：成都地区。

设计任务二　生产食盐用卧式多室流化床干燥器

试设计一台卧式多室流化床干燥器，用于干燥食盐。将其含水量从 0.03 干燥至 0.003（以上均为湿基），产量 10000kg/h。

粒状食盐颗粒密度：ρ_s=2000kg/m^3；

粒状食盐堆积密度：ρ_b=1200kg/m^3；

绝干盐比热容：c_s=1.0 kJ/(kg·℃)；

颗粒平均直径：d_m=0.5mm；

临界含水量：X_c=0.01（干基）；

平衡含水量：X^*=0；

干燥用热源：表压为 0.7MPa 的饱和水蒸气；

干燥介质：环境空气；

厂址：任选。

6.4　附属设备选型

干燥器附属设备主要包括：风机、加料器、空气预热器、旋风分离器和布袋除尘器。

（1）风机

干燥器一般采取“一送一引”的送风流程，前端一台送风机，将环境空气鼓入干燥系统；末端一台引风机，将废气引出排入大气。采用这样的流程，合理分配两台风机的风压，可使干燥器加料口处呈微负压，避免细粉吹出，影响车间操作环境。

干燥器所用风机一般为离心式通风机，最常用的离心风机有低压 4-72 型，中压 8-18 型，高压 9-19 型和 9-26 型。

风机的选型是根据所需的风量和风压，参照风机样本目录来确定。首先根据风压范围选定风机的类型，然后再按照实际风量（以风机进口状态计）和已换算成规定状况下的风压，从风机样本中查阅该型风机的特性曲线和性能参数表，确定合适的型号。风机的风压是由干燥系统的总流动阻力决定的，总阻力包括空气流经各个设备的阻力和各段管路的阻力。考虑设备应有一定的裕度，所选风机的风量和风压可适当大一些，但也不能远离高效率点工作。

（2）加料器

干燥器的加料系统甚为复杂，一般是由斗提机将物料送至高位料仓，经仓底部的圆盘给料机把物料加到输送带上，输送带将物料输送至加料器，再由加料器将物料加入干燥器。这里所述的加料器是指与干燥器相连接的加料装置，工业上常用的加料器主要有：螺旋加料器和星型加料器。

螺旋加料器是靠装在圆筒形壳体内旋转的螺旋叶片将物料推移而输送加料的。螺旋加料机适宜于输送粉状、粒状物料，密封性能好，操作安全方便，但螺旋叶片和驱动轴的磨损较大，且不适合输送黏性大、易结团的物料。

星型加料器是在机壳内装一旋转的转子，并在转子上装有若干叶片而构成。工作时物料自料斗落入叶片空间，并随叶片转动至下部而加入干燥器。星型加料器的加料量与转子的转速有关，低速时，加料量随转速而增加，转速过高时，加料量反而下降，甚至加不进去。

加料器的选型，根据实际需要的加料量（kg/h）和物料的性质（堆密度、磨琢性），确定加料器的型号规格，并计算转速。

（3）空气预热器

干燥器最为常用的预热器是蒸汽加热的空气预热器。锅炉产生的饱和水蒸气压力大致为 0.8MPa，温度约 170℃，可将空气加热至 160℃左右。以蒸汽为热媒的空气预热器，蒸汽侧的给热系数比空气侧的给热系数高两个数量，热阻主要集中在空气侧。为了强化传热，安排空气走管外，并在管外壁上缠绕螺旋翅片，形成扩展传热表面。与光管相比，螺旋翅片管可将管外壁面积增加 10 倍左右。尽管空气侧的给热系数很小，但其传热面积很大，这就大大提高了传热速率。

螺旋翅片换热器在我国已标准化，有系列化的定型产品可供选用，干燥中常用 SRL 和 SRZ 系列翅片换热器。选型方法如下：

① 初选换热器型号　设定风速，初算通风净截面积，据此于 SRZ 或 SRL 系列换热器技术性能表中查找适宜的型号；

② 计算总传热系数　根据相应系列换热器提供的经验公式计算总传热系数；

③ 计算传热面积和换热单元个数　翅片换热器是由若干个换热单元串联组合而成，先由总传热系数计算换热器的总传热面积，再与初选型号所列的散热面积相除，即可求得换热单元个数，一般以 3～8 个为宜；

④ 计算换热器的空气阻力　根据 SRZ 或 SRL 系列换热器提供的经验公式计算空气阻力，并乘以换热单元个数，得到换热器的总阻力。

（4）旋风分离器

旋风分离器是工业通用设备，有系列化产品可供选用。旋风分离器的类型有很多，如

CLP/A、CLP/B、CLT、CLK 型等。

旋风分离器选型方法是：先设定进口风速，然后根据风量从该型旋风分离器的技术性能表中查取合适的规格型号。

（5）布袋除尘器

旋风分离器后串联布袋除尘器，以减少细微粉尘随废气排入大气，布袋除尘器是以纤维织物过滤气体中固体微粒，气体穿过滤布的过滤风速为 1～3m/min。常见的布袋除尘器有 QMC 和 DMC 系列。布袋除尘器的选型方法是：首先根据粉尘的性质和含尘气体的温度选择滤袋材质，然后根据过滤风速和处理风量确定袋滤器的过滤面积，由过滤面积从相应袋滤器规格型号表中选择合适的袋滤器。

干燥器附属设备可从任何一本干燥专著中查阅，也可从互联网上百度搜索，还可以从网上查到设备厂家，索取产品资料，甚至可以借助设备厂技术人员的帮助，协助选型。

符号说明

英文字母

a——有效截面系数或静止时床层的比表面积；

A——喷嘴的几何特性参数；

A'——喷嘴结构参数；

A_0——开孔面积，m^2；

A_1——全部切向入口通道的总横截面积或干燥第一阶段所需底面积，m^2；

A_2——物料升温阶段所需的底面积，m^2；

A_a——由式（6-6）确定的参数；

A_h——由式（6-18）确定的参数；

A_J——由式（6-21）确定的参数；

A_p——雾滴在流体流动方向上的投影面积，m^2；

A_n——由式（6-16）确定的参数；

A_q——由式（6-49）确定的参数；

A_t——由式（6-46）确定的参数；

A_T——设备外表面积，m^2；

b——由式（6-33）确定的参数或矩形切向进口宽度或溢流堰的宽度，m；

B——计算参数；

B_u——由式（6-47）确定的参数；

c_m——湿物料的比热容，J/(kg 绝干物料·℃)；

c_s——绝干物料的比热容，kJ/(kg 绝干物料·℃)；

c_v——湿分蒸汽的比热容，J/(kg 湿分蒸汽·℃)；

c_w——液态湿分的比热容，J/(kg 液态湿分·℃)；

c_H——气体的湿比热容，J/(kg 绝干气体·℃)；

C_d——孔流系数，无量纲；

C_t——非球形颗粒校正系数；

C_D——喷嘴流量系数；

d——颗粒直径，m；

d_0——筛孔直径或喷孔直径，m；

d_c——临界点的雾滴直径，μm；

d_{in}——圆形切向入口直径，m；

d_p——雾滴/颗粒的平均直径，μm；

d_{p0}——雾滴的初始平均直径，μm；

d_w——水滴的平均直径，μm；

D——干燥管/旋转室直径，m；

D_T——塔径，m；

E_v——床层膨胀率，无量纲；

F_d——空气曳力，N；

G_1——湿物料进干燥器时的质量流率，kg/s；

G_2——产品出干燥器时的质量流率，kg/s；

G_c——绝干物料的质量流率，kg/s；

G_c'——单个球形雾滴所含的干燥固体质量，kg；

h——矩形切向进口高度，m，或对流给热系数，W/(m^2·℃)；

h_V——容积传热系数，W/(m^3·℃)；
H_1——气体进干燥器时的湿度；
H_2——气体离开干燥器时的湿度；
H_w——湿球温度下的气体饱和湿度；
H_T——塔高，m；
J——颗粒加速度，m/s^2；
J_m——颗粒平均加速度，m/s^2；
k——热导率，W/(m·℃)；
L——干燥管总长/切向进口导管长度，m；
L_0——喷孔长度，m；
L'——对 Re_p 取的积分步长；
ΔL——某段干燥管长度，m；
Ly_{mf}——以临界流化速度计算的李森科数，无量纲；
Ly_t——以带出流化速度计算的李森科数，无量纲；
L_G——绝干气体的质量流率，kg/s；
m——由式（6-32）确定的参数或单个雾滴的质量，kg；
n——指数或切向进口个数；
n_0——分布板上总孔数；
Nu——努赛尔数，无量纲；
p_s——湿分的饱和蒸气压，Pa；
p_w——湿球温度下湿分的饱和蒸气压，Pa；
Δp——喷嘴的操作压力差（或表压），Pa；
p——操作压力，Pa；
Δp_b——床层的压力降，Pa；
Δp_d——气体通过分布板的压力降，Pa；
q——传热速率，W；
Δq——某段传热速率，W；
Q_0——原料液体积流量，m^3/s；
Q_d——向干燥器补充的热量，kW；
Q_g——热气体在干燥器中放出的热量，kW；
Q_l——干燥器的散热损失，kW；
Q_m——加热固体产品所需要的热量，kW；
Q_w——汽化湿分所需要的热量，kW；
r——湿分的汽化潜热，kJ/kg；
r_0——喷孔半径，m，或液态湿分在0℃的汽化潜热，J/kg 液态湿分；
r_c——空气芯半径，m；
r_w——湿球温度下湿分的汽化潜热，kJ/kg；
R——旋转室半径，m；
Re——雷诺数，无量纲；
Re_p——颗粒雷诺数，无量纲；
Re_{p0}——初始颗粒雷诺数，无量纲；
Re_t——沉降雷诺数，无量纲；
S——与颗粒等体积的球形颗粒的表面积，m^2；
S_p——非球形颗粒的表面积，m^2；
S_x——雾滴水平飞行距离，m；
S_y——喷雾干燥塔的最低高度，m；
S_{y1}——雾滴减速运动段飞行的距离，m；
S_{y2}——雾滴匀速运动段飞行的距离，m；
t——正三角形的边长（即孔心距），m；
t_1——气体进干燥器的温度，℃；
t_2——气体出干燥器的温度，℃；
t_a——大气温度，℃；
t_c——临界点的空气温度，℃；
t_w——热空气进/出干燥器时的湿球温度，℃；
t_F——设备外表温度，℃；
t_I——恒速干燥段的平均气膜温度，℃；
t_{II}——降速干燥段的平均气膜温度，℃；
Δt_m——干燥介质与物料表面间的平均温差，℃；
Δt_{mI}——恒速干燥段空气与液滴的平均传热温差，℃；
Δt_{mII}——降速干燥段空气与颗粒的平均传热温差，℃；
u——气速，m/s；
u_0——喷嘴孔出口处的液膜速度或气体通过筛孔的速度，m/s；
u_{in}——切向进口速度，m/s；
u_m——自由速度，m/s；
u_{mf}——临界流化速度，m/s；
u_t——颗粒沉降速度，m/s；
u_t'——非球形颗粒的带出速度，m/s；
u_{x0}——雾滴的水平分速度，m/s；
u_{y0}——雾滴的轴向分速度，m/s；

U_V——容积干燥强度，kg/(m^3·s)；

v_H——气体的湿比容，m^3/kg 绝干气体；

V——干燥塔的有效容积，m^3；

V_s——热空气的体积流量，m^3/s；

w——湿基湿含量；

w_1——物料的初始湿基湿含量；

w_2——产品的湿基湿含量；

W——干燥器在单位时间内汽化的水分质量，kg/s；

W'——单个球形雾滴的气化湿分质量，kg；

W_c'——单个球形雾滴在恒速干燥段的汽化湿分质量，kg；

X_1——物料的初始干基湿含量；

X_2——产品的干基湿含量；

X_c——临界点物料的干基湿含量；

X^*——平衡干基湿含量；

z_0——静止时床层厚度，m。

希腊字母

α——水平方向与雾滴运动方向的夹角，(°)；

β——雾化角，(°)；

ε——静止床层的空隙率；

ζ——曳力系数；

θ——物料温度，℃；

μ——黏度，Pa·s；

μ_a——空气的黏度，Pa·s；

ν——气体的干基湿比容，m^3/kg 绝干气；

ξ——分布板的阻力系数；

ρ——密度，kg/m^3；

ρ_w——湿分的密度，kg/m^3；

ρ_s——干物料的密度，kg/m^3；

ρ_p——雾滴的密度，kg/m^3；

ρ_a——空气的密度，kg/m^3；

ρ_b——物料堆积密度，kg/m^3；

σ_l——料液的表面张力，N/m；

τ——物料总干燥时间/停留时间，s；

τ_I——恒速干燥段干燥时间，s；

τ_{II}——降速干燥段干燥时间，s；

$\Delta\tau$——某段物料停留时间，s；

φ——气体的相对湿度，%；

φ_s——颗粒的形状系数或球形度；

ϕ——计算参数；

Ω——计算参数。

下标

1——进口处；

2——出口处；

ave——平均；

g——气体；

l——料液；

m——固体；

r——相对；

t——加速区终点。

参考文献

[1] 夏诚意. 化学世界，1965（8）：373.

[2]《化工原理设计导论》编写组. 化工原理设计导论. 成都：成都科技大学出版社，1994.

[3] 马克承，陈明凤. 气流干燥器加速区的工作方程式：有关微分方程式的分段积分法. 成都科技大学学报，1990（4）：81.

[4] 叶世超. 气流干燥器设计中的加速区分段公式. 成都科技大学学报，1992（2）：15.

[5] 叶世超. 气流干燥器加速区后期分段设计方法. 成都科技大学学报，1992（3）：95.

[6] 贾绍义，柴诚敬. 化工原理课程设计. 天津：天津大学出版社，2002.

[7] 吴俊. 化工原理课程设计. 上海：华东理工大学出版社，2011.

[8] 王国胜. 化工原理课程设计. 大连：大连理工大学出版社，2013.

[9] 付家新. 化工原理课程设计. 2 版. 北京：化学工业出版社，2016.

[10] 王喜忠，于才渊，周才君. 喷雾干燥. 北京：化学工业出版社，2003.
[11] 于才渊，王宝和，王喜忠. 喷雾干燥技术. 北京：化学工业出版社，2013.
[12] 中国石化集团上海工程有限公司. 化工工艺设计手册. 北京：化学工业出版社，2009.
[13] 叶世超，夏素兰，易美桂等. 化工原理：下册. 北京：科学出版社，2006.
[14] 刘广文. 干燥设备设计手册. 北京：机械工业出版社，2009.
[15] 徐宝东. 化工管路设计手册. 北京：化学工业出版社，2011.
[16] 库德 T，牟久大 A S. 先进干燥技术. 李占勇译. 北京：化学工业出版社，2005.

第 7 章
结晶器设计

7.1 概述

7.1.1 结晶原理

7.1.1.1 结晶热力学

晶体是内部结构中的质点（原子、离子、分子）作规律排列的固态物体。结晶是物质以晶体形态从蒸气、溶液或熔融物中析出的过程。溶质要从溶液中结晶出来，需经历两个步骤：首先要产生微小的晶体粒子作为结晶的核心，这些核心称为晶核；然后晶核长大，生长成宏观晶体。产生晶核的过程称为成核，晶核长大的过程称为晶体生长。无论是成核或是晶体生长，都需要有一个传质推动力，即溶液的过饱和度。

（1）溶解度

在一定的条件下，往某一溶剂中不断加入某一固体物质，固体物质会溶解于溶剂中，此时溶液尚未饱和，称为不饱和溶液。随着固体物质的溶解，溶液浓度不断增加。当溶液浓度达到一定时，固体物质将不再溶解于溶液中。固体物质的溶解速率等于析出速率，未溶解的固体物质与溶液处于相平衡状态，此时的溶液称为饱和溶液。适当改变条件，如降温、蒸发等，溶液能够含有超过饱和量的溶质，称为过饱和溶液。结晶只会在过饱和溶液中发生。

固体物质与饱和溶液之间的相平衡关系，通常可用固体物质在溶剂中的溶解度来表示。溶解度的单位常用单位溶剂中所含无水溶质的量来表示，如 g（或 kg）溶质/g（或 kg）溶剂；也可以用其他浓度来表示，如物质的量浓度、摩尔分数等。物质的溶解度与其自身的化学性质、溶剂性质和温度等有关，压力的影响可忽略不计。物质的溶解度与温度的关系曲线称为溶解度曲线。

固体物质溶解度的特征表现在两个方面：一是溶解度的大小，二是溶解度随温度的变化。根据第二个特征可将结晶物质大致分为三种类型。第一类物质的溶解度随温度升高而迅速增大，如 NaH_2PO_4、KNO_3、$KClO_4$ 和 NH_4NO_3 等。第二类物质的溶解度随温度升高变化较小或基本不变，如 KCl、NaCl、$NaHCO_3$ 和 $PbCl_2$ 等。这两类物质具有正溶解度。第三类物质的溶解度随温度升高反而减小，即具有逆溶解度，如 $CaSO_4$、$Ca(OH)_2$ 和 $MgSO_4$ 等。第一类物质，采用冷却热饱和溶液的方法就可以获得足够量的晶体。但第二、三类物质，则不能采用冷却的方法，必须采用移除部分溶剂的方法才能增加晶体产量。

（2）溶液的过饱和

过饱和溶液与饱和溶液的溶质浓度差称为溶液的过饱和度。当溶液过饱和度增大到一定程度时，过饱和溶液便会自发地产生晶核。溶液自发产生晶核的浓度与温度的关系曲线称为超溶解度曲线。

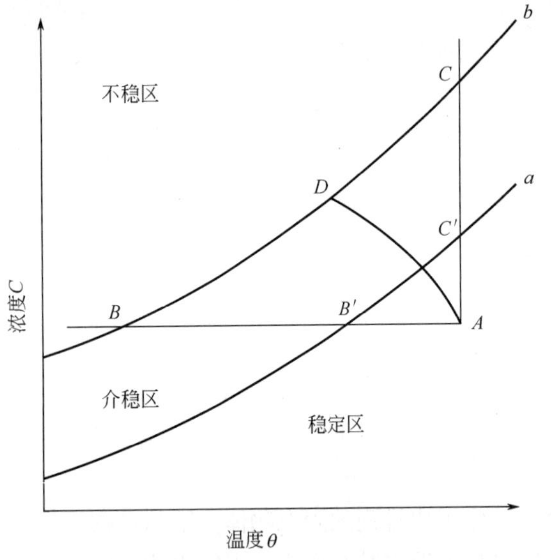

图 7-1 溶液的过饱和与超溶解度曲线

溶液的过饱和度与结晶的关系可用图 7-1 表示。图中曲线 a 为溶解度曲线，曲线 b 为超溶解度曲线，与溶解度曲线大致平行。曲线 a 和 b 将浓度-温度图分成三个区域。曲线 a 以下为稳定区，此区域溶液尚未饱和，不会结晶。曲线 a 以上为过饱和溶液区。此区域可再细分成两个区域。曲线 a 和 b 之间的区域称为介稳区，两者之间的距离称为介稳区宽度，其垂直距离代表最大过饱和度 ΔC_{max}，水平距离代表最大过冷却度 $\Delta\theta_{max}$。在介稳区，溶液不会自发产生晶核，但如果加了晶种（少量溶质晶体的小颗粒），这些晶种就会长大。曲线 b 以上是不稳区，溶液能自发地产生晶核，且晶核数量随着过饱和度 ΔC_{max}（或过冷却度 $\Delta\theta_{max}$）的增加而增加。结晶器设计时，需要选择适宜的过饱和度，将结晶过程控制在介稳区内，介稳区为结晶过程的实际操作区域。

溶液结晶一般有两种过饱和溶液的制备方法。一是在没有溶剂损失的情况下冷却溶液，使其温度降到饱和温度以下，如 $AB'B$ 线；二是恒温蒸发溶液中的部分溶剂，如 $AC'C$ 线。在实际的结晶操作中往往合并使用这两种方法，如 AD 线。

7.1.1.2 成核问题

在微观上，我们把溶质的分子、原子或离子称为运动单元。各运动单元相互碰撞结合在一起，同时也可能迅速分开。多个运动单元结合在一起形成的结合体，称为线体。线体不断结合运动单元，当增大至某一限度时，可称为晶胚。因溶液的过饱和度不同，晶胚需长至一定尺寸才能与溶液建立热力学平衡。这种长大了的晶胚称为晶核，晶核继续结合运动单元长大成为晶体。

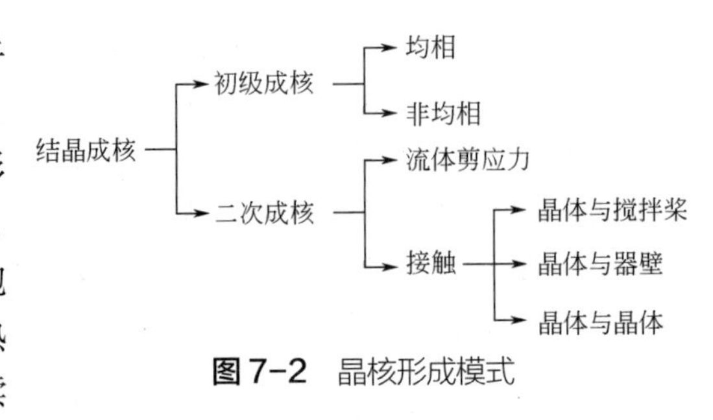

图 7-2 晶核形成模式

晶核的形成模式大致分为两类，即初级成核和二次成核，如图 7-2 所示。

（1）初级成核

初级成核可分为初级均相成核和初级非均相成核。初级均相成核发生在完全清洁的过饱和溶液中，需要很大的过饱和度，一般溶解度的物系无法满足。只有在反应产物溶解度非常小的沉淀反应中，可瞬时产生很大的过饱和度，才可能出现初级均相成核现象。真实物系很难避免各种外来物质粒子的干扰，这些物质微粒能诱导晶核生成，导致所需的过饱和度比均相成核时大幅度降低，这种情况下的初级成核称为初级非均相成核。初级成核现象基本都是非均相成核。

初级成核速率对过饱和度变化的响应过于灵敏，动力学级数可高达 12 以上，对结晶过程实际操作的控制精度要求过高，难以得到合格的产品。工业结晶过程应当避免以初级成核作为晶核的来源。但在超微粒子制备领域，可以利用初级成核的特点，在极短的时间内造成很大的过饱和度，引起爆发成核，制备微、纳米级的粒子。

（2）二次成核现象

受晶浆中存在的宏观晶体的影响而形成晶核的现象称为二次成核。二次成核机理比较复杂，其中起决定作用的有流体剪应力成核和接触成核。流体剪应力成核是指当过饱和溶液以较大的流速流经正在生长的晶体表面时，在流体边界层存在的剪应力将一些附着在晶体上的粒子扫落，成为新的晶核。接触成核是指当晶体与固体物接触碰撞时所产生的晶体碎粒，成为新的晶核。在工业结晶器中，接触成核有三种方式，即晶体与搅拌桨之间的碰撞、晶体与结晶器壁之间的碰撞和晶体与晶体之间的碰撞。其中，晶体与搅拌桨之间接触碰撞对成核贡献最大。在结晶器结构设计中，需要重点考虑如何降低晶体与搅拌桨之间的接触成核问题。

7.1.2　溶液结晶方法

溶质从溶液中结晶出来的首要条件是在溶液中产生一个适当的过饱和度。不同的物系，溶解度特征不同，产生过饱和度的方法也不同。依据过饱和度的产生方法可将结晶方法分为以下五种。

（1）冷却结晶法

冷却结晶法基本不移除溶剂，依靠移除系统热量来降低溶液温度，使溶液达到过饱和状态。此方法适用于第一类结晶物质，其 $\mathrm{d}C^*/\mathrm{d}\theta$ 值较大。

根据换热方式，冷却结晶法可分为自然冷却、间壁冷却和直接接触冷却结晶。自然冷却结晶是使溶液在大气中缓慢冷却而结晶，设备和操作均较简单，但生产效率低，产品质量难以控制，工业上已不采用。间壁冷却结晶在工业上较为常用，但冷却表面容易结晶而覆上晶垢，降低冷却效果；且传热效率低，换热面积很大，一般多用在产量较小的场合。直接接触冷却结晶采用与溶液互不相溶的冷却剂与溶液直接接触冷却。冷却剂一般为空气，也可采用碳氢化合物类的有机物。

（2）真空冷却结晶法

真空冷却结晶法是在真空条件下，使溶剂闪蒸蒸发、绝热冷却，其实质是结合冷却和蒸发两种效应来产生过饱和度的方法。此方法适用于 $\mathrm{d}C^*/\mathrm{d}\theta$ 值处于第一、二类之间的结晶物质。真空冷却法的主体设备较简单，且器内无换热面，大大减少了结晶垢的风险，具有操作稳定性好、产率较高的优点。真空冷却结晶法的操作压力通常都很低，可低至绝对压强 4kPa，甚至 0.4kPa。但维持真空的能耗是很高的，应该考虑节能措施。

（3）蒸发结晶法

蒸发结晶是通过移除一部分溶剂来达到溶液过饱和状态的结晶方法。此方法适用于第二、三类结晶物质，其 $\mathrm{d}C^*/\mathrm{d}\theta$ 值很小或为负值。该方法具有以下优点，如三类结晶物质都能采用，可以选择适当的操作压力，可以利用加热器消除一定粒度的细晶，生产效率高，产能大，清理晶垢比较容易等。但蒸发结晶与其他结晶方法相比，消耗的热能最多。在结晶工艺设计时，应充分考虑热能的重复利用问题。

（4）盐析结晶法

盐析法是向物系中加入某些物质以降低原溶质在溶剂中的溶解度，以建立过饱和度的结晶方法。所加物质叫稀释剂或沉淀剂。不同的物系，加入的沉淀剂亦不一样。沉淀剂的选择原则是能被原溶液中的溶剂溶解，能降低原溶质的溶解度，且易与原溶剂分离。对于某些不耐热的物质，采用盐析结晶，可将温度保持在较理想状态。盐析法的缺点是需要分离原溶剂与沉淀剂。

（5）反应结晶法

反应结晶是气-液或液-液之间发生化学反应，生成的产物在液相中的浓度超过饱和浓度而结晶出来的方法。该法可通过控制反应速度或者反应量来实现过饱和度在介稳区内，以得到符合要求的晶体产品。反应结晶在化工过程中较为常见，如硫酸分解磷矿生产湿法磷酸过程中带结晶水硫酸钙晶体的生成就是典型的反应结晶过程。一般来说，反应结晶都要求专用的特殊型式的结晶器，需要考虑化学反应过程与结晶过程的耦合，情况较为复杂。

7.1.3 主要结晶器

工业生产中，根据不同的产品要求和结晶方法开发了各式各样的结晶器。按操作类型可分为分批型和连续型；按混合方式可分为全混型和分级型；按操作方式可分为晶浆或母液强制外循环式和带搅拌的晶浆内循环式。各型结晶器各具特点，有的属于专用型，适用于某一种结晶方法；有的则是通用型，可应用于各种不同的结晶方法。以下主要介绍几种具有代表性的结晶器。

（1）搅拌式结晶器

搅拌式结晶器结构比较简单，即在普通的敞槽或闭式槽中安装上各种型式的搅拌器用于结晶操作。由于搅拌的存在，结晶器内物系混合情况良好。此类结晶器既可用于冷却结晶，也可用于蒸发结晶。工业中，搅拌式结晶器的典型设备是搪瓷釜。搪瓷釜是标准化设备，有多种容积可选，自身带有夹套，可通入冷却水冷却也可通入蒸汽加热，且搪瓷内壁比较光滑，不容易结晶垢。当夹套不能满足换热要求时，可增设外换热器，如图 7-3 所示，使晶浆强制循环于换热器与结晶器之间。晶浆的循环可进一步增强结晶器的混合效果，但循环泵高速旋转的叶轮会造成接触成核增多。

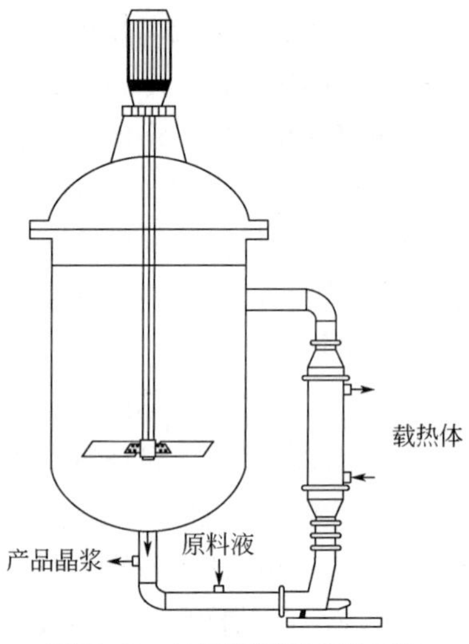

图 7-3 外循环搅拌式结晶器

（2）DTB 结晶器

DTB（Draft Tube & Baffled）结晶器，即导流筒-遮挡板型结晶器，其结构如图 7-4 所示。DTB 结晶器中部设有导流筒，导流筒内靠近底端处有搅拌桨，导流筒与器壁之间被遮挡板分隔成晶体生长区和澄清区两个区域。运行时，悬浮液在搅拌桨的推动下，由结晶器底部进入导流筒内，并输送至液体表面，再通过晶体生长区回到结晶器底部，形成循环回路。澄清区因为挡板的遮蔽作用不受晶浆循环的影响，大晶体得以沉降分离。通过控制澄清区母液的外循环量，可以将特定粒度的细晶随循环母液一并带出，经细晶消除系统，采用加热或补加少量溶剂的方法将细晶消除，从而达到控制晶核数量的目的。当需要得到粒度分布较窄的晶体产品时，可在结晶器底部设置淘洗腿，将适量母液返回至淘洗腿中淘析晶体，实现晶体粒度分级，达到控制晶体产品粒度分布的目的。

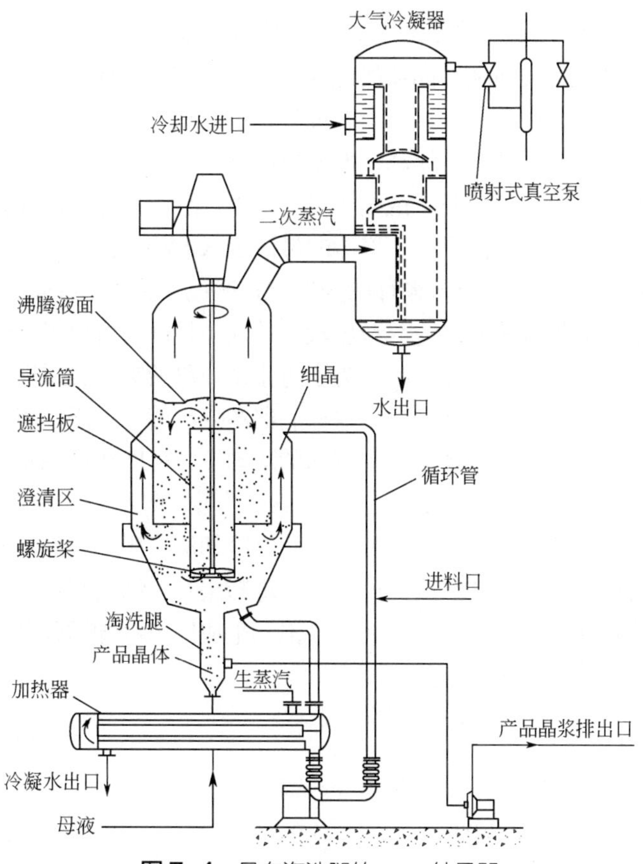

图 7-4　具有淘洗腿的 DTB 结晶器

DTB 结晶器属于典型的晶浆内循环式结晶器。由于其搅拌桨直径较大，且导流筒形成的循环通道能有效降低循环所需的压头，在很低的搅拌转速下也能获得很高的循环流量，足以维持高达 30%～40%（质量分数）的晶浆密度。低的搅拌转速使接触成核数量大为减少，良好的循环强度使结晶器内过饱和度和晶浆密度均匀分布，较高的晶浆密度又提供了足够的生长表面。这些优势使 DTB 结晶器可以按照过饱和度上限来进行操作而不必担心产生过量的晶核。DTB 结晶器能够生产粒度为 0.6～1.2mm 的高品质晶体，且生产强度高，连续性好，是连续结晶器的主要型式之一。DTB 结晶器适用于多种结晶方法，如真空冷却法、蒸发法、直接接触冷却法和反应结晶法等。用于真空冷却法时，可取消换热器，还可取消淘洗腿，改成底搅拌的形式，以减少搅拌轴封处的漏气量，如图 7-5 所示。

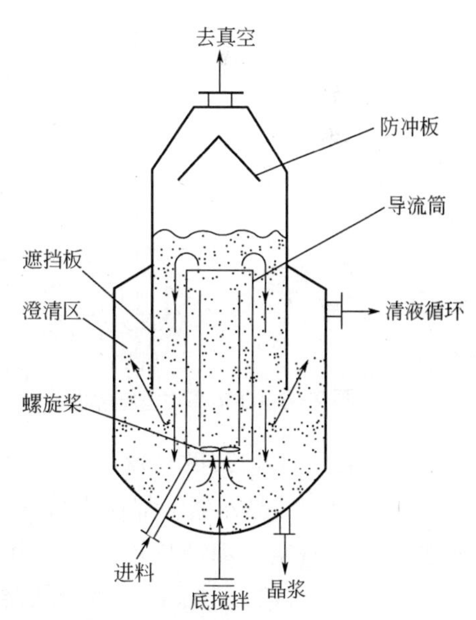

图 7-5　带下搅拌无淘洗腿的 DTB 结晶器

（3）奥斯陆结晶器

奥斯陆（Oslo）结晶器，是一种粒度分级型结晶器，如图7-6。操作方式属于典型的母液外循环式。根据其操作特点，奥斯陆结晶器的过饱和生成区域和晶体生长区域分别设置在两处。晶体生长区域（即结晶室）通常呈上大下小的锥形，过饱和溶液通过设置在中心的降液管引流至结晶室底部，液流在底部转而向上流动，形成粒度分级的流化床。粒度较大的晶体富集于结晶室底层。随着液流往上流动，结晶室截面积逐渐变大，悬浮晶体粒度逐渐减小，到达最大截面积处时，液流中已基本不含晶体颗粒。澄清的母液进入循环管路，由循环泵输送至过饱和生成区域，形成循环通路。这种澄清母液循环的操作方式避免了循环泵叶轮与晶粒间的接触成核，且结晶室中过饱和度较大的液流始终先与粒度较大的晶体接触，所以奥斯陆结晶器能够生产比其他全混型结晶器粒度大得多的晶体产品。为了防止循环母液夹带数量明显的晶体，必须严格控制母液循环量和晶体悬浮密度，但也会导致结晶器的生产能力受限。奥斯陆结晶器操作的稳定性非常依赖过饱和溶液在悬浮晶体床层中流速的均匀性，可以在结晶室底部增加筛板来改善溶液的流速分布。

奥斯陆结晶器可用于蒸发法、真空冷却法、间壁冷却法。用于蒸发法时，结晶器分为汽化室与结晶室，循环管路上配置有加热器。用于真空冷却法时，结构与蒸发法一样，只是取消了加热器。用于间壁冷却法时，汽化室被取消，过饱和生成区由冷却器代替，如图 7-7。

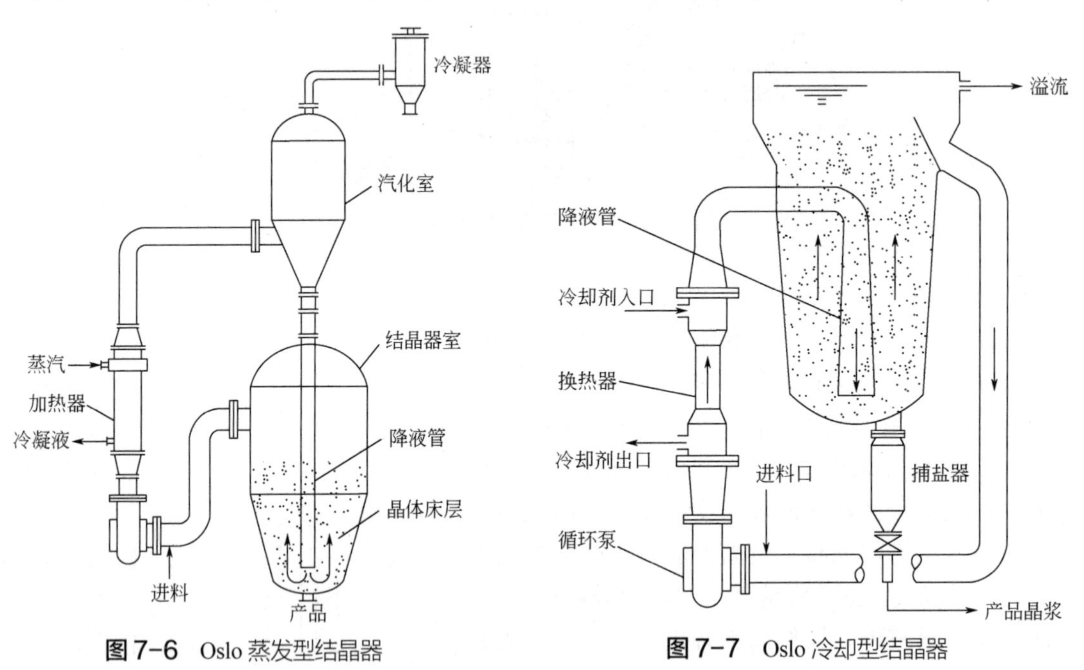

图 7-6 Oslo 蒸发型结晶器

图 7-7 Oslo 冷却型结晶器

（4）多级真空冷却结晶器

真空冷却结晶器通常都在很低的终点压力下操作。为了降低维持真空的能源消耗，连续操作的大型真空冷却结晶装置一般由多台结晶器串联组成多级，操作压力逐级降低，工业上一般为 3～8 级。Messo 多级结晶器是一种能在单一设备中实现多级真空结晶操作的结晶器，如图 7-8。为了更好地承压，该结晶器一般为卧式放置的圆筒形容器，器内由挡板分隔成多个结晶室，结晶室下部设有空气分布管、过料孔和底部排料阀。晶体在少量鼓入空气的搅动下悬浮、生长，经过料孔逐级流动，最终由末级溢流管排出结晶器。结晶器的整体液位取决于末级结晶室的溢流管高度，各级结晶室液位取决于各级的压力差。各结晶室底部排料阀用于排出无法达到过料孔高度的大颗粒晶体。通过控制鼓入的空气量，可以使大部分晶体悬浮于过料孔以下，清液和少量晶体经过料孔最终由末级溢流管排出，而大部分晶体则由底部排料阀排出。该操作方式可以使晶体在结晶器中的停留时间比母液长很多，有利于得到粒度较大的晶体产品。Messo 多级结晶器结构简单，操作稳定，处理量大。但各结晶室采用空气搅动，混合均匀性欠佳。此外，进入的空气会增加真空装置的抽气负荷，且空气是不凝性气体，会降低冷凝器的冷凝效果。

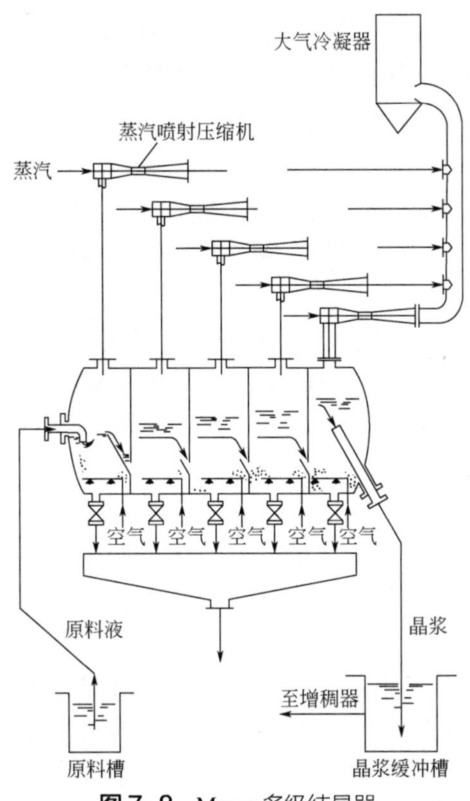

图 7-8 Messo 多级结晶器

7.2 结晶器工艺设计

7.2.1 结晶方案确定

（1）总体要求

工业结晶过程是一个复杂的多相传热、传质过程，同时还涉及液相与固相的混合和输送。结晶器设计的目的除了要满足产品的纯度和收率要求外，还要兼顾产品的晶习、晶型和粒度分布要求。这些要求与晶体的成核及生长速率、物系在结晶器内的停留时间、结晶温度、溶液过饱和度、晶体悬浮密度、搅拌型式和强度及晶体磨损等参数有关，使得结晶器的设计难度大幅增加。长期以来，结晶器的设计工作主要依赖于经验。直到近些年，随着各种测量技术的应用，人们对结晶机理、结晶热力学、结晶动力学以及非均相流体力学、传热、传质理论等有了更深刻的认识。在此基础上，通过归纳生产实践经验，应用粒数衡算概念，建立了各种操作参数与晶体粒度分布的相对关系，又根据设备的几何形状和流体力学参数等对结晶过程的影响，提出了几种结晶器的半经验半理论设计模型。

结晶器设计结果的可靠性非常依赖于实验工作的质量。在设计工作开始前，应当用所需结晶的原料液在适当规模的结晶装置中完成结晶动力学参数的测量并取得相应的操作参数。设计计算的主要目的是确定在特定条件下，满足规定产品产量和粒度的结晶器所需的有效容积。结晶器结构细节的设计往往需要模拟小型实验中的结晶条件，如液、固两相的流动特性，对应区域的过饱和度和晶浆悬浮密度等，使两者的晶体成核和生长环境一致。

对于一个特定的设计任务，往往需要经过原料预处理、结晶、分离、洗涤和干燥等过程才能得到晶体产品。可以认为结晶器的设计不仅仅局限于一台设备的设计，而是整个结晶工艺过程的设计。

一个完整的结晶工艺过程设计主要包括以下几个内容。

① 确认设计目标和要求。明确原料组成、生产能力、收率、晶体质量指标、粒度分布和晶习等要求。

② 收集物系的基础信息，确定初步方案。基础信息包括结晶系统的性质、相平衡数据、介稳区数据、结晶成核和生长动力学特征及物系的流体力学数据和特征等。

③ 小规模装置实验。采用实际物料在适当规模的结晶装置中进行小试实验，取得结晶动力学参数和操作参数等。

④ 结晶器设计。

⑤ 结晶过程工艺流程设计。包括控制仪表、附属设备、设备布置、公用工程、母液处理方式、杂质处理方式、三废处理等内容。

（2）结晶工艺选择

结晶工艺选择最重要的是选择操作方式，在此基础上才能配套相应的辅助设备及控制方式。一般来说，可根据产品要求、物性特点和产能大小等因素选择操作方式。连续结晶操作经济性好，当产能达到一定规模时必须采用连续操作。间歇结晶操作适合高产值低批量的精细产品生产，特别适用于使用间歇操作才能生产出指定纯度和粒度分布产品的结晶物系，如制药行业常采用间歇结晶操作。

连续结晶操作较为复杂，如何保证装置的长期稳定运行非常重要。连续结晶操作过程中，结晶器的排料晶浆不可能恰好处于平衡状态，在晶浆的输送和分离过程中，容易继续结晶而导致堵塞，影响连续性。因此，工艺设计时应考虑相应的预防和处理措施，如设置晶浆缓冲槽以消除过饱和度；管道设计时，选择较高的流速，同时管道保温或伴热；设置必要的冲洗管道等。连续结晶操作还需要考虑一定的调节方式和操作弹性，以应对产品需求的变化，配备细晶消除系统是行之有效的调节方式之一。

间歇结晶过程设备简单，操作简便，结晶体系几乎可以达到热力学平衡状态。但是不同批次的产品可能存在质量差异，稳定性较差，必须使用计算机辅助控制才能保证生产的重复性。当要求生产高质量（纯度高且粒度分布优良）的晶体产品时，则需要精确地加入晶种，同时控制结晶过程中的冷却或蒸发曲线，以控制成核和生长速率。

连续和间歇操作各有优缺点，工业上也广泛采用兼具间歇操作和连续操作优点的间歇半连续结晶过程。

（3）结晶器选择

结晶器选择首先需要考虑物系的热力学性质。根据物系的溶解度特征，对于第一类结晶物系，可采用冷却结晶器或真空式结晶器；对于第二、三类结晶物系，通常采用蒸发式结晶器，某些物系也可采用盐析式结晶器。其次需要考虑对产品粒度、粒度分布和产能的要求。如要获得粒度大且均匀的晶体产品，可选用具有粒度分级作用的结晶器或带有淘洗腿的混合悬浮混合排料（MSMPR）结晶器；产能要求较低时，采用粒度分级型结晶器，而产能要求较高时，则采用带有淘洗腿的 MSMPR 结晶器，同时配备细晶消除装置。此外，总投资、运行成本、公用工程情况和占地面积要求等因素也需要考虑。因此，结晶器的选择需要根据实际情况综合选择。

（4）结晶条件选择

结晶条件的选择与所采用的结晶方法密切相关。采用冷却法和真空冷却法的结晶过程，终点温度的选择将影响设备的产能。为了提高结晶产品的产率，则需要达到尽可能低的结晶温度。但很低的结晶温度，需要使用冷冻剂或维持很高的真空度，能耗大大增加，操作成本增加。此外，对于某些成核速率受温度影响较大的物系，过低的结晶温度可能会使成核速率难以控制，进而影响产品质量。因此，操作温度的确定必须综合考虑操作成本、操作弹性和产品质量等因素。

采用蒸发法的结晶过程，主要考虑热能消耗。工程上常采用多个蒸发结晶器组成多效蒸发结晶系统或采用 MVR（Mechanical Vapor Recompression）蒸发结晶器重复利用热能，以降低能耗。

（5）连续结晶系统的控制

结晶过程的操作条件会显著影响成核和晶体生长。为了获得要求质量指标的晶体产品，需要维持一个稳定的结晶环境，这就要求控制系统能够保证结晶过程长时间处于稳定操作状态，需要对以下操作参数进行恒稳控制。

1）液位控制

液位控制系统的作用是保证结晶器液位与预期高度的差值尽可能低（一般应在 150mm 以内）。液位控制对 DTB 结晶器尤为重要，过高的液位会使循环晶浆中的晶粒不能被充分输送至产生过饱和度的液体表面层；过低的液位则可能切断导流筒上沿的循环通道，破坏结晶器运行。常压操作的结晶器可采用非接触式的雷达液位计，负压操作的结晶器多采用差压变送器。差压变送器可以是法兰插入式，也可以用测压连接管与结晶器相连，但不管哪种方式都需要考虑冲洗装置，以防测压面结晶，影响测量准确性。一般情况下，液位控制系统以进料量为调节参数，有些情况下则以母液的循环量或排料量为调节参数。

2）操作压力控制

真空冷却结晶和蒸发结晶的压力变化可直接影响结晶温度，必须精确控制。通常在结晶器顶部安装压力变送器，由真空系统的排气速率控制压力变化。

3）晶浆密度的控制

晶浆密度是结晶器的重要操作参数，可采用悬浮液层两点之间的压差或通过音叉密度计测量悬浮液密度来表征晶浆密度。一般情况下，差压变送器的测压点可设置在结晶器的主体液面下方，且两测量点在垂直方向上必须有足够大的间距，使测量仪表有较大的读数，以保证测量精度。音叉密度计应采用T形套管并安装在晶浆循环管道上，晶浆流速一般要求大于2m/s，套管与安装管道须呈一定的角度，以避免颗粒沉降，堵塞套管。

4）加热蒸汽量的控制

对于蒸发型结晶器，蒸发强度会影响溶液的过饱和度。控制蒸发强度最好的方式是控制加热蒸汽的流量。测量蒸汽流量常用涡街流量计、V（锥）形流量计和孔板流量计等。对于大多数蒸发结晶设备，加热蒸汽流量正比于结晶器的生产速率和循环晶浆通过换热器的温升。蒸汽控制系统可通过检测换热温升来调整蒸汽流量，同时还应具有联锁功能，以便在循环泵或搅拌桨出现异常停机时迅速切断蒸汽。

5）进料量的控制

进料量正比于结晶产量，决定了蒸发或冷却的负荷，还直接影响结晶器内溶液的过饱和度大小。电磁流量计是近乎完美的流量测量装置，在料液电导率大于5μS/cm时，都应优先选择电磁流量计。

6）排料量的控制

排料量控制的稳定性可影响结晶器的液位和悬浮密度等。相比进料量的控制，排料量的控制要麻烦得多，任何限制流道大小的调节手段都容易造成堵塞。堵塞的可能性跟产品晶体的粒度有很大关系。一般情况下，只有当产品的粒度很细时，才使用节流的方式调节排料量。当晶体粒度较大时，其中一种调节方式是仍然使用自动调节阀门来控制排料量，但需设定程序定时全开调节阀来清理堆积在阀门处的晶体。这种方法的缺点在于阀门动作过于频繁，影响阀门的使用寿命。另一种较好的调节方法是采用变速泵，根据结晶器内液位来控制泵的出料流量。为了拓宽流量的调节范围，也为了便于晶浆输送，通常可在排料口处增设一根母液回流管道。

7）产品的粒度检测

结晶器的产品粒度必须经常检测，以调节控制产品粒度在预期的范围内。一种检测方式是定时取样、进行筛分，测量产品粒度，但过程较为烦琐。比较可靠的方法是通过粒度分布测量仪器进行在线测量，得到当前的晶体粒度分布。

7.2.2 物热衡算

结晶器中，结晶过程所生成的晶体和余下的母液的混合物称为晶浆。晶浆经过滤分离，得到的清液即为母液，固体则为晶体产品。结晶过程物料衡算的目的是计算出晶体产率。当物料初始浓度、母液浓度和溶剂蒸发量均为已知后，就可以通过物料衡算得出结晶过程晶体的理论产率。

结晶过程常常需要加热、冷却或移除溶剂来产生溶液过饱和度，所以还需要对过程进行热量衡算，以计算过程的热负荷。

（1）物料衡算

结晶器的物料进、出口情况如图7-9所示，对虚线所示的控制体作，总物料衡算

$$F_0 = F_S + P_C + F_1 \tag{7-1}$$

溶质的物料衡算

$$F_0 w_0 = P_C w_C + F_1 w_1 \tag{7-2}$$

式中，F_0 为进料质量流率，kg/s；F_S 为移除溶剂质量流率，kg/s；P_C 为晶体质量流率，kg/s；F_1 为母液质量流率，kg/s；w_0 为进料中溶质的质量分数；w_C 为晶体中溶质的质量分数；w_1 为母液中溶质的质量分数。

联立求解式（7-1）和式（7-2），可得晶体的质量流率 P_C

$$P_C = \frac{F_1(w_0 - w_1) + F_S w_0}{w_C - w_0} \tag{7-3}$$

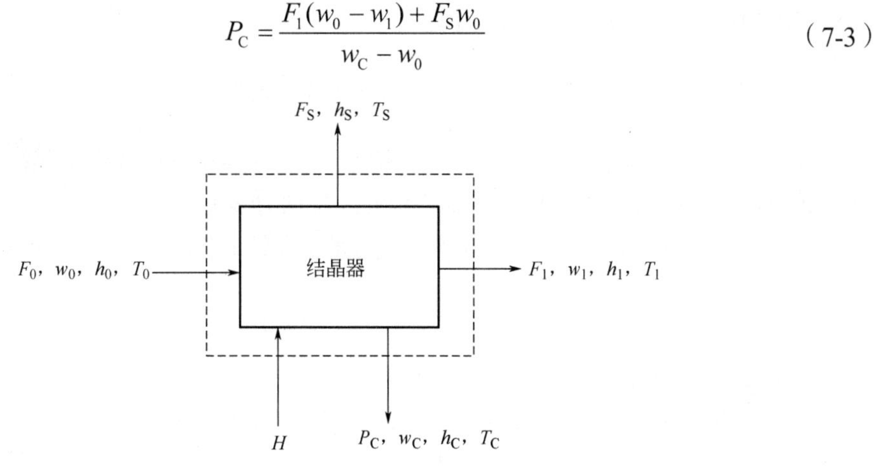

图 7-9 结晶器的物料流和热流示意图

（2）热量衡算

对如图 7-9 所示的稳定结晶过程，输入结晶器的热量应等于从结晶器输出的热量。对图中所示控制体作热量衡算可得

$$F_0 h_0 + H_q = F_S h_S + F_1 h_1 + P_C h_C \tag{7-4}$$

式中，h_0 为进料的焓，kJ/kg；h_C 为晶体的焓，kJ/kg；h_1 为母液的焓，kJ/kg；h_S 为移除溶剂的焓，kJ/kg；H_q 为外界加入控制体的热量（当从控制体移除热量时，H_q 为负值），kJ。

由于晶体、母液及移除的溶剂在离开结晶器前是处于相同的操作条件下，故其温度相等。另将式（7-1）代入式（7-4）并整理，可得

$$H_q = F_S(h_S - h_1) - F_0(h_0 - h_1) - P_C(h_1 - h_C) \tag{7-5}$$

7.2.3 成核-生长动力学

（1）成核速率

溶质要从过饱和溶液中结晶出来，需要产生晶核作为晶体生长的核心。晶核形成速率是指单位时间内在单位体积晶浆或溶液中产生的新粒子数目。成核速率过大，会导致晶体产品粒度小，粒度分布范围宽，造成生产过程中晶体的输送、分离和干燥等过程操作困难，严重时甚至会导致产品质量不合格。控制成核速率是结晶过程最重要的操作要点之一。

结晶过程的总成核速率 B^o 可表示为

$$B^{o} = B_{P} + B_{S} \tag{7-6}$$

式中，B_P为初级成核速率，#/(m^3·s)，#代表晶体个数；B_S为二次成核速率，#/(m^3·s)。

初级成核速率常使用式（7-7）计算

$$B_{P} = k_{P}\Delta C^{a} \tag{7-7}$$

式中，ΔC为过饱和度；k_P为初级成核速率常数；a为成核指数。

二次成核速率常使用式（7-8）计算

$$B_{S} = k_{S}M_{T}^{j}\Delta C^{m} \tag{7-8}$$

式中，k_S为二次成核速率常数；M_T为悬浮密度，为单位体积的晶浆中全部粒度范围内晶体质量的总和，kg/m^3；j、m为二次成核速率方程的经验动力学参数。

绝大多数工业结晶器中，二次成核被认为是主要的成核机理，初级成核可忽略不计，总成核速率B^o可近似为B_S。

（2）生长速率

晶体生长可采用扩散学说来解释。该学说认为生长过程主要由三个步骤组成（图7-10）：

① 待结晶的溶质从溶液主体扩散传递至晶体表面，该步骤必须以浓度差为推动力。

② 到达晶体表面的溶质粒子按照成键最有利的位置，以某种几何规律长入晶面，同时放出结晶热，该步骤可视为表面反应过程。

③ 放出来的结晶热经热传导回到溶液主体。

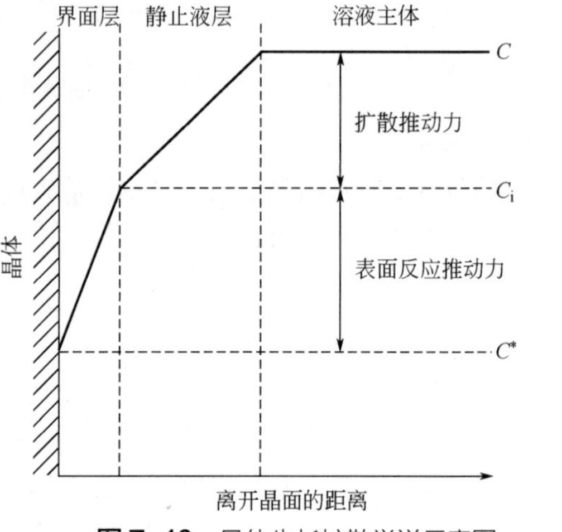

图7-10 晶体生长扩散学说示意图

根据图7-10，可写出晶体生长速率方程式

$$G_{M} = \frac{dM}{A_{j}dt} = k_{d}\left(C - C_{i}\right) \quad （扩散过程） \tag{7-9}$$

$$G_{M} = \frac{dM}{A_{j}dt} = k_{r}\left(C_{i} - C^{*}\right) \quad （表面反应过程） \tag{7-10}$$

式中，G_M为晶体生长速率，kg/(m^2·s)；C为溶液的主体浓度，g溶质/100g溶剂、kg溶质/kg溶液等；C_i为界面处的溶质浓度；C^*为溶液的饱和浓度；A_j为晶体表面积，m^2；k_d为晶体生长速率方程的扩散传质系数；k_r为晶体生长速率方程的表面反应速率常数；M为晶体质量，kg；t为时间，s。

由式（7-9）、式（7-10）得

$$G_{M} = \frac{dM}{A_{j}dt} = k_{G}\left(C - C^{*}\right) = k_{G}\Delta C \tag{7-11}$$

式中，k_G为晶体生长总系数。

$$k_G = \frac{k_d k_r}{k_d + k_r} \tag{7-12}$$

结晶过程由扩散速率控制时，k_r很大，$k_G \to k_d$；由表面反应速率控制时，$k_G \to k_r$。同一物料的结晶过程，受不同操作参数的影响，其控制步骤可发生转变。如，在较低温度下，属于表面反应控制的结晶过程，当提高温度时，表面反应速率大大提高，而扩散速率增加有限，结晶过程转变为扩散控制。式（7-11）能够很好地表达扩散控制下生长速率与过饱和度的关系。但因为表面反应过程往往不是一级反应，因此当结晶过程为表面反应控制或扩散和表面反应共同控制时，式（7-11）将不再适用，应将其改写为普遍式

$$G_M = \frac{dM}{A_j dt} = k_G \left(C - C^*\right)^l = k_G \Delta C^l \tag{7-13}$$

式中，l为晶体生长速率方程的经验动力学参数。

式（7-13）用晶体质量的增加速率来表示晶体生长速率。但结晶操作更常用晶体线性生长速率，即晶体粒度的增大速率来表示晶体生长速率。以特征长度L来表示晶体粒度，则晶体线性生长速率G为

$$G = k_L \Delta C^l \tag{7-14}$$

$$k_L = \frac{k_a}{3\rho_p k_v} k_G \tag{7-15}$$

式中，k_L为晶体线性生长动力学常数；ρ_p为晶体密度，kg/m^3；k_a为面积形状因子；k_v为体积形状因子。

面积形状因子和体积形状因子是指用特征长度L来计算晶体颗粒的表面积A_j和体积V_j时，应分别符合式（7-16）和式（7-17）。

$$A_j = k_a L^2 \tag{7-16}$$

$$V_j = k_v L^3 \tag{7-17}$$

关于晶体生长过程，McCabe 提出了ΔL定律，指出当同种晶体悬浮于过饱和溶液中时，所有几何相似的晶粒都以相同的速率生长，即晶体的生长速率与原晶粒的粒度无关，其数学表达式为

$$\lim_{\Delta t \to 0} \frac{\Delta L}{\Delta t} = \frac{dL}{dt} = G \tag{7-18}$$

（3）成核-生长动力学方程

实际结晶过程的晶体成核和生长是相互关联的，可将成核速率与生长速率关联起来。结合式（7-6）～式（7-8）和式（7-14），且令

$$k_N = k_S / k_L^i \tag{7-19}$$

$$i = m/l \tag{7-20}$$

则 B^{o} 可表示为

$$B^{\mathrm{o}} = k_{\mathrm{N}} G^{i} M_{\mathrm{T}}^{j} \tag{7-21}$$

式中，i 为成核-生长动力学方程的经验动力学参数；k_{N} 为成核速率常数，主要是物系、螺旋桨的结构细节和转速的函数，温度对其也有一定的影响。

7.2.4　混合悬浮结晶器的粒数衡算

晶体粒度分布是晶体产品一个非常重要的指标，与晶体的成核和生长速率、停留时间等直接相关，间接地与结晶器几乎所有的重要操作参数有关，且相互关系非常复杂。Randolph 和 Larson 应用粒数密度概念和粒数衡算方法，将晶体产品的粒度分布与结晶器的结构和操作参数相关联，是工业结晶理论发展的一个里程碑。应用粒数衡算方法研究粒度分布问题主要有两个目的：一是根据已有的粒度分布，可得到特定物系在特定操作条件下的晶体成核和生长动力学知识，指导结晶器设计；二是通过调节操作参数，采取一些措施以获得符合产品要求的晶体粒度和粒度分布，指导结晶器操作。

晶体进行粒数衡算前，首先要了解粒数密度的含义。令 ΔN 为单位体积晶浆中在粒度范围 ΔL（从 L_1 至 L_2）内的晶体粒数，如图 7-11，则晶体的粒数密度 n 可表达为

$$\lim_{\Delta L \to 0} \frac{\Delta N}{\Delta L} = \frac{\mathrm{d}N}{\mathrm{d}L} = n \tag{7-22}$$

n 是粒度 L 的函数，是单位体积晶浆中单位粒度的晶体个数，#/（$\mathrm{m \cdot m^3}$ 晶浆）。在 L_1 至 L_2 粒度范围内的晶体粒度可表达为

$$\Delta N = \int_{L_1}^{L_2} n \mathrm{d}L \tag{7-23}$$

（1）混合悬浮结晶器粒数衡算

混合悬浮结晶器，即 MSMPR 结晶器，是混合悬浮混合产品排出结晶器的简称。它是一种理想化的结晶器，特点是结晶器内充分混合，晶体的悬浮密度和粒度分布在结晶器内的任何位置以及排料流股中都是相同的。这种理想化的结晶器与工业上广泛采用的混合良好的强制内循环结晶器相近。应用粒数衡算对 MSMPR 结晶器进行理论分析，能够很好地指导工业结晶器的设计和操作。

对一个有效体积为 V 的 MSMPR 结晶器作粒数衡算（图 7-12），可推导出该结晶器的通用粒数衡算式。

$$\frac{\partial n}{\partial \tau} + \frac{\partial (Gn)}{\partial L} + \frac{Q}{V} n = \frac{Q_{\mathrm{i}}}{V} n_{\mathrm{i}} + (B - D) \tag{7-24}$$

式中，Q_{i} 为进料流股的体积流量，$\mathrm{m^3/s}$；Q 为排料流股的体积流量，$\mathrm{m^3/s}$；n_{i} 为进料流股的晶体粒数密度，#/($\mathrm{m \cdot m^3}$ 晶浆)；B 为新生的晶粒数（单位晶浆体积中单位粒度范围单位时间间隔里新生的晶体粒数），#/($\mathrm{m \cdot m^3}$ 晶浆 · s)；D 为消灭的晶粒数（单位晶浆体积中单位粒度范围单位时间间隔里消灭的晶体粒数），#/($\mathrm{m \cdot m^3}$ 晶浆 · s)。

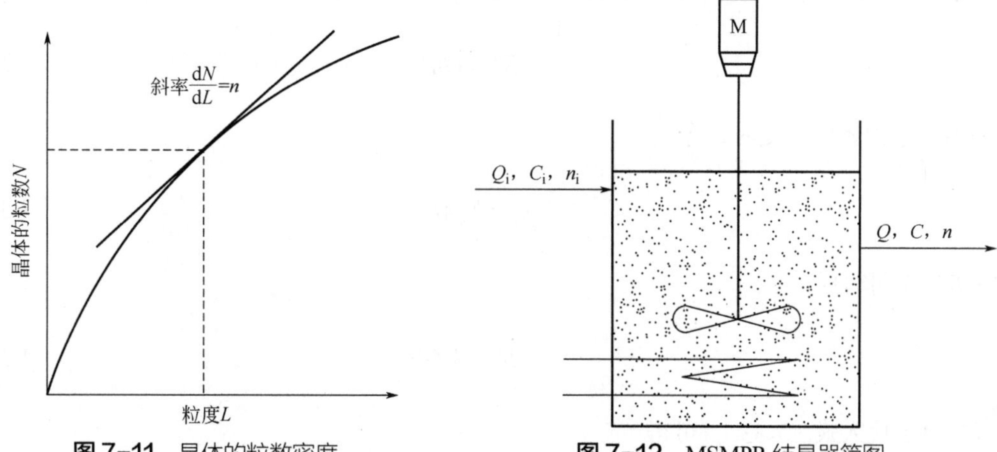

图 7-11 晶体的粒数密度　　**图 7-12** MSMPR 结晶器简图

结晶过程中，晶体很难被破碎成若干小碎块，所以粒数衡算式中的 B 和 D 可取为零。对于 MSMPR 结晶器，晶体的生长时间 τ 等于结晶器有效体积与出料流股的体积速率之比，即 $\tau = V/Q$，当结晶器进料为清液且稳态操作时，MSMPR 结晶器的粒数衡算式可简化为

$$\frac{d(Gn)}{dL} + \frac{n}{\tau} = 0 \tag{7-25}$$

当物系的晶体生长过程服从 ΔL 定律时，上式可化简为

$$\frac{Gdn}{dL} + \frac{n}{\tau} = 0 \tag{7-26}$$

移项并积分，得

$$\int_{n^o}^{n} \frac{dn}{n} = -\int_0^L \frac{dL}{G\tau} \tag{7-27}$$

$$\ln n = -\frac{1}{G\tau}L + \ln n^o \tag{7-28}$$

或

$$n = n^o \exp\left(\frac{-L}{G\tau}\right) \tag{7-29}$$

式中，n^o 为粒度为 0 的晶体的粒数密度，即晶核的粒数密度，#/(m · m^3 晶浆)。

式（7-29）表达了粒数密度 n 随粒度 L 的分布关系。可以看出，晶体产品的粒度分布取决于晶体生长速率 G、晶核粒数密度 n^o 和停留时间 τ。n^o 和 G 由结晶物系的成核和生长特性决定，是结晶器结构细节和流体力学条件的函数。τ 由结晶器的设计和操作决定。

根据成核速率 B^o 的定义，B^o 可表示为

$$B^o = \lim_{L\to 0}\frac{dN}{dt} = \lim_{L\to 0}\left(\frac{dL}{dt}\frac{dN}{dL}\right) \tag{7-30}$$

由于物系服从 ΔL 定律，则 $\mathrm{d}L/\mathrm{d}t$ 为定值 G；L 趋于 0 时，$\mathrm{d}N/\mathrm{d}L$ 即为 n^{o}。故

$$B^{\mathrm{o}} = Gn^{\mathrm{o}} \tag{7-31}$$

当结晶器的悬浮密度不变时，令

$$k_1 = k_{\mathrm{N}} M_{\mathrm{T}}^{j} \tag{7-32}$$

则式（7-21）可写成

$$B^{\mathrm{o}} = k_1 G^{i} \tag{7-33}$$

将式（7-31）代入式（7-33），可得

$$n^{\mathrm{o}} = k_1 G^{i-1} \tag{7-34}$$

式中，k_1 为结晶器悬浮密度不变时的成核速率常数。
同理，当晶体生长速率不变时，令

$$k_2 = k_{\mathrm{N}} G^{i-1} \tag{7-35}$$

则式（7-21）可写成

$$B^{\mathrm{o}} = k_2 G M_{\mathrm{T}}^{j} \tag{7-36}$$

将式（7-31）代入式（7-36），可得

$$n^{\mathrm{o}} = k_2 M_{\mathrm{T}}^{j} \tag{7-37}$$

式中，k_2 为晶体生长速率不变时的成核速率常数。

通过上述理论推导，得到了服从 ΔL 定律的物系中的成核和生长动力学与晶体粒数密度之间的关系式，式中的相关参数可由实验确定。

在实验规模或中试规模的 MSMPR 结晶器中，选定适当的操作条件对服从 ΔL 定律的某一物系进行连续稳定的结晶操作。取晶浆样品并分析其粒度分布，根据分析数据将 $\ln n$ 对 L 进行作图，得到一条直线，如图 7-13。由式（7-28）可知，该直线的斜率为 $-1/(G\tau)$，截距为 $\ln n^{\mathrm{o}}$；将操作条件下的停留时间 τ 代入，即可计算求得晶体的生长速率 G 和晶核粒数密度 n^{o}，并代入式（7-31）得到成核速率 B^{o}。改变进出料速率，得到不同停留时间下的 n^{o}、G、B^{o} 数据，将 $\lg n^{\mathrm{o}}$ 对 $\lg G$ 进行作图，得到一条直线，如图 7-14。由式（7-34）可知，该直线的斜率为 $i-1$，截距为 $\lg k_1$，可计算得到 k_1 和 i 值。若成核动力学级数 m 为已知，可由式（7-20）计算出生长动力学参数 l，反之亦然。当保持生长速率 G 不变，改变悬浮密度 M_{T}（如采用清母液溢流方式调节悬浮密度），将得到不同的 n^{o}。将 $\ln n^{\mathrm{o}}$ 对 $\ln M_{\mathrm{T}}$ 进行作图，得到一条直线。由式（7-37）可知，该直线的斜率为 j，截距为 $\lg k_2$。

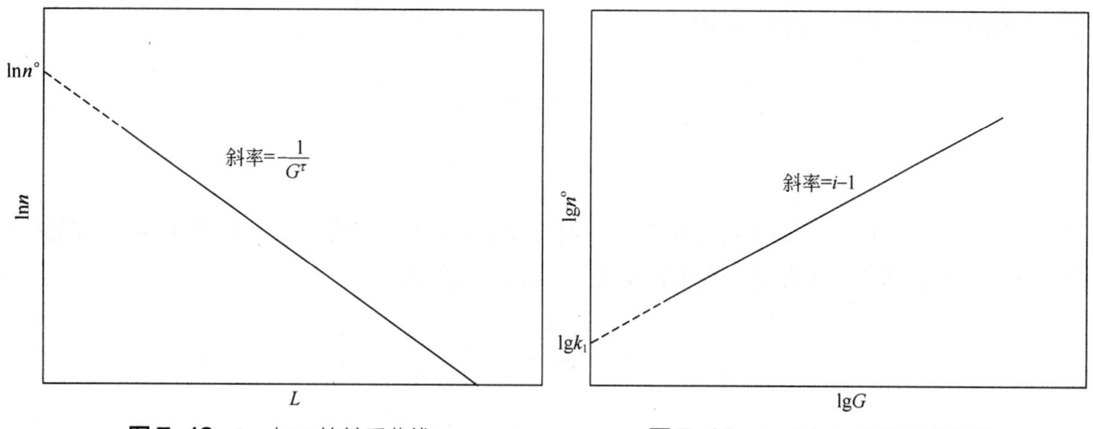

图 7-13 $\ln n$ 与 L 的关系曲线　　**图 7-14** $\lg n^{\circ}$ 与 $\lg G$ 的关系曲线

（2）混合悬浮结晶器各阶矩

通过求取粒数密度分布的各阶矩 M_j

$$M_j = \int_0^L nL^j \mathrm{d}L \qquad (j=0,\ 1,\ 2,\ 3,\ \cdots,\ n) \tag{7-38}$$

可得到系统的特征数据，例如 M_0 代表粒度在 0 至 L 范围内的晶体粒子数，即

$$M_0 = \int_0^L n \mathrm{d}L \tag{7-39}$$

M_1 代表粒度在 0 至 L 范围内的所有晶体粒度的总和，即

$$M_1 = \int_0^L nL \mathrm{d}L \tag{7-40}$$

M_2 代表粒度在 0 至 L 范围内的所有晶体的总表面积，即

$$M_2 = k_\mathrm{a}\int_0^L nL^2 \mathrm{d}L \tag{7-41}$$

M_3 代表粒度在 0 至 L 范围内的所有晶体的质量总和，即

$$M_3 = \rho_\mathrm{p} k_\mathrm{v}\int_0^L nL^3 \mathrm{d}L \tag{7-42}$$

对于稳态操作的 MSMPR 结晶器，其粒数密度分布关系式（7-29）中的 $L/(G\tau)$ 是一个无量纲数群，称为无量纲粒度或相对粒度。令 $x = L/(G\tau)$，则式（7-29）可改写为

$$n = n^{\circ}\mathrm{e}^{-x} \tag{7-43}$$

采用参数 x 主要是为了方便数学推导处理。定义 n 与 x 关系式的规范化 j 阶矩 μ_j

$$\mu_j = \frac{\int_0^x nx^j \mathrm{d}x}{\int_0^\infty nx^j \mathrm{d}x} \tag{7-44}$$

将式（7-43）代入式（7-44），可得

$$\mu_j = \frac{\int_0^x x^j e^{-x} dx}{\int_0^\infty x^j e^{-x} dx} \tag{7-45}$$

设 j 值由 0 至 3，对式（7-45）进行积分，分别得到晶体粒数累积量、晶体粒度累积量、晶体表面积累积量和晶体质量累积量随粒度的分布，其表达式分别为

$$\mu_0 = 1 - e^{-x} \tag{7-46}$$

$$\mu_1 = 1 - (1 + x) e^{-x} \tag{7-47}$$

$$\mu_2 = 1 - \left(1 + x + \frac{1}{2}x^2\right) e^{-x} \tag{7-48}$$

$$\mu_3 = 1 - \left(1 + x + \frac{1}{2}x^2 + \frac{1}{6}x^3\right) e^{-x} \tag{7-49}$$

以上推导的各阶矩中，较为常用的是粒数密度的三阶矩，即质量累积量随粒度的分布。如，在已知生长速率 G 的情况下，可利用规范化三阶矩表达式（7-49），计算达到某粒度 L 以上的产品累积质量分数所需的平均停留时间 τ 。此外，利用粒数密度的三阶矩可以推导出结晶过程的两个重要参数悬浮密度 M_T 和晶体主粒度 L_D 的表达式。

悬浮密度 M_T 是影响成核速率的一个重要参数。在 MSMPR 结晶器中，悬浮密度等于晶体产量。根据悬浮密度的定义，可表示为

$$M_T = \rho k_v \int_0^\infty n L^3 dL \tag{7-50}$$

将式（7-43）代入式（7-50），并化简，可得

$$M_T = \rho k_v n^o (G\tau)^4 \int_0^\infty e^{-x} x^3 dx \tag{7-51}$$

因 $\int_0^\infty e^{-x} x^3 dx = 6$，故

$$M_T = 6\rho k_v n^o (G\tau)^4 \tag{7-52}$$

晶体的主粒度 L_D，即质量分布中占主要份数的粒度，是晶体产品品质的一个重要指标。在结晶器的设计计算模型中，通常都需要将设计参数与主粒度联系起来，以保证设计的结晶器能够满足规定的产品品质指标。

在 dL 粒度范围内，晶体的质量总和 dM 可表示为

$$dM = n\rho k_v L^3 dL \tag{7-53}$$

将式（7-29）代入式（7-53），并化简，得到质量分布为

$$M(L)=\frac{\mathrm{d}M}{\mathrm{d}L}=n^{\mathrm{o}}\rho k_{\mathrm{v}}\exp\left(-\frac{L}{G\tau}\right)L^{3} \tag{7-54}$$

对式（7-54）求导，可得到质量分布的最大值，晶体的主粒度 L_{D}

$$\frac{\mathrm{d}}{\mathrm{d}L}\left(\frac{\mathrm{d}M}{\mathrm{d}L}\right)=n^{\mathrm{o}}\rho k_{\mathrm{v}}\left[3L^{2}\exp\left(-\frac{L}{G\tau}\right)-\frac{L^{3}}{G\tau}\exp\left(-\frac{L}{G\tau}\right)\right]=0 \tag{7-55}$$

经化简，得到

$$L_{\mathrm{D}}=3G\tau \tag{7-56}$$

7.2.5 DTB 结晶器设计方法

（1）具有细晶消除的 DTB 结晶器的生长速率

对于具有细晶消除系统的 DTB 结晶器，可采用 R 参数模型来描述。假设物系符合 ΔL 定律，则稳态操作的 MSMPR 结晶系统的晶体粒度分布数学表达式为

$$n_{\mathrm{F}}=n_{\mathrm{F}}^{\mathrm{o}}\ \exp\left(-\frac{RL}{G_{\mathrm{F}}\tau}\right)\qquad (0<L<L_{\mathrm{F}}) \tag{7-57}$$

$$n_{\mathrm{F}}=n_{\mathrm{F}}^{\mathrm{o}}\ \exp\left[-\frac{(R-1)L_{\mathrm{F}}}{G_{\mathrm{F}}\tau}\right]\exp\left(-\frac{L}{G_{\mathrm{F}}\tau}\right)\quad (L_{\mathrm{F}}<L<\infty) \tag{7-58}$$

其中

$$R=(Q_{\mathrm{R}}+Q_{\mathrm{P}})/Q_{\mathrm{P}} \tag{7-59}$$

式中，R 为细晶消除循环速率比；L_{F} 为细晶切割粒度，m；Q_{R} 为含细晶母液的体积循环速率，$\mathrm{m^3/s}$；Q_{P} 为产品排出的体积速率，$\mathrm{m^3/s}$；$n_{\mathrm{F}}^{\mathrm{o}}$ 为配备细晶消除系统的晶核粒数密度，#/(m · m^3 晶浆)。

假设被消除的细晶占比很小，质量可忽略不计，则

$$n_{\mathrm{F}}=n_{\mathrm{F}}^{\mathrm{o}}\ \exp\left[-\frac{(R-1)L_{\mathrm{F}}}{G_{\mathrm{F}}\tau}\right]\exp\left(-\frac{L}{G_{\mathrm{F}}\tau}\right)\quad (0<L<\infty) \tag{7-60}$$

$n_{\mathrm{F}}^{\mathrm{o}}$ 可由 DTB 结晶器的成核-生长动力学方程表示

$$n_{\mathrm{F}}^{\mathrm{o}}=k_{\mathrm{N}}M_{\mathrm{T}}^{j}G_{\mathrm{F}}^{i-1} \tag{7-61}$$

令

$$\beta=\exp\left[-\frac{(R-1)L_{\mathrm{F}}}{G_{\mathrm{F}}\tau}\right] \tag{7-62}$$

配备细晶消除系统的有效晶核粒数密度 n_{eff}^{o} 为

$$n_{eff}^{o}=\beta n_{F}^{o} \tag{7-63}$$

则式（7-60）可化简为

$$n_{F}=n_{eff}^{o}\exp\left(-\frac{L}{G_{F}\tau}\right)\qquad(0<L<\infty) \tag{7-64}$$

通过类比式（7-29），可以得出配备细晶消除系统结晶器的晶体产量 P_C 和主粒度 L_{DF} 分别为

$$P_{C}=M_{T}=6\rho k_{v}n_{eff}^{o}\left(G_{F}\tau\right)^{4} \tag{7-65}$$

$$L_{DF}=3G_{F}\tau \tag{7-66}$$

将式（7-61）～式（7-63）和式（7-66）代入式（7-65）并化简，得到具有细晶消除系统结晶器的基本设计方程式

$$G_{F}=\left\{\frac{27M_{T}^{1-j}}{2\rho k_{v}k_{N}L_{DF}^{4}\exp\left[-3\left(R-1\right)L_{F}/L_{DF}\right]}\right\}^{\frac{1}{i-1}} \tag{7-67}$$

（2）DTB 蒸发结晶器工艺尺寸计算

进行结晶器设计时，首先根据查得或实验获得的相关数据，利用式（7-67）计算生长速率，由式（7-66）计算停留时间，再根据停留时间和排料速率计算出结晶器的有效体积。DTB 结晶器的有效体积通常指料浆循环区的体积，结晶器的有效直径通常与蒸汽空间的直径相等。蒸汽空间的设计要求，主要是避免雾沫夹带。因此，以蒸汽的最大上升速度来估算蒸汽空间的直径。蒸汽流速 u_v 可用式（7-68）估算

$$u_{v}=K_{v}\left(\frac{\rho_{l}-\rho_{v}}{\rho_{v}}\right)^{0.5} \tag{7-68}$$

式中，u_v 为气液分离空间蒸汽的上升速度，m/s；ρ_l 为母液密度，kg/m^3；ρ_v 为蒸汽密度，kg/m^3；K_v 为雾沫夹带因子，对于水溶液，可接受的最大值为 0.017m/s。

根据实践经验，蒸汽空间的高度应不小于 0.6 倍蒸汽空间的直径。

DTB 结晶器的导流筒形状可采用等径圆筒式，导流筒的截面积可取为结晶器有效截面积的一半。为了提高搅拌器的排液性能，也可做成上大下小的锥形导流筒，其上端和下端直径可分别取结晶器有效直径的 0.7 倍和 0.5 倍。导流筒离液面及离底的距离应使循环流体的轴向和径向流动的流速相等，以减少循环阻力损失。

搅拌桨是 DTB 结晶器的心脏，它是推动内循环的重要装置。内循环要求有足够大的循环量，以防止沸腾液面处的过饱和度过大，并维持足够高的晶浆悬浮密度。因此，搅拌桨一般采用轴流式，如螺旋桨、三叶或四叶旋桨、翼形轴流式桨等。搅拌桨直径根据桨型不同可取 0.35～0.45 倍结晶器有效直径，通常可取大一点，因为达到相同的排液量，大桨叶消耗的功率比小桨叶大幅降低。结晶器导流筒较长时，循环路程变长，阻力增大，这时可采用双层桨叶。根据不

同的设计目的，上下两层桨叶可采取不同的尺寸及形式，间距可取一倍搅拌桨直径。

澄清区截面积跟循环母液的流量 Q_R 和需消除细晶的切割粒度 L_F 有关，澄清区流体的流速应大于切割粒度颗粒的沉降速度。该沉降速度与 Stokes 沉降定律计算值有较大差别，需要实验测定细晶颗粒的沉降速度。

综上所述，当通过计算得到结晶器的直径为 D_c 时，其他结构尺寸可确定如下

等径导流筒直径：$D_1 = \sqrt{2}/2\,D_c$；

锥形导流筒下端直径：$D_1' = 0.5D_c$；

搅拌桨直径：$D_2 = (0.35 \sim 0.45)D_c$；

双层搅拌间距：$H_1 = D_2$；

蒸汽空间高度：$H \geqslant 0.6D_c$。

（3）结晶器的参数调节

由于结晶过程的复杂性，所设计结晶器的实际运行参数可能与设计采用的参数存在偏差，此时的晶体产品将不能满足质量要求（主要是主粒度 L_D）；或者由于市场需求变化，对主粒度 L_D 的要求发生改变。不管哪种，都需要根据实际情况对结晶器的运行参数进行调节以满足现实要求。调节的手段较多，在此主要介绍三个参数的调节，即悬浮密度 M_T、停留时间 τ 和细晶切割粒度 L_F。

① 悬浮密度 M_T 和停留时间 τ 对产品晶体主粒度的影响　由式（7-21）、式（7-31）、式（7-52）和式（7-56）可得

$$L_D = kM_T^{\frac{1-j}{i+3}}\tau^{\frac{i-1}{i+3}} \tag{7-69}$$

当改变悬浮密度 M_T 和停留时间 τ，可采用式（7-70）估算主粒度 L_D 的改善程度。

$$\frac{L_{D1}}{L_{D2}} = \left(\frac{M_{T1}}{M_{T2}}\right)^{\frac{1-j}{i+3}}\left(\frac{\tau_1}{\tau_2}\right)^{\frac{i-1}{i+3}} \tag{7-70}$$

② 细晶切割粒度 L_F 对产品晶体主粒度的影响　假设被消除的细晶占比很小，质量可忽略不计。当已知成核-生长动力学方程式时，可根据式（7-71）计算出对应主粒度 L_{DF} 下需要消除的细晶切割粒度 L_F。

$$L_F = \frac{L_{DF}\ln\left[\dfrac{2}{27}k_v k_N \rho_p M_T^{j-1}\left(\dfrac{L_{DF}}{3\tau}\right)^{i-1} L_{DF}^4\right]}{3(R-1)} \tag{7-71}$$

7.3　DTB 结晶器工艺设计示例

【设计任务】

设计一台硫酸铵结晶器。已知条件如下：

晶体主粒度：$L_{DF} \geqslant 1\times10^{-3}$m；

生产速率：$P_C = 3000$kg/h；

晶浆悬浮密度：$M_T = 200$kg/m^{3}晶浆；

体积形状因子：$k_v = 1$；

假设成核-生长动力学方程式为：$B^\circ = 1.19\times10^{12} M_T^{1.12} G^{1.34}$ [# /(m^{3}晶浆·s)]；

进料温度：$T_0 = 100$℃；

进料浓度：$w_0 = 48.48\%$（80℃硫酸铵饱和溶液）；

加热蒸汽温度：$T = 120$℃。

【设计计算】

1．设计方案的确定

（1）结晶器选型

根据硫酸铵产量要求，选择连续结晶操作。查得硫酸铵溶解度数据如表 7-1 所示。由表可知，硫酸铵的溶解度随温度的改变变化很小，故采用真空蒸发结晶。产品晶体的主粒度要求较大，因此选用 DTB 结晶器，并利用外循环加热器消除多余细晶，排料采用混合排料。

表 7-1 硫酸铵溶解度

温度/℃	0	10	20	30	40	50	60	80	100
溶解度/(g/100g 水)	70.1	72.7	75.4	78.1	81.2	84.3	87.4	94.1	102.0

（2）操作条件及物性数据

选择操作绝对压力 p 为 0.01MPa。查得该操作压力下物料的相关物性数据如下：

溶液沸点 T_b 为 50℃；

溶液密度 ρ_l 为 1250kg/m^3；

溶液浓度 w_1 为 45.74%；

硫酸铵溶液平均定压比热容 c_{pl} 为 3kJ/(kg·K)；

硫酸铵晶体密度 ρ_p 为 1770kg/m^3；

二次蒸汽温度 T' 为 45.8℃；

二次蒸汽汽化热 r' 为 2392kJ/kg；

加热蒸汽汽化热 r_0 为 2202kJ/kg；

蒸汽密度 ρ_v 为 0.0688kg/m^3。

2．物热衡算

（1）物料衡算

结晶器为混合悬浮混合产品排出，则排料流量

$$Q_P = \frac{P_C}{M_T} = \frac{3000}{200} = 15\text{m}^3/\text{h}$$

晶浆的平均密度

$$\rho_{\mathrm{m}}=\rho_{\mathrm{l}}\left[1+M_{\mathrm{T}}\left(\frac{1}{\rho_{\mathrm{l}}}-\frac{1}{\rho_{\mathrm{p}}}\right)\right]=1250\times\left[1+200\times\left(\frac{1}{1250}-\frac{1}{1770}\right)\right]=1309\mathrm{kg/m^3}$$

母液流量 $$F_1=Q_{\mathrm{P}}\rho_{\mathrm{m}}-P_{\mathrm{C}}=15\times1309-3000=16635\mathrm{kg/h}$$

进料流量 $$F_0=\frac{P_{\mathrm{C}}+F_1w_1}{w_0}=\frac{3000+16635\times45.74\%}{48.48\%}=21883\mathrm{kg/h}$$

溶剂蒸发量 $$F_{\mathrm{S}}=F_0-P_{\mathrm{C}}-F_1=21883-3000-16635=2248\mathrm{kg/h}$$

（2）热量衡算

由于硫酸铵结晶热很小，因此忽略结晶热，同时忽略泵输入能量。根据热量衡算公式，蒸汽消耗量 M_{LS}

$$M_{\mathrm{LS}}=\frac{F_0c_{p1}\left(T_{\mathrm{b}}-T_0\right)+F_{\mathrm{S}}r'}{r_0}=\frac{21883\times3\times(50-100)+2248\times2392}{2202}=951.3\mathrm{kg/h}$$

3．结晶器有效体积计算

对于蒸发结晶，母液单程通过加热器管内，其温度一般升高 2～6℃。选择含细晶母液温度升高为 5℃，根据热负荷估算晶浆的体积循环速率

$$Q_{\mathrm{R}}=\frac{M_{\mathrm{LS}}r_0}{c_{p1}\Delta T\rho_1}=\frac{951.3\times2202}{3\times5\times1250}=112\mathrm{m^3/h}$$

细晶消除循环速率比

$$R=\frac{Q_{\mathrm{R}}+Q_{\mathrm{P}}}{Q_{\mathrm{P}}}=\frac{112+15}{15}=8.5$$

R 取为 9，则晶浆的体积循环速率

$$Q_{\mathrm{R}}=8Q_{\mathrm{P}}=120\mathrm{m^3/h}$$

由于晶浆在加热管内单程停留时间很短，且硫酸铵的溶解度随温度的改变变化很小，所以很难消除较大的细晶。估计消除的细晶粒度在 5～10μm，取细晶切割粒度 L_{F} 为 7μm。根据成核-生长速率方程式可知 $k_{\mathrm{N}}=1.19\times10^{12}$ ，$i=1.34$ ，$j=1.12$ ，代入式（7-67），得到晶体生长速率

$$G_{\mathrm{F}}=\left\{\frac{27\times200^{1-1.12}}{2\times1770\times1\times1.19\times10^{12}\times0.001^4\times\exp\left[-3\times\left(9-1\right)\times7\times10^{-6}/0.001\right]}\right\}^{\frac{1}{1.34-1}}=8.95\times10^{-8}\mathrm{m/s}$$

停留时间 $$\tau=\frac{L_{\mathrm{DF}}}{3G_{\mathrm{F}}}=\frac{0.001}{3\times8.95\times10^{-8}}=3724\mathrm{s}=1.034\mathrm{h}$$

结晶器有效体积 $V = Q_P \tau = 15 \times 1.034 = 15.51\text{m}^3$

4．结晶器工艺尺寸计算

（1）结晶器直径 D_c

为避免雾沫夹带，以蒸汽的最大上升速度来估算结晶器的最小直径。蒸汽上升速度

$$u_v = K_v \left(\frac{\rho_l - \rho_v}{\rho_v} \right)^{0.5} = 0.017 \times \left(\frac{1250 - 0.0688}{0.0688} \right)^{0.5} = 2.3\text{m/s}$$

结晶器直径

$$D_c = \left(\frac{4F_S}{\pi \rho_v u_v} \right)^{0.5} = \left(\frac{4 \times 2248}{3600 \times 3.14 \times 0.0688 \times 2.3} \right)^{0.5} = 2.2\text{m}$$

（2）导流筒形状及尺寸

导流筒采用锥形导流筒，导流筒上端直径

$$D_1 = \sqrt{2}/2\, D_c = \sqrt{2}/2 \times 2.2 = 1.6\text{m}$$

导流筒下端直径 $D_1' = 0.5D_c = 0.5 \times 2.2 = 1.1\text{m}$

（3）搅拌桨尺寸

搅拌桨采用双层桨叶，下层桨叶直径

$$D_2 = 0.4D_c = 0.4 \times 2.2 = 0.9\text{m}$$

上层桨叶直径 $D_2' = 0.45D_c = 0.45 \times 2.2 = 1.0\text{m}$

搅拌桨上下层间距 $H_1 = D_2 = 0.9\text{m}$

（4）蒸汽空间高度

$$H \geqslant 0.6D_c = 0.6 \times 2.2 = 1.3\text{m}$$

H 取 1.4m。

（5）澄清区截面积 A_c

澄清区的截面积可根据切割粒度 L_F 的沉降速度进行计算。但通常情况下切割粒度很小，其沉降速度很小，计算得到的澄清区截面积很大。按此来设计设备尺寸显然是不合理的，必须要让部分大于 L_F 粒度的晶体参与细晶消除的母液循环。一般来说，小于晶体总质量 1%的晶体参与循环都是合理的。可利用规范化三阶矩式（7-49），计算占晶体总质量 1%的临界粒度 L_c。已知

$$G = G_F = 8.95 \times 10^{-8}\text{m/s}$$

$$\tau = 3724\text{s}, \quad \mu_3 = 0.01$$

可计算得到

$$L_c = 0.000244\text{m}$$

通过实验测得设计条件下粒度为 L_c 颗粒的沉降速度 $u_t = 0.009\text{m/s}$ ，则澄清区截面积

$$A_c = \frac{Q_R}{u_t} = \frac{120}{3600 \times 0.009} = 3.70\text{m}^2$$

（6）各连接管道直径

① 进料管管径 D_{in}　清液进料，进料液密度近似取 1250kg/m³，进料流速取 1.5m/s，则进料管管径

$$D_{in} = \left(\frac{4F_0}{\pi\rho_1 u_{in}}\right)^{0.5} = \left(\frac{4 \times 21883}{3.14 \times 1250 \times 1.5 \times 3600}\right)^{0.5} = 0.064\text{m}$$

选择 DN65 的管道。

② 出料管管径 D_{out}　出料管为浆料管线，为防止晶体沉降堵塞管道，出料流速取 2m/s，则出料管管径为

$$D_{out} = \left(\frac{4Q_P}{\pi u_{out}}\right)^{0.5} = \left(\frac{4 \times 15}{3.14 \times 2 \times 3600}\right)^{0.5} = 0.051\text{m}$$

选择 DN50 的管道。

③ 循环管管径 D_{re}　循环管为浆料管线，但晶体颗粒较小，沉降速度小，循环流速取 1.5m/s，则循环管管径为

$$D_{re} = \left(\frac{4Q_R}{\pi u_{re}}\right)^{0.5} = \left(\frac{4 \times 120}{3.14 \times 1.5 \times 3600}\right)^{0.5} = 0.168\text{m}$$

选择 DN200 的管道。

④ 二次蒸汽管管径 D_{ss}　二次蒸汽管为气体管线，流速取 15m/s，则二次蒸汽管管径为

$$D_{ss} = \left(\frac{4F_S}{\pi\rho_v u_v}\right)^{0.5} = \left(\frac{4 \times 2248}{3.14 \times 0.0688 \times 15 \times 3600}\right)^{0.5} = 0.878\text{m}$$

选择 DN900 的卷管。

5．结晶器的参数调节

假设市场需求变化，要求晶体主粒度 $L_D = 1.1 \times 10^{-3}\text{m}$ ，试分析如何调节参数。

1）其他条件不变，改变停留时间调节主粒度

其他条件不变， $M_{T1} = M_{T2}$ ，由式（7-70）可得

$$\tau_2 = \tau_1 \left(\frac{L_{D2}}{L_{D1}}\right)^{\frac{i+3}{i-1}} = 1.034 \times \left(\frac{1.1\times10^{-3}}{1.0\times10^{-3}}\right)^{\frac{1.34+3}{1.34-1}} = 3.490\text{h}$$

从计算结果可以看出，通过改变停留时间调节主粒度，停留时间显著增加，会严重影响产量，此调节方法不合理。

2）其他条件不变，改变悬浮密度调节主粒度

其他条件不变，$\tau_1 = \tau_2$，由式（7-70）可得

$$M_{T2} = M_{T1} \left(\frac{L_{D2}}{L_{D1}}\right)^{\frac{i+3}{1-j}} = 200 \times \left(\frac{1.1\times10^{-3}}{1.0\times10^{-3}}\right)^{\frac{1.34+3}{1-1.12}} = 6.37\text{kg/m}^3$$

由计算结果可知，改变悬浮密度调节主粒度，悬浮密度急剧下降，此调节方法不可行。

3）其他条件不变，改变细晶切割粒度调节主粒度

其他条件不变，由式（7-71）得

$$L_F = \frac{1.1\times10^{-3}\times\ln\left[\frac{2}{27}\times1\times1.19\times10^{12}\times1770\times200^{1.12-1}\times\left(\frac{1.1\times10^{-3}}{3\times1.034\times3600}\right)^{1.34-1}\times\left(1.1\times10^{-3}\right)^4\right]}{3\times(9-1)}$$

$$= 2.7\times10^{-5}\text{m} = 27\mu\text{m}$$

由计算结果可知，要达到主粒度要求，需消除 27μm 以下的晶体颗粒。在工程上，这是能够做到的。但是硫酸铵的溶解度随温度的改变变化很小，如果仅仅通过升温显然很难消除较大的细晶。比较合理的方法是向循环晶浆中补加适量的清水以溶解细晶，但由于晶浆在加热管内单程停留时间很短，很难及时溶解较大的细晶。稳妥的做法是设置一带搅拌的缓冲槽，将补充的清水与循环晶浆在缓冲槽中混合并停留一定的时间后再送入加热管。但是，这种调节方法会增加工艺复杂程度，增加投资和生产成本，是不经济的做法。

4）改变硫酸铵的成核-生长动力学

分析硫酸铵的成核-生长动力学方程式可知，i 和 j 的值分别为 1.34 和 1.12，都趋近于 1。当 i 值趋近于 1 时，L_D 的变化范围变窄，此时计算得出的生长速率值是不可靠的。当 j 值趋近于 1 时，悬浮密度对产品主粒度的影响很小，导致调节方法 2）不可行。当 i 和 j 的值都为 1 时，主粒度 L_D 可表示为

$$L_D = \left(\frac{27}{2k_v k_N \rho_p}\right)^{\frac{1}{4}} \tag{7-72}$$

式（7-72）表明，改变停留时间或悬浮密度以调节主粒度的方法是行不通的。改变成核速率常数 k_N 是改变产品主粒度的唯一途径。调节结晶温度、搅拌转速或加入适当添加剂等都能明显改变 k_N 值，从而改变晶体主粒度。

通过上述分析，适用于此例比较经济的调节方法是适当改变结晶温度或搅拌转速。

6．结晶器的附属设备选型

（1）搅拌桨

搅拌桨采用双层三叶旋桨，考虑到主粒度调节时需要调整搅拌转速，因此适当增大搅拌转速富余量，再采用变频调节合适的转速，详细参数设计参照搅拌设计章节。

（2）循环泵

含细晶母液循环流量 $Q_R = 120\text{m}^3/\text{h}$，考虑适当富余后选择循环泵的流量为 150m^3/h。循环泵的扬程跟管道及换热器阻力有关，相关计算可参照流体输送章节。由于循环母液中含有比切割粒度大得多的晶体参与循环，为了尽量减少晶体与泵叶轮碰撞产生额外晶核，电机应选为四级电机。

（3）二次蒸汽冷凝器

二次蒸汽采用间壁冷却，得到的冷凝水回用。冷凝器采用列管式换热器，详细参数设计参照换热器设计章节。

（4）凉水塔

凉水塔出水温度一般取 32℃，温升取 5℃，即回水温度为 37℃。根据换热负荷计算凉水塔循环水量 Q_{cw}

$$Q_{cw} = \frac{F_S r'}{\rho_{水} c_w \Delta T} = \frac{2248 \times 2392}{1000 \times 4.18 \times 5} = 257.28\text{m}^3/\text{h}$$

凉水塔的最终选型还要考虑当地的气候和季节等因素，此例可选择循环流量为 350m^3/h 的凉水塔。

（5）真空泵

根据结晶器要求的操作压力，选用水环式真空泵。真空泵的抽气量是为了弥补系统的漏气速率，真空泵的抽气速率可用经验公式（7-73）估算

$$S = \frac{V_v}{t} \ln\left(\frac{p_1}{p_2}\right) \tag{7-73}$$

式中，S 为真空泵抽气速率，m^3/h；V_v 为真空室容积，m^3；t 为达到要求真空度所需时间；p_1 为初始压强，Pa；p_2 为要求压强，Pa。

真空室的容积为结晶器液面以上蒸汽空间的容积，达到要求真空度所需时间一般取 120s，根据式（7-73）计算真空泵抽气速率

$$S = \frac{V_v}{t} \ln\left(\frac{p_1}{p_2}\right) = \frac{11}{120} \times \ln\left(\frac{101325}{10000}\right) = 0.2123\text{m}^3/\text{s} = 12.7\text{m}^3/\text{min}$$

由计算值，参照水环真空泵的性能参数来选择合适的型号。需要注意的是水环真空泵的性能参数中标注的是最大抽气速率，而在实际工作压力下，其抽气速率会有不同程度的减小，所以必须根据泵的性能曲线，查询实际操作压力下的抽气速率是否满足需求。

7．DTB 结晶器设计结果一览表

DTB 结晶器设计计算结果汇总于表 7-2。

表 7-2　DTB 型结晶器设计计算结果汇总表

项目	符号	单位	计算数据
排料流量	Q_P	m^3/h	15
进料流量	F_0	kg/h	21883
母液流量	F_1	kg/h	16635
溶剂蒸发量	F_S	kg/h	2248
蒸汽消耗量	M_{LS}	kg/h	951.3
结晶器有效体积	V	m^3	15.51
结晶器直径	D_c	m	2.2
导流筒上端直径	D_1	m	1.6
导流筒下端直径	D_1'	m	1.1
搅拌桨下层桨叶直径	D_2	m	0.9
搅拌桨上层桨叶直径	D_2'	m	1.0
搅拌桨上下层间距	H_1	m	0.9
蒸汽空间高度	H	m	1.4
澄清区截面积	A_c	m^2	3.70
进料管管径	D_{in}	公称直径	DN65
出料管管径	D_{out}	公称直径	DN50
循环管管径	D_{re}	公称直径	DN200
二次蒸汽管管径	D_{ss}	公称直径	DN900

考虑到结晶器结构及富余量等因素，结晶器的实际尺寸将在计算值的基础上作部分调整，详见设备工艺条件图。

7.4　结晶系统工艺流程图和 DTB 结晶器设备条件图

结晶系统工艺流程图见图 7-15，DTB 结晶器设备条件图见图 7-16。

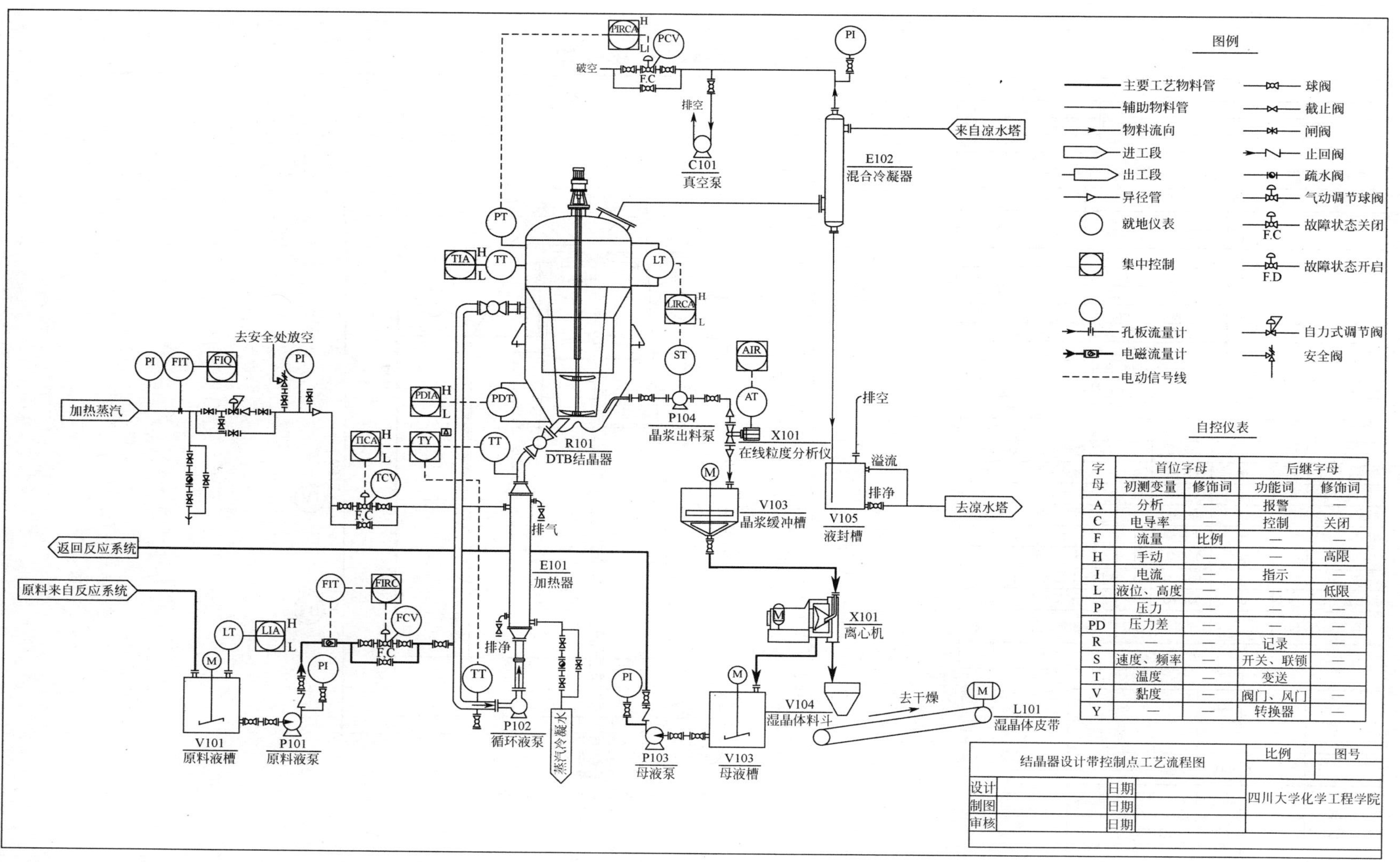

图 7-15　结晶系统工艺流程图

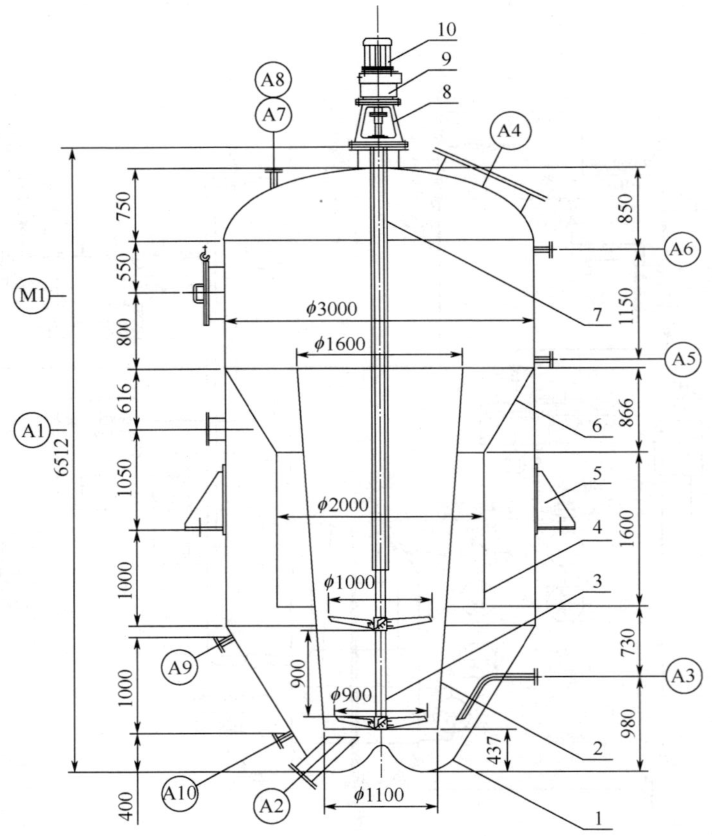

技术特性表			
容 器		工艺介质	
设计压力/MPa(G)	-0.1	名称	硫酸铵料浆
设计温度/℃	100	毒性危害	
工作压力/MPa(G)	-0.09	爆炸危害	
工作温度/℃	50		
容积/m^3	约32		

管 口 表

符号	用途或名称	数量	公称尺寸	公称压力/bar	连接标准及型式
A1	晶浆循环出口	1	DN200	10	凸面平焊法兰连接
A2	晶浆循环入口	1	DN200	10	凸面平焊法兰连接
A3	晶浆出料口	1	DN50	10	凸面平焊法兰连接
A4	二次蒸汽口	1	DN900	10	凸面平焊法兰连接
A5、A6	液位计接口	1	DN50	10	凸面平焊法兰连接
A7	压力计接口	1	DN50	10	凸面平焊法兰连接
A8	温度计接口	1	DN50	10	凸面平焊法兰连接
A9、A10	压力传感器接口	1	DN50	10	凸面平焊法兰连接
M1	人孔	1	DN500	6	凸面平焊法兰连接

件号	图号或标准号	名 称	数量	材料	备注
10		搅拌电机	1		
9		搅拌减速机	1		
8		搅拌机架	1		
7		搅拌轴固定轴套	1		
6		遮挡板上扩大锥	1		
5		支座	1		
4		遮挡板	1		
3		搅拌桨	1		
2		导流筒	1		
1		复曲面底	1		

DTB结晶器设备条件图				比例	图号
设计		日期		四川大学化学工程学院	
制图		日期			
审核		日期			

图 7-16 DTB 结晶器设备条件图

附：结晶器设计任务两则

设计任务一　蒸发型DTB结晶器设计

1．设计题目

磷酸二氢铵（$NH_4H_2PO_4$）结晶器设计。

2．设计任务及操作条件

晶体主粒度 L_D 为1mm；

生产速率 P_C 为（4500+学号后三位数）kg/h；

晶浆悬浮密度 M_T 为200kg/m^3 晶浆；

体积形状因子 K_v 为1；

假设成核-生长动力学方程式为 $B^\circ = 7.12\times10^{39} M_T^{0.14} G^{4.99}$ #/(m^3 晶浆・s)；

进料温度 T_0 为90℃；

进料浓度 w_0 为45%；

操作绝对压力 p 为0.01MPa；

加热蒸汽温度 T 为120℃。

3．设计内容

① 设计方案的确定；

② 物热衡算；

③ 结晶器有效体积计算；

④ 结晶器工艺尺寸计算；

⑤ 结晶器的参数调节：要求主粒度 L_D=1.1×10^{-3}+学号后两位数×10^{-6}m，试分析如何调节参数；

⑥ 结晶器附属设备选型；

⑦ 结晶系统工艺流程图；

⑧ 结晶器设备条件图。

4．设计基础数据

① 磷酸二氢铵的溶解度

温度/℃	0	10	20	30	40	50	60	70	80	90
溶解度/（g/100g水）	22.6	28.0	35.3	43.9	57.0	69.0	82.5	98.6	118.3	142.8

② 溶液的沸点 T_b 为50℃；

③ 溶液平均定压比热容 c_{p1} 为2.84kJ/(kg・℃)；

④ 溶液密度 ρ_1 为1194kg/m^3；

⑤ 晶体密度 ρ_p 为 1803kg/m^3；

⑥ 结晶热 H_c 为 16.28kJ/mol。

设计任务二　真空冷却型 DTB 结晶器设计

1．设计题目

酒石酸钾钠（$NaKC_4H_4O_6 \cdot 4H_2O$）结晶器设计。

2．设计任务及操作条件

晶体主粒度 L_D 为 1mm；
生产速率 P_C 为（1500+学号后三位数）kg/h；
晶浆悬浮密度 M_T 为 200kg/m^3 晶浆；
体积形状因子 K_v 为 1；
假设成核-生长动力学方程式为 $B^\circ = 2.57 \times 10^{15} M_T^{1.8} G^2$ #/(m^3 晶浆・s)；
进料温度 T_0 为 30℃；
进料浓度 w_0 为 43.31%；
操作绝对压力 p 为 0.001MPa。

3．设计内容

① 设计方案的确定；
② 物热衡算；
③ 结晶器有效体积计算；
④ 结晶器工艺尺寸计算；
⑤ 结晶器的参数调节：要求主粒度 $L_D = 1.1 \times 10^{-3}$+学号后两位数$\times 10^{-6}$m，试分析如何调节参数；
⑥ 结晶器附属设备选型；
⑦ 结晶系统工艺流程图；
⑧ 结晶器设备条件图。

4．设计基础数据

① 酒石酸钾钠的溶解度；

温度/℃	0	10	20	25	30
溶解度/(g/100g 水)	28.4	40.6	54.8	63.6	76.4

② 溶液的沸点 T_b 为 10℃；
③ 溶液平均定压比热容 c_{pl} 为 3.37kJ/(kg・℃)；
④ 溶液密度 ρ_l 为 1180kg/m^3；
⑤ 晶体密度 ρ_p 为 1790kg/m^3；
⑥ 结晶热 H_c 为 15kJ/mol。

符号说明

英文字母

a——成核指数；

A_c——澄清区截面积，m^2；

A_j——晶体颗粒的表面积；

B——新生的晶粒数，#/（m · m^3晶浆 · s）；

B^o——成核速率，#/（m^3 · s）；

B_P——初级成核速率，#/（m^3 · s）；

B_S——二次成核速率，#/（m^3 · s）；

c_{pl}——溶液平均定压比热容，kJ/(kg · K)；

C——溶液的主体浓度，g溶质/100g溶剂、kg溶质/kg溶液等；

C_i——界面处的溶质浓度；

C^*——溶液的饱和浓度；

ΔC——过饱和度；

ΔC_{max}——最大过饱和度；

D——消灭的晶粒数，#/（m · m^3晶浆 · s）；

D_1——等径导流筒直径，m；

D_2——搅拌桨直径，m；

D_c——结晶器的直径，m；

D_{in}——进料管管径，m；

D_{out}——出料管管径，m；

D_{re}——循环管管径，m；

D_{ss}——二次蒸汽管管径，m；

F_0——进料质量流率，kg/s；

F_1——母液质量流率，kg/s；

F_S——移除溶剂质量流率，kg/s；

G——晶体线性生长速率，m/s；

G_M——晶体生长速率，kg/(m^2 · s)；

h_0——进料的焓，kJ/kg；

h_1——母液的焓，kJ/kg；

h_C——晶体的焓，kJ/kg；

h_S——移除溶剂的焓，kJ/kg；

H——蒸汽空间高度，m；

H_1——双层搅拌桨间距，m；

H_q——外界加入控制体的热量，kJ；

i——成核-生长动力学方程的经验动力学参数；

j、m——二次成核速率方程的经验动力学参数；

k_1——结晶器悬浮密度不变时的成核速率常数；

k_2——晶体生长速率不变时的成核速率常数；

k_a——面积形状因子；

k_d——晶体生长速率方程的扩散传质系数；

k_r——晶体生长速率方程的表面反应速率常数；

k_v——体积形状因子；

k_L——晶体线性生长动力学常数；

k_N——成核-生长动力学方程的成核速率常数；

k_P——初级成核速率常数；

k_S——二次成核速率常数；

K_v——雾沫挟带因子，m/s；

l——晶体生长速率方程的经验动力学参数；

L——晶体的粒度，m；

L_c——临界粒度，m；

L_D——晶体主粒度，m；

L_{DF}——配备细晶消除系统的晶体主粒度，m；

L_F——细晶切割粒度，m；

M——晶体质量，kg；

M_0——粒度在0至L范围内的晶体粒子数；

M_1——粒度在0至L范围内的所有晶体粒度的总和；

M_2——粒度在0至L范围内的所有晶体的总表面积；

M_3——粒度在0至L范围内的所有晶体的质量总和；

M_j——粒数密度分布的各阶矩；

M_{LS}——蒸汽消耗量，kg/h；

M_T——悬浮密度，kg/m^3；

n——晶体的粒数密度，#/（m · m^3晶浆）；

n_i——进料流股的晶体粒数密度，#/（m · m^3晶浆）；

n^o——晶核的粒数密度，#/（m·m^3 晶浆）；

n_{eff}^o——配备细晶消除系统的有效晶核粒数密度，#/（m·m^3 晶浆）；

n_F^o——配备细晶消除系统的晶核粒数密度，#/（m·m^3 晶浆）；

N——晶体粒数；

p——操作绝对压力，MPa；

p_1——初始压强，Pa；

p_2——要求压强，Pa；

P_C——晶体质量流率，kg/s；

Q——排料流股的体积流量，m^3/s；

Q_{cw}——凉水塔循环水量，m^3/h；

Q_i——进料流股的体积流量，m^3/s；

Q_P——产品排出的体积速率，m^3/s；

Q_R——含细晶母液的体积循环速率，m^3/s；

r_0——加热蒸汽汽化热，kJ/kg；

r'——二次蒸汽汽化热，kJ/kg；

R——细晶消除循环速率比；

S——真空泵抽气速率，m^3/h；

t——时间，s；

T_0——进料温度，℃；

T_1——母液温度，℃；

T_b——操作压力下溶液沸点，℃；

T_C——晶体温度，℃；

T_S——移除溶剂温度，℃；

T'——二次蒸汽温度，℃；

u_v——气液分离空间蒸汽的上升速度，m/s；

V——结晶器有效体积，m^3；

V_j——晶体颗粒的体积；

V_v——真空室容积，m^3；

w_0——进料中溶质的质量分数；

w_1——母液中溶质的质量分数；

w_C——晶体中溶质的质量分数；

x——无量纲粒度或相对粒度。

希腊字母

$\Delta\theta_{max}$——最大过冷却度；

ρ_l——母液密度，kg/m^3；

ρ_m——晶浆平均密度，kg/m^3；

ρ_p——晶体密度，kg/m^3；

ρ_v——蒸汽密度，kg/m^3；

τ——晶体的生长时间，s。

参考文献

[1] 贾绍义，柴诚敬．化工单元操作课程设计．天津：天津大学出版社，2011.

[2] 叶世超，夏素兰，易美桂等．化工原理：下册．北京：科学出版社，2006.

[3] 丁绪淮，谈遒．工业结晶．北京：化学工业出版社，1985.

[4] 时钧，汪家鼎，余国琮，陈敏恒．化学工程手册．北京：化学工业出版社，1996.

[5] 刘光启，马连湘，刘杰．化学化工物性数据手册：无机卷．北京：化学工业出版社，2002.

[6] 刘光启，马连湘，刘杰．化学化工物性数据手册：有机卷．北京：化学工业出版社，2002.

[7] Perry R H．PERRY 化学工程手册．北京：化学工业出版社，1984.

[8] Mullin J W．Crystallization．Oxford：Butterworth-Heinemann，2001.

[9] Speight J G．Lang's handbook of chemistry．New York：McGraw-Hill，2005.

附录

附录 1　课程设计封面格式

××大学

化工原理课程设计

设计题目：________________

课程名称：________________

学　　院：________________

专　　业：________________

学生姓名：________________

学　　号：________________

指导教师：________________

教务处制表

20　　年　　月　　日

附录 2　课程设计任务书格式

化工原理课程设计任务书

专业：________　　班级：________　　设计人：________

1．设计题目

2．原始数据及条件

3．设计要求

（1）编制一份设计说明书，主要内容包括：

1）前言

2）流程的确定和说明（附流程简图）

3）生产条件的确定和说明

4）主体设备的设计计算

5）附属设备的选型计算

6）设计结果一览表

7）设计结果的讨论和说明

8）参考和使用的设计资料

9）结束语

（2）绘制带控制点的工艺流程图（1 张）

（3）绘制设备工艺条件图（1 张）

4．设计日期

年　　月　　日至　　　年　　月　　日